Fachrechnen Metall

Buchausgabe

Friedrich Wagner
German Schreibeis

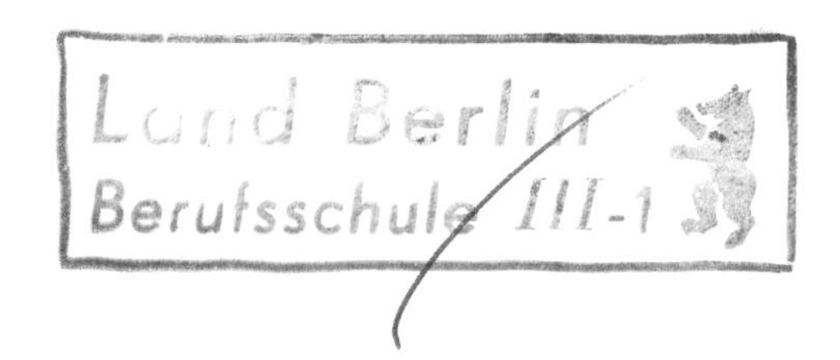

9. Auflage

Holland + Josenhans Verlag Stuttgart Best.-Nr. 3102

9. Auflage 1980

Gestaltung: Ursula Thum, 7000 Stuttgart 70
Gesamtherstellung: Universitätsdruckerei H. Stürtz AG, 8700 Würzburg
ISBN 3-7782-3102-2

Einleitung

Fachrechnen ist eines der schwierigsten Fächer für den Berufsschüler. Dies zeigen sowohl die Gesellen- als auch die Facharbeiterprüfungen. Vor allem liegt das Problem in der Übung, zu der in der Berufsschule oft zu wenig Zeit bleibt. Wir haben daher in diesem Rechenbuch großen Wert auf zahlreiche einfache Übungsaufgaben gelegt, die zum größten Teil als **selbständig** zu lösende Hausaufgaben gedacht sind. Schwierigere Aufgaben sind durch ein rotes Symbol ► gekennzeichnet. Jede Aufgabe ist nach der Numerierung der Kapitel bezeichnet. Es bedeutet:

16.12
- 12. Aufgabe des Kapitels
- 16. Kapitel

Wir empfehlen dringend, die Rechnungen im Fachrechnen gemäß DIN 1313 möglichst als **Größengleichung** oder evtl. auch als **Zahlenwertgleichung** darzustellen.

Beispiel für das Rechnen mit **Größengleichungen:**

Wegstrecke $s = 80$ km, Zeit $t = 2$ Stunden

Gesucht: Geschwindigkeit in m/s

Lösung: $v = \frac{s}{t} = \frac{80\ \text{km}}{2\ \text{h}} = 40\ \text{km/h}$

Es werden folgende Einheitengleichungen eingesetzt:

1 km = 1 000 m   1 h = 3 600 s

Das ergibt:

$$v = 40\ \frac{\frac{1\,000\ \text{m}}{\cancel{\text{km}}}}{\frac{\cancel{\text{h}}}{3\,600\ \text{s}}} = \mathbf{11{,}11\ m/s}$$

Größe = Zahlenwert × Einheit

Das Rechnen mit Größengleichungen hat eine Reihe von Vorteilen:

1. Die Einheiten ergeben sich automatisch.
2. Das Gedächtnis wird weniger mit Formeln belastet.
3. Größengleichungen sind nicht an bestimmte Einheiten gebunden.
4. Mit Hilfe der neuen „Gesetzlichen Einheiten" lassen sich alle Größen in andere Einheiten verwandeln. Dadurch ergibt sich ein kohärentes (= zusammenhängendes) Maßsystem. So ist z. B. die mechanische Arbeit (Joule) leicht in eine elektrische Arbeit (Wattsekunde) zu verwandeln.

Beispiel für das Rechnen mit **Zahlenwertgleichungen:**

Das oben dargestellte Beispiel war: Wegstrecke $s = 80$ km, Zeit $t = 2$ Stunden.

Gesucht: Geschwindigkeit in m/s.

Lösung: $v = \frac{s}{3{,}6 \cdot t}$

v	s	t
m/s	km	h

$v = \frac{80}{3{,}6 \cdot 2}$

$v = \mathbf{11{,}11\ m/s}$

Die dazu erforderlichen Einheiten **müssen** unbedingt dazu angegeben werden. Hier z. B. in Form einer Tabelle (Rechen).

Mit Zahlenwertgleichungen sollte nur in Sonderfällen (z. B. bei schwierigen Umrechnungsfaktoren) gerechnet werden. In diesem Rechenbuch werden nur einige spezielle Berechnungen in der Hydraulik und Pneumatik so durchgeführt.

Die Verfasser

1 Gesetzliche Einheiten und ihre Umwandlung

Durch das „Gesetz über Einheiten im Meßwesen" vom 2. Juli 1969 und der „Ausführungsverordnung zum Gesetz über Einheiten im Meßwesen" vom 26. Juni 1970 wurde das Internationale Einheitensystem (SI) für die Bundesrepublik rechtsverbindlich. Übergangsfristen, die für bisher verwendete Einheiten eingeräumt wurden, laufen am 31. Dezember 1977 ab. Deshalb werden in diesem Rechenbuch nur gesetzliche Einheiten verwendet.
Es gibt 6 Basisgrößen und dazugehörige Basiseinheiten:

Basisgröße	Länge	Masse	Zeit	elektrische Stromstärke	thermodynamische Temperatur	Lichtstärke
Basiseinheit	**Meter**	**Kilogramm**	**Sekunde**	**Ampere**	**Kelvin**	**Candela**
Kurzzeichen	m	kg	s	A	K	cd

Aus den Basisgrößen wurden viele für den Maschinenbau wichtige Größen und Einheiten abgeleitet, z. B.

Abgeleitete Größe	Kraft	Druck	Energie (Arbeit)	Leistung	elektrische Spannung
Einheit	**Newton**	**Pascal**	**Joule**	**Watt**	**Volt**
Kurzzeichen	N	Pa	J	W	V
Beziehung	$1\ N = 1\ kgm/s^2$	$1\ Pa = 1\ N/m^2$	$1\ J = 1\ Nm$	$1\ W = 1\ \frac{J}{s}$	$1\ V = 1\ \frac{W}{A}$

Außerdem läßt das Gesetz auch Einheiten zu, die nicht Basiseinheiten und nicht direkt abgeleitete Einheiten sind. Es handelt sich um Einheiten, die sich aus einem bestimmten Zahlenwert × Einheit ergeben, z. B.

Größe	Zeit	Masse	Druck	Zeit	Zeit
Einheit	**Minute**	**Tonne**	**Bar**	**Stunde**	**Tag**
Kurzzeichen	min	t	bar	h (lateinisch: hora)	d (englisch: day)
Beziehung	1 min = 60 s	1 t = 1 000 kg	1 bar = 100 000 Pa	1 h = 60 min 1 h = 3 600 s	1 d = 24 h 1 d = 86 400 s

Zur besseren Überschaubarkeit des Zahlenwerts einer Einheit können dezimale Vielfache und Teile durch Vorsätze vor dem Namen der Einheit bezeichnet werden.

Vielfache

Vorsätze	Kurzzeichen	steht für das	Beispiel
Tera	T	Billionenfache = 1 000 000 000 000	
Giga	G	Milliardenfache = 1 000 000 000	
Mega	M	Millionenfache = 1 000 000	1 Megawatt = 1 MW = 1 000 000 W
Kilo	k	Tausendfache = 1 000	1 Kilometer = 1 km = 1 000 m
Hekto	h	Hundertfache = 100	1 Hektoliter = 1 hl = 100 l
Deka	da	Zehnfache = 10	1 Dekagramm = 1 dag = 10 g

Teile

Vorsätze	Kurzzeichen	steht für ein	Beispiel
Dezi	d	Zehntel = 0,1	1 Dezimeter = 1 dm = 0,1 m
Zenti	c	Hundertstel = 0,01	1 Zentimeter = 1 cm = 0,01 m
Milli	m	Tausendstel = 0,001	1 Millimeter = 1 mm = 0,001 m
Mikro	µ	Millionstel = 0,000 001	1 Mikrometer = 1 µm = 0,000 001 m
Nano	n	Milliardstel = 0,000 000 001	
Pico	p	Billionstel = 0,000 000 000 001	

Nach DIN 1301 sollten die Zahlenwerte von Größen zwischen 0,1 bis 1 000 liegen.

Also nicht 12 000 N, sondern 12 kN
0,003 94 m, sondern 3,94 mm
0,000 3 s, sondern 0,3 ms

Beispiel 1: Umwandlung durch Vorsätze

a) 32 dm in m — *Lösung:* a) $32\text{ dm} = 32 \cdot \cancel{\text{dm}}$ (0,1 m) $= \mathbf{3{,}2\text{ m}}$ — Einheitengleichung: 1 dm = 0,1 m

b) 24,1 daN in N — b) $24{,}1\text{ daN} = 24{,}1 \cdot \cancel{\text{daN}}$ (10 N) $= \mathbf{241\text{ N}}$ — 1 daN = 10 N

c) 36 mA in A — c) $36\text{ mA} = 36 \cdot \cancel{\text{mA}}$ (0,001 A) $= \mathbf{0{,}036\text{ A}}$ — 1 mA = 0,001 A

d) 54,7 kJ in J — d) $54{,}7\text{ kJ} = 54{,}7 \cdot \cancel{\text{kJ}}$ (1 000 J) $= \mathbf{54\,700\text{ J}}$ — 1 kJ = 1 000 J

Beispiel 2: Änderung der Vorsätze

a) 24,1 daN in kN — *Lösung:* a) 24,1 daN = 241 N = **0,241 kN**
b) 32 µm in mm — b) 32 µm = 0,000 032 m = **0,032 mm**
c) 1,74 MW in kW — c) 1,74 MW = 1 740 000 W = **1 740 kW**
d) 98,6 kPa in MPa — d) 98,6 kPa = 98 600 Pa = **0,098 600 MPa**

Aufgaben zur Umwandlung von Einheiten

1.1 Verwandeln Sie

a) 76 mg = dag
b) 200 mW = W
c) 132 kW = MW
d) 1 023 mbar = bar
e) 750 mg = cg
f) 52 dag = kg
g) 16,2 Mg = kg
h) 1,4 kN = MN

1.2 Verwandeln Sie folgende Größen

Die Nullen sollten entfallen:

a) 157 000 m =
b) 25 000 N =
c) 12 000 mbar =
d) 1 600 000 daN =

Die Dezimalstellen sind zu beseitigen:

e) 0,005 W =
f) 0,003 kJ =
g) 0,063 MN =
h) 0,000 85 MJ =

Beachten Sie: Es ist stets nur ein Vorsatz möglich.

1.3 Verwandeln Sie die nachfolgenden Größen,

so daß die Zahlenwerte zwischen 0,1 und 1 000 liegen:

Beispiel: 0,005 kW = 0,005 · 1 000 W = 5 Watt

a) 18 500 Pa
b) 287 500 kJ
c) $94\,750 \frac{\text{N}}{\text{m}^2}$
d) 375 420 J
e) 0,003 7 kg
f) 0,008 71 t
g) 0,071 32 MW
h) 0,000 003 kN

► 1.4 Verwandeln Sie

a) 264 Ncm in Nm
b) $1\,285 \frac{\text{daN}}{\text{cm}^2}$ in $\frac{\text{N}}{\text{mm}^2}$
c) $90 \frac{\text{m}}{\text{s}}$ in $\frac{\text{m}}{\text{min}}$
d) 356 t in Mg
e) 3 345 kg in t
f) $124{,}5 \frac{\text{kg}}{\text{m}^3}$ in $\frac{\text{g}}{\text{cm}^3}$

2 Metrisches Maßsystem, Zollmaße

Metrisches Maß

Die Länge ist eine Basisgröße und hat als Einheit das **Meter** mit dem Zeichen m.

Früher diente zur Festlegung der Längeneinheit das in Paris aufbewahrte Urmeter. Es ist ein Platin-Iridium-Stab mit dem nebenstehend abgebildeten Querschnitt. Heute gilt die Festlegung der internationalen Generalkonferenz für Maß und Gewicht von 1960: 1 Meter ist das 1 650 763,73fache der Wellenlänge der von Atomen des Nuklids ^{86}Kr beim Übergang vom Zustand 5 d_5 zum Zustand 2 p_{10} ausgesandten, sich im Vakuum ausbreitenden Strahlung.

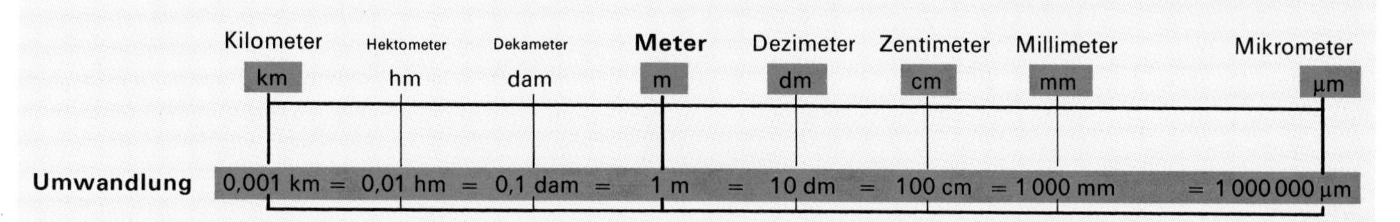

Beispiel 1: 3,4 km = ? cm

Lösung: 1 km = 1 000 m → $3{,}4\ \text{km} = 3{,}4 \cdot \frac{1\,000\ \text{m}}{\cancel{\text{km}}} = 3\,400\ \text{m}$

1 m = 100 cm → $3\,400\ \text{m} = 3\,400 \cdot \frac{100\ \text{cm}}{\cancel{\text{m}}} = \mathbf{340\,000\ cm}$

Beispiel 2: 140 µm = ? mm

Lösung: $1\ \mu\text{m} = \frac{1}{1\,000}\ \text{mm} \rightarrow 140\ \mu\text{m} = 140 \cdot \frac{\frac{1}{1\,000}\ \text{mm}}{\cancel{\mu\text{m}}} = \frac{140}{1\,000}\ \text{mm} = \mathbf{0{,}14\ mm}$

Zollmaß

1 Zoll = 25,4 Millimeter

1″ = 25,4 mm

Umrechnung: $\frac{1}{8}'' = \frac{1}{8} \cdot 25{,}4\ \text{mm} = 3{,}175\ \text{mm}$

$\frac{1}{16}'' = \frac{1}{16} \cdot 25{,}4\ \text{mm} = 1{,}587\,5\ \text{mm}$

Teilmaße des Zoll werden mit Brüchen angegeben, z. B.

$\frac{1}{8}''$, $\frac{5}{8}''$, $\frac{1}{16}''$, $1\frac{1}{4}''$

$\frac{5}{8}'' = \frac{5}{8} \cdot 25{,}4\ \text{mm} = 15{,}875\ \text{mm}$

$1\frac{1}{4}'' = \frac{5}{4}'' = \frac{5}{4} \cdot 25{,}4\ \text{mm} = 31{,}75\ \text{mm}$

■ **Aufgaben zu Längenmaßen**

2.1 Einheiten umwandeln

a) 14,8 cm in mm
b) 3,08 dm in mm
c) 0,308 m in mm
d) 134 µm in mm
e) 341,08 mm in m
f) 28 679,5 µm in dm
g) 0,285 4 km in m
h) 666,2 µm in cm

2.2 Berechnen Sie in mm

a)
3,2 m
10,5 mm
16,4 µm
8,2 dm
+244,1 cm

b)
76 µm
3 cm
24 cm
130 µm
+ 3,2 mm

2.3 Berechnen Sie in mm

a) 3,2 cm − 175 µm

c) 17,4 mm − 375 µm

b) 16,3 dm − 2750 µm

d) 164,2 mm − 17,5 µm

2.4 Gewinderohre

für Gas und Wasser

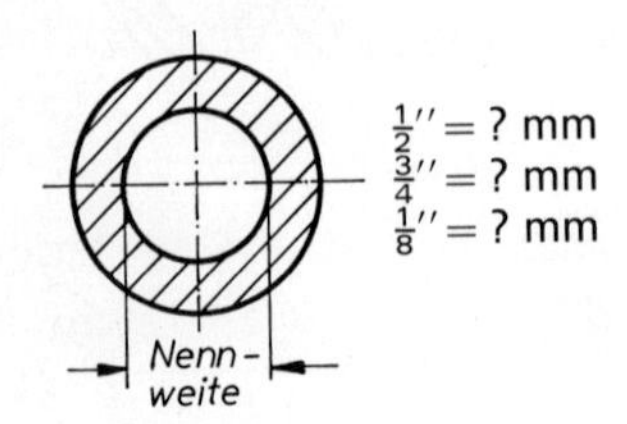

$\frac{1}{2}'' = ?$ mm
$\frac{3}{4}'' = ?$ mm
$\frac{1}{8}'' = ?$ mm

Wälzlagerkugeln

werden teilweise noch in Zoll gemessen:

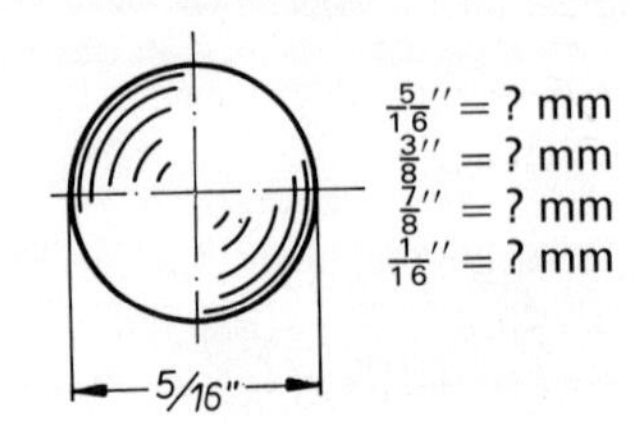

$\frac{5}{16}'' = ?$ mm
$\frac{3}{8}'' = ?$ mm
$\frac{7}{8}'' = ?$ mm
$\frac{1}{16}'' = ?$ mm

2.5 Schraube mit Zollgewinde

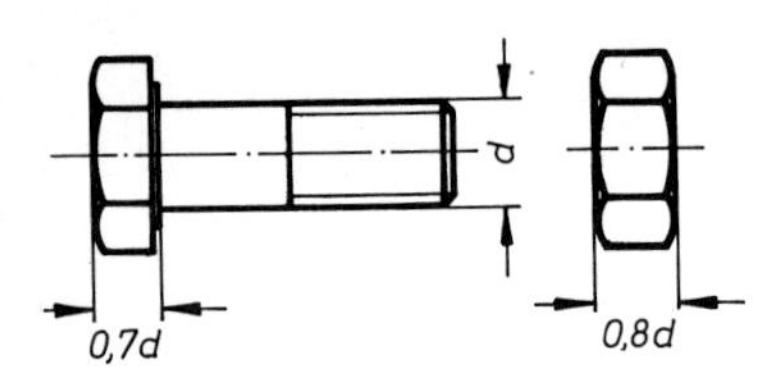

Für eine Reparatur benötigt man Schrauben mit Zollgewinde.

Gesucht: Kopfhöhe und Mutternhöhe in mm für
a) $d = 1\frac{1}{4}''$
b) $d = \frac{3}{8}''$

2.6 Reifen 5,60–13

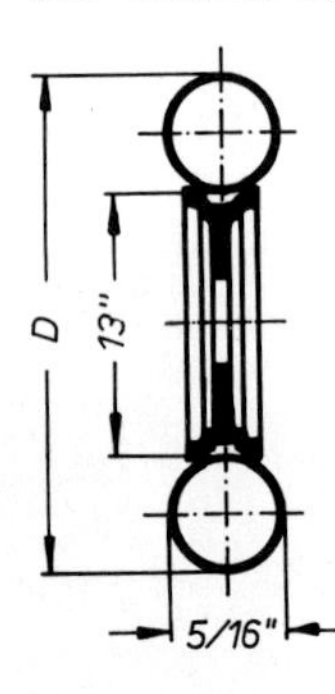

heißt Reifenbreite 5,60″
Felgendurchmesser 13″

Gesucht: Außendurchmesser D des Reifens in mm, wenn die Reifenquerschnitte als Kreise angenommen werden.

2.7 Whitworth-Rohrgewinde

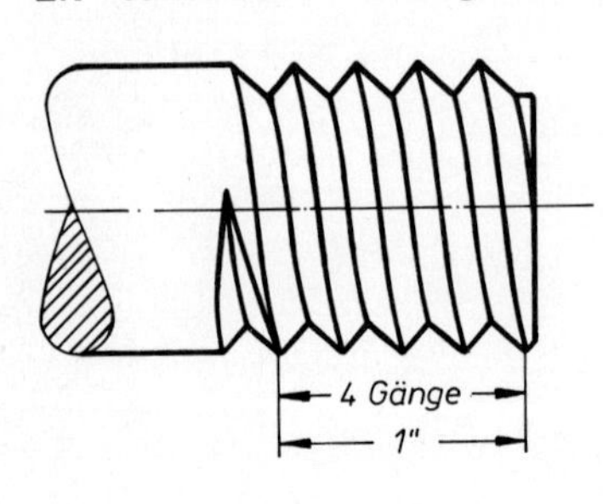

Bei Whitworth-Rohrgewinden wird die Steigung durch die Zahl der Gänge je Zoll angegeben.
Geben Sie für folgende Gewinde die Steigung in Zoll und mm an:
11 Gänge/1″
19 Gänge/1″
28 Gänge/1″

2.8 Werkstücke von der Stange sägen

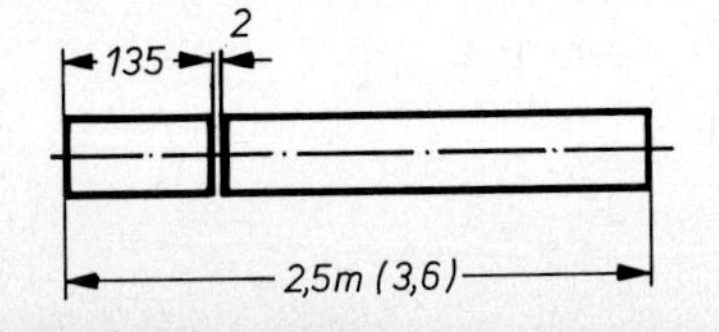

Gesucht:
a) Zahl der Werkstücke
b) Länge des Abfalls.

2.9 Werkstückteilung

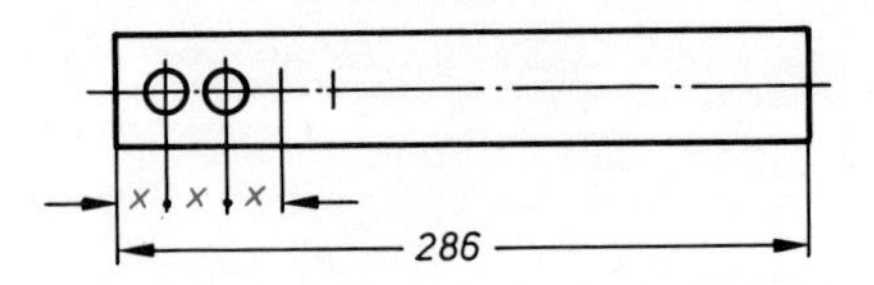

Der Flachstahl soll 12 Bohrungen erhalten. Alle Abstände sollen gleich sein.

Gesucht: Länge x.

► 2.10 Material zusägen

Von einem Rundstahl mit der Länge $l = 850$ mm werden 82 Scheiben mit der Dicke $s = 6{,}5$ mm abgesägt.

a) Wieviel 22 mm lange Stücke können außerdem, wenn die 82 Scheiben hergestellt sind, abgesägt werden, wenn die Schnittbreite der Säge 1,6 mm beträgt und zum Spannen 60 mm benötigt werden?
b) Wie lang ist das Reststück?

2.11 Welle langdrehen

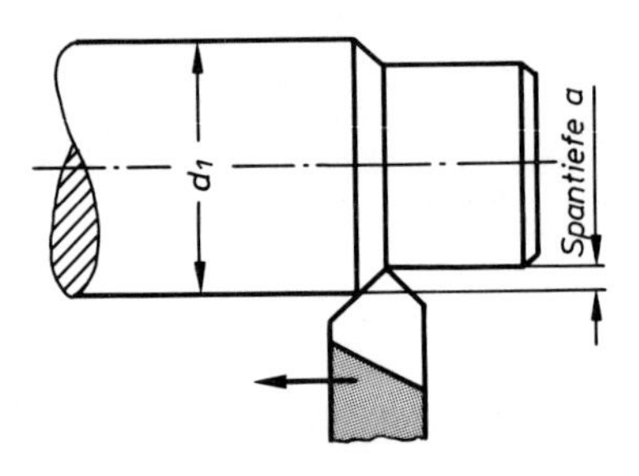

Die Welle mit $d_1 = 98$ mm wird dreimal überdreht.

Gesucht: Wellendurchmesser d_2 nach der Bearbeitung.

Spantiefen: $a_1 = 2{,}4$ mm
$a_2 = 2{,}4$ mm
$a_3 = 0{,}15$ mm

2.12 Parallelendmaße

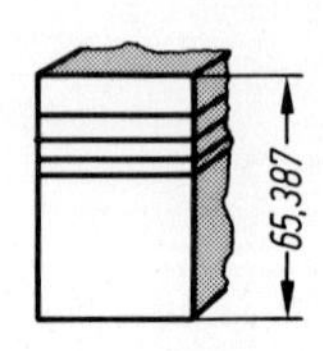

Zu Prüfzwecken ist eine Endmaßhöhe von 65,387 (137,209) mm zusammenzustellen

Endmaßsatz		
von	bis	steigend um mm
1,001	1,009	0,001
1,01	1,09	0,01
1,1	1,9	0,1
1	9	1
10	100	10

Beachten Sie: Große Endmaße liegen außen, kleine Endmaße dazwischen.

Gesucht: Zusammenstellung der Endmaße.

3 Toleranzen, Maßstäbe

Toleranzen

(tolerieren = dulden, Abweichungen zulassen)

In der Fertigung ist es unmöglich, Werkstücke genau mit dem in der Zeichnung genannten Maß (Nennmaß) herzustellen. Kleine Abweichungen müssen in Kauf genommen werden. Die geduldete Abweichung vom Nennmaß heißt **Toleranz.**

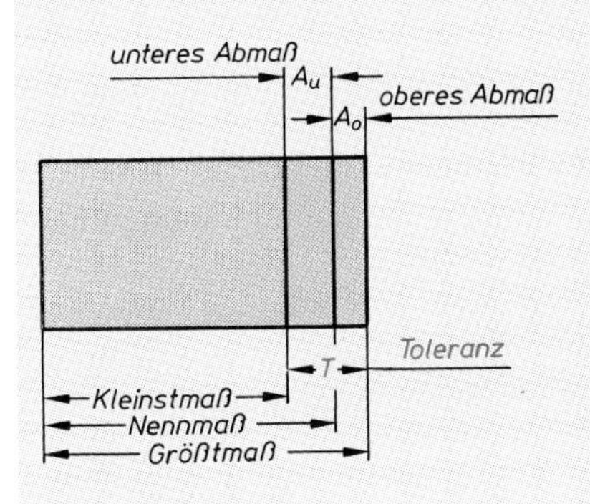

Beispiel: Maßangabe mit Toleranz

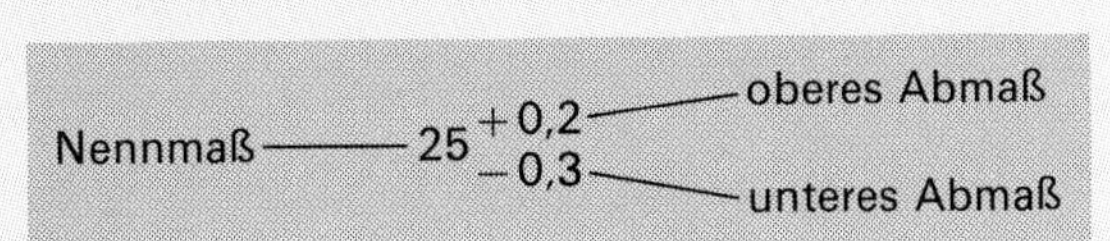

Toleranz = Größtmaß − Kleinstmaß
T = 25,2 mm − 24,7 mm = 0,5 mm

Oberes Abmaß $A_o = +0{,}2$ mm
Unteres Abmaß $A_u = -0{,}3$ mm

Maßstäbe

Im Maschinenbau können Werkstücke nicht immer in ihrer wirklichen Größe (M 1:1) gezeichnet werden. Oft sind Verkleinerungen und Vergrößerungen notwendig.

Genormte Maßstäbe nach DIN 823 (Auswahl)		Zeichnungsmaß
natürliche Größe	M 1:1	Werkstückmaß
Vergrößerungen	M 2:1	2 · Werkstückmaß
	M 5:1	5 · Werkstückmaß
	M 10:1	10 · Werkstückmaß
Verkleinerungen	M 1:2,5	$\frac{\text{Werkstückmaß}}{2{,}5} = \frac{4 \cdot \text{Werkstückmaß}}{10}$
	M 1:5	$\frac{\text{Werkstückmaß}}{5} = \frac{2 \cdot \text{Werkstückmaß}}{10}$
	M 1:10	$\frac{\text{Werkstückmaß}}{10}$
	M 1:20	$\frac{\text{Werkstückmaß}}{20} = \frac{5 \cdot \text{Werkstückmaß}}{100}$

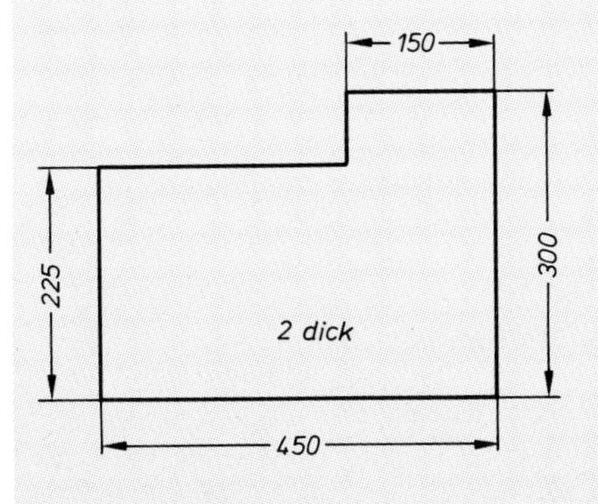

Beispiel: Schablone

Wie groß sind die Zeichnungsmaße der Schablone im Maßstab 1:2,5?

Lösung: $\text{Zeichnungsmaß} = \frac{4 \cdot \text{Werkstückmaß}}{10}$

$= \frac{4 \cdot 300\ \text{mm}}{10} = \mathbf{120\ mm}$

$= \frac{4 \cdot 450\ \text{mm}}{10} = \mathbf{180\ mm}$

$= \frac{4 \cdot 225\ \text{mm}}{10} = \mathbf{90\ mm}$

$= \frac{4 \cdot 150\ \text{mm}}{10} = \mathbf{60\ mm}$

3.1 Toleranzen

Berechnen Sie die Toleranzen folgender Maßangaben:

a) $134^{+0,2}_{-0,5}$ d) $42,5^{+0,011}_{-0,005}$

b) $333^{+0,57}_{-0}$ e) $250^{-0,170}_{-0,285}$

c) $67^{+0,148}_{+0,102}$ f) $121^{-0,077}_{-0,117}$

3.2 Größtmaß, Kleinstmaß

Berechnen Sie zu jeder Maßangabe die Toleranz, das Größtmaß und das Kleinstmaß:

a) $23^{+0,013}_{-0,052}$ c) $139^{+0,311}_{-0,248}$

b) $80^{+0,013}_{-0,009}$ d) $370^{-0,018}_{-0,054}$

3.3 Abmaße

Berechnen Sie das fehlende Abmaß:

	a)	b)	c)	d)
Toleranz	0,011	0,062	0,054	0,022
oberes Abmaß	+0,012	?	?	?
unteres Abmaß	?	−0,142	+0,210	−0,034

3.4 Toleranzen

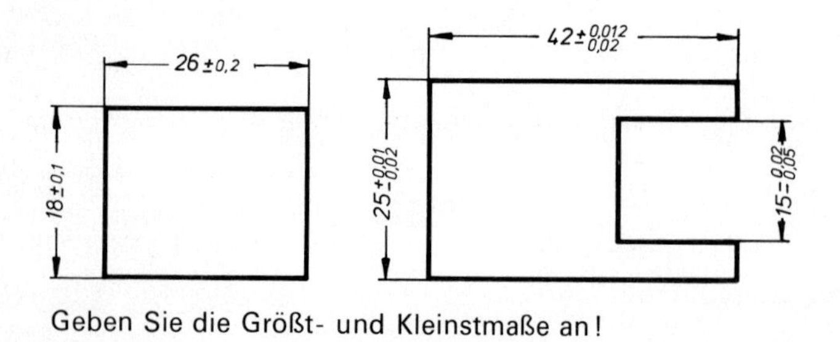

Geben Sie die Größt- und Kleinstmaße an!

3.5 Kettenmaße

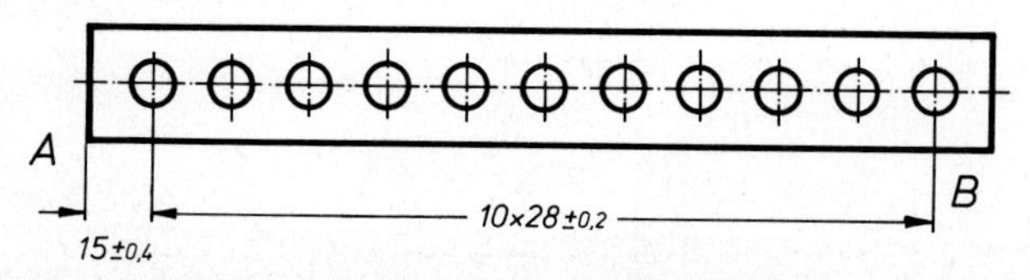

Gesucht: a) Größtmaß AB, b) Kleinstmaß AB.

3.6 Gleitstein

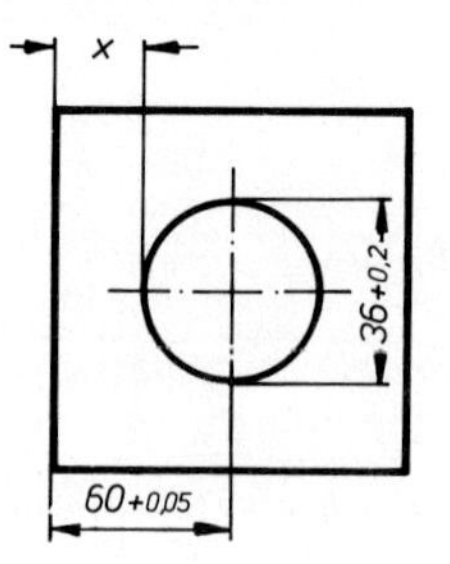

Gesucht:
Größt- und Kleinstmaß von x.

3.7 Vergrößerung

Folgende Werkstückmaße sind für die Maßstäbe

a) 2:1 b) 5:1 c) 10:1

in Zeichnungsmaße umzurechnen:

13,4 mm, 2,8 mm, 33,2 mm, 17,5 mm

3.8 Verkleinerung

Werkstückmaße:

355 mm, 1024 mm, 1256 mm, 705 mm

Gesucht: Zeichnungsmaße für die Verkleinerung in den Maßstäben

a) 1:2,5 b) 1:5

3.9 Werkstückmaße

In einer Zeichnung im Maßstab 1:5 fehlen die Maßzahlen. Berechnen Sie die Werkstückmaße für folgende Zeichnungsmaße:

85 mm, 128 mm, 66 mm, 204 mm

► 3.10 Zusammenstellungszeichnung

Eine Einzelteilzeichnung M 1:2,5 ohne Maßzahlen wird in eine Zusammenstellungszeichnung M 1:20 übertragen. Berechnen Sie die Zeichnungsmaße für M 1:20, wenn auf der Einzelteilzeichnung folgende Längen gemessen wurden:

425 mm, 280 mm, 96 mm, 740 mm

4 **Kreisumfang** (gestreckte Längen)

Kreisumfang **Kreisbogen**

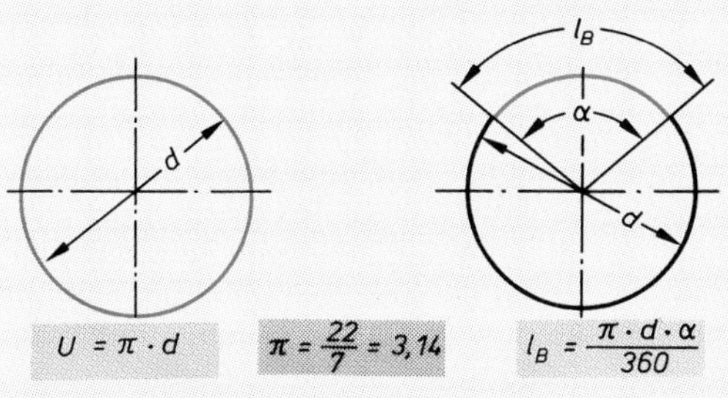

Bezeichnungen:

U	Umfang	l_B	Bogenlänge
d	Durchmesser	α	Mittelpunktswinkel

Tabellenbenutzung

Ganze Vielfache von π können in Tabellen meist direkt nachgeschlagen werden. Beim Vervielfachen mit Dezimalbrüchen ist vor dem Ablesen zu erweitern und das Ergebnis wieder zu kürzen.

Beispiel: Kreisumfang mit Hilfe der Tabelle

Berechnen Sie den Kreisumfang mit Hilfe von Tabellen zu folgenden Durchmessern: a) $d = 44$ mm
b) $d = 6{,}3$ mm
c) $d = 1\,140$ mm

Lösung: a) $d = 44$ mm
$U =$ **138,23 mm**

b) $d = 6{,}3$ mm
$d' = 6{,}3 \text{ mm} \cdot 10 = 63$ mm
$U' = 197{,}92$ mm
$U = 197{,}92 \text{ mm} : 10 =$ **19,792 mm**

c) $d = 1\,140$ mm
$d' = 1\,140 \text{ mm} : 10 = 114$ mm
$U' = 358{,}14$ mm
$U = 358{,}14 \text{ mm} \cdot 10 =$ **3581,4 mm**

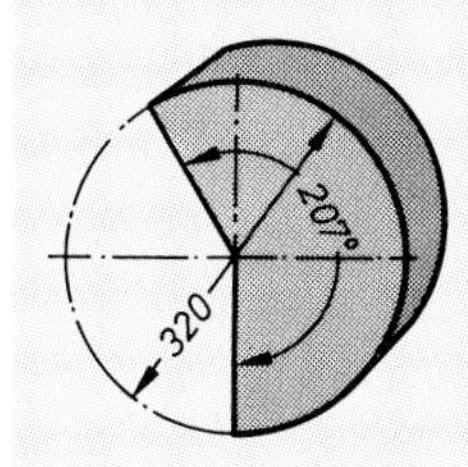

Beispiel: Bogenlänge einer Schutzhaube

Zur Herstellung des Rückens einer Schutzhaube benötigt man die Bogenlänge der Seitenfläche. Berechnen Sie l_B.

Lösung: $l_B = \frac{\pi \cdot d \cdot \alpha}{360°} = \frac{\pi \cdot \overset{8}{\cancel{320}} \text{ mm} \cdot \overset{23}{\cancel{207°}}}{\underset{9}{\cancel{360°}} \quad 1} = \pi \cdot 184 \text{ mm} =$ **577,76 mm**

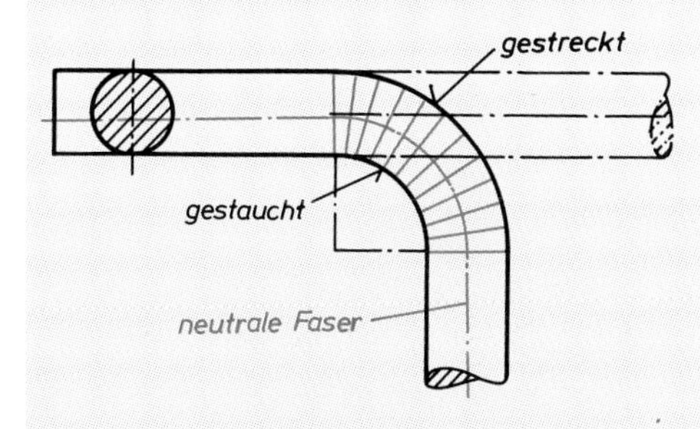

Gestreckte Längen

Beim Biegen von Werkstücken werden die äußeren Fasern durch Zugkräfte gestreckt, die inneren durch Druckkräfte gestaucht.
Die neutrale Faser ist die Faser, die sich in ihrer Länge nicht verändert.

Die Ausgangslänge für Biegeteile – die gestreckte Länge – ist die Länge der neutralen Faser.

Bei kreisförmigen, quadratischen und rechteckigen Querschnitten fällt die neutrale Faser auf die Mittellinie.

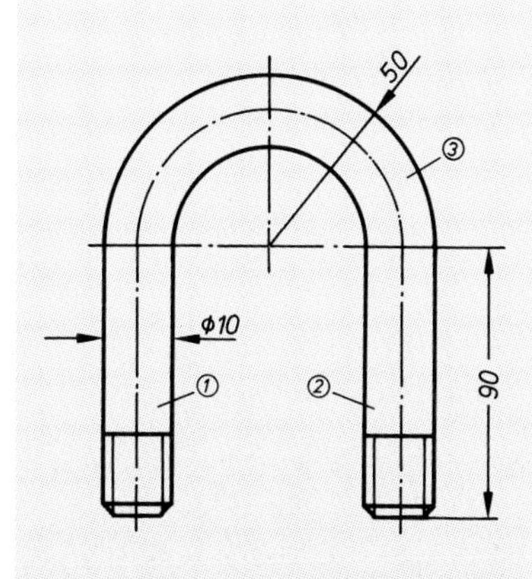

Beispiel: Bügel

Gesucht: Gestreckte Länge.

Lösung: 1. Strecke — 90,00 mm

2. Strecke — 90,00 mm

3. Kreisbogen $= \frac{\text{Umfang}}{2}$

Durchmesser außen: $d_a = 100$ mm
Durchmesser der neutralen Faser: $d_m = 100 \text{ mm} - 10 \text{ mm}$
$d_m = 90$ mm

$\frac{U}{2} = \frac{\pi \cdot d_m}{2} = \frac{\pi \cdot 90 \text{ mm}}{2} = \pi \cdot 45 \text{ mm} =$ — 141,37 mm

Gestreckte Länge — **321,37 mm**

Druck- und Zugfedern

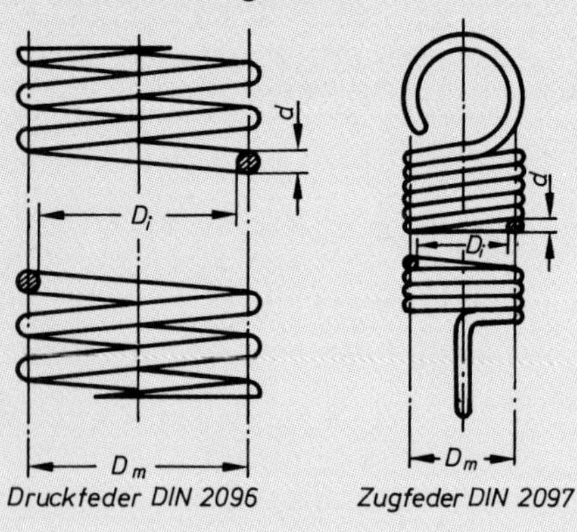

Druckfeder DIN 2096 Zugfeder DIN 2097

Bei der Ermittlung der gestreckten Längen von Druck- und Zugfedern werden die angeschliffenen bzw. umgebogenen Enden als 2 volle Windungen gerechnet.

Bezeichnungen:

D_m mittlerer Windungsdurchmesser
D_i innerer Windungsdurchmesser
d Drahtdurchmesser
i_f Zahl der federnden Windungen
l Drahtlänge

$$l = \pi \cdot D_m \, (i_f + 2)$$

Beispiel: Zugfeder

Der innere Windungsdurchmesser einer zylindrischen Zugfeder ist $D_i = 32$ mm. Der Drahtdurchmesser beträgt $d = 3$ mm. Die Feder soll 8 federnde Windungen erhalten. Berechnen Sie die gestreckte Länge.

Lösung: $D_m = D_i + d = 32 \text{ mm} + 3 \text{ mm} = 35 \text{ mm}$

$l = \pi \cdot D_m \, (i_f + 2) = \pi \cdot 35 \text{ mm} \cdot (8+2) = \pi \cdot 35 \text{ mm} \cdot 10 = \pi \cdot 350 \text{ mm} = \mathbf{1\,099{,}6 \text{ mm}}$

■ Aufgaben zu Kreisumfang (gestreckte Längen)

4.1 Tabellenbenutzung

Schlagen Sie den Kreisumfang zu folgenden Durchmessern im Tabellenbuch auf:

a) 9 mm
b) 72 cm
c) 8,6 mm
d) 0,043 m
e) 9,57 cm
f) 1380 mm

4.4 Wegstreckenmesser

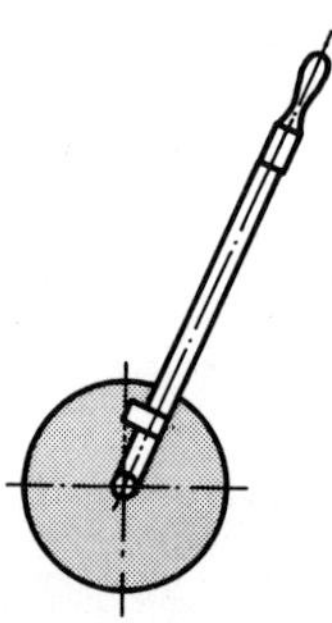

Ein Streckenmesser hat einen Scheibendurchmesser von 240 mm. Welche Wegstrecke wurde zurückgelegt, wenn am Zähler 823 Umdrehungen abgelesen werden?

4.2 Tabellenbenutzung

Suchen Sie im Tabellenbuch die Durchmesser zu folgenden Kreisumfängen:

a) 559,2 mm
b) 7,854 dm
c) 11,153 cm
d) 1,756 m
e) 0,886 m
f) 3550 mm

4.5 Metallbandsäge

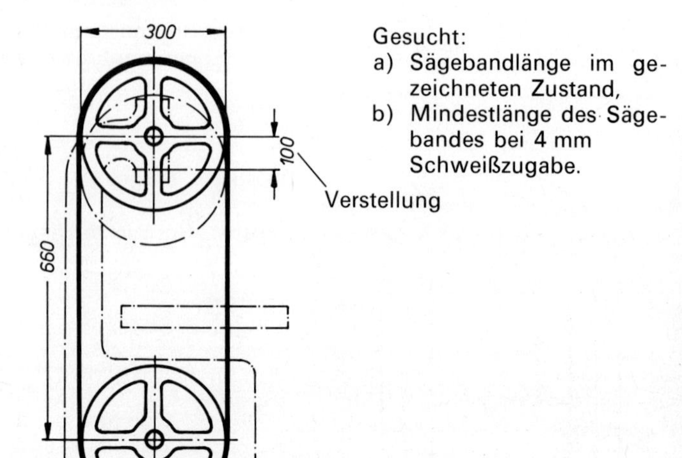

Gesucht:
a) Sägebandlänge im gezeichneten Zustand,
b) Mindestlänge des Sägebandes bei 4 mm Schweißzugabe.

4.3 Riementrieb

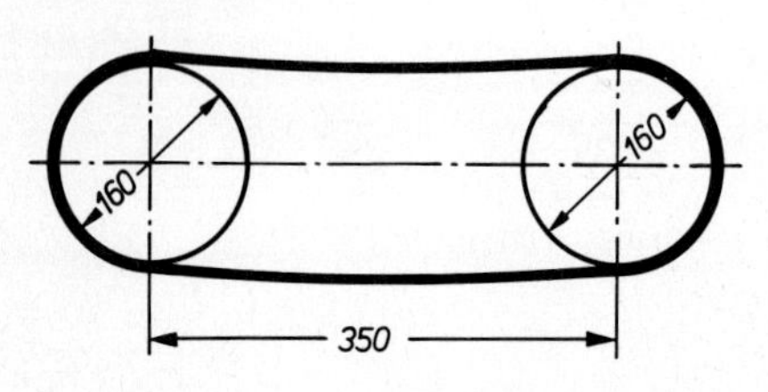

Gesucht:
a) Riemenlänge
b) Riemenlänge bei 420 mm Achsabstand, 180 mm Riemenscheibendurchmesser.

Durchhang und Riemendicke werden nicht berücksichtigt.

4.6 Schnittkantenlänge

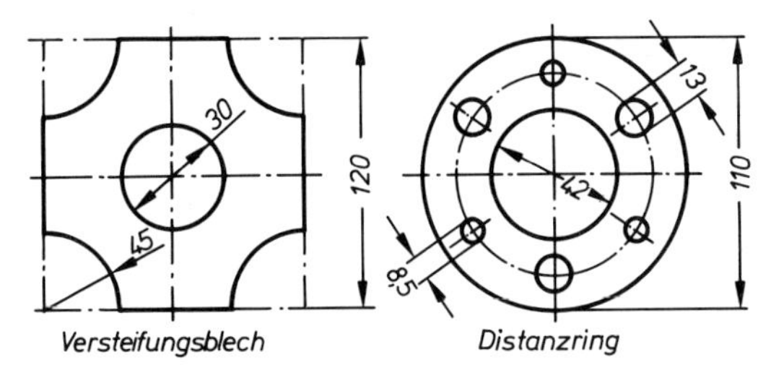

Versteifungsblech *Distanzring*

Gesucht: Länge der Schnittkante innen und außen.

4.7 Gliederkette

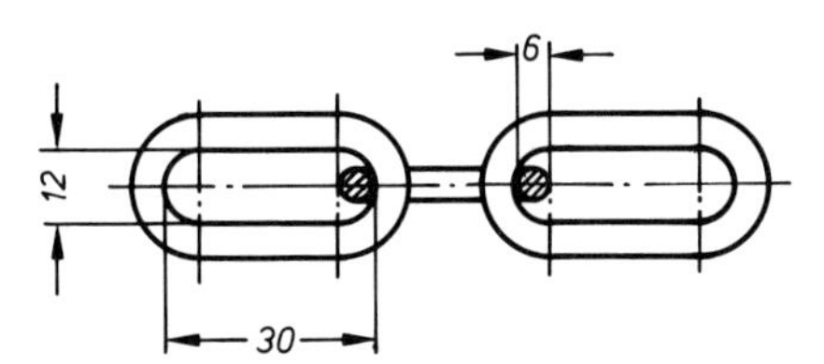

Gesucht:
Länge des Ausgangswerkstoffs für 1 Glied.

4.8 Gebogener Flachstahl

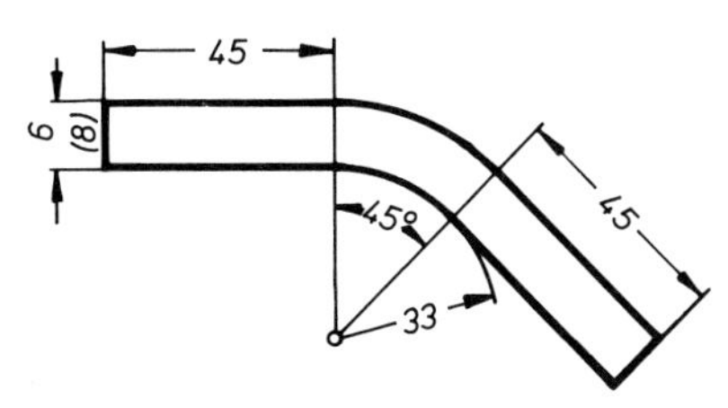

Gesucht:
Gestreckte Länge des Ausgangswerkstoffs.

4.9 Bügel

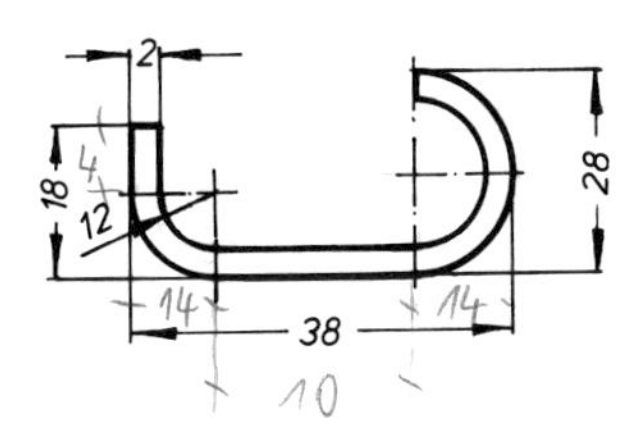

Gesucht:
Gestreckte Länge des Ausgangswerkstoffs.

4.10 Scharnierblech

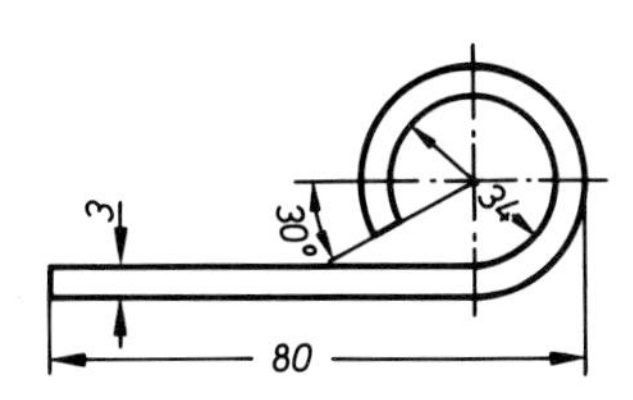

Gesucht:
Gestreckte Länge des Ausgangswerkstoffs.

4.11 Wickeldorn für Schraubenfeder

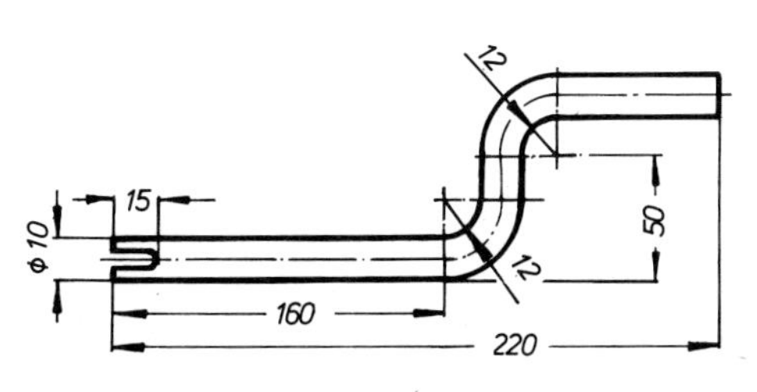

Gesucht:
Gestreckte Länge des Rundmaterials.

4.12 Haken

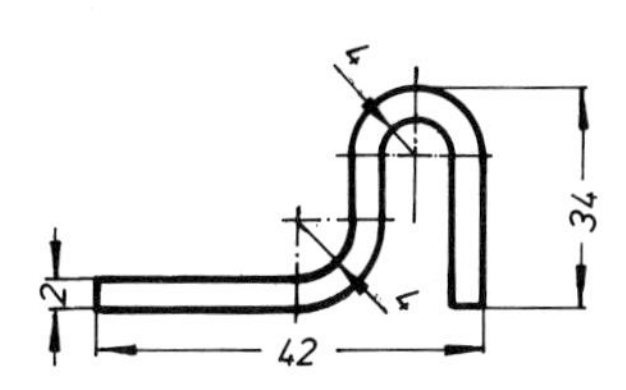

Gesucht:
Gestreckte Länge des Ausgangswerkstoffs.

4.13 Druckfeder

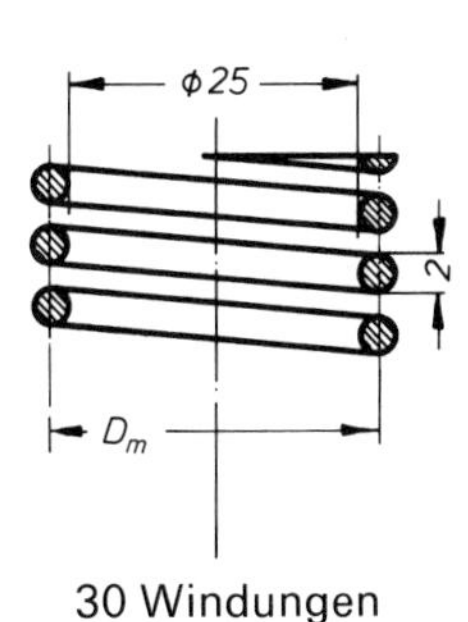

30 Windungen

Gesucht:
a) Mittlerer Durchmesser D_m,
b) Drahtlänge für 600 Federn,
c) Drahtlänge für 600 Federn bei 20 mm Innendurchmesser.

4.14 Zugfeder

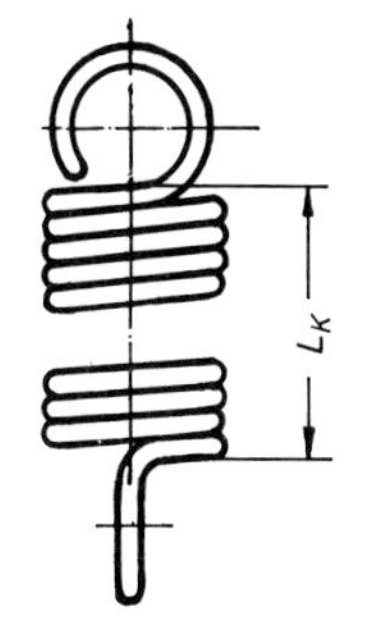

Innendurchmesser: 19 mm;
Drahtstärke: 1 mm

Gesucht:
a) Mittlerer Durchmesser,
b) Drahtlänge für 1 Feder bei 24 (33) Windungen,
c) Länge L_k der Feder.

4.15 Halter

Flachstahl 40×10

70, R8, 60, 140, 60

Gesucht:
Gestreckte Länge des Flachstahls

► 4.16 Klammer

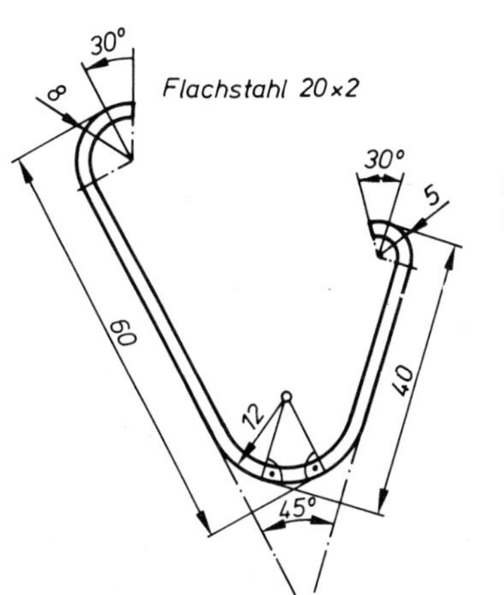

Gesucht:
Gestreckte Länge

5 Winkel- und Zeitmaße

Winkelmaße

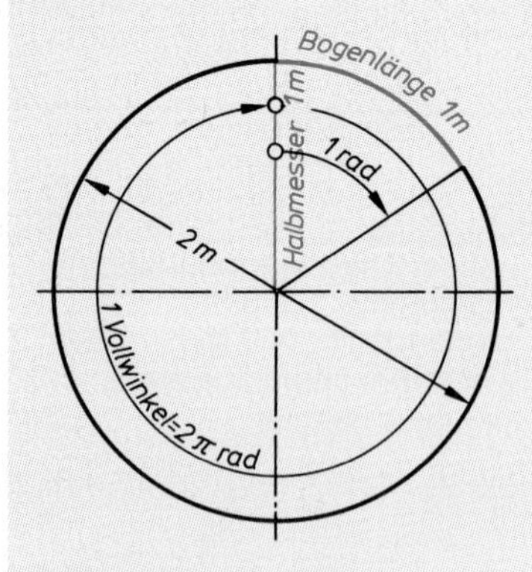

Nach dem „Gesetz über Einheiten im Meßwesen" vom 2. Juli 1969 ist der Grad als Einheit für Winkelgrößen weiter zulässig. Gleichzeitig wird die abgeleitete Einheit eines ebenen Winkels, der **Radiant,** mit dem Einheitenzeichen rad, eingeführt.
Darunter versteht man den Mittelpunktswinkel, der aus einem Kreis mit dem Halbmesser 1 m einen Bogen der Länge 1 m ausschneidet.

Beziehungen

1 Vollwinkel ist 2 πmal mehr als 1 rad.
1 Rechter Winkel (Zeichen: ∟) ist der 4. Teil eines Vollwinkels.
1 Grad (Zeichen: °) ist der 90. Teil eines rechten Winkels.
1 Minute (Zeichen: ′) ist der 60. Teil eines Grad.
1 Sekunde (Zeichen: ″) ist der 60. Teil einer Minute.

Der Grad ist eine aus dem Radiant abgeleitete Einheit.

Im Maschinenbau ist der Grad die wichtigste Einheit für Winkelgrößen.

Vollwinkel	1 Vollwinkel = 2 π rad
Rechter Winkel	1 ∟ $= \frac{\pi}{2}$ rad
Grad	1° $= \frac{\pi}{180}$ rad
Minute	$1' = \frac{1°}{60} = \frac{\pi}{10\,800}$ rad
Sekunde	$1'' = \frac{1'}{60} = \frac{\pi}{648\,000}$ rad

Zeitmaße

Die Zeit ist eine Basisgröße und hat als Einheit die **Sekunde** mit dem Zeichen s.

Beziehungen

Minute	1 min = 60 · 1 s = 60 s
Stunde	1 h = 60 · 1 min = 3600 s
Tag	1 d = 24 · 1 h = 86400 s

Die Grundrechenarten lassen sich auch bei Winkeln und Zeiten anwenden. Aber: Vorsicht, wenn die Zahl 60 überschritten wird.

Beispiel 1:
Zusammenzählen (Winkel)

33° 54′ 12″
+11° 23′ 16″
44° 77′ 28″

1° = 60′

45° 17′ 27″

Abziehen (Zeiten)

43 h 19 min 38 s
−12 h 58 min 27 s

1 h = 60 min

42 h 79 min 38 s
−12 h 58 min 27 s
30 h 21 min 11 s

Beispiel 2:
Vervielfachen (Winkel)

(17° 34′ 11″) · 4
68° 136′ 44″

1° = 60′

70° 16′ 44″

Teilen (Zeiten)

(7 h 35 min 40 s) : 5

7 h : 5 = **1 h**
−5 h
2 h = 120 min

155 min : 5 = **31 min**

40 s : 5 = **8 s**

1 h 31 min 8 s

Aufgaben zu Winkel- und Zeitmaßen

5.1 Winkeleinheiten

Verwandeln Sie in Minuten:

a)	3°	e)	1° 12′ 30″
b)	2,5°	f)	3° 47′ 42″
c)	1,75°	g)	576″
d)	4,05°	h)	2 058″

5.2 Winkel zusammenzählen, abziehen

Berechnen Sie:

a)
14° 33′ 13″
+73° 46′ 29″
+10° 51′ 45″

b)
91° 14′ 9″
−17° 55′ 12″

5.3 Winkel im Dreieck

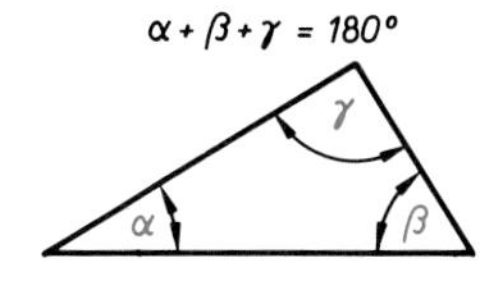

Berechnen Sie den fehlenden Winkel:

a)	b)	c)
$\alpha = 23° 12'$	$\alpha = 94° 27' 18''$	$\alpha = ?$
$\beta = 88° 54'$	$\beta = ?$	$\beta = 103° 9' 54''$
$\gamma = ?$	$\gamma = 35° 41' 57''$	$\gamma = 19° 47' 6''$

5.4 Winkel an Werkzeugschneiden

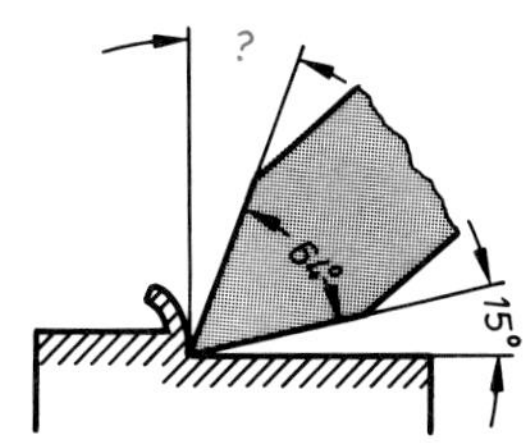

Flachmeißel

Gesucht: Spanwinkel.

Flachschaber

Gesucht: Spanwinkel.

5.5 Zeiteinheiten

Verwandeln Sie in Sekunden:

a)	1 h 51 min 17 s	e)	0,41 h
b)	2,14 h	f)	2 h 8 min
c)	16,3 min	g)	22,8 min
d)	0,39 h	h)	74,25 min

5.6 Zeiteinheiten

Rechnen Sie in h, min und s um:

a) 374,75 min
b) 291,65 min
c) 9 692 s
d) 4 156 s

5.7 Fertigungszeit

Als Bearbeitungszeit für ein Werkstück wurden 1 h 14 min 26 s mit der Stoppuhr gemessen. Berechnen Sie die Auftragszeit für 12 Werkstücke.

5.8 Auftragszeit

Zur Bearbeitung von 7 Drehteilen sind insgesamt 2 h 37 min vorgegeben.
Wieviel Zeit steht für ein Werkstück zur Verfügung, wenn für Nebenarbeiten 7 min 12 s in der Gesamtzeit enthalten sind?

6 Flächen

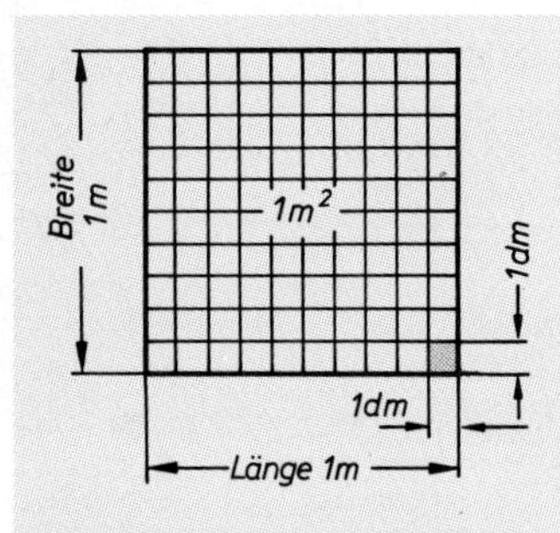

Aus der Länge und Breite einer Fläche, gemessen in m, ergibt sich die Einheit Quadratmeter.

$1\ \text{m} \cdot 1\ \text{m} = 1\ \text{m}^2$

$1\ \text{m}^2 = 100\ \text{dm}^2 = 100 \cdot 100\ \text{cm}^2 = 100 \cdot 100 \cdot 100\ \text{mm}^2$

$1\ \text{m}^2 = 100\ \text{dm}^2 = 10\,000\ \text{cm}^2 = 1\,000\,000\ \text{mm}^2$

Flächenberechnung

Quadrat **Rechteck** **Parallelogramm** **Trapez**

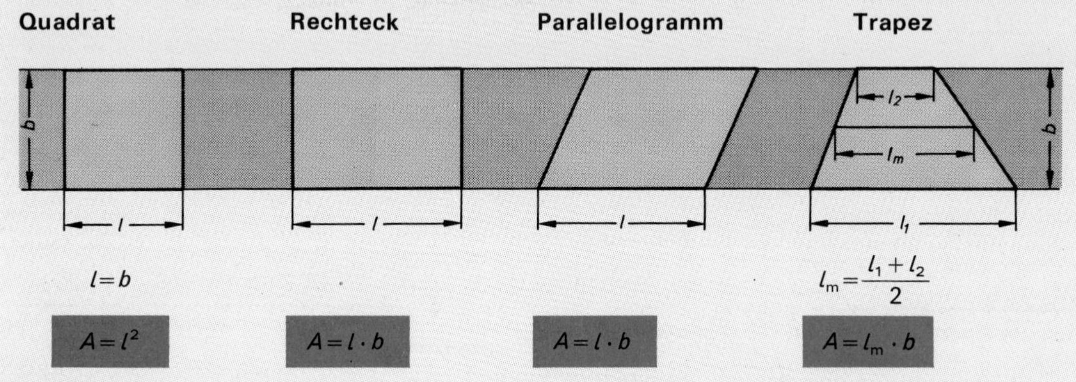

Quadrat: $l = b$

$A = l^2$

Rechteck: $A = l \cdot b$

Parallelogramm: $A = l \cdot b$

Trapez: $l_m = \dfrac{l_1 + l_2}{2}$

$A = l_m \cdot b$

Dreiecke **Kreis** **Ellipse**

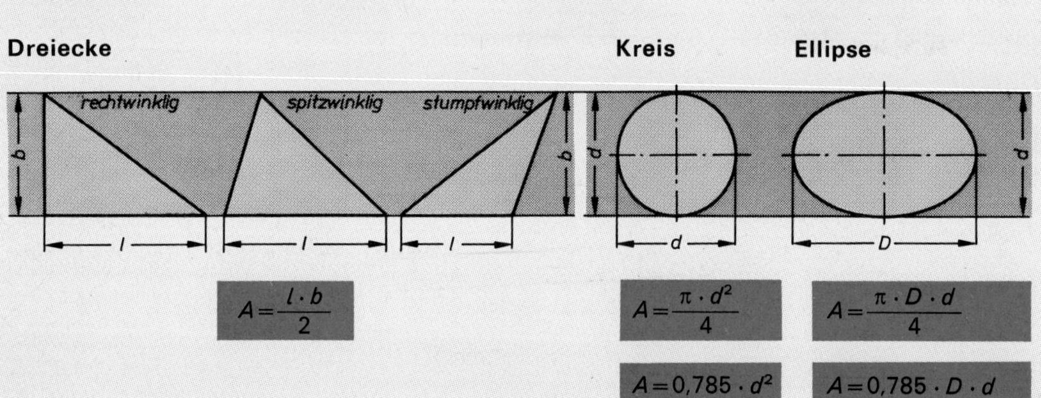

Dreiecke: $A = \dfrac{l \cdot b}{2}$

Kreis: $A = \dfrac{\pi \cdot d^2}{4}$

$A = 0{,}785 \cdot d^2$

Ellipse: $A = \dfrac{\pi \cdot D \cdot d}{4}$

$A = 0{,}785 \cdot D \cdot d$

zum Kopfrechnen: $A \approx \dfrac{3}{4} \cdot d^2$

Kreisring **Kreisausschnitt** **Kreisabschnitt**

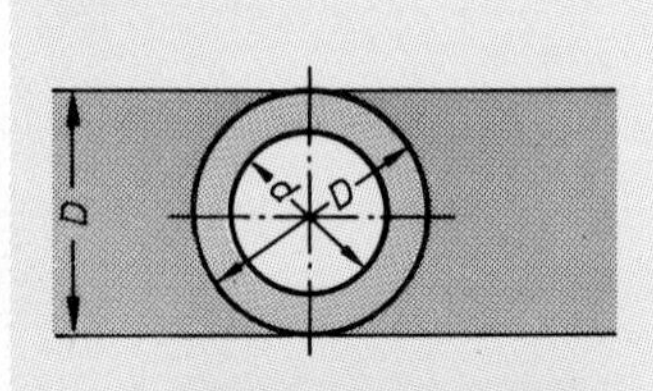

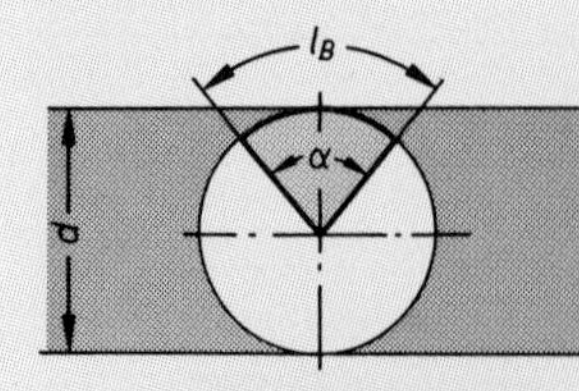

Kreisring:

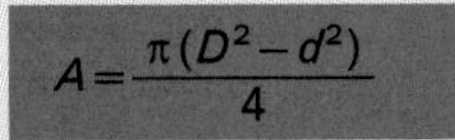

$A = \dfrac{\pi (D^2 - d^2)}{4}$

$A = 0{,}785\,(D^2 - d^2)$

Kreisausschnitt: $A = \dfrac{\pi \cdot d^2}{4} \cdot \dfrac{\alpha}{360}$

$A = \dfrac{l_B \cdot d}{4}$

Kreisabschnitt: $A \approx \dfrac{2}{3} \cdot l \cdot b$

Bezeichnungen:

A	Fläche	l_1, l_2	Längen im Trapez	D	Durchmesser
l	Länge	l_m	Mittellänge	l_B	Bogenlänge
b	Breite	d	Durchmesser	α	Mittelpunktswinkel

Tabellenbenutzung

Zur Berechnung einer quadratischen oder kreisförmigen Fläche können Tabellen benutzt werden.

Beispiel 1: Quadratfläche

Berechnen Sie die Fläche des Quadrats mit der Kantenlänge $l = 2{,}6$ cm.

Lösung: $A = l^2$

$A' = l' \cdot l' = 10 \cdot 2{,}6 \text{ mm} \cdot 10 \cdot 2{,}6 \text{ mm}$

$A' = 26 \text{ mm} \cdot 26 \text{ mm} = 676 \text{ mm}^2$

$A = \frac{676 \text{ mm}^2}{10 \cdot 10} = \mathbf{6{,}76\ mm^2}$

Beispiel 2: Kreisfläche

Berechnen Sie die Fläche des Kreises mit dem Durchmesser $d = 0{,}25$ cm.

Lösung: $A = \frac{\pi \cdot d^2}{4}$

$d' = 100 \cdot 0{,}25 \text{ cm} = 25 \text{ cm}$

$A' = 490{,}874 \text{ cm}^2$

$A = \frac{490{,}874 \text{ cm}^2}{100 \cdot 100} \approx \mathbf{0{,}049\ cm^2}$

Beispiel 3: Kantenlänge eines Quadrats

Ermitteln Sie mit Hilfe des Tabellenbuchs die Kantenlänge zur Quadratfläche $A = 26{,}42 \text{ cm}^2$.

Lösung: $A = 26{,}42 \text{ cm}^2$

l liegt zwischen 5 cm und 6 cm

$A' = 264196 \text{ cm}^2 \rightarrow l' = 514$ cm

$A = 26{,}4196 \text{ cm}^2 \rightarrow l = \mathbf{5{,}14\ cm}$

Beispiel 4: Kreisdurchmesser

Ermitteln Sie mit Hilfe des Tabellenbuchs den Durchmesser zur Kreisfläche $A = 1432 \text{ mm}^2$.

Lösung: $A = 1432 \text{ mm}^2$

d liegt zwischen 42 mm und 43 mm

$A' = 143201 \text{ mm}^2 \rightarrow d' = 427$ mm

$A = 1432 \text{ mm}^2 \rightarrow d = \mathbf{42{,}7\ mm}$

Zusammengesetzte Flächen

Im Maschinenbau haben nur wenige Werkstücke einfache geometrische Formen. Die Mehrzahl setzt sich aus verschiedenen Flächenformen mit runden und anderen Durchbrüchen zusammen. Solche Flächen sind in berechenbare Teilflächen zu zerlegen.

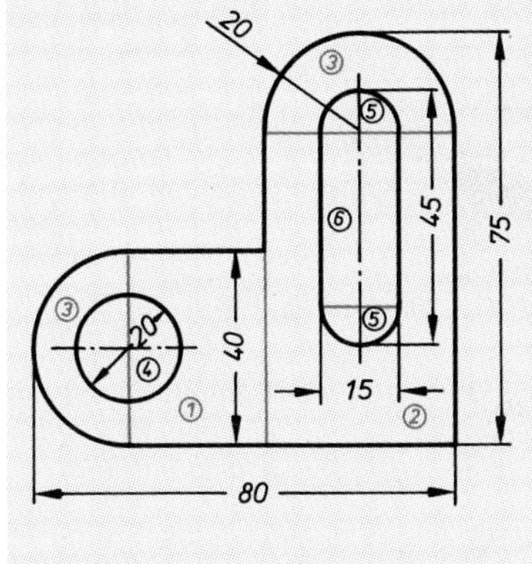

Beispiel: Anschlagblech

Gesucht: Gesamtfläche in cm^2.

Lösung:

❶ Rechteck $A_1 = l \cdot b = 40 \text{ mm} \cdot 20 \text{ mm} = 800{,}0 \text{ mm}^2$

❷ Rechteck $A_2 = l \cdot b = 55 \text{ mm} \cdot 40 \text{ mm} = 2200{,}0 \text{ mm}^2$

❸ Kreis $A_3 = \frac{\pi \cdot d^2}{4} = \frac{\pi \cdot 40^2 \text{ mm}^2}{4} = 1256{,}6 \text{ mm}^2$

Fläche $A_1 + A_2 + A_3 = 4256{,}6 \text{ mm}^2$

❹ Kreis $A_4 = \frac{\pi \cdot d^2}{4} = \frac{\pi \cdot 20^2 \text{ mm}^2}{4} = 314{,}1 \text{ mm}^2$

❺ Kreis $A_5 = \frac{\pi \cdot d^2}{4} = \frac{\pi \cdot 15^2 \text{ mm}^2}{4} = 176{,}7 \text{ mm}^2$

❻ Rechteck $A_6 = l \cdot b = 30 \text{ mm} \cdot 15 \text{ mm} = 450{,}0 \text{ mm}^2$

Durchbrüche $A_4 + A_5 + A_6 = 940{,}8 \text{ mm}^2$ — $940{,}8 \text{ mm}^2$

Gesamtfläche $A_1 + A_2 + A_3 - A_4 - A_5 - A_6 = 3315{,}8 \text{ mm}^2$

Gesamtfläche $A = \mathbf{33{,}16\ cm^2}$

Aufgaben zu Flächen

6.1 Flächeneinheiten

Verwandeln Sie:

a) $2{,}42 \text{ cm}^2$ in mm^2
b) $167{,}2 \text{ dm}^2$ in m^2
c) $3{,}67 \text{ cm}^2$ in dm^2
d) $15{,}6 \text{ m}^2$ in cm^2
e) $0{,}28 \text{ mm}^2$ in dm^2
f) $0{,}63 \text{ dm}^2$ in mm^2
g) $1{,}05 \text{ m}^2$ in dm^2
h) $37{,}469 \text{ mm}^2$ in cm^2

6.2 Quadratstahl

Benutzen Sie das Tabellenbuch!

Gesucht: Querschnitt in mm^2.

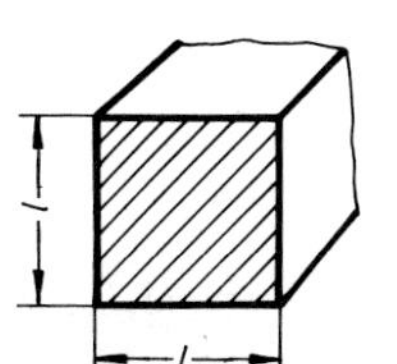

Kantenlänge:
a) 75 mm
b) 62 mm
c) 3,4 cm
d) 55,3 mm

6.3 Quadratstahl

Benutzen Sie das Tabellenbuch!

Gesucht: Kantenlänge.

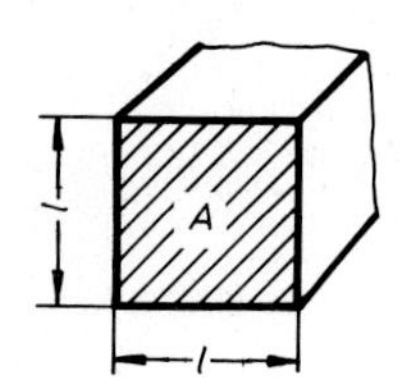

Querschnitt:
a) 484 mm^2
b) 1 936 mm^2
c) 56,25 mm^2
d) 0,0676 m^2

6.4 Breitflanschiger I-Stahl

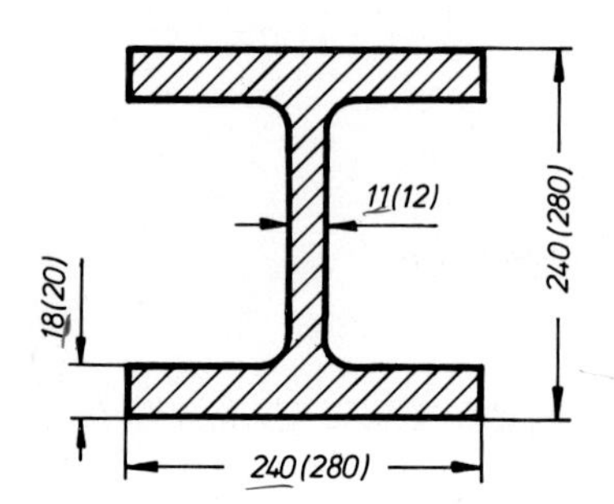

Gesucht:
Querschnitt in cm^2.

(Rundungen werden nicht berücksichtigt)

6.5

Schnittstempel **Bauplatz**

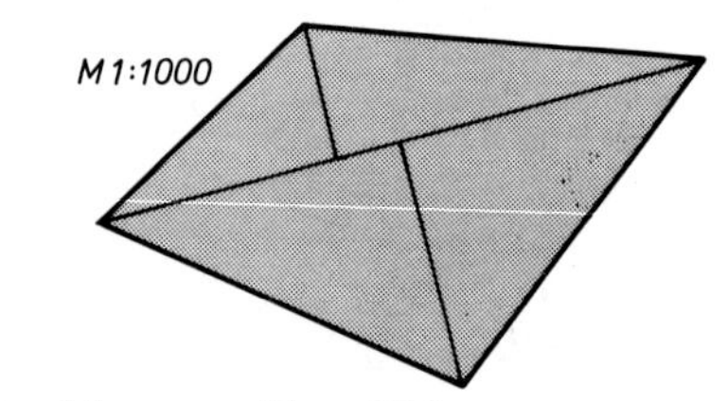

Gesucht:
Querschnitt.

1 m^2 kostet 145,– DM.
Gesucht: a) Flächeninhalt, b) Preis.

6.6

Abdeckung

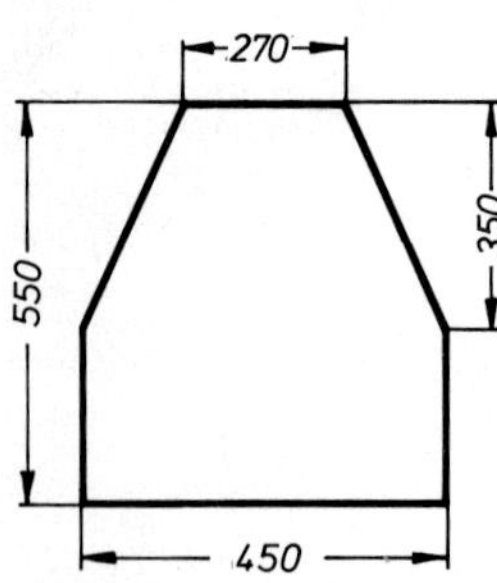

Gesucht:
Flächeninhalt.

Schlittenführung

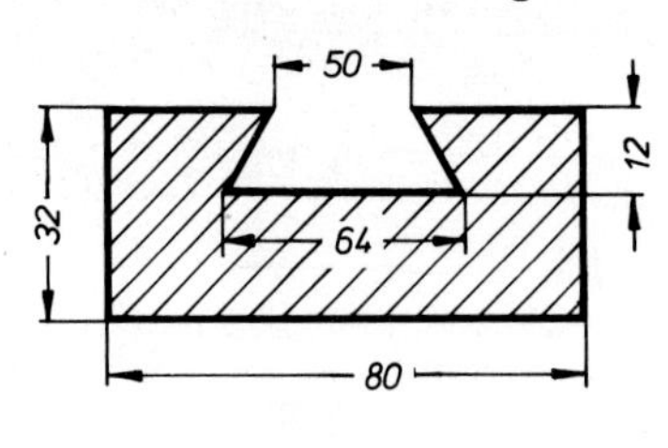

Gesucht:
Flächeninhalt.

6.7 Rohrstütze mit 4 Rippen

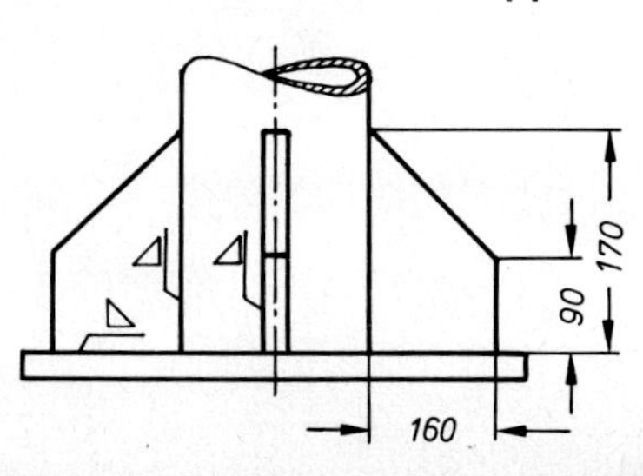

Gesucht:
Blechbedarf für 12 Stützen.

6.8 Rauchabzug

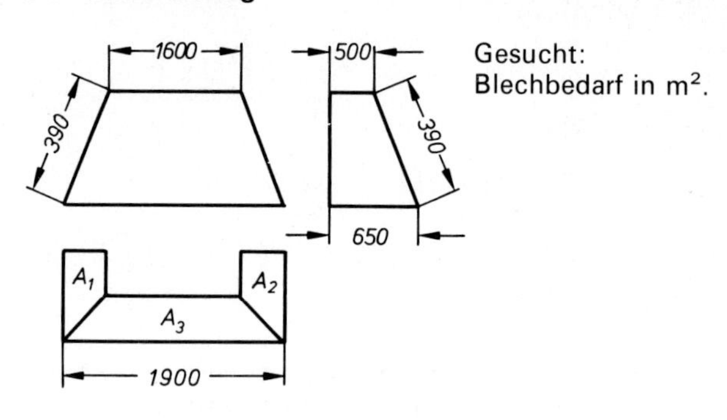

Gesucht:
Blechbedarf in m^2.

▶ 6.9 Flachstahlquerschnitt

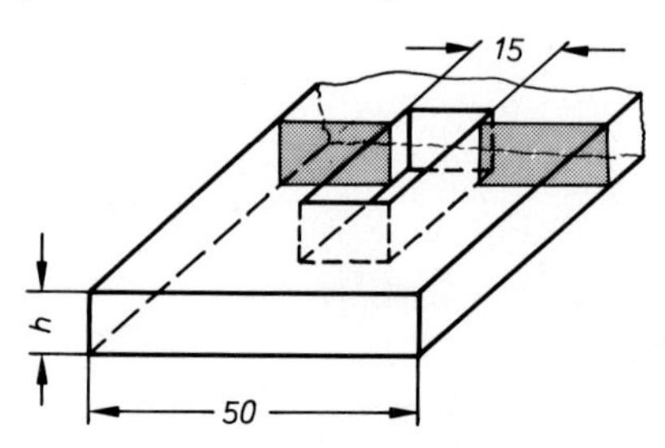

Ein Flachstahl mit 4kant-Durchbruch soll einen Restquerschnitt von $A = 420$ mm^2 haben.
Berechnen Sie die Höhe h.

6.10 Kreisfläche, Kreisdurchmesser

Benutzen Sie das Tabellenbuch!

a) $d = 26$ cm; $A = ?$ cm^2
b) $d = 48{,}5$ mm; $A = ?$ mm^2
c) $d = 25{,}2$ cm; $A = ?$ cm^2
d) $d = 0{,}84$ m; $A = ?$ m^2
e) $A = 43$ mm^2 $d = ?$ mm
f) $A = 30$ cm^2 $d = ?$ cm
g) $A = 1\,006{,}6$ cm^2; $d = ?$ cm
h) $A = 38{,}05$ cm^2; $d = ?$ cm

6.11

Rohrquerschnitt

Außen-∅: 18 (35) mm
Innen-∅: 14 (32) mm

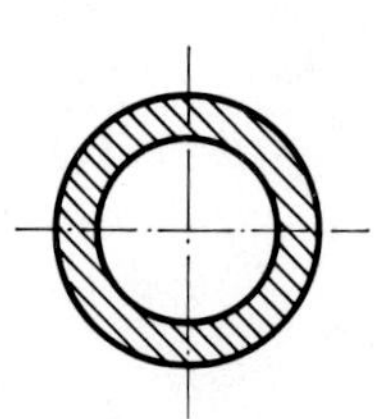

Gesucht:
Werkstoffquerschnitt.

Rundstahl

Querschnitte:
19,64 mm^2
113,10 mm^2
176,72 mm^2

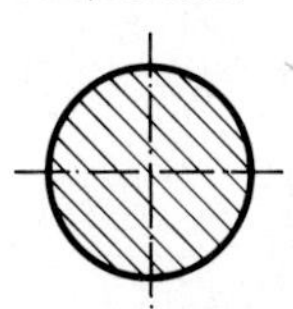

Gesucht:
Durchmesser.

6.12

Kesselboden

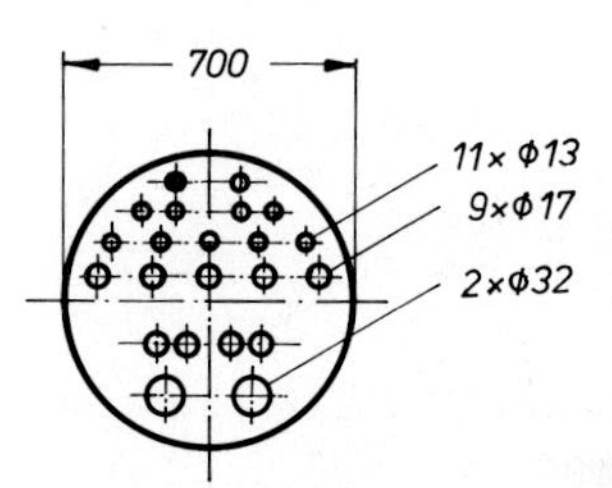

Gesucht:
Restquerschnitt des Kesselbodens in cm^2.

Dichtung

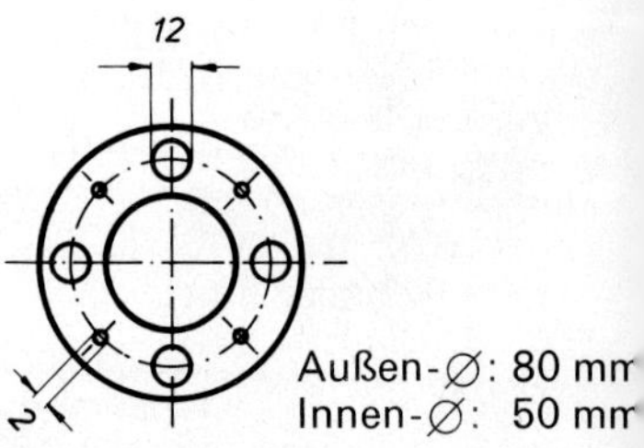

Außen-∅: 80 mm
Innen-∅: 50 mm

Gesucht:
Dichtfläche in cm^2.

6.13 Lüftungsabzweig

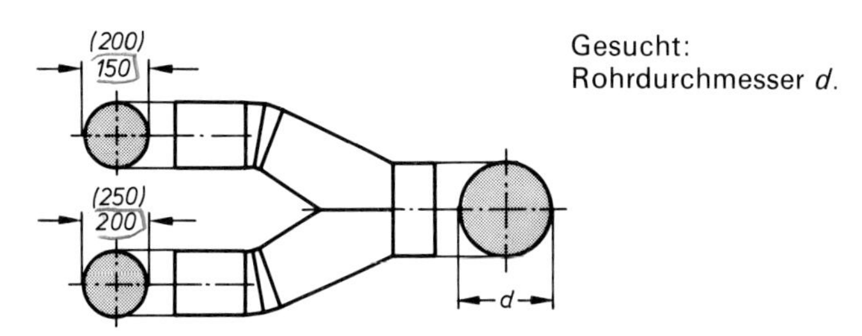

Gesucht:
Rohrdurchmesser *d*.

Anmerkung: Der abgehende Querschnitt muß so groß wie die zugeführten Querschnitte sein.

6.14 Schutzhaube

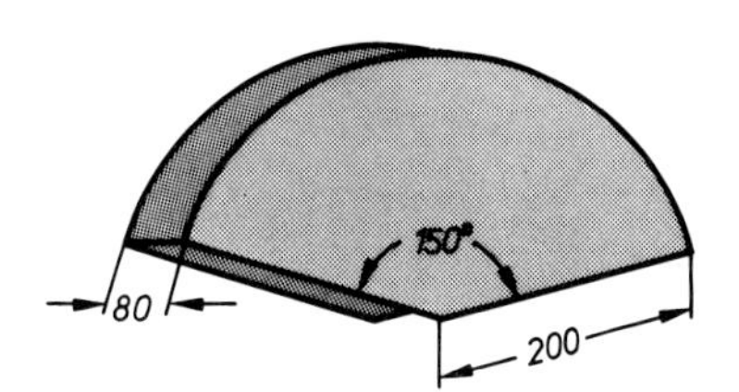

Gesucht:
Blechbedarf bei 30% Verschnittzuschlag.

6.15 Schutzhaube für Schleifscheibe

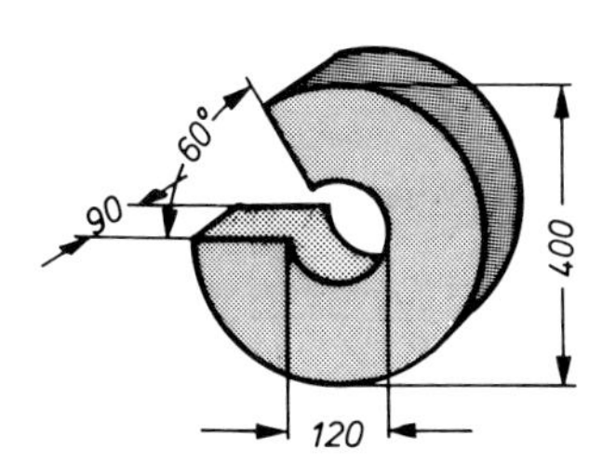

Gesucht:
Blechbedarf bei 30% Verschnittzuschlag.

6.16

Abdeckhaube **Werkzeugvierkant**

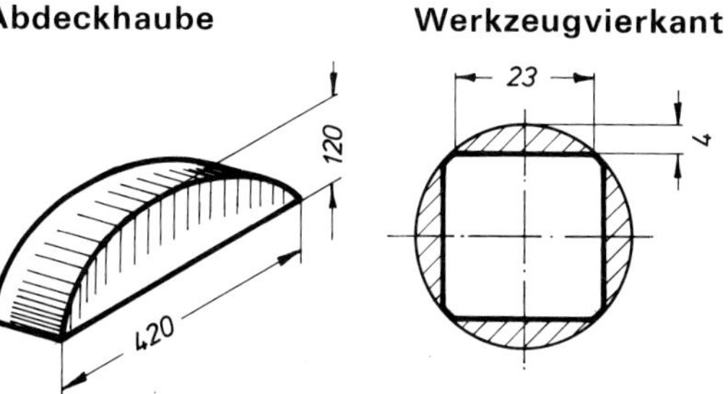

Gesucht: Flächeninhalt der 2 Seitenflächen.

Gesucht:
Zerspanter Querschnitt.

6.17

Segment-Schleifkörper **Schnittstempel**

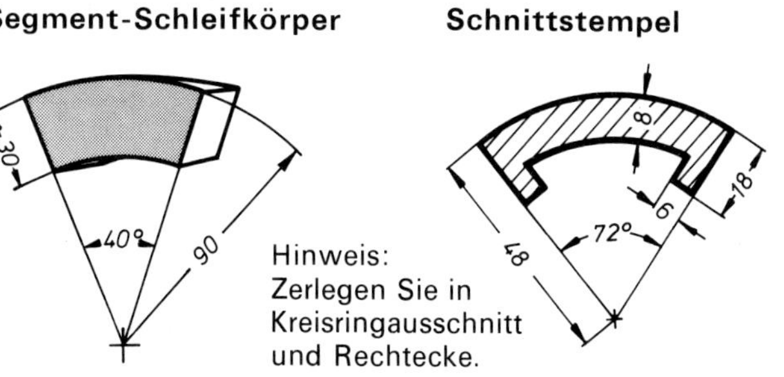

Hinweis:
Zerlegen Sie in Kreisringausschnitt und Rechtecke.

Gesucht:
Punktierte Arbeitsfläche.

Gesucht:
Schraffierte Fläche.

6.18

Schnittplatte **Flansch**

Gesucht: Flächeninhalt.

Gesucht: Dichtfläche.

6.19

Schließblech **Abdeckung**

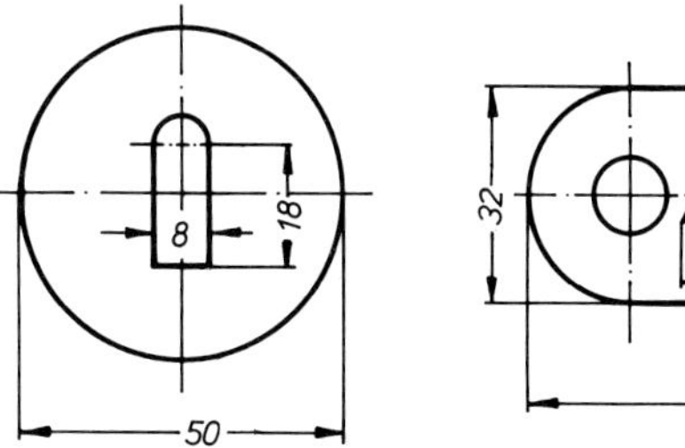

Flächeninhalt in cm^2.

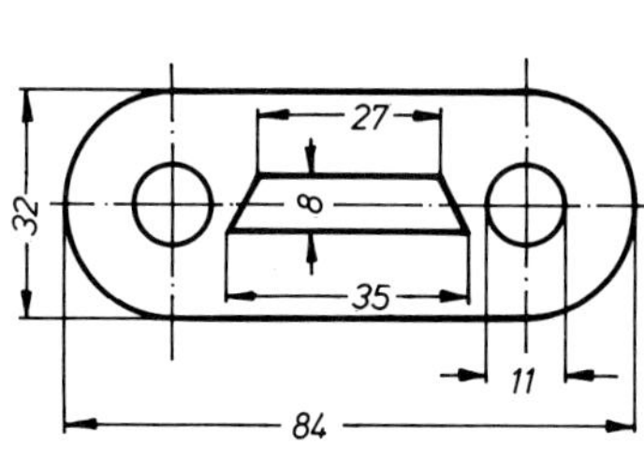

Flächeninhalt in cm^2.

6.20 Formschnitt

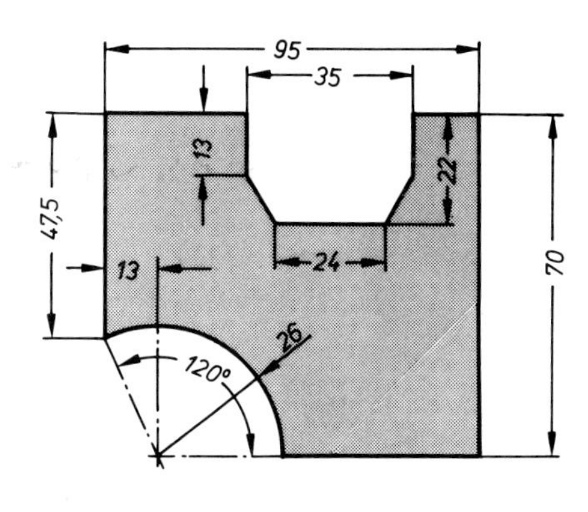

Gesucht:
Flächeninhalt in cm^2.

7 Rechnen mit Klammern

Bei den Grundrechnungsarten unterscheidet man:

1. Strichrechnungen $+$ Addition, $-$ Subtraktion
2. Punktrechnungen $\cdot$ Multiplikation, $:$ Division

Sind beide Rechnungsarten in einer Aufgabe vermischt, gilt: Punktrechnung vor Strichrechnung

Beispiel: $12 \cdot 7 + 5 \cdot 19 - 11 \cdot 13 + 13{,}5 : 9 = ?$

Lösung: $84 + 95 - 143 + 1{,}5 = \mathbf{37{,}5}$

Zusammenhängende Größen einer Aufgabe setzt man zwischen Klammern.

Regel:	**Beispiel:**
Klammern kann man weglassen, wenn vor der Klammer ein +-Zeichen steht.	$13+(24 \cdot 3-5)-16=?$ $13+(\ 72\ -5)-16=?$ $13+\ 67\ -16=64$ $13+\ 24 \cdot 3-5\ -16=64$
Steht vor einer Klammer ein −-Zeichen, kann man die Klammer auflösen, wenn jedes Glied in der Klammer entgegengesetzte Vorzeichen erhält.	$34-(+11+4-17)+23=?$ $34-\ 11-4+17\ +23=59$
Klammern werden mit einer Zahl multipliziert, indem man entweder jedes Glied in der Klammer mit der Zahl multipliziert oder zuerst den Wert der Klammer errechnet und dann malnimmt. Das Malzeichen vor der Klammer wird oft weggelassen.	$4 \cdot (6+13-7)\ =?$ $4 \cdot 6+4 \cdot 13-4 \cdot 7=?$ $24+52-28=48$ $4 \cdot (12)=48$ $4(6+13-7)=48$
Klammern werden durch eine Zahl dividiert, indem man entweder jedes Glied in der Klammer durch die Zahl dividiert oder zuerst den Wert der Klammer errechnet und dann teilt.	$(42-14+35):7\ =?$ $42:7-14:7+35:7=?$ $6-2+5=9$ $(63):7=9$
Beim Multiplizieren und Dividieren ergeben gleiche Vorzeichen + und ungleiche Vorzeichen −. + mal + ergibt + + mal − ergibt − − mal − ergibt +	$-3 \cdot (16+24-44)\ =?$ $-3 \cdot 16-3 \cdot 24+3 \cdot 44=12$
Klammern werden miteinander multipliziert, indem man jedes Glied der einen Klammer mit jedem Glied der anderen Klammer multipliziert oder zuerst den Wert jeder Klammer bestimmt und dann multipliziert	$(3+17) \cdot (5-2)\ =?$ $3 \cdot 5-3 \cdot 2+17 \cdot 5-17 \cdot 2=?$ $15-6+85-34=60$ $(20) \cdot (3)=60$
Eckige Klammern schließen runde Klammern ein. Man rechnet zuerst die runde Klammer.	$3[21-(3+5 \cdot 6)+17]=?$ $3[21-\ 33\ +17]=?$ $3[5]=15$

Aufgaben zum Rechnen mit Klammern

7.1 Nietlänge

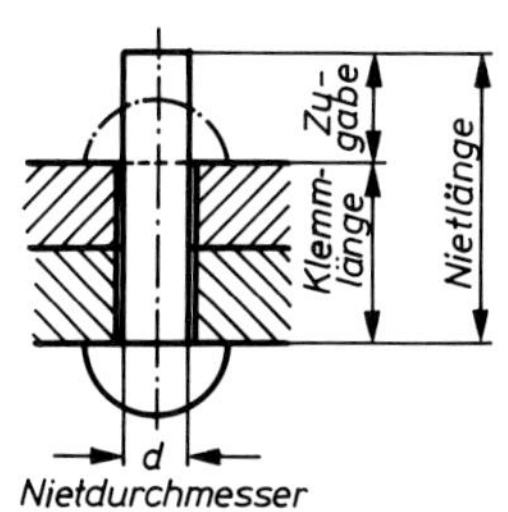

In grober Näherung läßt sich die Nietlänge nach der Formel berechnen:

Nietlänge ≈ Klemmlänge + 1,5 d

$L \approx s + 1{,}5\,d$

	Klemmlänge s in mm	Nietdurchmesser d in mm
I	12	6
II	10	8

Gesucht: Nietlänge L.

7.2 Punkt- und Strichrechnungen

a) $16 \cdot 3 + 4 \cdot 5 - 5 \cdot 3 =$

b) $5 \cdot 17 - 8 \cdot 4 + 3 \cdot 0{,}2 =$

c) $48:16 + 3 \cdot 5 - \frac{15 \cdot 8}{16} =$

d) $32:5 + 16 \cdot 0{,}4 - 19 \cdot 0{,}4 =$

e) $\frac{164 \cdot 0{,}2}{20} + \frac{16{,}6 - 0{,}2}{4} - \frac{15{,}2 - 7{,}1}{3} =$

f) $\frac{612 - 20 \cdot 0{,}3}{101} =$

g) $17:5 - 2{,}52:3{,}6 + \frac{4{,}6}{2} =$

h) $\frac{64 + 8 \cdot 0{,}5}{21{,}5 - 15 \cdot 0{,}3} =$

i) $\frac{6 \cdot 7 + 3}{21 - 12 \cdot 0{,}5} =$

k) $\frac{48 + 7 \cdot 5}{43 - 3 \cdot 0{,}5} =$

7.3 Rechnungen mit Klammern

a) $8 \cdot 3{,}5 + (5{,}5 - 3 \cdot 1{,}5 + 16) - 12{,}5 = ?$

b) $(14 - 9) - (34 - 42 + 12) - (22 - 25) = ?$

c) $(11{,}2 + 3{,}8 - 14{,}6) + (3{,}4 - 15{,}8) - (4{,}4 - 62{,}6) = ?$

d) $143{,}7 - (11{,}6 - 37{,}3 \cdot 4 + 2{,}5 \cdot 1{,}5) - 12{,}4:4 + 33{,}95 = ?$

7.4 Multiplikation und Division von Klammern

a) $12(4 - 1{,}5 - 2 + 5) = ?$

b) $3(28 + 9) - 4(11 - 5) = ?$

c) $(5 - 16)\,6 + 7(2 + 22) = ?$

d) $15:(9 - 3) - 6:(10 - 6) = ?$

e) $(20 + 17 \cdot 2):18 + (9{,}5 - 5{,}5):0{,}5 = ?$

f) $21:(12 - 3 \cdot 2{,}5 + 7{,}5 \cdot 5) + 16{,}5 = ?$

7.5 Rechnung mit mehreren Klammern

a) $(13 + 3)(34 - 29) = ?$

b) $3(9 - 4)(12 + 4 - 8):12 = ?$

c) $14 - (5 + 11)(7 - 4{,}5 + 12{,}5) + 234 = ?$

d) $[164 - (108 - 19)] \cdot [15 - (3 + 4{,}5 - 5)] = ?$

e) $76 + [73 - (35 - 42 + 2)(14 + 8 - 3)] - (17 + 2 - 27) = ?$

f) $32 - [12 - 3(16 + 3 - 21)]:[(15 + 20 - 29) \cdot 1{,}5] = ?$

7.6 Klammerrechnungen

a) $34 + 2(25 - 4) = ?$

b) $16 + (18 - 3)\,3 = ?$

c) $(34 - 5) + 5(16 - 4) = ?$

d) $(64 - 7):(25 - 6) = ?$

e) $(65 - 3 \cdot 4):2 = ?$

f) $56 + 16(4 - 3{,}5) = ?$

g) $(64 \cdot 2) - (88 - 16{,}5) = ?$

h) $78:12 - (12:2 - 2{,}5) = ?$

i) $(7{,}38 - 2{,}2 \cdot 0{,}3):(33{,}2 - 3 \cdot 0{,}4) = ?$

k) $48 - (15{,}7 - 3 \cdot 5{,}8) = ?$

8 Bruchrechnen

Brüche

Ein Bruch besteht aus Zähler, Nenner und Bruchstrich (Teilungszeichen), z. B. $\frac{4}{5}$ ← Zähler ← Nenner

Name	echter Bruch	unechter Bruch	gemischte Zahl	gleichnamige Brüche	ungleichnamige Brüche	Scheinbruch
Beispiel	$\frac{1}{4}$	$\frac{7}{4}$	$1\frac{3}{4}$	$\frac{2}{9}; \frac{4}{9}; \frac{7}{9}$	$\frac{2}{9}; \frac{3}{7}; \frac{1}{8}$	$\frac{7}{1}$
Erklärung	Zähler kleiner als Nenner	Zähler größer als Nenner	Ergebnis eines unechten Bruchs	alle Nenner sind gleich	die Nenner sind unterschiedlich	Nenner ist gleich 1

Regel:

Beim **Erweitern** ist der Zähler und der Nenner eines Bruches mit derselben Zahl zu multiplizieren. Der Wert des Bruches ändert sich nicht.

Beim **Kürzen** ist der Zähler und der Nenner eines Bruches durch dieselbe Zahl zu dividieren. Der Wert des Bruches ändert sich nicht.

Beispiel:

$\frac{1 \cdot 4}{3 \cdot 4} = \frac{4}{12}$

$\frac{4:4}{12:4} = \frac{1}{3}$

Gleichnamige Brüche kann man **addieren** bzw. **subtrahieren,** indem man die Zähler addiert bzw. subtrahiert. Der Nenner bleibt unverändert.

$$\frac{1}{8}+\frac{3}{8}+\frac{5}{8}=\frac{1+3+5}{8}=\frac{9}{8}$$

$$\frac{5}{8}-\frac{1}{8}+\frac{3}{8}=\frac{5-1+3}{8}=\frac{7}{8}$$

Ungleichnamige Brüche kann man erst **addieren** bzw. **subtrahieren,** wenn sie durch einen Hauptnenner gleichnamig geworden sind. Der Hauptnenner ist ein Vielfaches der Einzelnenner.

$$\frac{1}{3}+\frac{3}{4}+\frac{5}{6}=\frac{1\cdot4+3\cdot3+5\cdot2}{12}=\frac{4+9+10}{12}=\frac{23}{12}=1\frac{11}{12}$$

$$\frac{5}{6}-\frac{1}{3}+\frac{3}{4}=\frac{5\cdot2-1\cdot4+3\cdot3}{12}=\frac{10-4+9}{12}=\frac{15:3}{12:3}=\frac{5}{4}=1\frac{1}{4}$$

Brüche kann man **multiplizieren,** indem man Zähler mit Zähler und Nenner mit Nenner multipliziert.
Eine ganze Zahl wird als Scheinbruch eingesetzt und eine gemischte Zahl in einen unechten Bruch verwandelt.

$$\frac{1}{3}\cdot\frac{2}{5}\cdot7=\frac{1\cdot2\cdot7}{3\cdot5\cdot1}=\frac{14}{15}$$

$$\frac{1}{3}\cdot1\frac{2}{5}=\frac{1}{3}\cdot\frac{7}{5}=\frac{1\cdot7}{3\cdot5}=\frac{7}{15}$$

Brüche kann man **dividieren,** indem man den Bruch im Zähler mit dem Kehrwert des Bruchs im Nenner multipliziert.
Eine ganze Zahl wird als Scheinbruch eingesetzt und eine gemischte Zahl in einen unechten Bruch verwandelt.

$$\frac{\frac{1}{3}}{\frac{2}{5}}=\frac{1}{3}\cdot\frac{5}{2}=\frac{1\cdot5}{3\cdot2}=\frac{5}{6}$$

$$\frac{\frac{1}{3}}{7}=\frac{\frac{1}{3}}{\frac{7}{1}}=\frac{1\cdot1}{3\cdot7}=\frac{1}{21}$$

$$\frac{\frac{1}{3}}{2\frac{4}{5}}=\frac{\frac{1}{3}}{\frac{14}{5}}=\frac{1\cdot5}{3\cdot14}=\frac{5}{42}$$

Aufgaben zum Bruchrechnen

8.1 Umwandlung von Brüchen

a) Verwandeln Sie in gemischte Zahlen:

$\frac{16}{12}$; $\frac{33}{15}$; $\frac{30}{9}$; $\frac{74}{16}$; $\frac{127}{5}$

b) Verwandeln Sie in unechte Brüche:

$3\frac{7}{8}$; $8\frac{2}{3}$; $11\frac{4}{7}$; $102\frac{3}{4}$; $21\frac{7}{9}$

8.2 Erweitern

a) mit 3: $\frac{1}{3}$; $\frac{2}{7}$; $\frac{4}{5}$; $\frac{11}{12}$

b) mit 7: $\frac{3}{8}$; $\frac{9}{10}$; $\frac{7}{5}$; $\frac{5}{4}$

c) mit 9: $\frac{1}{2}$; $\frac{2}{5}$; $\frac{3}{7}$; $\frac{6}{5}$

d) mit 5: $1\frac{1}{4}$; $2\frac{1}{6}$; $4\frac{2}{3}$; $11\frac{3}{7}$

8.3 Kürzen Sie folgende Brüche:

a) $\frac{35}{45}$; $\frac{36}{96}$; $\frac{51}{102}$

b) $\frac{17}{85}$; $\frac{36}{108}$; $\frac{56}{16}$

c) $\frac{48}{32}$; $\frac{38}{171}$; $\frac{102}{221}$

d) $\frac{104}{143}$; $\frac{182}{126}$; $\frac{68}{153}$

8.4 Addition

a) $\frac{2}{7}+\frac{3}{5}=?$

b) $\frac{1}{6}+\frac{1}{5}+\frac{2}{3}=?$

c) $3\frac{1}{4}+2\frac{2}{3}+4\frac{7}{8}=?$

d) $1\frac{3}{4}+3\frac{5}{7}+2\frac{3}{8}=?$

8.5 Subtraktion

a) $\frac{3}{5}-\frac{4}{7}=?$

b) $\frac{2}{3}-\frac{2}{5}-\frac{1}{9}=?$

c) $4\frac{3}{5}-1\frac{1}{4}-2\frac{9}{10}=?$

d) $\frac{19}{8}-1\frac{1}{7}-\frac{3}{14}=?$

8.6 Addition und Subtraktion

a) $\frac{4}{5}-\frac{1}{3}+\frac{5}{6}=?$

b) $\frac{3}{5}+2\frac{1}{4}-1\frac{1}{6}=?$

c) $\frac{1}{7}+3-2\frac{3}{8}+\frac{3}{4}=?$

d) $3\frac{4}{5}-5\frac{5}{8}-\frac{1}{3}+\frac{21}{4}=?$

8.7 Multiplikation

a) mit 3: $\frac{4}{5}$; $\frac{7}{9}$; $\frac{4}{7}$; $\frac{11}{12}$

b) mit 7: $1\frac{2}{5}$; $3\frac{2}{7}$; $5\frac{4}{15}$; $2\frac{8}{9}$

c) mit $\frac{1}{5}$: 2; $\frac{1}{2}$; $2\frac{1}{6}$; $3\frac{3}{8}$

d) mit $1\frac{2}{7}$: 3; $\frac{1}{3}$; $4\frac{2}{5}$; $7\frac{1}{4}$

8.8 Division

a) durch 5: $\frac{7}{8}$; $\frac{13}{17}$; $\frac{5}{9}$; $\frac{1}{7}$

b) durch 9: $5\frac{4}{5}$; $2\frac{1}{8}$; $11\frac{3}{4}$; $6\frac{1}{3}$

c) durch $\frac{2}{3}$: 3; $\frac{1}{7}$; $\frac{4}{9}$; $2\frac{1}{6}$

d) durch $1\frac{1}{8}$: 9; $\frac{1}{4}$; $2\frac{5}{9}$; $4\frac{3}{5}$

9 Potenzen und Wurzeln

Potenzen

Werden gleiche Faktoren multipliziert, kann man dafür die abgekürzte Schreibweise der Potenz verwenden.

Beispiel:

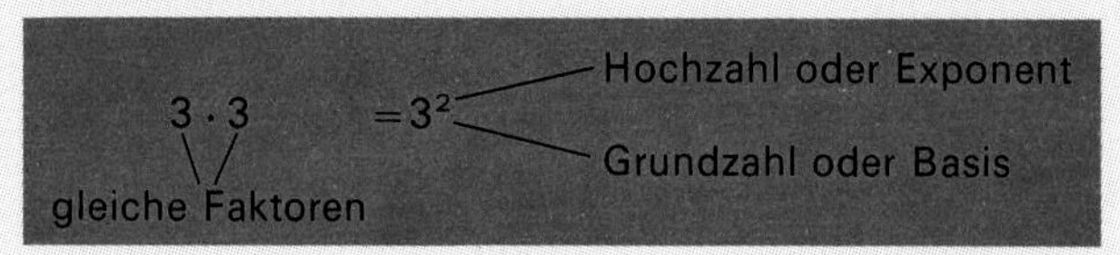

Die Hochzahl (Exponent) einer Potenz gibt an, wie oft die Grundzahl (Basis) als Faktor anzuschreiben ist.

Beispiele:

$6^1 = 6 \qquad = 6$

$3^2 = 3 \cdot 3 \qquad = 9$ sprich: 3 hoch 2 oder 3 im Quadrat

$2^3 = 2 \cdot 2 \cdot 2 \qquad = 8$ sprich: 2 hoch 3

$5^4 = 5 \cdot 5 \cdot 5 \cdot 5 = 625$ sprich: 5 hoch 4

Rechnen mit Potenzen

Regel:

Beispiel:

Nur Potenzen mit gleicher Basis und gleichem Exponenten kann man **addieren** oder **subtrahieren.**

$3^2 + 3^2 = 2 \cdot 3^2$

$4^5 + 4^5 - 4^5 = 4^5$

Potenzen mit gleicher Basis werden **multipliziert,** indem man die Exponenten addiert.

$3^2 \cdot 3^3 = 3^{2+3} = 3^5$

$3 \cdot 3 \cdot 3 \cdot 3 \cdot 3 = 3^5$

$2^5 \cdot 2^3 = 2^8$

Potenzen mit gleicher Basis werden **dividiert,** indem man die Exponenten subtrahiert.

$\frac{3^5}{3^2} = 3^{5-2} = 3^3$

$\frac{3^5}{3^2} = \frac{\not{3} \cdot \not{3} \cdot 3 \cdot 3 \cdot 3}{\not{3} \cdot \not{3}} = \frac{3^3}{1} = 3^3$

Brüche werden **potenziert,** indem man Zähler und Nenner potenziert.

$\left(\frac{2}{5}\right)^2 = \left(\frac{2}{5}\right) \cdot \left(\frac{2}{5}\right) = \frac{2 \cdot 2}{5 \cdot 5} = \frac{2^2}{5^2}$

Wurzeln

Die Umkehrung der Potenzrechnung ist das Wurzelziehen.

Beispiel:

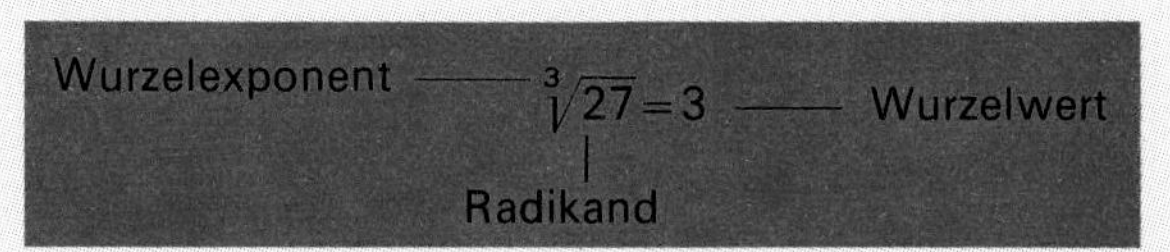

$\sqrt[3]{27}$ heißt: Suche die Zahl, die dreimal als Faktor geschrieben den Radikand 27 ergibt.

Beachten Sie:
1. Wurzeln mit dem Exponenten 2 heißen Quadratwurzeln.
2. Wurzeln mit dem Exponenten 3 heißen Kubikwurzeln.
3. Der Wurzelexponent 2 wird nicht geschrieben.
4. Werte von Quadrat- und Kubikwurzeln entnimmt man Tabellen oder liest sie auf dem Rechenstab ab.

Tabellenbenutzung

Siehe auch Beispiele und Übungen im Kapitel 6 Flächen.

Beispiel 1: $\sqrt{1\,200} = ?$

Bei Quadratwurzeln vom Komma aus Zweiergruppen bilden!

$\sqrt{1\,200} = ?$

$\sqrt{12{,}0} = 3{,}4641$

$\sqrt{1\,200} = \mathbf{34{,}641}$

Beispiel 2: $\sqrt{0{,}007} = ?$

$\sqrt{0{,}0070} = ?$

$\sqrt{70} = 8{,}3666$

$\sqrt{0{,}007} = \mathbf{0{,}083666}$

Beispiel 3: $\sqrt[3]{4000} = ?$

Bei Kubikwurzeln vom Komma aus Dreiergruppen bilden!

$\sqrt[3]{4\,000,0} = ?$

$\sqrt[3]{4} = 1{,}5875$

$\sqrt[3]{4000} = \mathbf{15{,}875}$

Beispiel 4: $\sqrt[3]{0,75} = ?$

$\sqrt[3]{0,750} = ?$

$\sqrt[3]{750} = 9{,}0856$

$\sqrt[3]{0,75} = \mathbf{0{,}90856}$

Aufgaben zu Potenzen und Wurzeln

9.1 Potenzen

a) Berechnen Sie die Werte folgender Potenzen:
2^2; 3^2; 4^2; 5^2; 2^3; 3^3; 4^3; 5^3
3^5; 2^4; 5^5; 4^4; 10^2; 10^4; $0{,}3^2$; $0{,}1^3$

b) Bilden Sie Potenzen:
4 mm · 3 mm · 2 mm
1,5 cm · 2 cm · 5 cm
2,5 m · 4 m · 1,5 m

9.2 Multiplikation und Division

Berechnen Sie die Werte:

a) $2^5 \cdot 2^3$

b) $2^4 \cdot 3^2 \cdot 2^2 \cdot 3^5$

c) $\dfrac{2^3 \cdot 3^3 \cdot 2^5}{3^2 \cdot 2^4}$

d) $\dfrac{3^5 \cdot 4^2 \cdot 2^6 \cdot 4^4 \cdot 2^2}{2^3 \cdot 4^6 \cdot 3 \cdot 2^5 \cdot 3^3}$

9.3 Quadratwurzeln

a) $\sqrt{250\ \text{cm}^2} = ?$

b) $\sqrt{75\ \text{cm}^2} = ?$

c) $\sqrt{7{,}2\ \text{dm}^2} = ?$

d) $\sqrt{0{,}5\ \text{m}^2} = ?$

e) $\sqrt{75\,000} = ?$

f) $\sqrt{3\,200} = ?$

g) $\sqrt{0{,}071} = ?$

h) $\sqrt{0{,}005} = ?$

9.4 Kubikwurzeln

a) $\sqrt[3]{35\ \text{dm}^3} = ?$

b) $\sqrt[3]{0{,}65\ \text{dm}^3} = ?$

c) $\sqrt[3]{0{,}134\ \text{dm}^3} = ?$

d) $\sqrt[3]{0{,}86\ \text{dm}^3} = ?$

e) $\sqrt[3]{120} = ?$

f) $\sqrt[3]{0{,}54} = ?$

g) $\sqrt[3]{75\,000} = ?$

h) $\sqrt[3]{0{,}085} = ?$

9.5 Wurzelberechnung

a) $\sqrt{325} = ?$

b) $\sqrt{678} = ?$

c) $\sqrt[3]{425} = ?$

d) $\sqrt[3]{658} = ?$

e) $\sqrt{0{,}0072} = ?$

f) $\sqrt{0{,}72} = ?$

g) $\sqrt[3]{0{,}000\,653} = ?$

h) $\sqrt[3]{0{,}782} = ?$

9.6 Wurzelberechnung näherungsweise

Verwenden Sie den nächstgelegenen Tabellenwert

a) $\sqrt{701{,}2} \approx$

b) $\sqrt{0{,}0612} \approx$

c) $\sqrt[3]{101{,}2} \approx$

d) $\sqrt[3]{0{,}0719} \approx$

e) $\sqrt{0{,}00651} \approx$

f) $\sqrt{0{,}729} \approx$

g) $\sqrt[3]{60{,}89} \approx$

h) $\sqrt{0{,}308} \approx$

10 Buchstabenrechnen

Im Zahlensystem unterscheidet man:

1. Bestimmte Zahlen	1; 3; $\frac{4}{5}$; 0,7; ...
2. Unbestimmte Zahlen (allgemeine Zahlen)	a; b; l; A; V; ...

Für das Rechnen mit allgemeinen Zahlen (Buchstaben) gelten dieselben Regeln wie für das Rechnen mit bestimmten Zahlen.

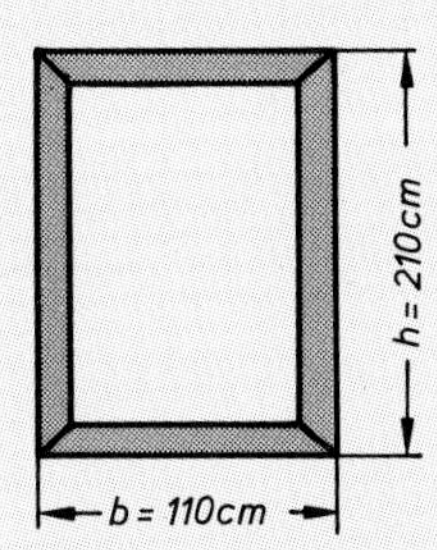

Beispiel: Türrahmen aus Aluminiumprofil

Gesucht: a) Formel für die Gesamtlänge l des Aluminiumprofils
b) Länge l des Aluminiumprofils

Lösung: a) Gesamtlänge = 2 × Höhe + 2 × Breite

$l = 2 \cdot h + 2 \cdot b$

$l = 2 \cdot 210\text{ cm} + 2 \cdot 110\text{ cm}$

$l = 420\text{ cm} + 220\text{ cm}$

$l =$ **640 cm**

1. Allgemeine Zahlen stehen häufig mit Beizahlen. — $2 \cdot b$ (2 = Beizahl, b = allgemeine Zahl)

2. Auf das Malzeichen zwischen Beizahl und allgemeiner Zahl wird meist verzichtet. — $2 \cdot b = 2\,b$

3. Steht eine allgemeine Zahl ohne Beizahl, so muß man sich die Beizahl 1 dazudenken. — $b = 1\,b$

Rechnen mit allgemeinen Zahlen

Regel:	**Beispiel:**
Gleichnamige allgemeine Zahlen kann man **addieren** oder **subtrahieren,** indem man die Beizahlen addiert oder subtrahiert. Ungleichnamige allgemeine Zahlen dürfen nicht addiert oder subtrahiert werden.	$a + a = 2\,a$ $3\,b + 5\,b = 8\,b$ $9\,c - 3\,c = 6\,c$ $3\,a + 5\,b - 4\,b - a = 2\,a + b$
Allgemeine Zahlen kann man **multiplizieren,** indem man die Beizahlen multipliziert und die allgemeinen Zahlen dazuschreibt. Die Reihenfolge der Faktoren darf vertauscht werden.	$3\,a \cdot 4\,b = 12\,ab$ $3\,a \cdot 9\,c \cdot 2\,b = 54\,abc$ $3\,a \cdot 7\,a = 21\,a \cdot a = 21\,a^2$ $5 \cdot 4\,b \cdot 3\,a = 60\,ab$
Klammerausdrücke mit allgemeinen Zahlen werden nach den Regeln, die in Kapitel 7 aufgestellt sind, berechnet.	$3(a + 4\,b) = 3\,a + 12\,b$ $(-2)(3\,c - 5\,b) = -6\,c + 10\,b = 10\,b - 6\,c$ $(4\,a + 2\,b)(3\,a - 4\,b) = 12\,a^2 - 16\,ab + 6\,ab - 8\,b^2$ $= 12\,a^2 - 10\,ab - 8\,b^2$
Allgemeine Zahlen kann man **dividieren,** indem man die Beizahlen und allgemeinen Zahlen kürzt. Division von Klammerausdrücken nach den Regeln aus Kapitel 7.	$2\,a : 4\,b = \frac{2\,a}{4\,b} = \frac{a}{2\,b}$ $12\,a^2\,b\,c^2 : 4\,a\,b\,c^2 = \frac{12\,a^2\,b\,c^2}{4\,a\,b\,c^2} = 3\,a$

10.1 Schweißkonstruktion

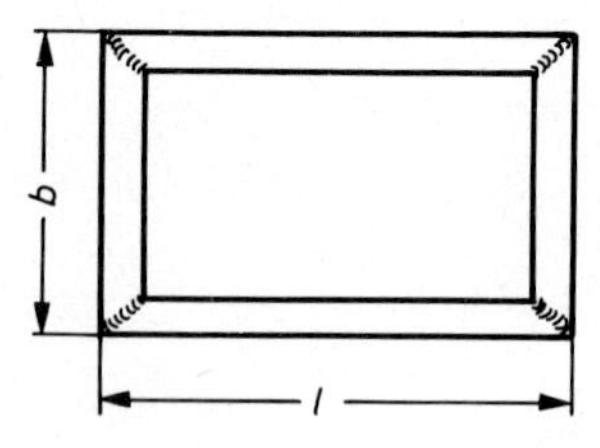

Eine Firma fertigt rechteckige Schweißkonstruktionen in 2 Größen:

Größe	Länge *l*	Breite *b*
I	540	260
II	680	320

Gesucht:
a) Stellen Sie eine Formel für die notwendige Werkstofflänge *L* auf.
b) Berechnen Sie den Bedarf an Winkelstahl für die Tischgrößen I und II.

10.2 Tischgestell aus Winkelstahl

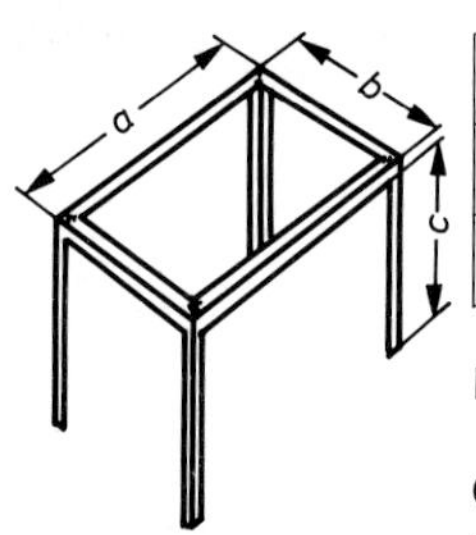

	a	*b*	*c*
Tischgröße I	500	350	450
Tischgröße II	600	450	450

Maße in mm

Gesucht:
a) Allgemeine Formel für den Bedarf *L* an Winkelstahl.
b) Bedarf an Winkelstahl für die Tischgröße I und II.

10.3 Hebellänge

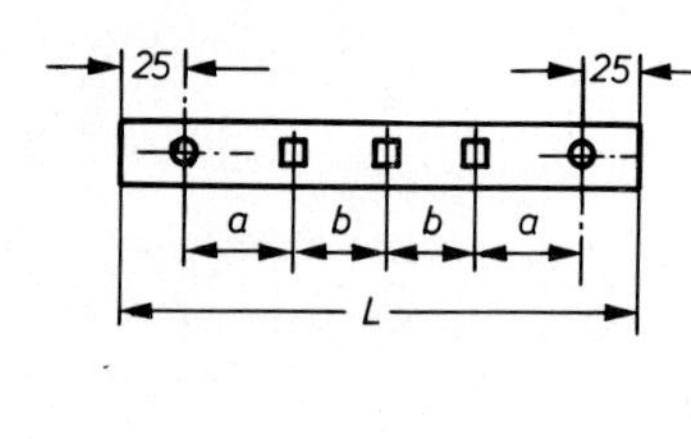

Ein Betrieb fertigt Hebel in 2 Größen

Größe	*a*	*b*
I	80	110
II	95	130

Gesucht:
a) Formel für das Maß *L*.
b) Gesamtlänge *L* des Hebels für die Größen I und II.

10.4 Ölvorrat

n = 3 Fässer mit je
a = 120 l Öl
m = 4 Büchsen mit je
b = 1,5 l Öl

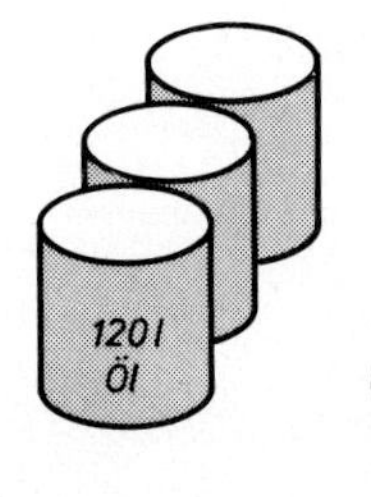

Gesucht:
a) Formel für den Gesamtvorrat an Öl (*V*) unter Benutzung der allgemeinen Zahlen: *n*, *m* und *a*, *b*.
b) Ölmenge in Litern.

10.5 Teile-Lieferung

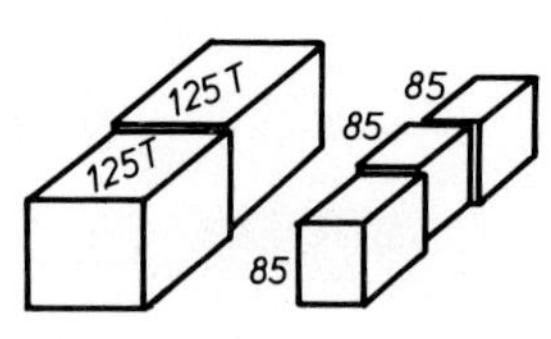

Jeder Kiste werden zur Qualitätskontrolle 3 T (3 Teile) entnommen.
Stellen Sie einen Rechenansatz mit Klammern auf, um die Reststückzahl *z* zu berechnen.

10.6 Sägeschnitte

Bei Werkstoffzuschnitten ist die Schnittbreite *s* des Sägeblattes zu berücksichtigen.

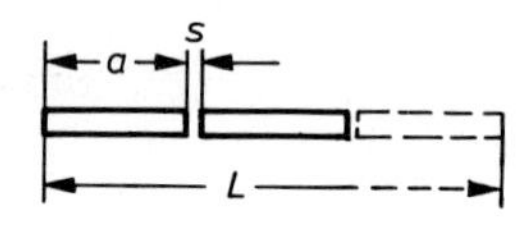

Gesucht:
a) Formel für die Gesamtlänge *L* für 4 Werkstücke.
b) Ermitteln Sie die notwendige Mindestwerkstofflänge, wenn:
$a = 32$ mm
$s = 1{,}5$ mm.

10.7 Addition und Subtraktion von allgemeinen Zahlen

Fassen Sie zusammen:
a) $4a + 5b + 3a$
b) $6{,}4r + 5{,}8s + 7{,}4s + 7{,}9r + 0{,}6s$
c) $8a + 5a - 7a + 3b$
d) $3c + 16a - 4b + (8b - 8a)$
e) $6b - 3a - (8a + 2b)$
f) $4b^2 + 2b + 6c - (3c + b^2)$

10.8 Multiplikation allgemeiner Zahlen

Multiplizieren Sie:
a) $(-3)(3a - 2)$
b) $(+4)\ (6a - 2b + 3c)$
c) $(4a - 2b + 3c)(-0{,}2)$
d) $4b(2a - 3 + 4c)$
e) $(-5x)(3n - 6c)$
f) $(-3a)(3x - 2)$

10.9 Multiplikation und Addition

a) $6x(2a + 4b) =$
b) $2n(2a - 3b) =$
c) $0{,}02(2x - 3n + 4c) =$
d) $(6x + 2n)4 - 3x =$
e) $(7{,}2a - 3x)0{,}3 - 6x =$
f) $(0{,}2b - 3c)5 - b =$

10.10 Multiplikation von Summen

a) $(x - 3)(a + 4) =$
b) $(n - 5)(n - 2) =$
c) $(x + 4)(x - 5) =$
d) $(2x - 3)(n - 4) =$
e) $(3x - 2)(y - 6) =$
f) $(0{,}2x - 3)(0{,}5y + 2) =$

11 Gleichungen

Eine Gleichung besteht aus drei Teilen, die man mit einer Tafelwaage vergleichen kann:

linke Gleichungsseite	Gleichheitszeichen	rechte Gleichungsseite
linke Tafel	Zungen	rechte Tafel

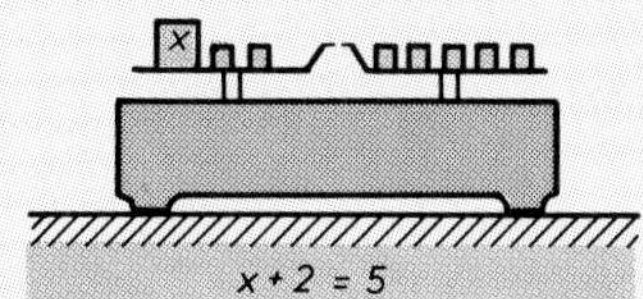

Beispiel 1:

Die Zungen zeigen Gleichgewicht an, wenn die linke Seite und die rechte Seite gleich sind. Enthält eine Gleichung eine Unbekannte, so kann diese berechnet werden.
Eine solche Gleichung heißt **Bestimmungsgleichung.**

Lösung: Um die Unbekannte x zu bestimmen, muß sie auf der linken Tafel der Waage allein sein. Zwei Gewichtssteine sind zu entfernen. Die Waage bleibt aber nur im Gleichgewicht, wenn von der rechten Tafel auch zwei Gewichtssteine weggenommen werden.

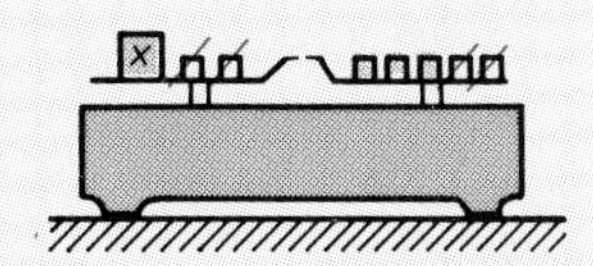

$x+2 = 5 \quad |-2$ heißt: auf jeder Gleichungsseite werden 2 abgezogen

$x+2-2=5-2$

$x=5-2$

$x=\mathbf{3}$

Regeln:
1. Die Unbekannte muß allein auf einer Gleichungsseite stehen.
2. Bei einer Gleichung muß immer auf jeder Gleichungsseite gleich viel verändert werden.
3. Die Unbekannte muß im Zähler stehen.

Beispiel 2:

$x-7 = 13 \quad |+7$

$x-7+7=13+7$

$x=13+7$

$x=\mathbf{20}$

Beispiel 3:

$5x=24 \quad |:5$

$\frac{5x}{5}=\frac{24}{5}$

$x=\frac{24}{5}=\mathbf{4\frac{4}{5}}$

Beispiel 4:

$\frac{x}{5}=11 \quad |\cdot 5$

$\frac{x\cdot 5}{5}=11\cdot 5$

$x=\mathbf{55}$

Beispiel 5:

$6x+3 = 15 \quad |-3$

$6x+3-3=15-3$

$6x=12 \quad |:6$

$\frac{6x}{6}=\frac{12}{6}$

$x=\mathbf{2}$

Beispiel 6:

$\frac{3}{x}=12 \quad |\cdot x$

$\frac{3x}{x}=12x$

$3=12x$

$12x=3$ siehe Beispiel 3

$x=\frac{3}{12}$

$x=\mathbf{\frac{1}{4}}$

Beispiel 7:

$\frac{x+2}{3}=2 \quad |\cdot 3$

$\frac{(x+2)\,3}{3}=2\cdot 3$

$x+2=6$ siehe Beispiel 1

$x=\mathbf{4}$

■ Aufgaben zu Gleichungen

11.1 Berechnen Sie die allgemeinen Zahlen:

a) $F-3=2$
b) $x+4=9$
c) $A+3=4{,}5$
d) $L-3=2$
e) $x+15=27$
f) $x-5=4$
g) $5=x-4$
► h) $9-x=6$

11.2 Berechnen Sie die allgemeinen Zahlen:

a) $3F=27$
b) $14A=2$
c) $15x=5$
d) $0{,}2x=7{,}2$
e) $12=6x$
f) $15=0{,}5x$
g) $0{,}8x=5{,}6$
h) $9{,}3=3x$

11.3 Lösen Sie die Gleichungen nach *x* auf:

a) $\frac{x}{3}=5$
b) $5=\frac{x}{4}$
c) $\frac{5x}{8}=2{,}5$
d) $3=\frac{2x}{9}$
e) $\frac{5x}{4}=10$
f) $\frac{x}{6}=0{,}5$
g) $\frac{x}{18}=\frac{2}{3}$
h) $\frac{13x}{2}=52$

11.4 Lösen Sie die Gleichungen nach *x* auf:

a) $14=3x+2$
b) $6=2x+2$
c) $84+2x=87$
d) $44=36+2x$
e) $3x+5=11$
► f) $2x+a=24$
► g) $5a=2x-a$
h) $18=7x+4$

11.5 Gleichungen

Lösen Sie nach *x* auf:

a) $\frac{5}{x}=10$
b) $\frac{7}{2}=\frac{21}{x}$
c) $\frac{18}{x}=\frac{6}{4}$
d) $\frac{6}{a}=\frac{18}{x}$

Lösen Sie nach der gesuchten Größe auf:

e) $i=\frac{n_1}{n_2}$ $n_2=?$
f) $i=\frac{d_2}{d_1}$ $d_1=?$
g) $P=\frac{W}{t}$ $t=?$
h) $v=\frac{s}{t}$ $t=?$

11.6 Berechnen Sie *x* aus den Gleichungen:

a) $2x+2=3x$
b) $20x-4=3(4x+2)$
c) $5x+4=12x+4(3-2x)$
d) $4x=3x+14$
► e) $16x+4=2x-3$
f) $3x-2=18-7x$
g) $17x-3=12+2x$
h) $3(15x-2)=12x+10{,}5$
i) $15+x=4x-3$
k) $8x-a=5x+5a$

11.7 Berechnen Sie *x* aus den Gleichungen:

a) $\frac{x+15}{4}=12$
b) $\frac{42x-3}{9}=2$
c) $\frac{33-5x}{3}=2x$
d) $\frac{8x+14}{3}=10$
e) $\frac{12x-5}{3x}=3$
f) $6=\frac{11x-3}{5}$

11.8 Berechnen Sie die gesuchten allgemeinen Größen:

a) $n_1 \cdot d_1=n_2 \cdot d_2$
$n_1=?$
b) $V=l \cdot b \cdot h$
$h=?$
c) $U=d \cdot \pi$
$d=?$
d) $v=\frac{s}{t}$
$s=?$
e) $I=\frac{U}{R}$
$U=?$
$R=?$
f) $i=\frac{n_1}{n_2}$
$n_1=?$

11.9 Umformung von Gleichungen

a) $A=\frac{l \cdot b}{2}$
$l=?$
$b=?$
b) $u=a+b+c$
$a=?$
$b=?$
c) $F=A \cdot p$
$p=?$
d) $v=d \cdot \pi \cdot n$
$d=?$
$n=?$
e) $l_m=\frac{l_1+l_2}{2}$
$l_1=?$
f) $a=\frac{m(z_1+z_2)}{2}$
$z_1=?$
g) $\frac{1}{x}=\frac{D-d}{l}$
$D=?$
► h) $\frac{1}{x}=\frac{D-d}{l}$
$d=?$

► 11.10 Berechnen Sie *x* aus den Gleichungen:

a) $\frac{x}{x-4}=5$
b) $4=\frac{x}{x-3}$
c) $6=\frac{3}{2x-1}$
d) $14x-3=\frac{1}{2}$
e) $(2x-7)(-3)=15x$
f) $10n=(x+4)5$

► 11.11 Gleichungen mit Brüchen

a) $\frac{x}{7}+\frac{x}{4}=11$
b) $\frac{x}{2}+\frac{x}{3}=25$
c) $\frac{x}{2}-\frac{x}{5}=1{,}2$
d) $\frac{5x}{7}-6=\frac{2x}{3}$
e) $x=\frac{x}{5}+4$
f) $\frac{4x}{3}-a=\frac{x}{5}$

11.12 Formelumstellung

Rechteck

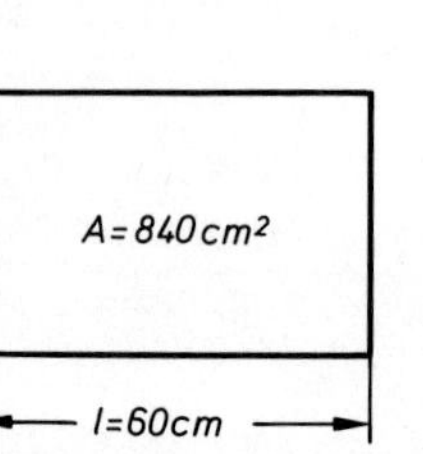

Gesucht:
a) Formelumstellung nach *b*.
b) $b=?$ cm.

Dreieck

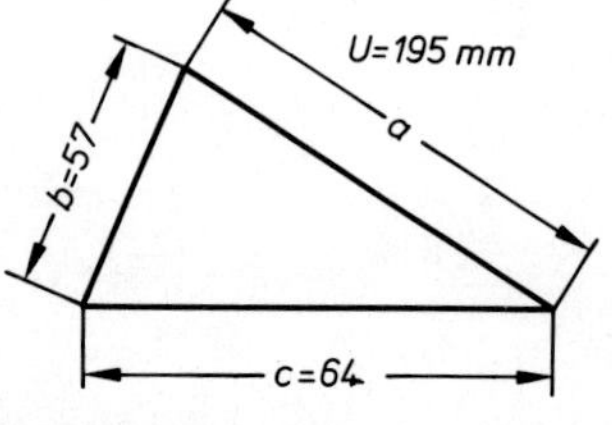

Gesucht:
a) Formelumstellung nach *a*.
b) $a=?$ mm.

11.13 Formelumstellung

Dreieck

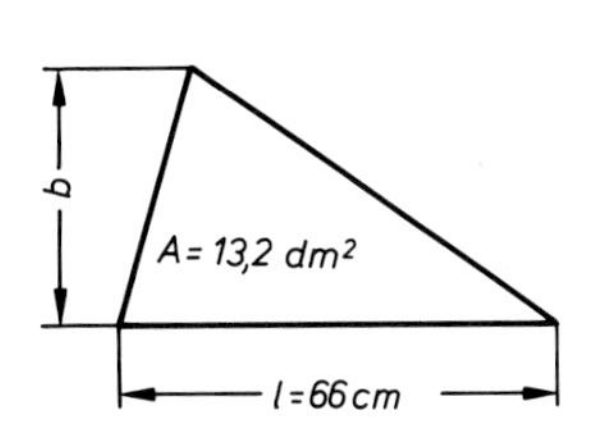

Gesucht:
a) Formelumstellung nach b.
b) $b = ?$ cm.

Trapez

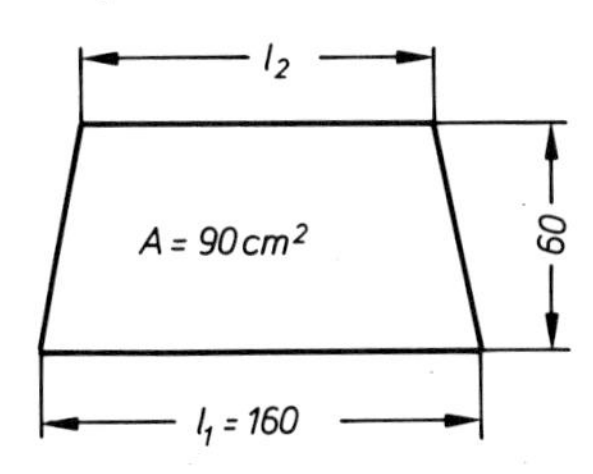

Gesucht:
a) Formelumstellung nach l_2.
b) $l_2 = ?$ mm.

11.14 Lochabstand

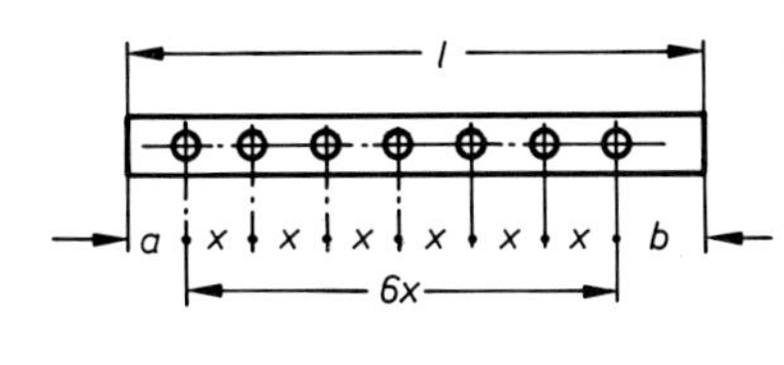

Gesucht:
a) Formel für den Lochabstand x
b) Zahlenwert für x in mm, wenn:
$a =$ 120 mm
$b =$ 150 mm
$l =$ 1 206 mm

11.15 Stablänge

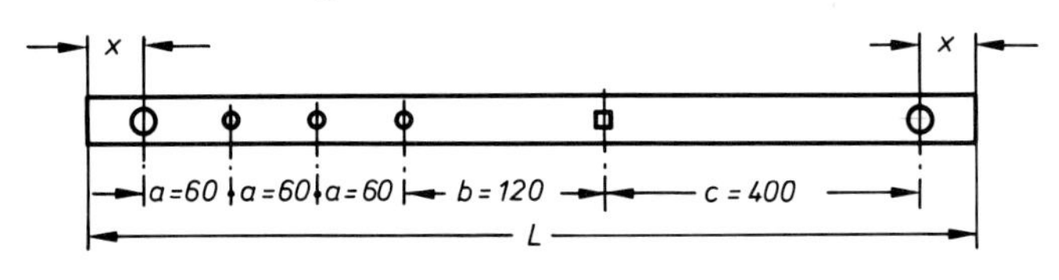

Gesucht: a) Formel für die Gesamtlänge L.
b) Berechnen Sie das Maß x, wenn $L = 750$ mm.

11.16 Platte

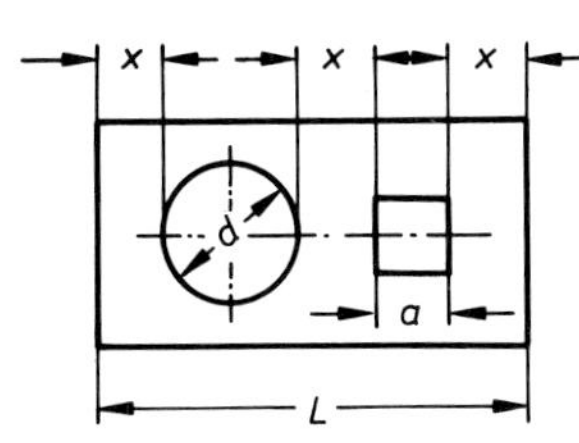

Die Stege sollen überall die gleiche Stärke x haben.

Gesucht:
a) allgemeine Formel für das Maß L.
b) Stellen Sie die Formel nach x um.
c) Berechnen Sie die Länge x für:
$L = 108$ mm
$d =$ 52 mm
$a =$ 20 mm

11.17 T-Profil

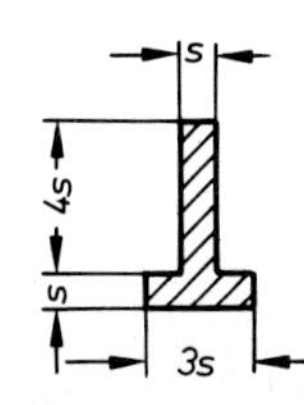

Gesucht:
a) Allgemeine Formel für den Werkstoffquerschnitt A.
b) Allgemeine Formel für den Umfang U des T-Profils.
c) Berechnen Sie A und U wenn: $s = 2{,}4$ mm.

11.18 Kettenglied

Gesucht:
a) Allgemeine Formel für die Zuschnittlänge L des Drahtes für ein Kettenglied.
(Beachten Sie die neutrale Faser.)

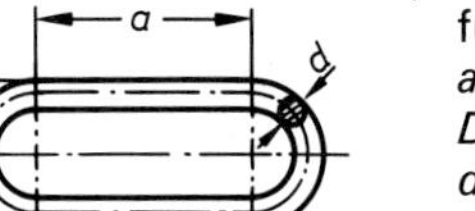

b) Berechnen Sie die Länge L für
$a =$ 30 mm
$D = 26$ mm
$d =$ 6 mm

11.19 Wellblech

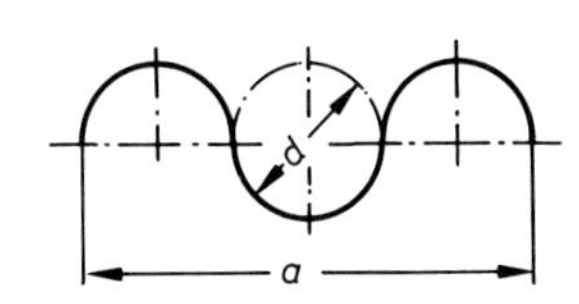

Gesucht:
a) Allgemeine Formel für d.
b) Zuschnittsbreite b bei einem Fertigmaß a.
c) Berechnen Sie b für $a = 240$ mm

11.20 Abdeckung

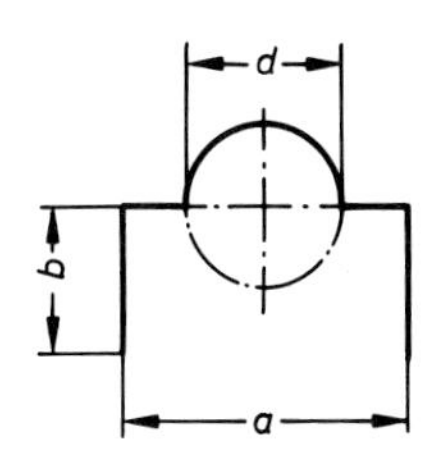

Gesucht:
a) Allgemeine Formel für den Umfang U.
b) Umfang für $d =$ 60 mm
$b =$ 62 mm
$a = 156$ mm

11.21 Hobelstahl auf Mitte stellen

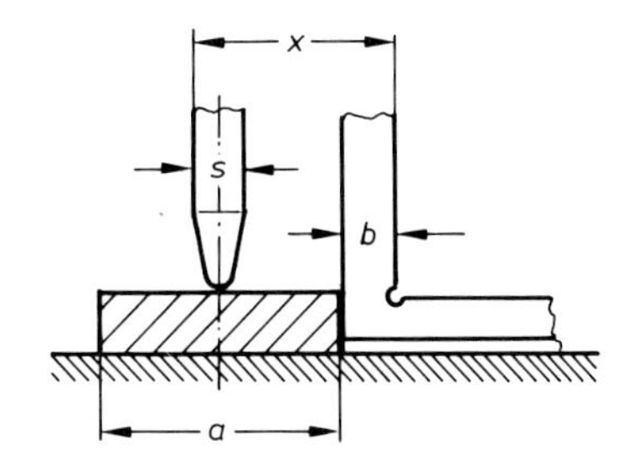

Gesucht:
a) Allgemeine Formel für das Maß x, das mit dem Meßschieber gemessen werden kann.
b) Zahlenwert für x, wenn:
$a = 130$ mm
$b =$ 25 mm
$s =$ 20 mm

▶ 11.22 Exzenter

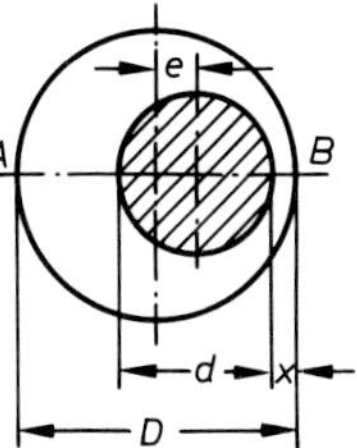

Gesucht:
a) Allgemeine Formel für das Maß x.
Anleitung:
Geben Sie den Durchmesser auf der Achse AB mit allgemeinen Zahlen an.
b) Berechnen Sie x für die Werte:
$D = 85$ mm, $d = 32$ mm, $e = 14$ mm.

12 Elektronischer Taschenrechner

Mit Hilfe eines elektronischen Taschenrechners lassen sich viele Rechnungsarten schneller durchführen als in schriftlicher Form. Je nach Ausstattung des Rechners ergeben sich vielseitige Möglichkeiten, je nach Hersteller unterscheidet sich aber auch seine Bedienung. In diesem Kapitel wird eine herstellerunabhängige Darstellung allgemein gültiger Regeln zur Handhabung eines einfachen elektronischen Rechners gegeben.

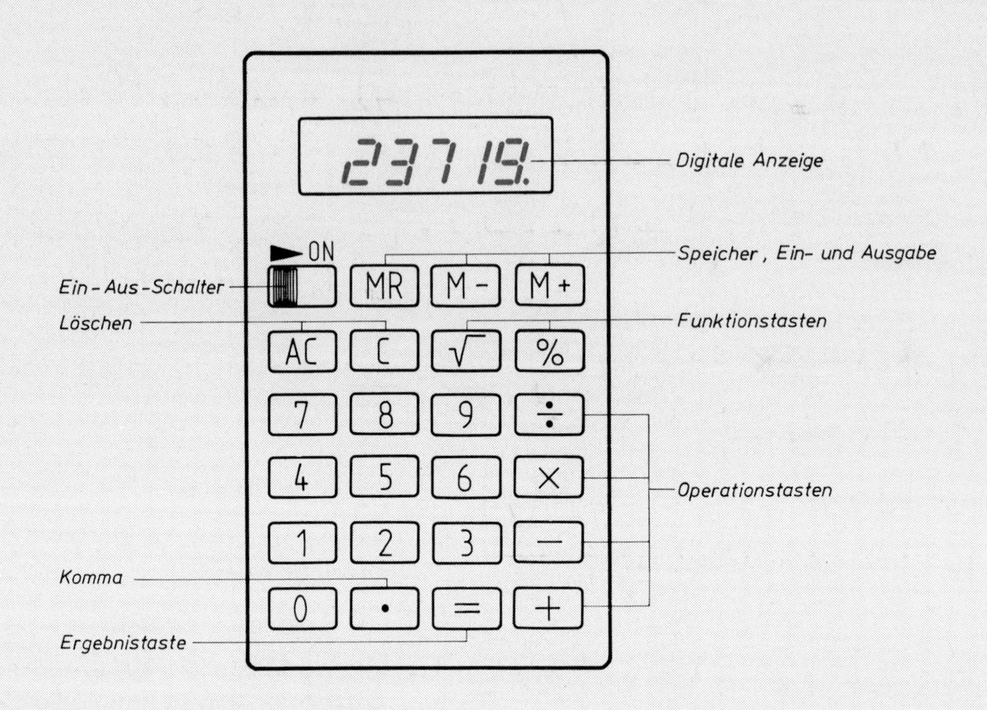

Abkürzungen auf den Tasten

Meist sind auf den Tasten Abkürzungen englischer Begriffe. Es bedeuten:

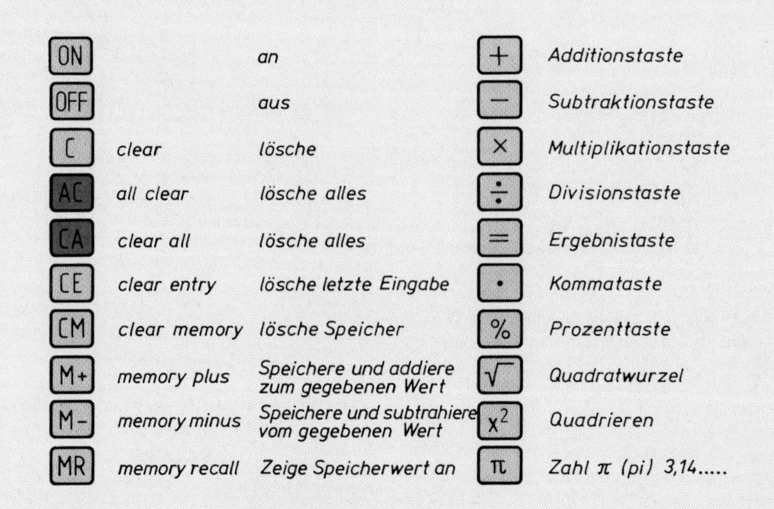

Taste			Taste	
ON		*an*	+	*Additionstaste*
OFF		*aus*	−	*Subtraktionstaste*
C	*clear*	*lösche*	×	*Multiplikationstaste*
AC	*all clear*	*lösche alles*	÷	*Divisionstaste*
CA	*clear all*	*lösche alles*	=	*Ergebnistaste*
CE	*clear entry*	*lösche letzte Eingabe*	•	*Kommataste*
CM	*clear memory*	*lösche Speicher*	%	*Prozenttaste*
M+	*memory plus*	*Speichere und addiere zum gegebenen Wert*	√‾	*Quadratwurzel*
M−	*memory minus*	*Speichere und subtrahiere vom gegebenen Wert*	x^2	*Quadrieren*
MR	*memory recall*	*Zeige Speicherwert an*	π	*Zahl π (pi) 3,14.....*

Zahlenanzeige

Die meisten elektronischen Taschenrechner bauen die Zahlenanzeige rechtsbündig auf, d.h. die erste Ziffer einer Zahl erscheint nach der Eingabe an der letzten Stelle; die danach eingegebene Ziffer schließt sich rechts an und schiebt vorhandene Ziffern nach links.

Beispiel:

1.	2.	3.	4. Eingabe	Anzeige
5				5.
	3			53.
		7		537.
			1	5371.

Überlauf

Bei Multiplikationen mit großen Zahlen kann es vorkommen, daß eine 8-stellige Anzeige eines elektronischen Taschenrechners für das Ergebnis nicht mehr ausreicht. Einfach ausgestattete Rechner weisen mit dem Zeichen [E] (englisch error) im Sichtfeld der Digitalanzeige auf den Überlauf hin (Beispiel 1).
Dieses Signal erscheint bei vielen Rechnern auch bei unlogischer Bedienung (Beispiel 2).

Beispiel 1: Überlauf

a) 15000 [×] 2000 [=] 30000000
Vollständige 8-stellige Anzeige

b) 15000 [×] 20000 [=] [E] 3.0000000
Das Komma nach der 1. Stelle deutet an, daß das Ergebnis eine Stelle zu wenig ausweist. Richtiges Ergebnis: 300000000

Beispiel 2: Unlogische Bedienung

3 [÷] 0 [=] [E] 0

Komma

Es gibt Rechner mit **Einstellmöglichkeit** für die gewünschte Anzahl der Stellen nach dem Komma. Ergebnisse werden auf die vorgegebene Stellenzahl gerundet.

Beispiel: 2 Stellen nach dem Komma
Division 10:3

[1] [0] [÷] [3] [=] 3.33

Heute werden Rechner meist mit **Fließkomma** gebaut. Rechenergebnisse werden mit der dem Rechner eigenen höchsten Stellenzahl ausgewiesen. 8-stellige Digitalanzeigen sind üblich.

Beispiel: 8-stellige Anzeige mit Fließkomma
Division 10:3

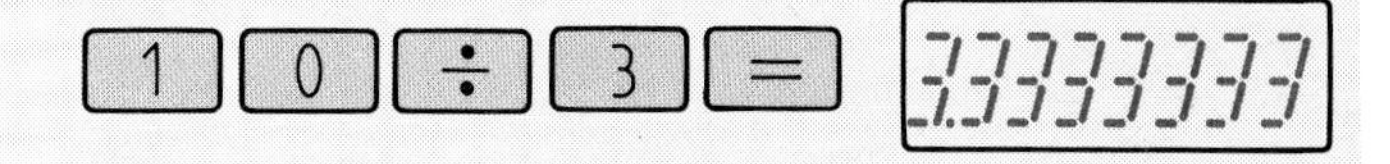

Eingabesystem

Die Mehrzahl der handelsüblichen Rechner arbeitet nach der **algebraischen Logik,** d.h. jede Rechenoperation wird nach der Eingabe des nächsten Befehls abgeschlossen; es wird mit dem Zwischenergebnis weitergerechnet.

Beispiel: Addition 2+3+4=9

	Bedienungstaste	Anzeige	
	2	2.	
	+	2.	
	3	3.	
Abschluß der 1. Operation	+	5.	*Zwischenergebnis*
	4	4.	
	=	9.	*Endergebnis*

Inzwischen gibt es auch Rechner, die eine Rangordnung der Befehle feststellen. Sie arbeiten nach dem **algebraischen Operationssystem (AOS).** Der Rechner erfüllt Punkt- vor Strichrechnung oder Potenz- vor Punktrechnung.

Beispiel: Addition/Multiplikation 3+4·2=11

3+4 verarbeitet der Rechner erst, wenn der nächste Befehl ·2 erfolgt. Der Rechner rechnet:

4 [×] 2 [+] 3 [=] 11

Rechnen mit Konstanten

Bei sehr vielen elektronischen Rechnern läßt sich eine Zahl als Konstante einstellen, auf die alle Grundrechenarten folgen können. Ermitteln Sie anhand der Betriebsanleitung Ihres Rechners wie die Eingabe einer Konstanten erfolgt. Häufig ist folgende Eingabe möglich:

Aufgabe	Bedienungstaste	Anzeige
3+1,4	1 [·] 4 [+] [+] 3	
6+1,4	[=]	4.4
9+1,4	6	
	[=]	7.4
	9	
	[=]	10.4
27:4	4 [÷] [÷] 27	
53:4	[=]	6.75
66:4	53	
	[=]	13.25
	66	
	[=]	16.5

Die **Potenzrechnung** baut auf der Multiplikation mit einer Konstanten auf. Lesen Sie bitte in der Betriebsanleitung zu Ihrem Rechner nach. Bei vielen Rechnern erfolgt die Eingabe so:

Aufgabe	Bedienungstaste	Anzeige
3^{10}	3 [×] [×] [=]	9
	[=] [=]	81
	[=] [=]	729
	[=] [=]	6561
	[=] [=]	59049
$2{,}5^2$	2 [·] 5 [×] [×]	2.5
	[=]	6.25
$2{,}5^3$	[=]	15.625
$2{,}5^4$	[=]	39.0625
$2{,}5^5$	[=]	97.65625
$\frac{1}{4}$	4 [÷] [÷] 1 [=]	0.25
$\frac{1}{4^2}$	[=]	0.0625
$\frac{1}{4^3}$	[=]	0.015625

Speicherrechnungen

Vor Beginn von Speicherrechnungen sollte die Taste [AC] gedrückt werden. Wenn eine Zahl gespeichert ist, erscheint das Speichersymbol [M] im Sichtfeld der Digitalanzeige. Rechenergebnisse, die zum Speicherwert addiert werden sollen, gibt man mit der Taste [M+] ein, solche, die subtrahiert werden sollen, gibt man mit der Taste [M−] ein. Der Gesamtwert im Speicher wird mit der Taste [MR] abgerufen.

Aufgabe	Bedienungstaste	Anzeige
12·3+5·	[AC] 12 [×] 3	
4,8−3,7·1,2	[M+]	36
	[C]	
	5 [×] 4.8	
	[M+]	24
	[C]	
	3.7 [×] 1.2	
	[M−]	4.44
	[MR]	55.56

Bei Rechnungen mit Brüchen, deren Nenner zuerst noch durch Rechenoperationen ermittelt werden muß, empfiehlt es sich, mit dem Speicher zu arbeiten, um Fehler zu vermeiden.

Aufgabe	Bedienungstaste	Anzeige
$\frac{84}{17 \cdot 23}$	[AC] 17 [×] 23	23
	[M+]	391
	[C]	
	84 [÷] [MR]	391
	[=]	0.2148 ...
$\frac{84+37}{42-17}$	[AC] 42 [−] 17	17
	[M+]	25
	[C]	
	84 [+] 37 [÷]	121
	[MR]	25
	[=]	4.84

Aufgaben zum Rechnen mit elektronischen Taschenrechnern

12.1 Bedienungsmöglichkeiten

Nehmen Sie die Betriebsanleitung Ihres Rechners zur Hand und ermitteln Sie welche
a) Operationsbereiche
b) Funktionsbereiche
c) sonstigen Rechenerleichterungen
möglich sind. Vergleichen Sie hierzu die Seiten 30–32.

12.2 Addition

Kontrollieren Sie nach jeder Eingabe den Zahlenwert im Sichtfeld der digitalen Anzeige, um Eingabefehler zu vermeiden.
a) $243+587+281 =$
b) $0,35+256,724+76,259 =$
c) $21,03+0,0082+978,9617=$

12.3 Addition aufeinanderfolgender Zahlen

Üben Sie die Additionseingabe und bestimmen Sie
a) die Summe der Zahlen von 1 bis 50
b) die Summe der Zahlen von $10,01+10,02+10,03+\dots+10,30$.

12.4 Subtraktion

a) $586-293-182 =$
b) $50,86-0,0293-17,4974=$
c) $909,99-88,08-77,707 =$

12.5 Addition und Subtraktion

Thomas und Michael kaufen Schallplatten und Kassetten ein. Thomas wählt eine Kassette zu 16,80 DM, eine Kassette zu 21,– DM und 2 Schallplatten, eine zu 12,90 DM, die andere für 9,80 DM. Michael kauft eine Platte zu 18,– DM, eine Platte zu 22,– DM und eine Kassette zu 19,80 DM.
a) Wieviel kostet der Einkauf insgesamt?
b) Wieviel DM erhält Thomas an der Kasse auf 140,– DM zurück?
c) Wieviel DM muß Thomas an Michael zurückgeben, wenn er von ihm 70,– DM erhalten hat?

12.6 Multiplikation

Üben Sie die Multiplikationseingabe und achten Sie darauf, daß Sie die Tasten [·] und [×] nicht verwechseln.
a) $22,34 \cdot 0,635 \cdot 6,266 =$
b) $1,03 \cdot 5,53 \cdot 11,704 =$
c) $1,1 \cdot 2,2 \cdot 3,3 \cdot \dots \cdot 9,9=$

12.7 Multiplikation und Division

Vorsicht bei Multiplikationen im Nenner!

a) $25,4 \cdot 13,5:19,05=$

b) $\frac{2,56 \cdot 0,75}{0,64}=$

c) $\frac{630}{42} \cdot \frac{480}{32}=$

d) $\frac{34 \cdot 21}{3,5 \cdot 4}=$

e) $\frac{0,6 \cdot 50,5 \cdot 2,4}{3 \cdot 24,24 \cdot 5}=$

f) $\frac{14 \cdot 19 \cdot 8}{2 \cdot 16 \cdot 0,5}=$

12.8 Punkt- und Strichrechnung

a) $(12+3) \cdot 84:7=$

b) $12+3 \cdot 84:7=$

c) $8 \cdot (24-17):3,5 =$

d) $8 \cdot 24-17+16,5=$

e) $\left(\frac{4}{5}+5+1,8\right) \cdot \frac{12}{5}=$

f) $0,8+5+1,8 \cdot \frac{12}{5}=$

g) $\frac{(16,8-6,4) \cdot 5}{8 \cdot 13}=$

h) $\frac{280 \cdot 2,5}{11,5-3,5}=$

12.9 Werkzeugeinkauf

Sie haben 8 Bohrer zu je 1,85 DM, ein Sägeblatt zu 7,40 DM, eine Schraubzwinge zu 12,80 DM und eine Packung Schrauben zu 4,95 DM eingekauft.
a) Wieviel DM müssen Sie bezahlen?
b) Wieviel DM erhalten Sie auf 50,– DM zurück?

12.10 Material absägen

Von einer 5 m langen Rundstahlstange werden ein Stück mit 200 mm, eines mit 240 mm, eines mit 350 mm und 12 Stück mit 70 mm abgesägt. Wie lang ist die Stange nach dem Absägen, wenn je Sägeschnitt 1,2 mm verlorengehen?

12.11 Rechnung mit Konstanten

Nur für Rechner mit Konstantenrechnung!

Lesen Sie in der Betriebsanleitung Ihres Rechners nach und bestimmen Sie

a) den Kreisumfang $U=\pi \cdot d$ für
$d_1=18$ mm
$d_2=12$ cm
$d_3=350$ mm
$d_4=1,7$ dm

b) das Gewicht von Rundstahlstücken, wenn 1 m Rundstahl 0,617 kg wiegt
$l_1=60$ cm
$l_2=200$ mm
$l_3=7,5$ dm

12.12 Potenzen und Wurzeln

Nur für Rechner mit Potenzautomatik und Wurzelfunktionstaste

Lesen Sie in der Betriebsanleitung Ihres Rechners das Potenzieren und Wurzelziehen nach und berechnen Sie

a) $2,8^3$
b) $1,7^4$
c) $0,84^4$
d) $1,1^5$
e) $\sqrt{18}$
f) $\sqrt{5,4}$
g) $\sqrt{27}$
h) $\sqrt{2\sqrt{8}}$.

12.13 Rechnen mit dem Speicher

Nur für Rechner mit Taste [M+]

Ermitteln Sie den Preis folgender Lieferung:
8 Bohrer zu je 1,85 DM
4 Sägeblätter zu je 7,40 DM
12 Packungen Schrauben zu je 11,75 DM
6 Packungen Zylinderstifte zu je 14,80 DM.

12.14 Speicherrechnung

Nur für Rechner mit Taste [M+]

Auf drei verschiedenen Maschinen wird das gleiche Werkstück hergestellt. Die Fertigungszeiten betragen bei
Maschine 1 $t_1=2,4$ h
Maschine 2 $t_2=124$ min 45 s
Maschine 3 $t_3=7995$ s.

a) Wieviel Minuten Fertigungszeit ergeben sich für alle drei Werkstücke zusammen?
b) Wieviel h und min ist die durchschnittliche Fertigungszeit für ein Werkstück?

13 Körperberechnung

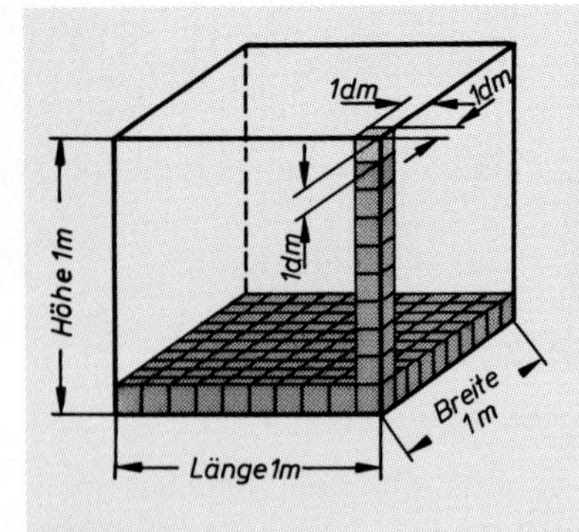

Aus den drei Ausdehnungen eines Körpers, der Länge, der Breite und der Höhe, gemessen in m, ergibt sich die Einheit Kubikmeter.

$1\ \text{m} \cdot 1\ \text{m} \cdot 1\ \text{m} = 1\ \text{m}^3$

$1\ \text{m}^3 = 1\,000\ \text{dm}^3 = 1\,000 \cdot 1\,000\ \text{cm}^3 = 1\,000 \cdot 1\,000 \cdot 1\,000\ \text{mm}^3$

Weitere Einheit: Liter $1\ \text{l} = 1\ \text{dm}^3$

Bezeichnungen:

V	Volumen (Rauminhalt)	A_m	mittlere Fläche	d	Durchmesser
A, A_1	Grundfläche	h	Höhe	d_m	mittlerer Durchmesser
A_2	Deckfläche	D	Durchmesser	S	Schwerpunkt

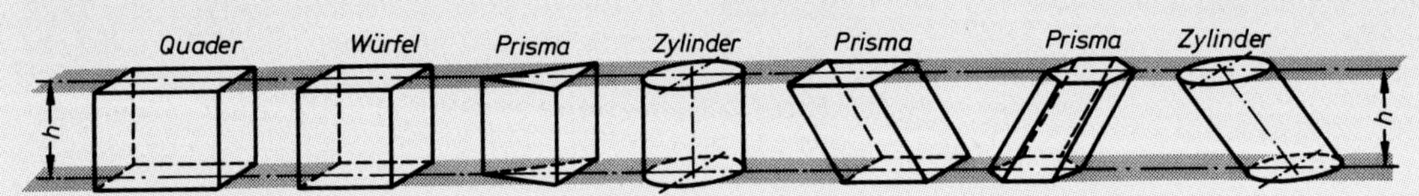

Körper mit gleichbleibendem Querschnitt, senkrecht oder schief:

Volumen = Grundfläche × Höhe

$V = A \cdot h$

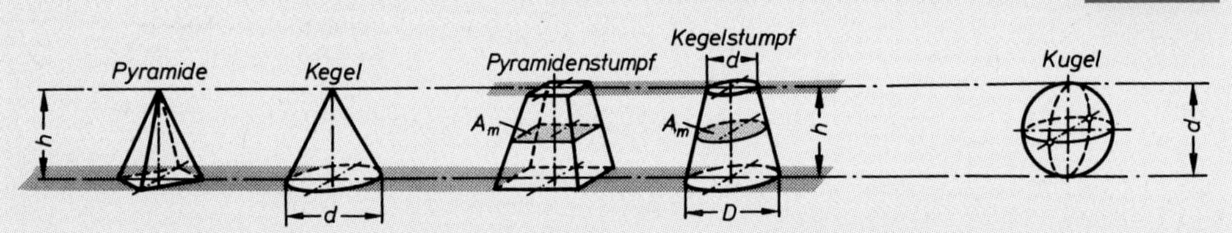

Zugespitzte Körper:

$\text{Volumen} = \dfrac{\text{Grundfläche} \times \text{Höhe}}{3}$

$V = \dfrac{A \cdot h}{3}$

Abgestumpfte Körper:

Volumen ≈ mittlere Fläche × Höhe

$V \approx A_m \cdot h$

Kegelstumpf genau:

$V = \dfrac{\pi \cdot h}{12} (D^2 + d^2 + D \cdot d)$

Kugel:

$V = \dfrac{\pi}{6} \cdot d^3$

$V = 0{,}524 \cdot d^3$

zum Kopfrechnen:

$V \approx 0{,}5 \cdot d^3$

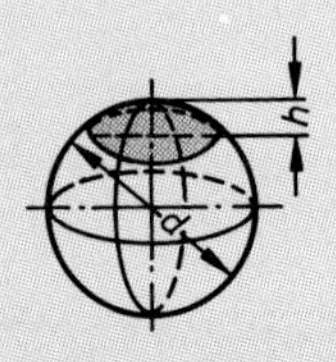

Kugelabschnitt:

$V = h^2 \cdot \pi \cdot \left(\dfrac{d}{2} - \dfrac{h}{3}\right)$

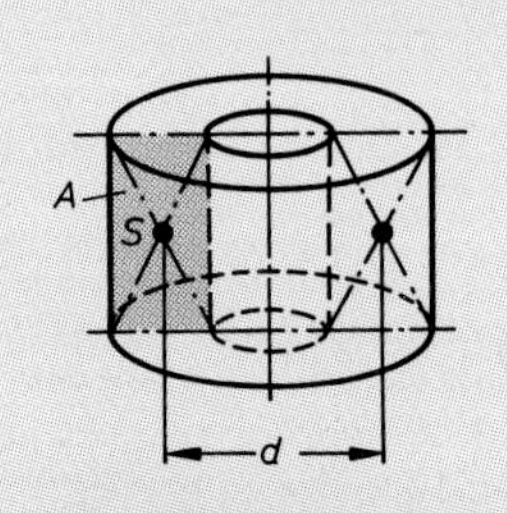

Umdrehungskörper:

$V = A \cdot d_m \cdot \pi$

Umdrehungskörper sind Körper, die durch Drehen einer Fläche um eine Achse entstehen.

Guldinsche Regel:

Das Volumen eines Umdrehungskörpers errechnet sich aus der erzeugenden Fläche multipliziert mit dem Weg des Schwerpunktes S (Länge der neutralen Faser).

Zusammengesetzte Körper

Viele Werkstücke setzen sich aus mehreren Körpern zusammen. Solche Werkstücke werden vor der Volumenberechnung in einfache Grundkörper aufgeteilt.

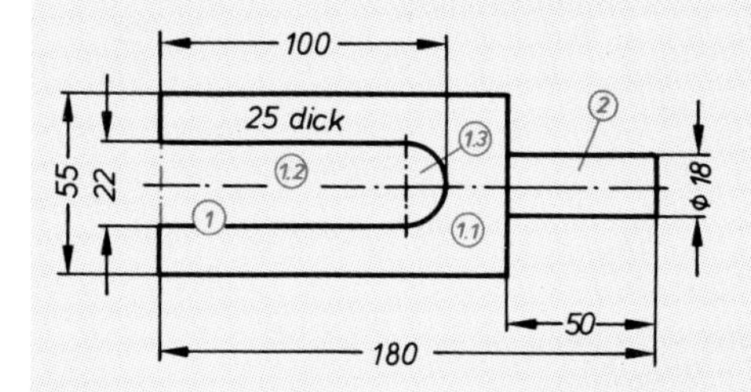

Beispiel: Spanneisen

Gesucht: Volumen in cm^3.

Lösung: 1. Quader $V_1 = A \cdot h$

Berechnung der Grundfläche:

1.1 $A_1 = l \cdot b = 130\ \text{mm} \cdot 55\ \text{mm} = 7150\ \text{mm}^2$

1.2 $A_2 = l \cdot b = 89\ \text{mm} \cdot 22\ \text{mm} = 1958\ \text{mm}^2$

1.3 $A_3 = \frac{d^2 \cdot \pi}{2 \cdot 4} = \frac{380{,}13}{2}\ \text{mm}^2 \approx 190\ \text{mm}^2$

$A = A_1 - A_2 - A_3 = 5002\ \text{mm}^2$

$V_1 = A \cdot h = 50{,}02\ \text{cm}^2 \cdot 2{,}5\ \text{cm} = 125{,}05\ \text{cm}^3$

2. Zylinder $V_2 = A \cdot h$

$V_2 = 2{,}544\ \text{cm}^2 \cdot 5\ \text{cm} = 12{,}72\ \text{cm}^3$

$V = V_1 + V_2 = \mathbf{137{,}77\ cm^3}$

Schmiede- und Preßstücke

Beim Schmieden und Pressen werden Rohteile zu Werkstücken geformt. Das Volumen des Rohteils ist gleich dem Volumen des Fertigteils.

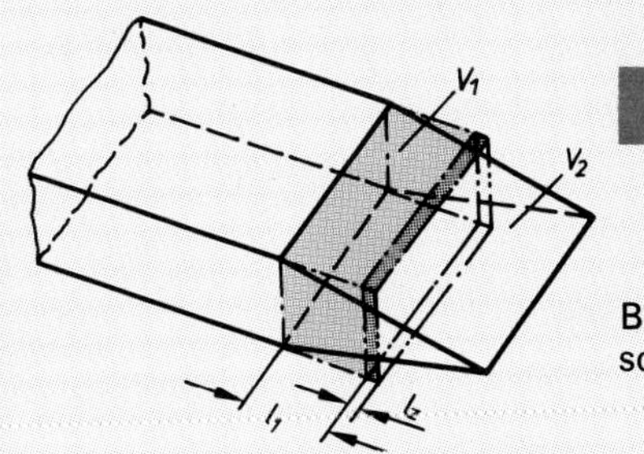

$V_1 = V_2$

Bezeichnungen:

V_1 Volumen des Rohteils
V_2 Volumen des Fertigteils
l_1 Ausgangslänge
l_z Zuschlag für Abbrand

Beim Schmieden entsteht ein Werkstoffverlust durch Abbrand. Er wird durch einen Zuschlag zur Ausgangslänge ausgeglichen. Der Zuschlag wird in % von l_1 angegeben.

Beispiel: Flachmeißel ausschmieden

Gesucht: Länge des Rohteils bei 12% Abbrand.

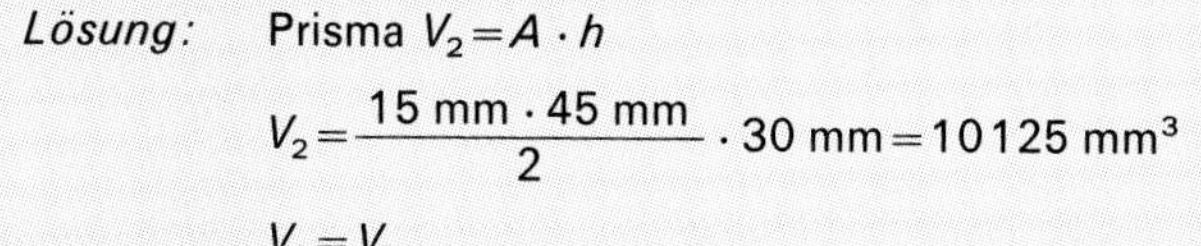

Lösung: Prisma $V_2 = A \cdot h$

$V_2 = \frac{15\ \text{mm} \cdot 45\ \text{mm}}{2} \cdot 30\ \text{mm} = 10125\ \text{mm}^3$

$V_1 = V_2$

Quader $V_1 = l_1 \cdot b \cdot h$

$l_1 = \frac{V_2}{b \cdot h} = \frac{10125\ \text{mm}^3}{15\ \text{mm} \cdot 30\ \text{mm}} = 22{,}5\ \text{mm}$

Zuschlag für Abbrand: $l_z = 12\%$ von l_1

$l_z = \frac{12 \cdot 22{,}5\ \text{mm}}{100} = 2{,}7\ \text{mm}$

Länge des Rohteils:

$l = 140\ \text{mm} + 22{,}5\ \text{mm} + 2{,}7\ \text{mm} = \mathbf{165{,}2\ mm}$

Aufgaben zur Körperberechnung (siehe auch Aufgaben zu 14 Masse)

13.1 Umwandlung der Einheiten

Verwandeln Sie:

a) $3{,}43\ \text{cm}^3$ in mm^3
b) $10465\ \text{dm}^3$ in m^3
c) $17{,}9\ \text{cm}^3$ in dm^3
d) $0{,}052\ \text{m}^3$ in cm^3
e) $0{,}61\ \text{dm}^3$ in mm^3
f) $0{,}0034\ \text{m}^3$ in dm^3
g) $0{,}39\ \text{mm}^3$ in cm^3
h) $8744{,}03\ \text{mm}^3$ in dm^3

13.2 Würfel

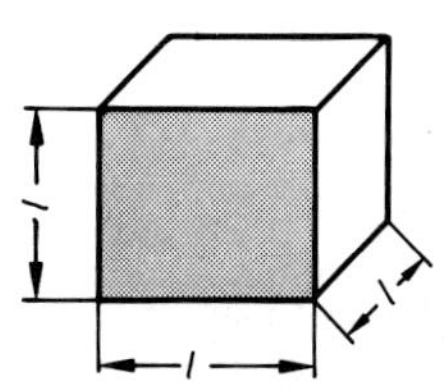

Benutzen Sie das Tabellenbuch

Gesucht: Volumen in dm^3.

Kantenlänge:

a) 37 mm
b) 94 mm
c) 78,6 cm
d) 6,75 cm

13.3 Würfel

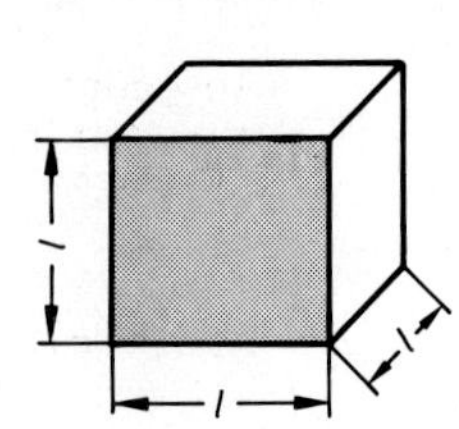

Benutzen Sie das Tabellenbuch

Gesucht: Kantenlänge in mm bei folgenden Rauminhalten:
a) 46 656 cm^3
b) 614,125 mm^3
c) 6,434 dm^3
d) 0,18 m^3

13.4 Waschwanne für Trichloräthylen

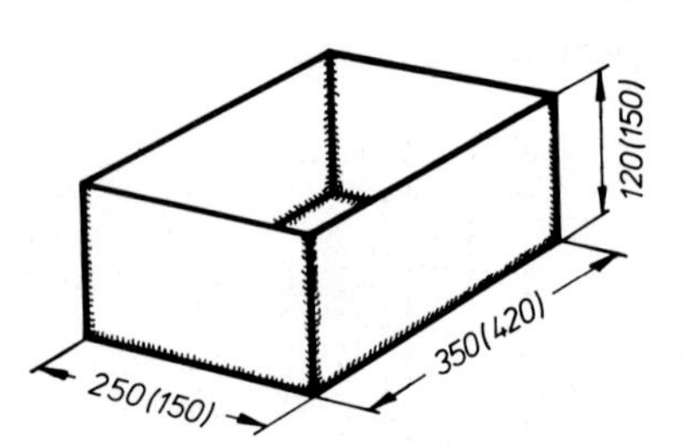

Gesucht: Fassungsvermögen in Litern.

13.5 VW 1300

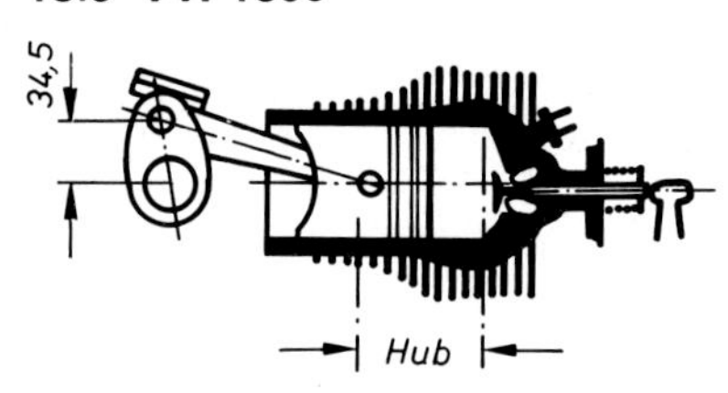

4-Zylinder-Otto-Motor
Bohrung: ∅77 mm

Gesucht: Hubraum in cm^3.

13.6 Wanne

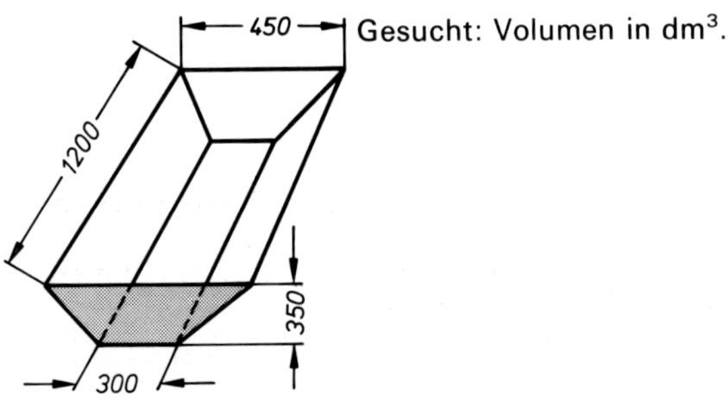

Gesucht: Volumen in dm^3.

13.7 Körnerspitze

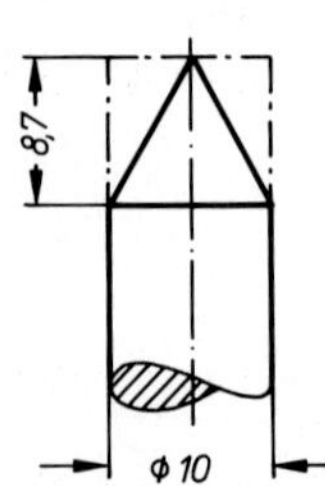

Gesucht:
a) Volumen der Spitze in mm^3.
b) Volumen des beim Anschleifen der Spitze abgetragenen Werkstoffs.

13.8 Öldose

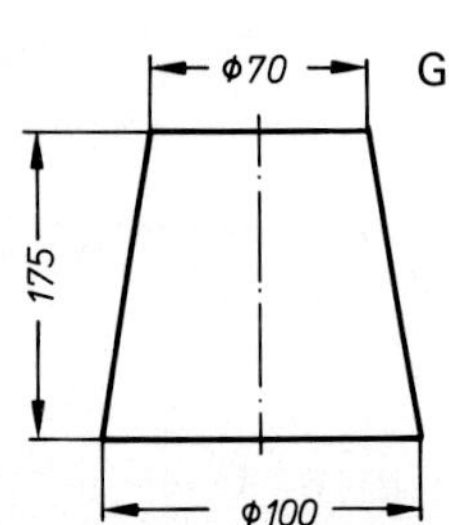

Gesucht: Inhalt in Litern.

13.9 Kugelgriff aus Phenolharz

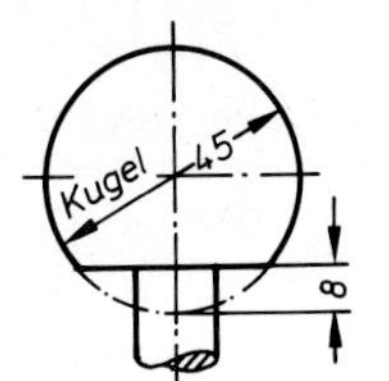

Gesucht:
Werkstoffbedarf in cm^3 für den Griff.

13.10 Guldinsche Regel

Dichtring aus Gummi

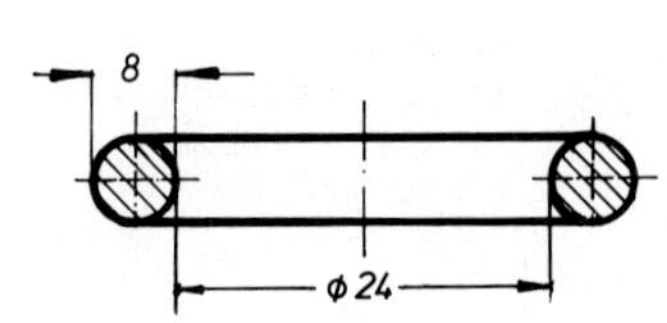

Stahlring

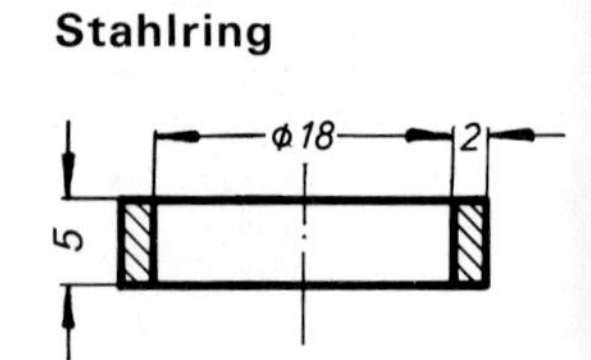

Berechnen Sie den Rauminhalt mit der Guldinschen Regel.

13.11 Schmiedezugabe

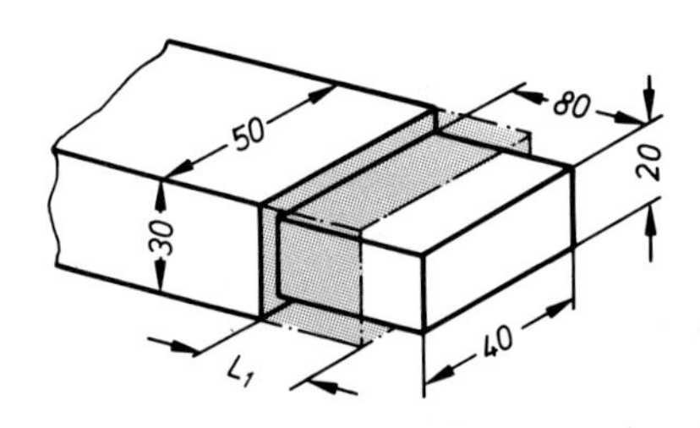

Gesucht:
Schmiedezugabe l_1 für den Vierkant ohne Abbrand.

13.12 Hülse

Die Hülse wird durch Fließpressen hergestellt.

Gesucht: Länge l des Rohteils.

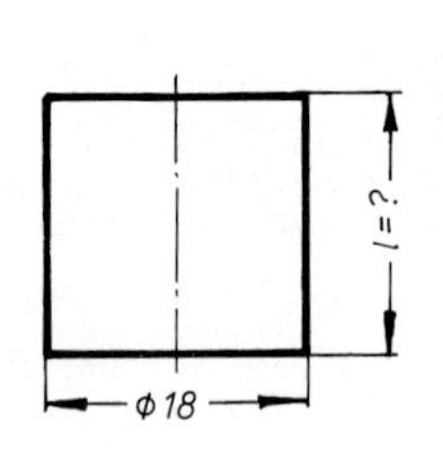

Rohteil

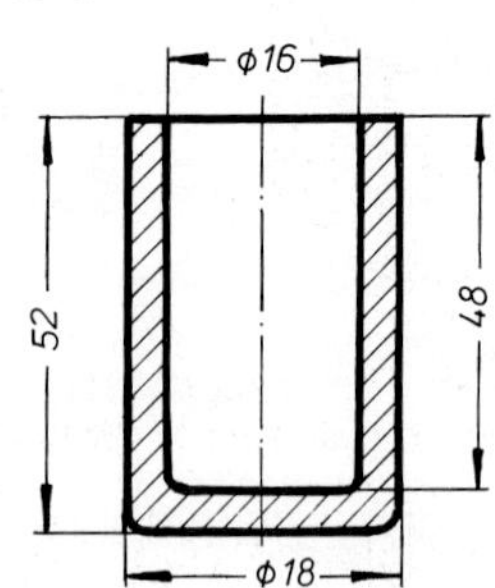

Fertigteil

13.13 Zapfen

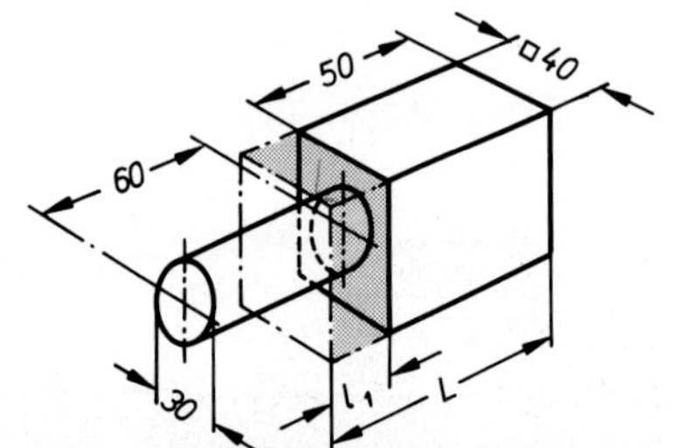

Gesucht:
a) Schmiedezugabe $l_1 + l_z$ bei einem Abbrand von 10%.
b) Länge des Rohteils.

13.14 Schmiedeteil

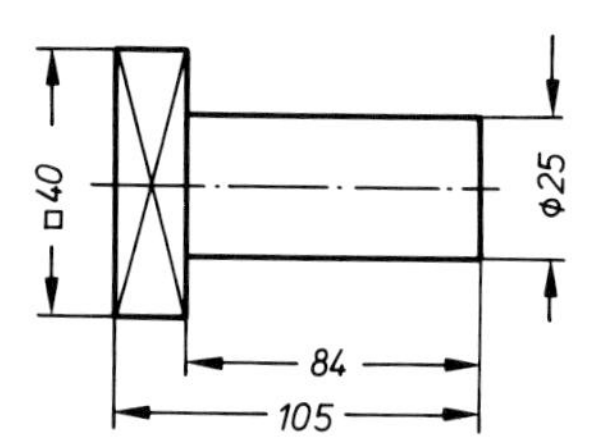

Gesucht:
a) Schmiedezugabe für den zylindrischen Teil
b) Rohlänge vor dem Schmieden

13.15 Schraubenkopf

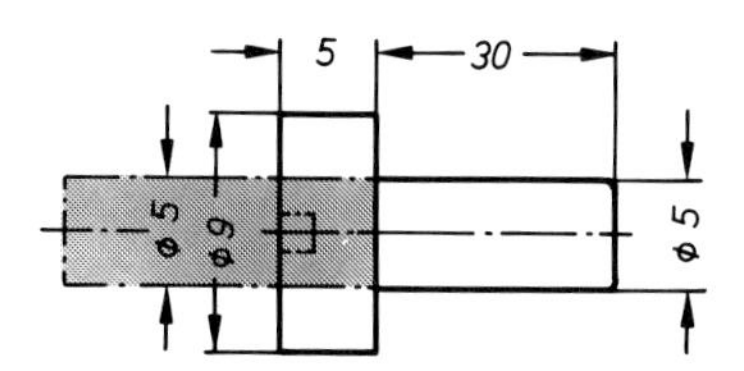

Der Kopf wird kalt angestaucht.

Gesucht:
Länge des Rohteils.

13.16 Vierkantzapfen

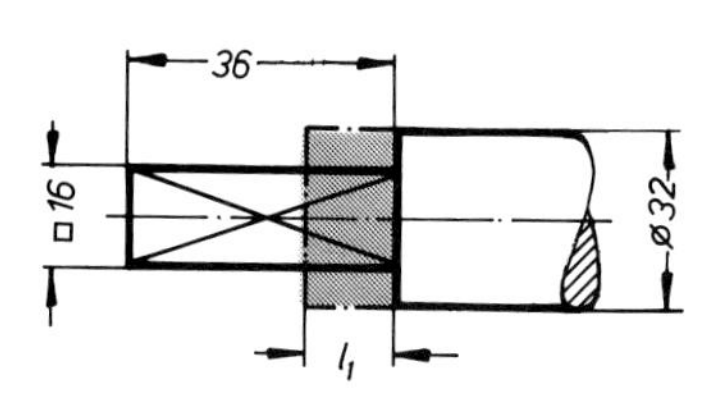

Gesucht:
a) Rohlänge l_1 des Vierkantzapfens.
b) Rohlänge bei einem Zuschlag für Abbrand von 15%.

13.17 Fließpreßteil

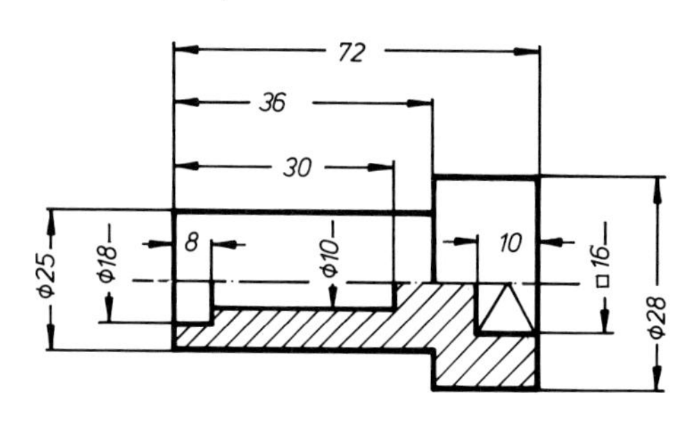

Ausgangswerkstoff 24 mm ⌀

Gesucht:
Länge des Rohteils.

► 13.18 Verschlußschraube

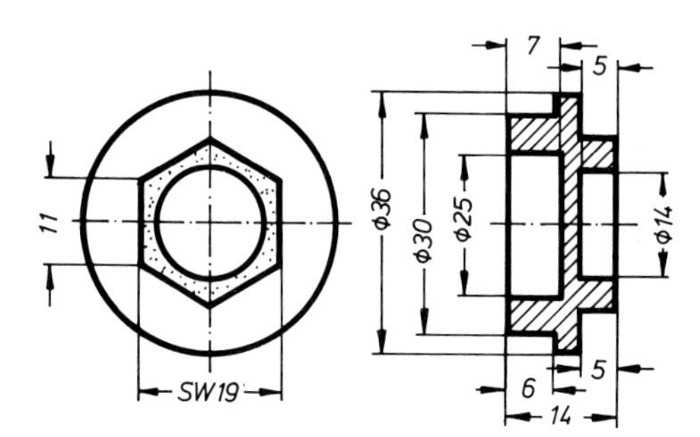

Aus Aluminium fließgepreßt aus einem Rundmaterial von 35 mm ⌀.

Gesucht:
a) Volumen des Werkstückes in mm³.
b) Dicke des Ausgangsmaterials.

14 Masse (Stoffmenge)

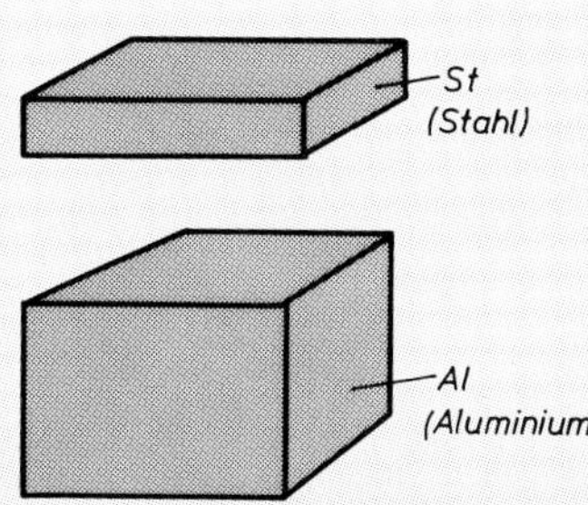

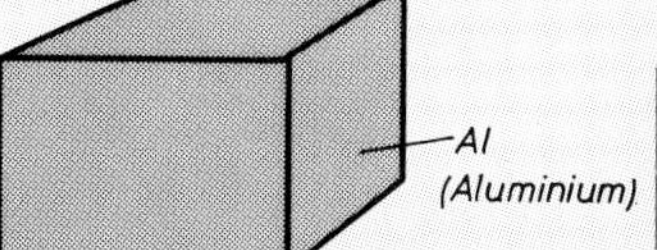

Jeder Körper besteht aus einer bestimmten Menge eines Werkstoffs. Diese **Stoffmenge** bezeichnet man auch als **Masse.**
Die Masse wird durch Wägen auf der Waage gemessen. Wägen heißt, die Masse (Stoffmenge) eines Körpers mit Körpern bekannter Masse (Wägestücke) vergleichen.
Die Einheit der Masse (Stoffmenge) ist das Kilogramm.

1 kg = 1000 g
1000 kg = 1 t (Tonne)

In manchen Firmenprospekten wird die Masse noch als Gewicht bezeichnet. Zum Beispiel Ladegewicht eines LKW 7,5 t. Das bedeutet, daß eine Stoffmenge von 7,5 t geladen werden darf.

Masse und Stoffmenge stehen für ein und dieselbe Größe.

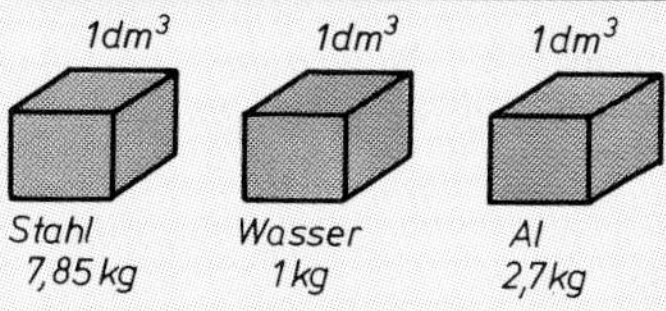

Wiegt man jeweils die Raumeinheit 1 dm³ verschiedener Stoffe, so ergeben sich unterschiedliche Massen. Man sagt: Die Stoffe haben unterschiedliche **Dichte.**
Die Dichte wird mit dem griechischen Buchstaben ϱ (sprich: rho) abgekürzt. Dichtewerte schlägt man in Tabellen nach.

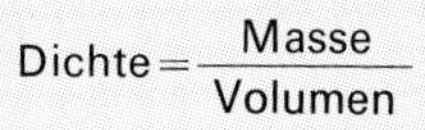

$$\text{Dichte} = \frac{\text{Masse}}{\text{Volumen}}$$

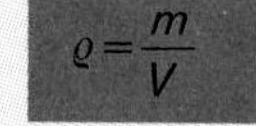

$$\varrho = \frac{m}{V}$$

Bezeichnungen:

ϱ Dichte
m Masse
V Volumen

Berechnung der Masse:

Masse = Volumen × Dichte $\quad m = V \cdot \varrho$

Einheiten der Dichte: feste und flüssige Stoffe $\frac{\text{g}}{\text{cm}^3}$; $\frac{\text{kg}}{\text{dm}^3}$ gasförmige Stoffe $\frac{\text{kg}}{\text{m}^3}$

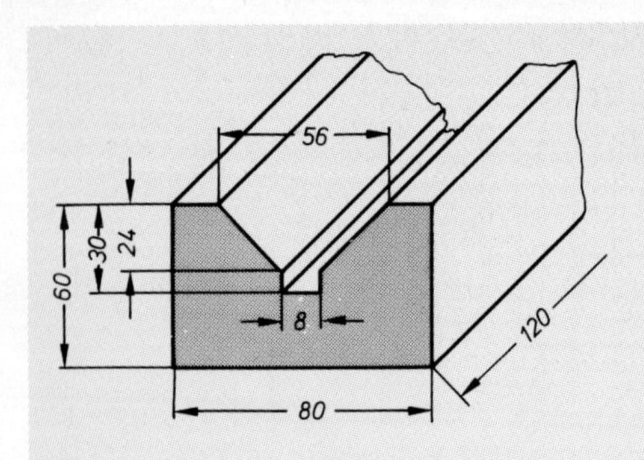

Beispiel: Anreißprisma aus St 37

Gesucht: Masse in kg

Lösung: Volumen: $V = A \cdot h$

Grundfläche A:

$A_1 = l \cdot b \quad = 80\ \text{mm} \cdot 60\ \text{mm} \quad = 4800\ \text{mm}^2$

$A_2 = l \cdot b \quad = 8\ \text{mm} \cdot 6\ \text{mm} \quad = 48\ \text{mm}^2$

$A_3 = \frac{l_1 + l_2}{2} \cdot b = \frac{56\ \text{mm} + 8\ \text{mm}}{2} \cdot 24\ \text{mm} \quad = 768\ \text{mm}^2$

$A = A_1 - A_2 - A_3 \quad = 3984\ \text{mm}^2$

$V = A \cdot h = 3984\ \text{mm}^2 \cdot 120\ \text{mm} = 478\,080\ \text{mm}^3$

$V \approx 0{,}478\ \text{dm}^3$

Masse: $m = V \cdot \varrho$ Stahl: $\varrho = 7{,}85\ \frac{\text{kg}}{\text{dm}^3}$

$m = 0{,}478\ \text{dm}^3 \cdot 7{,}85\ \frac{\text{kg}}{\text{dm}^3}$

$m = \mathbf{3{,}752\ kg}$

Hinweis: Die Masse von Halbzeugen (Profilstäbe, Rohre usw.) kann man mit Hilfe von Tabellen berechnen, in denen die Masse für einen laufenden Meter Halbzeug ausgewiesen ist.

Aufgaben zu Masse (Stoffmenge)

14.1 Blanker Flachstahl DIN 174

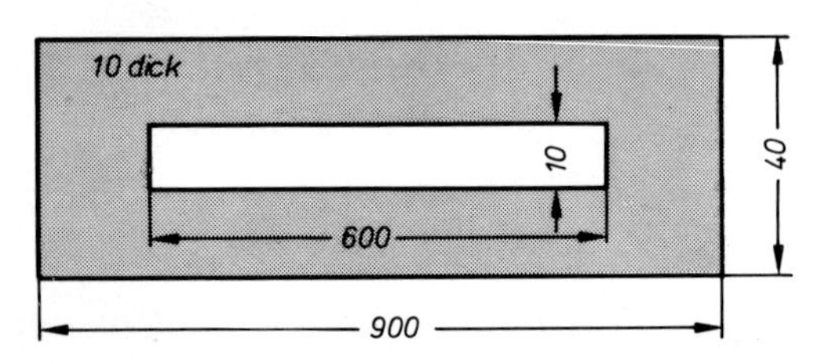

Gesucht: Masse des fertigen Werkstücks in kg.

14.2 Aluminium-Masseln

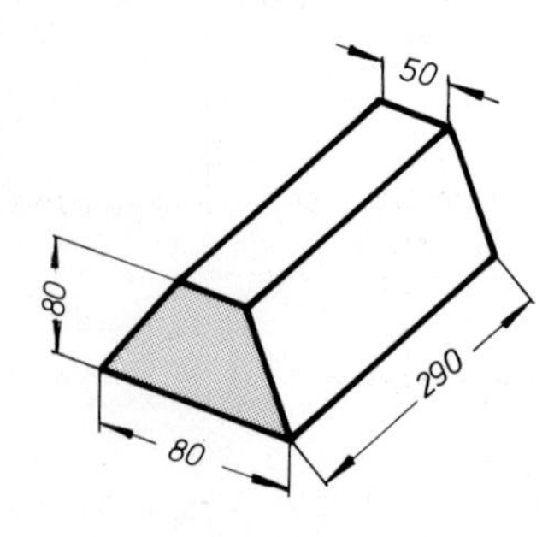

Gesucht:
a) Stoffmenge einer Massel.
b) Wieviel Stück können auf einen 3 t-LKW geladen werden?

14.3 Stoffmengenberechnung

Meßbecher

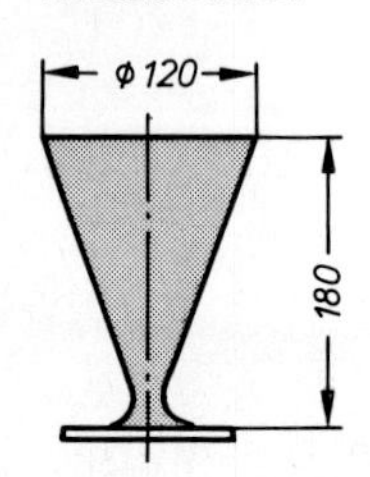

Gesucht:
Masse einer Füllung mit Maschinenöl.

Kupferspitze

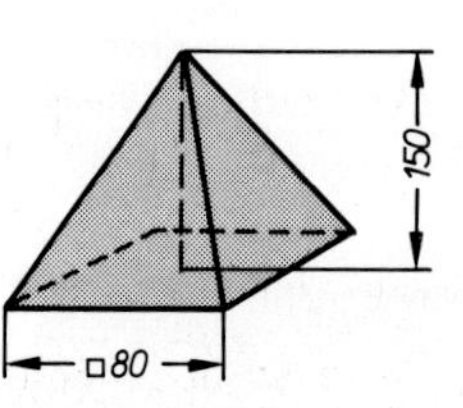

Gesucht: Masse in kg.

14.4 Schätz- und Rechenaufgabe

1000 Stahlkugeln

Gesucht:
Masse in g.
Schätzen Sie zuerst!

Korkkugel

Kork: $\varrho = 0{,}24\ \frac{\text{kg}}{\text{dm}^3}$

Gesucht:
Masse in kg.
Schätzen Sie zuerst!

14.5 Reitstockspitze aus Werkzeugstahl

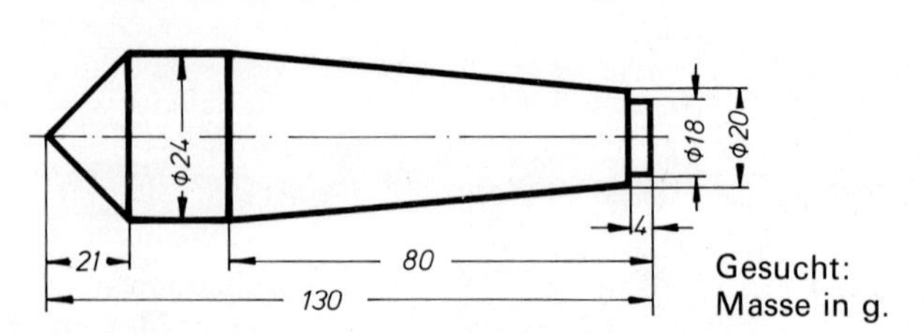

Gesucht:
Masse in g.

14.6 Bundbohrbuchse nach DIN 172 aus Werkzeugstahl

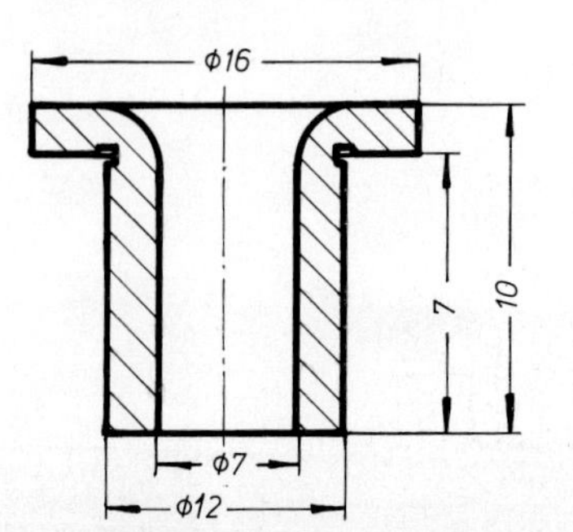

Gesucht:
Masse in g.

Rundungen werden nicht berücksichtigt.

14.7 Spannschiene aus St 60

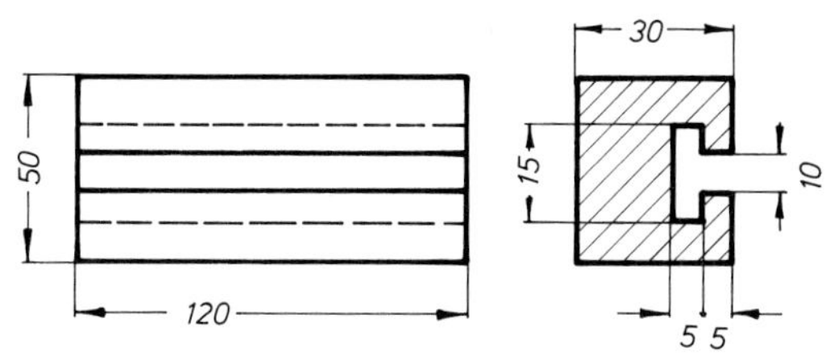

Gesucht: Masse in kg.

14.8 Spanneisen aus St 60

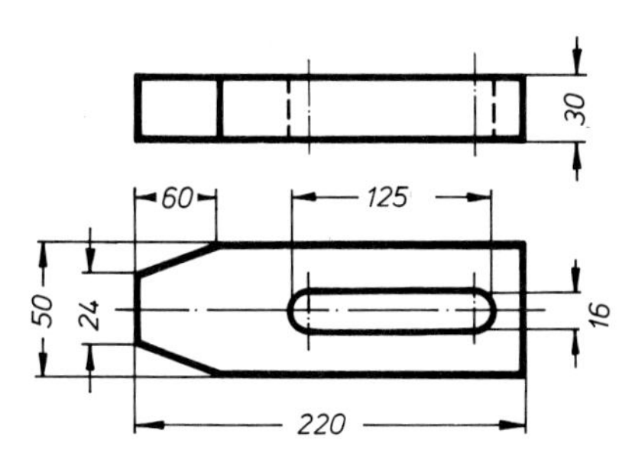

Gesucht: Masse.

14.9 Abdeckplatte aus St 37

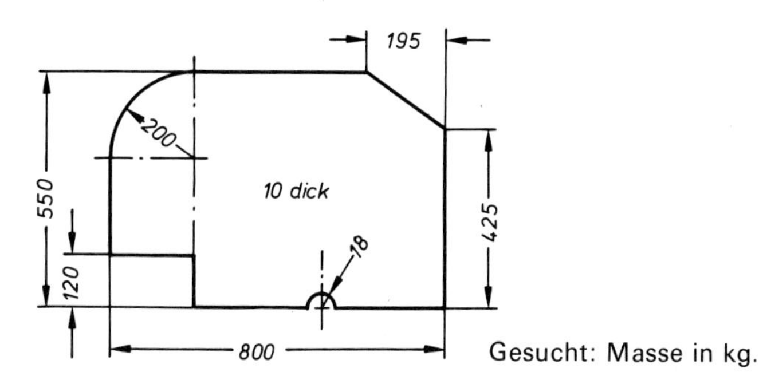

Gesucht: Masse in kg.

14.10 Stopfbuchse aus GG-12

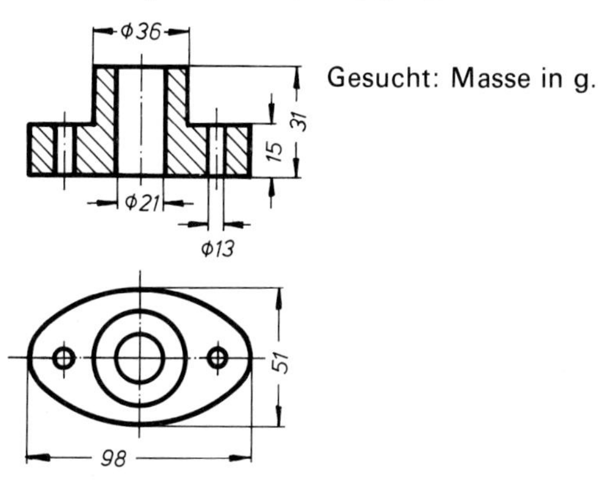

Gesucht: Masse in g.

14.11 Gelenkgabel aus GG-18

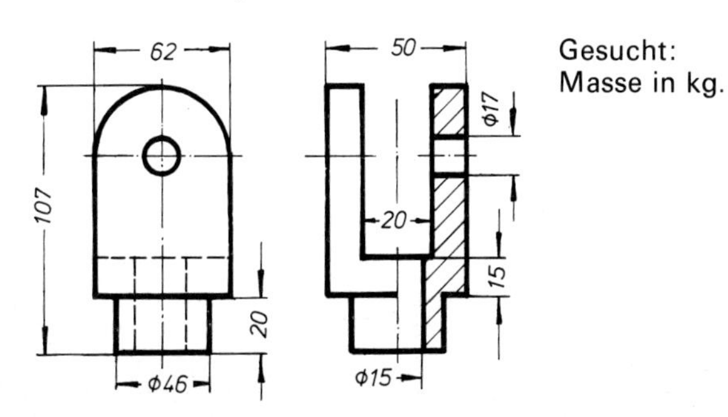

Gesucht: Masse in kg.

14.12 Lagerbuchse aus St 34

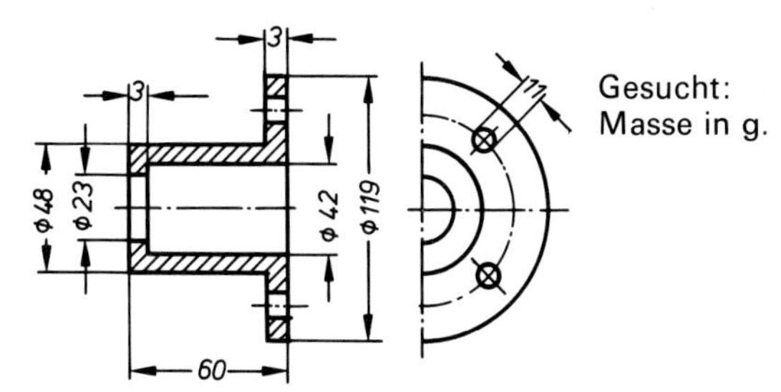

Gesucht: Masse in g.

14.13 Schlittenführung aus GG-18

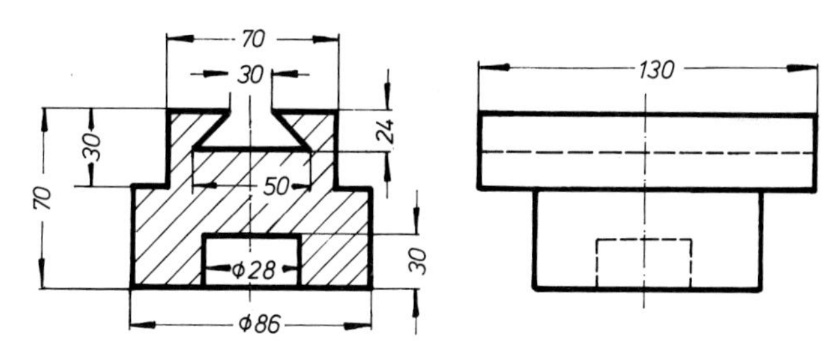

Gesucht: Masse in kg.

14.14 Petroleumfaß

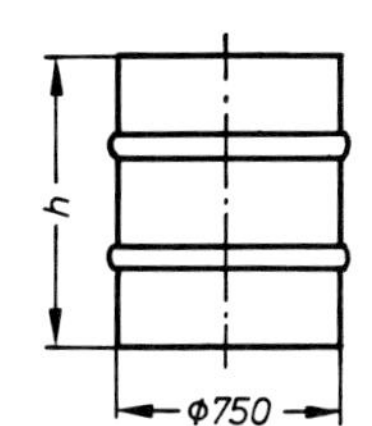

Das Faß soll 250 kg Petroleum aufnehmen. Wie hoch muß das Faß sein?

Petroleum: $\varrho = 0{,}81\ \frac{\text{kg}}{\text{dm}^3}$

14.15 Kanister

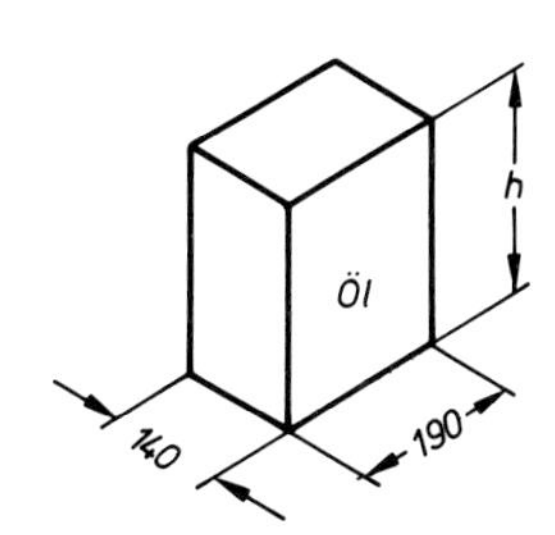

Der Kanister soll 5 kg Bohröl $\left(\varrho = 0{,}8\ \frac{\text{kg}}{\text{dm}^3}\right)$ fassen.

Gesucht: Höhe.

14.16 Fundamentplatte

Eine 120 mm dicke Fundamentplatte aus Gußeisen $\left(\varrho = 7{,}3\ \frac{\text{kg}}{\text{dm}^3}\right)$ mit der Grundfläche 1200 mm × 800 mm wird so abgehobelt, daß sie bei gleicher Grundfläche um 65 kg leichter wird.

Wie dick ist die fertige Platte?

15 Schlußrechnung

Schließen von einer Menge auf eine andere Menge.

Beispiel

3 kg Zucker kosten

4,20 DM

Zweisatz

Schluß auf → 1 kg Zucker kostet?

Man geht von einer Bedingung aus und schließt in mehreren Sätzen (Zweisatz, Dreisatz) auf andere Mengen.

Bedingung: 3 kg kosten 4,20 DM

1. Satz: 1 kg kostet (3mal weniger) $\frac{4{,}20\ \text{DM}}{3} = 1{,}40\ \text{DM}$

Lösung: 3 kg kosten
1 kg kostet $\frac{4{,}20\ \text{DM}}{3}$ $= \mathbf{1{,}40\ DM}$

Anmerkung: Schlußrechnungen lassen sich auch durch Gleichungen mit einer Unbekannten lösen.

Beispiel: Dreisatz

Drei Autoreifen kosten 284,40 DM. Was kosten vier Reifen?

Lösung: 3 Reifen kosten
1 Reifen kostet
4 Reifen kosten $\frac{284{,}40\ \text{DM} \cdot 4}{3}$ $= \mathbf{379{,}20\ DM}$

Anmerkung: Die Niederschrift des ersten Satzes ist grau gekennzeichnet.

Kurzform: $\text{Kosten} = \frac{284{,}40\ \text{DM} \cdot 4}{3}$ $= \mathbf{379{,}20\ DM}$

Vorsicht bei umgekehrten Verhältnissen!

Beispiel: Camping

Für 5 Zelter reichen die Lebensmittel 9 Tage lang. Wie lange reichen die Lebensmittel für 6 Personen?

Lösung: Für 5 Personen reicht es
Für 1 Person reicht es
Für 6 Personen reicht es $\frac{9\ \text{Tage} \cdot 5}{6}$ $= \mathbf{7\frac{1}{2}\ Tage}$

Zwei Schlußrechnungen in einer Aufgabe

Beispiel: Arbeitsleistung mehrerer Arbeiter in unterschiedlichen Zeiträumen

8 Dreher fertigen 512 Drehteile in 12 Arbeitstagen. Wie viele Drehteile fertigen 11 Dreher in 15 Tagen?

Lösung: 1. Ansatz: 8 Dreher fertigen in 12 Tagen
1 Dreher fertigt in 12 Tagen
11 Dreher fertigen in 12 Tagen $\frac{512\ \text{Teile} \cdot 11}{8}$ $= 704$ Teile

2. Ansatz: In 12 Tagen fertigen 11 Dreher
In 1 Tag fertigen 11 Dreher
In 15 Tagen fertigen 11 Dreher $\frac{704\ \text{Teile} \cdot 15}{12}$ $= \mathbf{880\ Teile}$

15.1

a) **Benzinkosten**

12 l Zweitaktmischung (Normalbenzin und Öl) kosten 12,84 DM.

Was kostet 1 Liter?

b) **Werkstoffkosten**

1 kg Gußeisen kostet 3,20 DM.

Was kosten 35,5 kg?

15.2

a) **Preis**

125 Schrauben kosten 5,– DM.

Gesucht:
Preis von 80, 24, 120 Schrauben.

b) **Stoffmenge**

1,2 m Sechskantmessing haben eine Stoffmenge von 5,088 kg.

Gesucht:
Stoffmenge von 136 mm, 0,85 m, 5,2 cm.

15.3

a) **Ein Schmierölvorrat** reichte für 6 Maschinen 4 Wochen.

Wie lange reicht derselbe Vorrat für 5 Maschinen?

b) **Fertigungszeit**
8 Arbeiter fertigen 36 Gehäuse pro Schicht.

Gesucht:
Fertigungsmenge bei 14 Arbeitern.

15.4

a) **Blechgewicht**
Eine Tafel Messingblech 1 × 2 m und 2 mm Dicke hat eine Stoffmenge von 36 kg.

Gesucht:
Stoffmenge einer Tafel von 1,5 mm, 2,5 mm, 0,8 mm Dicke.

b) **Pumpenleistung**
Eine Pumpe fördert bei einer Antriebsleistung von 6 kW 20 l/s.

Gesucht:
Antriebsleistung für eine Pumpe bei 34 (42) l/s.

15.5

a) **Ein Kompressor** braucht für eine Betriebszeit von 8 Stunden 18 l Dieselöl.

Wieviel l benötigt er in 25 (13) Stunden?

b) **Wasservorrat in der Wüste**
Ein Wasservorrat würde für 6 Personen 15 Tage reichen. Es kommen noch 2 Personen hinzu.

Wie lange reicht das Wasser dann noch?

15.6 Stoffmenge eines Messingblechs

4 m² Messingblech von 1,5 mm Dicke haben eine Stoffmenge von 51,20 kg.

Gesucht: Stoffmenge von 5,4 m² Messingblech 0,6 mm dick.

15.7 Holzlager

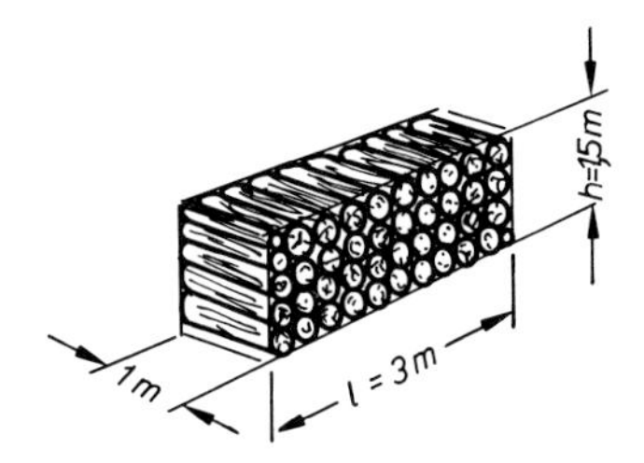

1 m lange Holzscheite sind zu stapeln. 4,5 m³ ergeben bei einer Länge von 3 m eine Stapelhöhe 1,5 m.

Wie hoch wird der Stapel bei 7,5 m³ Holz?

15.8 Eine Tunnelbohrung

wird bei einem Vorschub von 4 m/Tag in 80 Arbeitstagen fertig. Um die Fertigstellung zu beschleunigen, wird der Vorschub auf 6,4 m/Tag erhöht.

Wieviel Arbeitstage sind dann erforderlich?

15.9 Aushub eines Grabens

3 Arbeiter benötigen zum Ausheben eines Grabens von 8 m Länge 5 Tage.

Wie lange benötigen 5 Arbeiter für ein 11 m langes Grabenstück?

16 Prozentrechnung

10% des ganzen Kreises

Die Prozentrechnung gibt Bruchteile des Ganzen in Hundertstel an.

Wortbedeutung:
pro (lateinisch) = für oder je
centum (lateinisch) = Hundert

Prozent: $1\% = \frac{1}{100}$ vom Ganzen (vom Grundwert). Promille: $1‰ = \frac{1}{1000}$ vom Ganzen.

Bezeichnungen: Der **Grundwert** oder das Ganze (in der obigen Skizze der volle Kreis).

Der **Prozentsatz** gibt die Anzahl der Hundertstel an (in der Skizze 10%).

Der **Prozentwert** ist der Teil des Grundwertes, der auf den Prozentsatz entfällt (hier die schraffierte Fläche mit etwa 15 mm²).

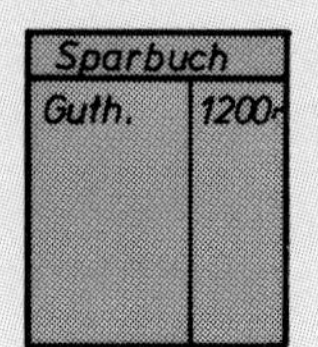

Beispiel: Verzinsung eines Sparguthabens (Gesucht: Prozentwert)

Sparguthaben mit vierteljährlicher Kündigung werden mit 4% verzinst.
a) Wie hoch sind die jährlichen Zinsen?
b) Sparguthaben nach einem Jahr?

Lösung (mittels Dreisatz):

a) 100% sind
1% ist
4% sind

$$\frac{1200,-\text{ DM} \cdot 4}{100} = \mathbf{48,-\text{ DM}}$$

b)

Sparguthaben am Jahresanfang	1200,– DM
4% Jahreszins	48,– DM
Guthaben nach einem Jahr	**1248,– DM**

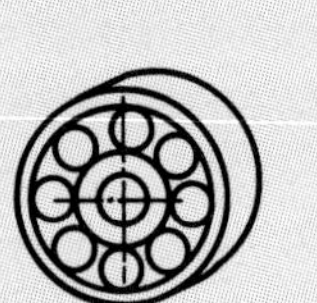

Beispiel: Ausschuß (Gesucht: Prozentsatz)

Für eine Kugellager-Passung sind Wellen sehr genau anzufertigen.
Von 435 Wellen sind 18 Ausschuß.
Wieviel % sind das?

Lösung: (435 Wellen sind 100%) $\frac{100\% \cdot 18}{435} = \mathbf{4{,}14\%}$

Beispiel: Grippewelle (Gesucht: Prozentsatz)

Von 25 Schülern einer Klasse fehlen 8.
Wieviel % sind das?

Lösung: 25 Schüler sind
1 Schüler ist
8 Schüler sind

$$\frac{100\% \cdot 8}{25} = \mathbf{32\%}$$

Beispiel: Verzinstes Kapital (Gesucht: alter Grundwert)

Ein Kapital wurde mit 6% verzinst und hat nach einem Jahr einen Buchwert von 2756,– DM.
Wie groß war das Ausgangskapital?

Lösung: Nach einem Jahr ist das Kapital auf 106% angewachsen.

106% sind
1% ist
100% sind

$$\frac{2756,-\text{ DM} \cdot 100}{106} = \mathbf{2600,-\text{ DM}}$$

■ Aufgaben zur Prozentrechnung

16.1

Gesucht: Prozentwert
a) 5% von 750,– DM
b) 3,2% von 80 kg
c) 7,6% von 200 mm
d) 3,2 ‰ von 120 min

Gesucht: Grundwert
e) 3% sind 76,20 DM
f) 9% sind 12,6 mm
g) 6% sind 51 Werkstücke
h) 2,4 ‰ sind 0,12 l

16.2 Preiserhöhung

Eine Wohnung kostete 170,– DM Miete/Monat. Der Hausbesitzer darf nur 6% aufschlagen.

Wie hoch ist die neue Miete?

16.3 Preisvergleich

Ein Händler bietet auf alle Geräte 15% Rabatt. Seine Brutto-Preise sind:
Radio 180,– DM
Recorder 120,– DM

Ein Fachgeschäft bietet die gleichen Geräte ohne Rabatt zu folgenden Preisen an:
Radio 150,– DM
Recorder 100,– DM

Wo kann günstiger eingekauft werden?

16.4 Mehrwertsteuer

	Netto-waren-wert	Mehrwert-steuer-satz
Drehmaschine	17000,– DM	13%
Getriebe	3200,– DM	13%
Tischrechner	600,– DM	13%
Buch	12,50 DM	5,5%

Gesucht: Verkaufspreise, die der Kunde bezahlen muß.

16.5 Lohnerhöhung

Die Tarifpartner schließen einen neuen Tarifvertrag mit einer Lohnerhöhung von 5,8% ab. Die alten Löhne betrugen 9,20 DM (10,30 DM) pro Stunde.

Wie hoch sind die neuen Stundenlöhne?
(Die Stundenlöhne sind auf Pfennige auf- bzw. abzurunden.)

16.6 Pflichtbeiträge für die Sozialversicherungen

Krankenkasse	11%
Rentenversicherung	18%
Arbeitslosenversicherung	3%
insgesamt	**32%**

Ein Arbeitnehmer verdient 1500,– DM pro Monat. Von den obenstehenden Prozentsätzen zahlt der Arbeitnehmer die Hälfte; die andere Hälfte wird vom Arbeitgeber bezahlt.

Welchen Betrag erhält der Arbeitnehmer ausgezahlt, wenn noch 100,– DM Lohnsteuer an das Finanzamt abzuführen sind?

16.7 Druckbolzen aus St 60

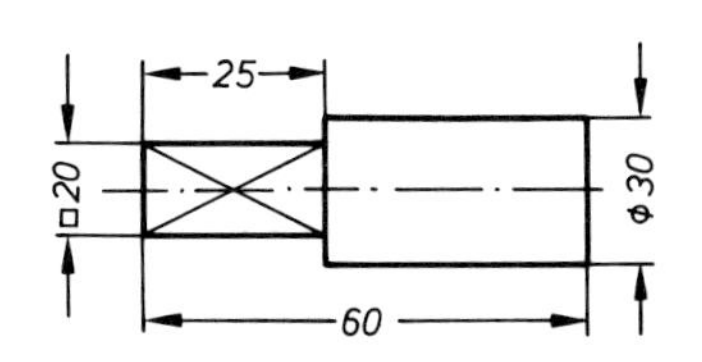

Rohmaß: ∅ 30 × 64

Gesucht:
a) Stoffmenge des Werkstücks.
b) Wieviel % des Werkstoffs wird zerspant?
c) Zuschlag für Zerspanung (bezogen auf das fertige Werkstück).

16.8 Zuschnitt für Behälter

Verschnitt in % **Verschnittzuschlag**

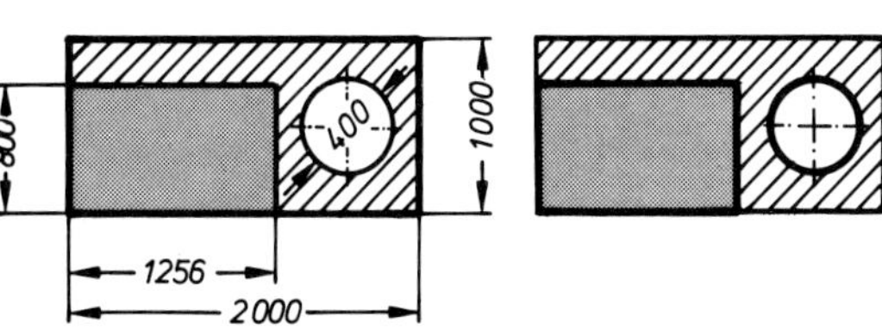

Beachten Sie: Der Grundwert (100%) ist kräftig ausgezogen.

Gesucht:
Verschnitt in %.

Gesucht:
Verschnittzuschlag in %.

16.9 Ölbehälter

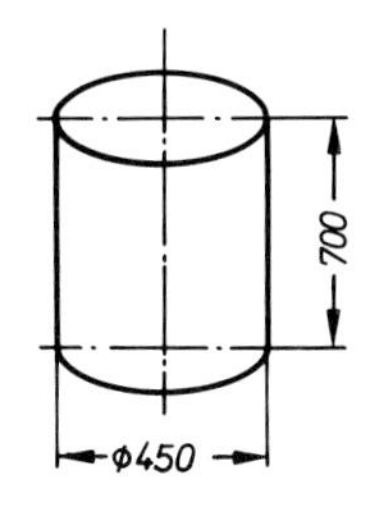

aus Normaltafel 1000 × 2000 zu fertigen.

Gesucht:
a) Oberfläche des Behälters (einschließlich Deckel).
b) Verschnitt in %.
c) Verschnittzuschlag.

16.10 Zuschneiden von Ronden

von 210 (185) mm ∅

Gesucht:
a) Zahl der Zuschnitte aus einer Normaltafel.
b) Flächeninhalt der rechteckigen Abfallstücke.
c) Verschnitt in %.
d) Verschnittzuschlag in % auf die fertigen Ronden.

16.11 Walzstahl schälen

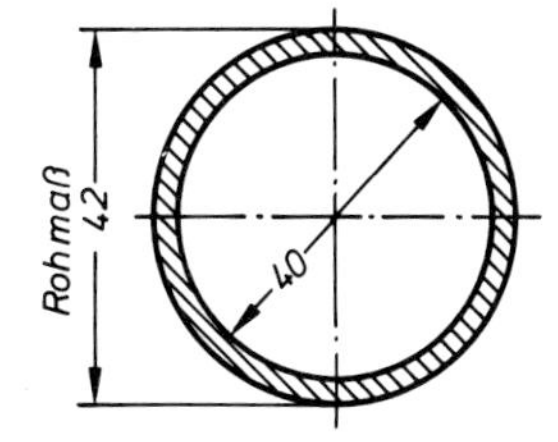

Gesucht:
a) Zuschlag für das Schälen in %.
b) Wieviel % des Werkstoffes werden zerspant?
(100% = Fläche von 42 mm ∅.)

16.12 Werkstoffverlust

Aus quadratischem Walzstahl von □ 8 mm werden Zylinder von 5,5 mm Durchmesser gedreht.

Wie groß ist der Zerspanungszuschlag?

17 Lehrsatz des Pythagoras

Pythagoras = griechischer Philosoph und Mathematiker, etwa 580 bis 500 v. Chr.

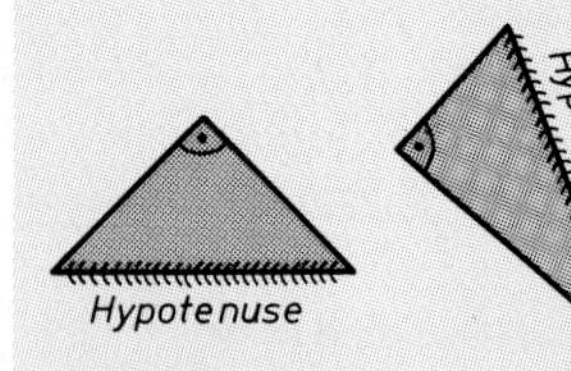

Im rechtwinkligen Dreieck liegt stets die längere Seite dem rechten Winkel gegenüber. Diese Seite wird als Hypotenuse bezeichnet. Man kann sie auch Spannseite nennen, weil sie von den beiden Schenkeln des rechten Winkels aufgespannt wird.

Die an dem rechten Winkel anliegenden zwei Schenkel werden Katheten genannt.
In der Regel werden die Seiten eines rechtwinkligen Dreiecks mit folgenden Buchstaben bezeichnet:

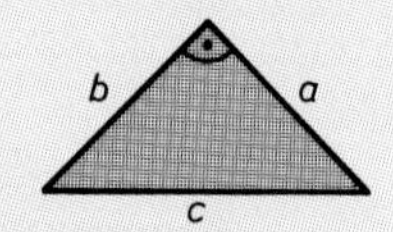

Katheten: a und b
Hypotenuse: c

Satz des Pythagoras:

Im rechtwinkligen Dreieck ist der Flächeninhalt des Quadrates über der Hypotenuse gleich dem Flächeninhalt der beiden Quadrate über den Katheten.

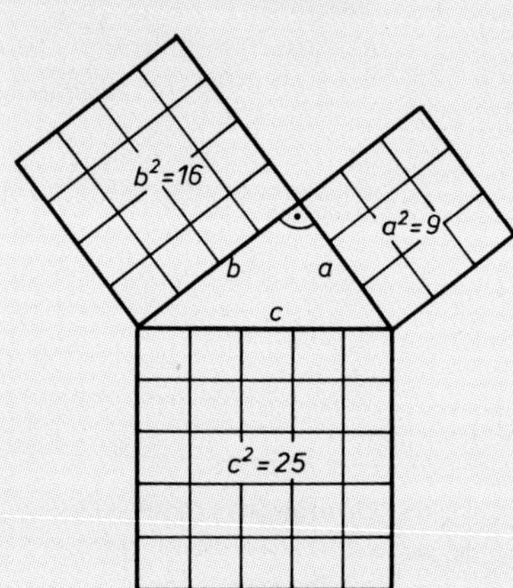

Veranschaulichung durch die links stehende Zeichnung:

Hypotenusenquadrat:	25 Quadrate
Kathetenquadrat über a:	9 Quadrate
Kathetenquadrat über b:	16 Quadrate

$$c^2 = a^2 + b^2$$

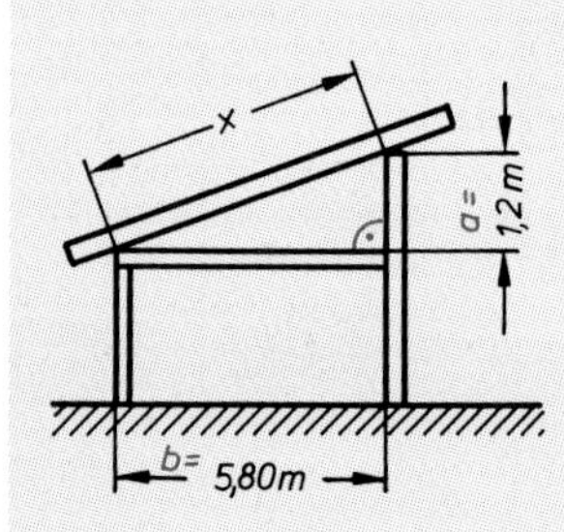

Beispiel: Sparrenlänge für ein Garagendach

Wie groß ist die Länge x zwischen den zwei Auflagestellen?

Lösung: $x^2 = a^2 + b^2; \rightarrow x = \sqrt{a^2 + b^2} = \sqrt{(1{,}2\ \text{m})^2 + (5{,}8\ \text{m})^2} = \sqrt{35{,}08\ \text{m}^2} = \mathbf{5{,}92\ m}$

17.1 Diagonalstrebe

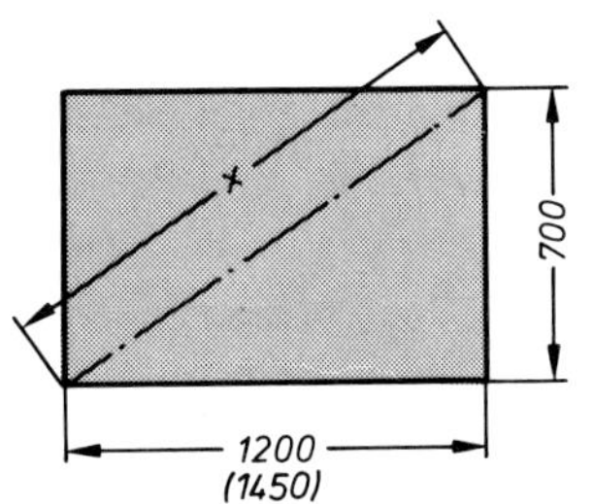

Zur Versteifung des nebenstehenden Rahmens ist eine Diagonalstrebe einzuziehen.

Wie groß ist die Länge *x*?

17.2 Bohrungsabstand

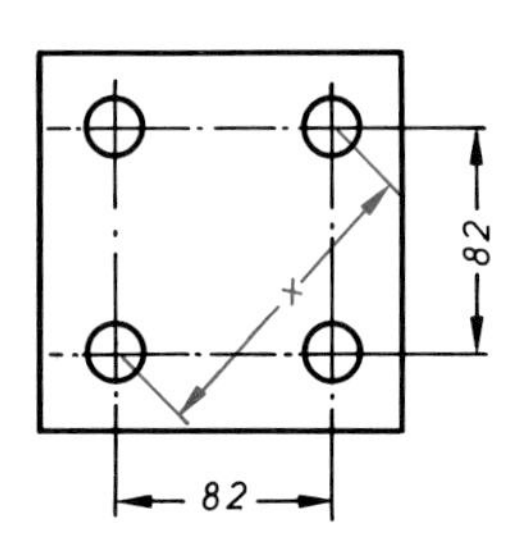

Auf einer quadratischen Platte ist als Prüfmaß der Abstand *x* zweier schräg einander gegenüberliegender Bohrungen zu berechnen.

17.3 Maße für eine numerisch gesteuerte Maschine

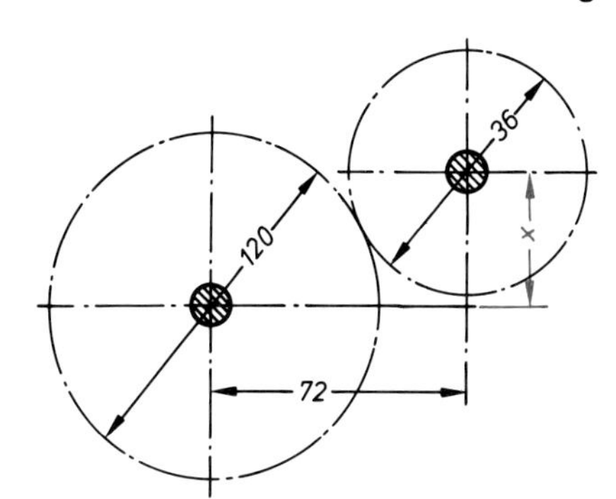

Für einen Zahntrieb gemäß Skizze ist das Maß *x* festzulegen.

Beachten Sie:
Es ist mit dem Halbmesser zu rechnen.

17.4 Berechnen Sie *x* mit dem Pythagoreischen Lehrsatz:

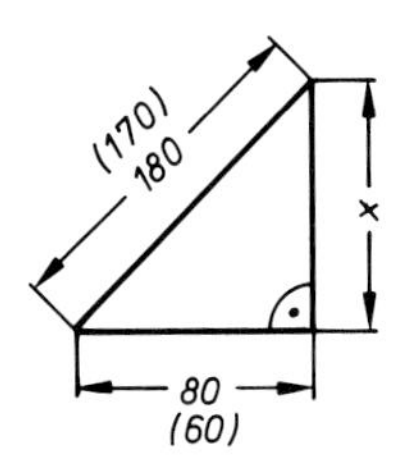

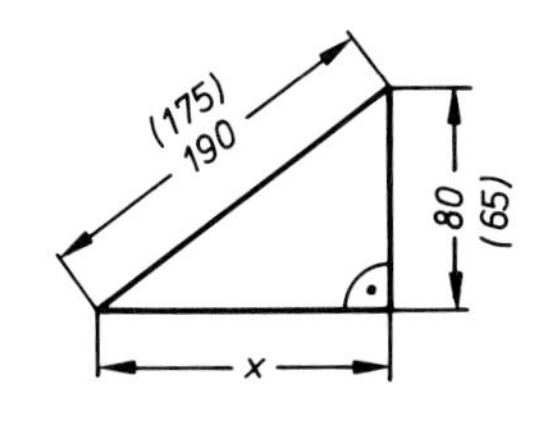

17.5 Kranbrücke

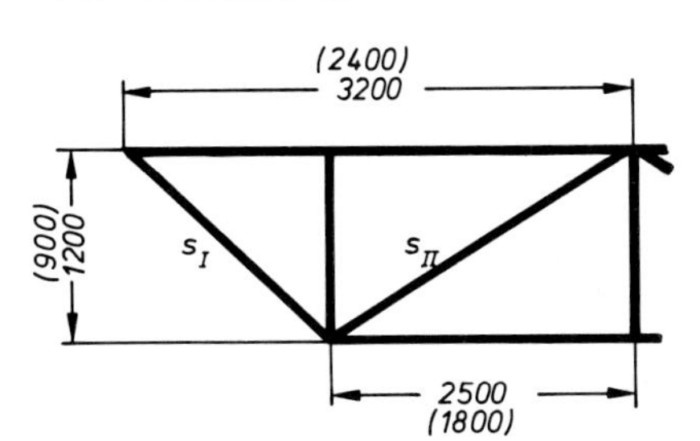

Gesucht:
Länge der Strebe *S* I und *S* II.

Anleitung:
Rechnen Sie in dm!

17.6

Diagonalstrebe

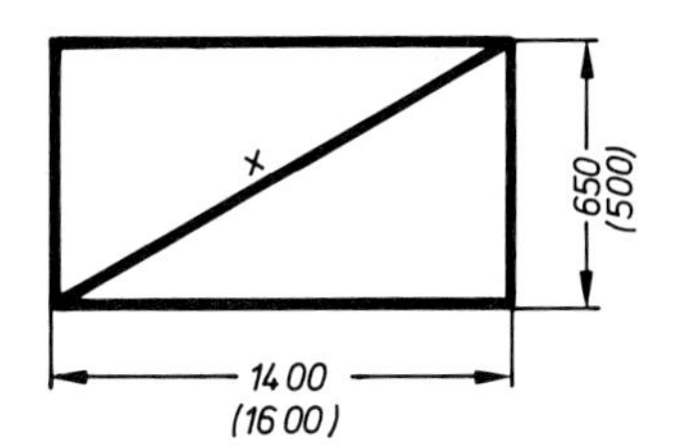

Gesucht: Länge *x*.

Kegel

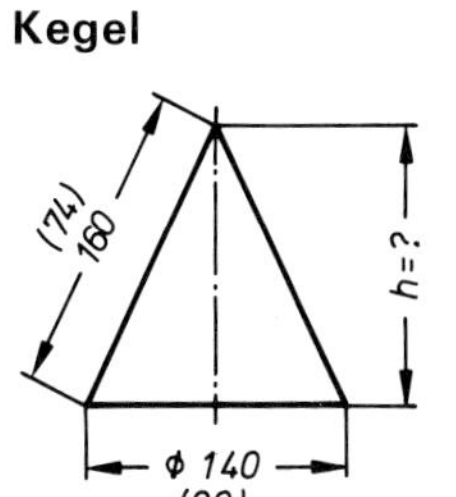

Gesucht: Höhe *h*.

17.7 Zweikant

Gesucht: Maß *x*.

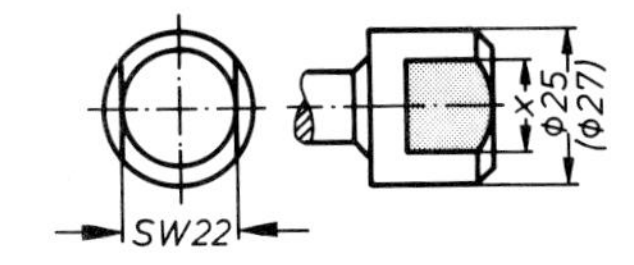

17.8 Fläche an Rundstahl fräsen

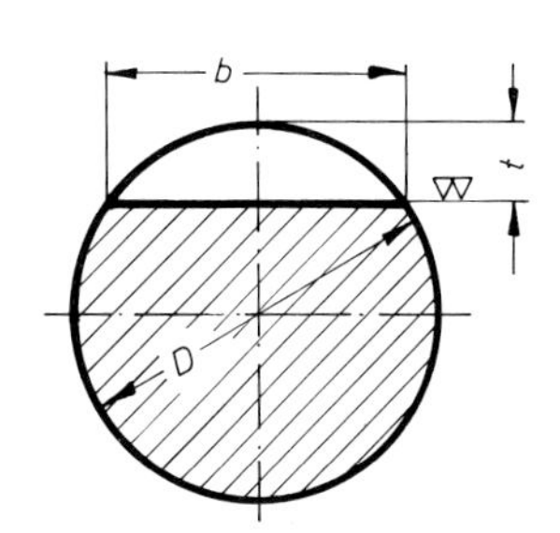

Gesucht:
a) Skizze des rechtwinkligen Dreiecks.
b) Frästiefe *t* für:

	D	b
I	80	50
II	60	28
III	66	24

17.9 Kupplungsstück fräsen

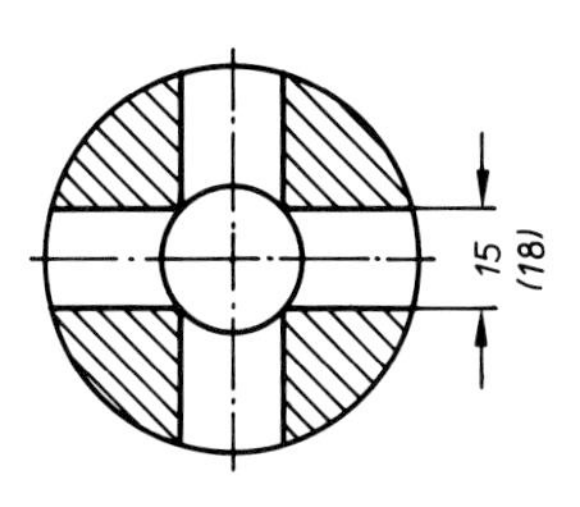

Gesucht:
a) Größter Bohrungsdurchmesser der zentrischen Bohrung, ohne die Mitnahmeflächen zu verletzen.
b) Fräserbreite, wenn die Bohrung 24 mm Durchmesser hat.

17.10 Kugelbolzen

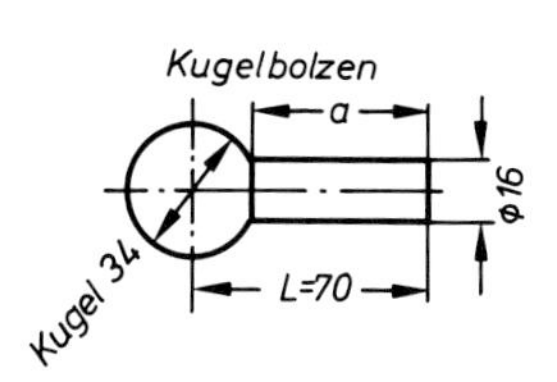

Gesucht:
Länge *a* des zylindrischen Teiles

L	85	38
Kugel-∅	48	24

18 Winkelfunktionen (Trigonometrie vom Lateinischen: tri = drei, gonia = Eck, Funktion = Verhältnis)

Bezeichnungen am rechtwinkligen Dreieck, bezogen auf einen Winkel:

Gegenkathete (liegt dem Winkel gegenüber)
Ankathete (liegt am Winkel)
Hypotenuse (liegt dem rechten Winkel gegenüber)

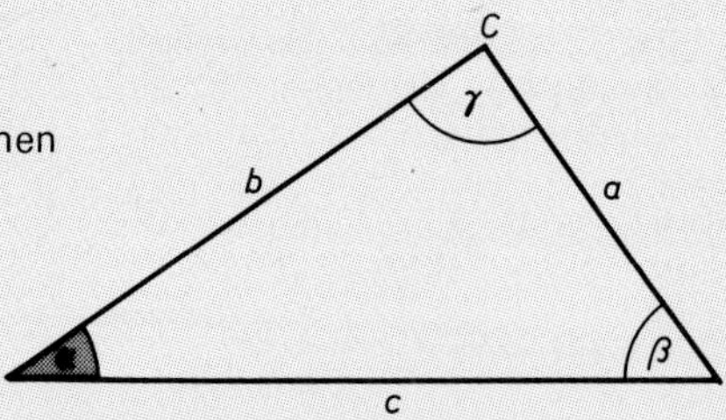

Im nebenstehenden Beispiel zum Winkel α:

Gegenkathete a
Ankathete b
Hypotenuse c

Die Seitenverhältnisse von rechtwinkligen Dreiecken mit gleichen Winkeln sind stets gleich. Hier z. B. rechtwinklige Dreiecke mit einem Winkel α von 15°:

Seitenverhältnis $= \frac{a}{b} = \frac{a'}{b'} = \frac{a''}{b''}$ hier stets: $\frac{3\text{ mm}}{11\text{ mm}} \approx 0{,}2679$

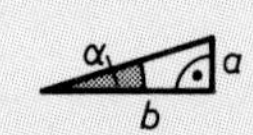

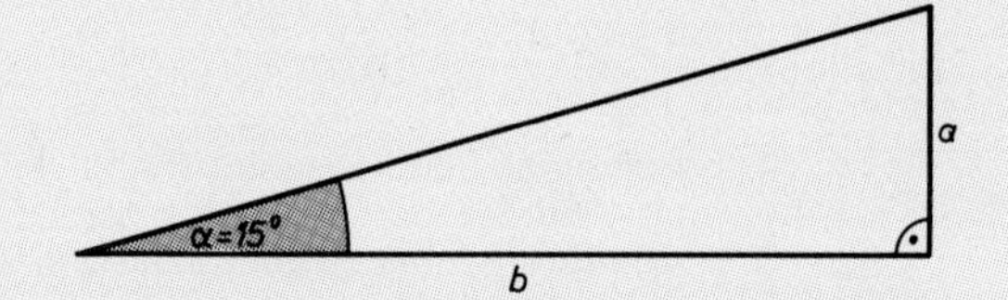

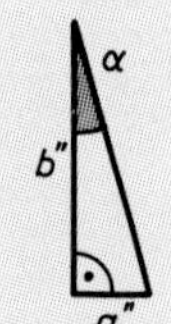

Wichtige Winkelfunktionen	
Tangens $\tan\alpha = \frac{a}{b}$ Tangens $= \frac{\text{Gegenkathete}}{\text{Ankathete}}$	**Cotangens** $\cot\alpha = \frac{b}{a}$ Cotangens $= \frac{\text{Ankathete}}{\text{Gegenkathete}}$
Sinus $\sin\alpha = \frac{a}{c}$ Sinus $= \frac{\text{Gegenkathete}}{\text{Hypotenuse}}$	**Cosinus** $\cos\alpha = \frac{b}{c}$ Cosinus $= \frac{\text{Ankathete}}{\text{Hypotenuse}}$

Funktionen mit us → geteilt durch Hypotenuse.

Winkelfunktionen im Tabellenbuch aufschlagen

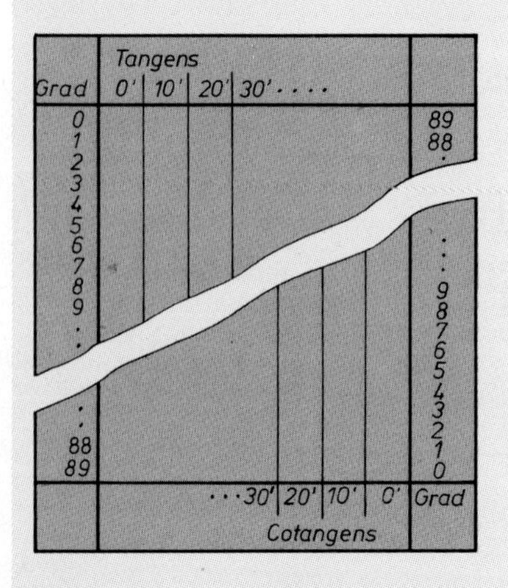

Es ist: $\tan\alpha = \cot(90 - \alpha)$
z. B. $\tan 33° = \cot 57°$

Deshalb sind Tangens- und Cotangensfunktionen auf denselben Seiten des Tabellenbuches dargestellt.

Man lese z. B. ab: $\tan 13°\,40' = 0{,}2432$
$\cot 76°\,20' = ?$

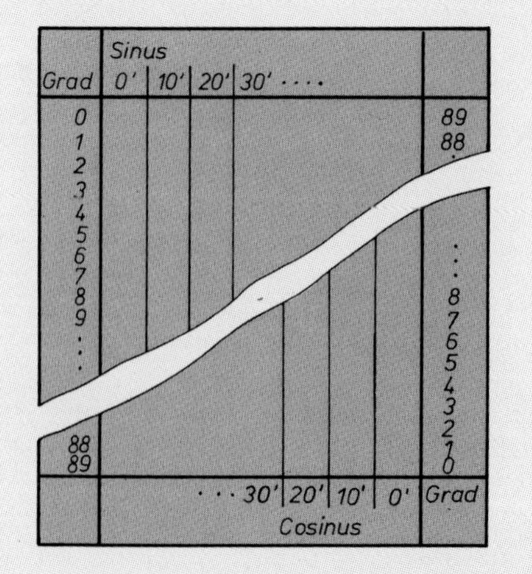

In ähnlicher Weise ist: $\sin\alpha = \cos(90 - \alpha)$
z. B. $\sin 36° = \cos 54°$

Man lese z. B. ab: $\sin 32°\,10' = 0{,}5324$
$\cos 57°\,50' = ?$

Die Berechnung von Zwischenwerten (Interpolieren: Lateinisch inter = zwischen, polieren = glätten, ausfeilen)

Die Tabellenbücher sind meist für die Winkel von 10′ zu 10′ gestuft. Zwischenwerte müssen deshalb folgendermaßen interpoliert werden:

Beispiel 1: Winkelfunktion eines Winkels
z. B. **tan 13° 12′ = ?**

Lösung: Das Tabellenbuch gibt an: tan 13° 10′ = 0,2339
tan 13° 20′ = 0,2370
Unterschied = 0,0031

tan 13° 10′ = 0,2339
Unterschied 2′ = 0,00062
tan 13° 12′ = **0,23452**

Dreisatz: 10′ sind
1′ ist $\frac{0{,}0031 \cdot 2}{10} = 0{,}00062$
2′ sind

Beispiel 2: Größe des Winkels bei Winkelfunktionen für einen gegebenen Zahlenwert
sin α = 0,5123; α = ?

Lösung: Im Tabellenbuch sind die Werte: sin 30° 40′ = 0,5100
sin 30° 50′ = 0,5125
Unterschied = 0,0025

sin α = 0,5123
sin 30° 40′ = 0,5100
Unterschied = 0,0023

Dreisatz: 0,0025 sind
0,0001 ist $\frac{10' \cdot 23}{25} = 9{,}2'$
0,0023 sind

α = 30° 40 und 9,2′
$\alpha \approx$ **30° 49′**

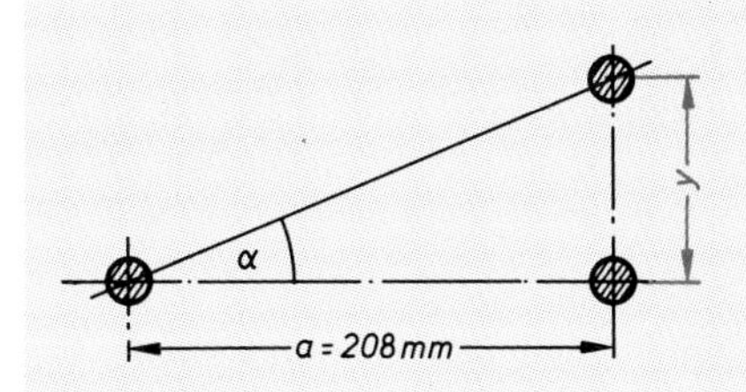

Beispiel 3: Koordinaten für eine numerische Steuerung

Der Winkel α beträgt 14° 20′

Gesucht: Maß y.

Lösung: $\tan \alpha = \frac{y}{a}$; $y = a \cdot \tan \alpha$ = 208 mm · 0,2555 = **53,14 mm**

Aufgaben zu Winkelfunktionen

18.1 Bezeichnungen am rechtwinkligen Dreieck

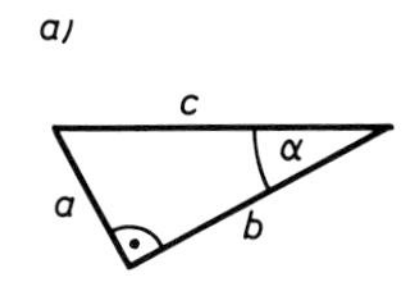

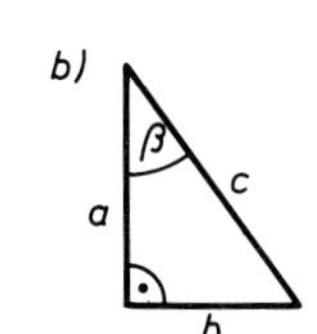

Welche Dreiecksseiten bilden in den obigen Aufgaben die Gegenkathete, die Ankathete und die Hypotenuse?

18.2 Steigfähigkeit einer Spielzeugeisenbahn

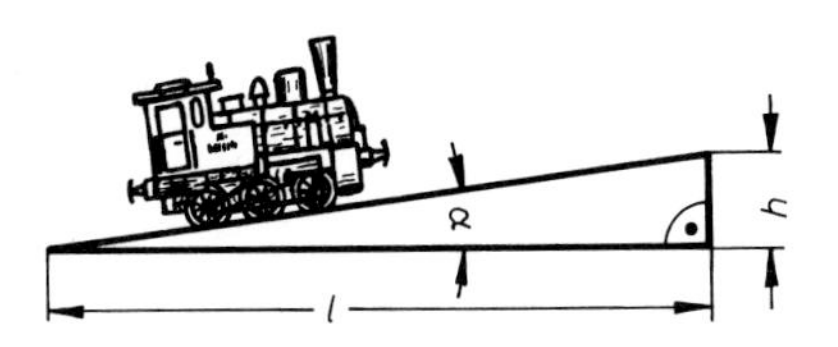

Größter Steigungswinkel α = 2° 20′

Gesucht:
a) Unterbauhöhe h für 1,5 m Länge.
b) Länge l um eine Höhe h = 12 cm zu überwinden.

18.3 Stempel für Fließpreßwerkzeuge

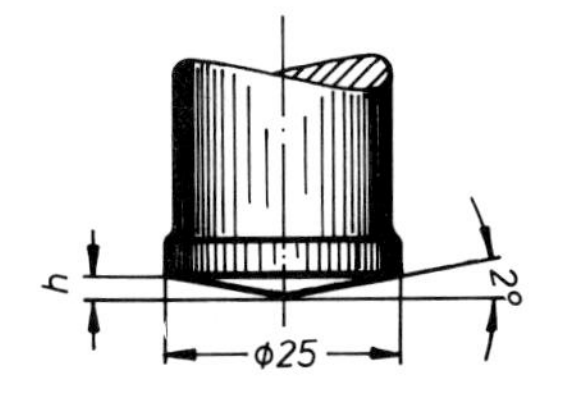

sollen dachförmig sein

Gesucht:
Maß h bei 2° (2° 30′).

18.4 Spannkeil für Bohrvorrichtung

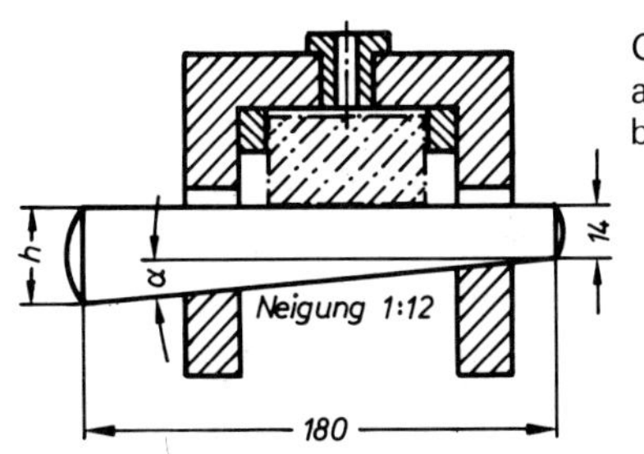

Gesucht:
a) Größte Höhe h.
b) Einstellwinkel α für die Neigung 1:12 (1:15).

18.5 Keilschieber

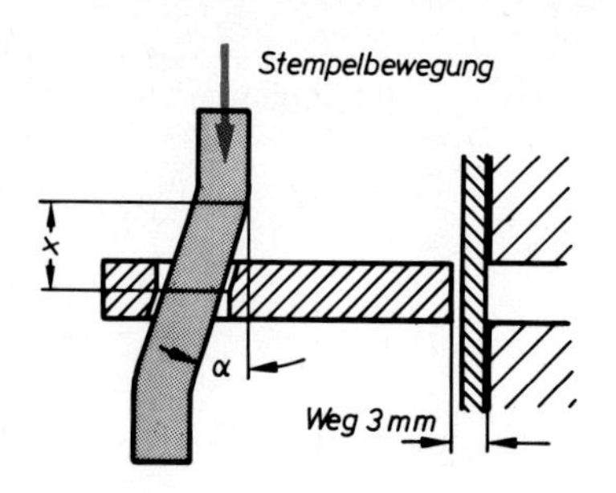

ermöglichen Querbewegungen in komplizierten Werkzeugen.

Gesucht:
Länge x der Stempelbewegung für $\alpha = 20°$ (15°).

18.6 Schnittplattendurchbrüche

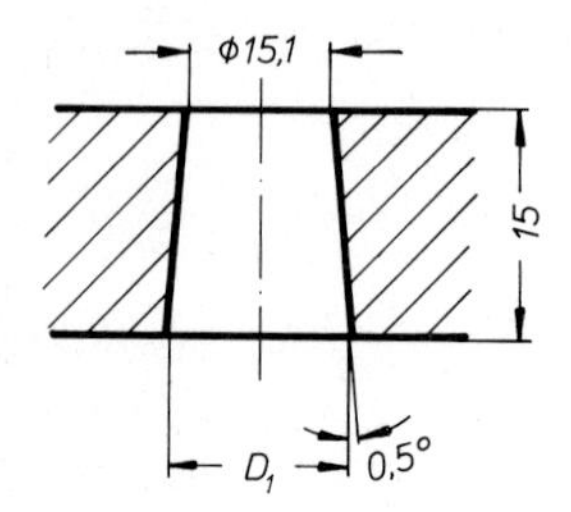

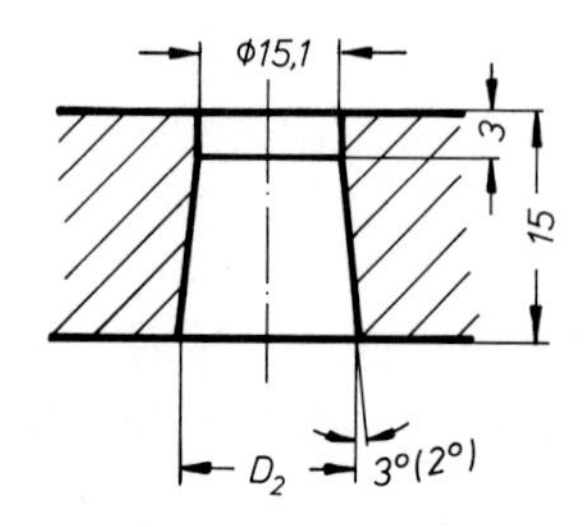

Gesucht: Großer Durchmesser D_1 und D_2.

18.7 I-Träger schräg geschnitten

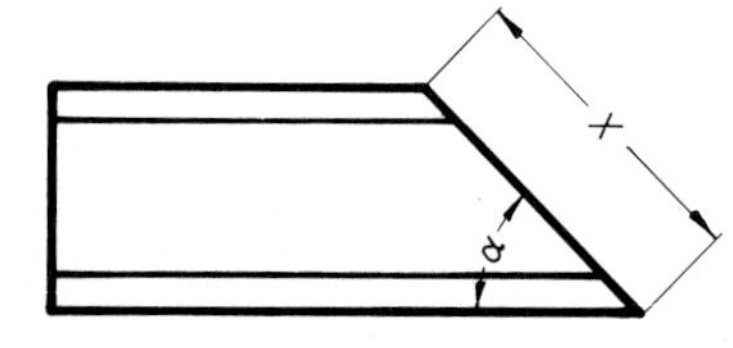

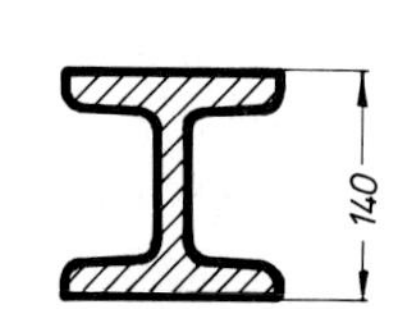

Gesucht: a) Zeichnen Sie das rechtwinklige Dreieck ein!
b) Schnittlänge x bei einem Winkel von 60° (72°).

18.8 Das Sinuslineal

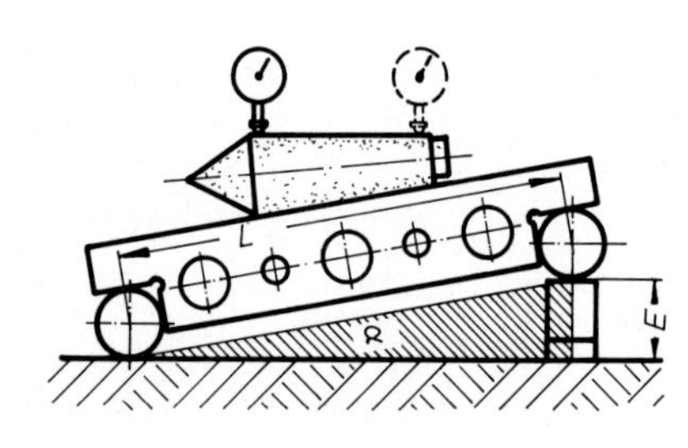

ermöglicht Winkel genau zu prüfen.
$L = 200$ mm

Gesucht:
a) Legen Sie das rechtwinklige Dreieck rot an.
b) Endmaßhöhe E für:
$\alpha_1 = 7°30'$
$\alpha_2 = 13°20'$.

► 18.9 Schwalbenschwanzführung

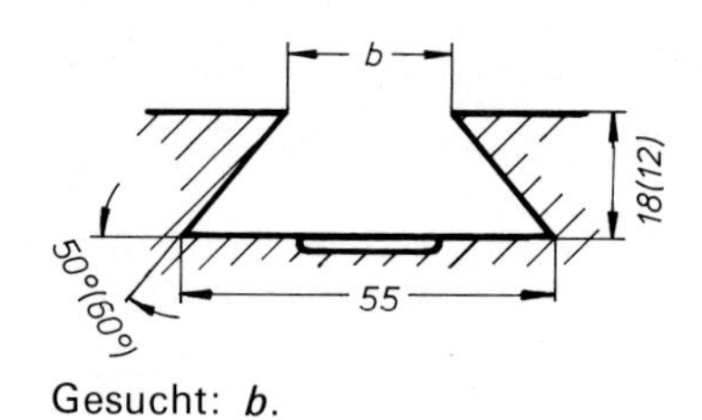

Gesucht: b.

Messen mit Meßzylinder $d = 12$ mm

Gesucht: Maß x.

18.10 Prismenführung

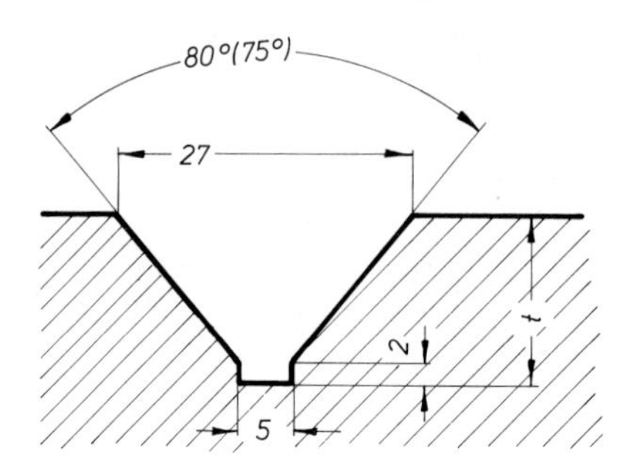

Gesucht:
Frästiefe t.

18.11 Lochabstände

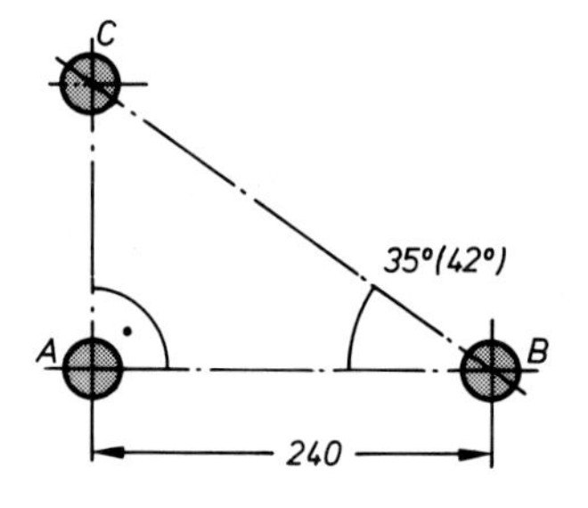

Gesucht:
a) Abstand AC.
b) Abstand BC.

18.12 Profil aus St 60

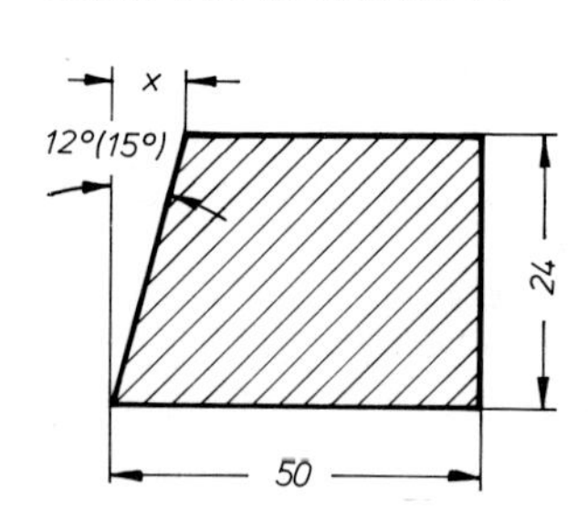

Gesucht:
a) Maß x.
b) Querschnitt in cm^2.
c) Stoffmenge eines 150 mm langen Abschnittes.

19 Kräfte

Zur Formänderung eines Werkstücks, z. B. beim Schmieden, und zur Bewegung von Körpern, z. B. bei einem Rollwagen, werden Kräfte benötigt. Die Größe einer Kraft wird in N Newton (sprich: njutn) gemessen.

Gewichtskraft

Ein frei fallender Körper wird auf der Erdoberfläche in jeder Sekunde um 9,81 m/s beschleunigt, d. h. die Geschwindigkeit nimmt in jeder Sekunde um 9,81 m/s zu, wenn der Luftwiderstand unberücksichtigt bleibt. Die Erdanziehung beschleunigt alle Körper mit der

Fallbeschleunigung $g = \frac{9{,}81 \frac{m}{s}}{1\ s} = 9{,}81 \frac{m}{s \cdot s}$ $\quad g = 9{,}81 \frac{m}{s^2}$.

Auf einen Körper, der auf einer Unterlage ruht, z. B. ein Flachstahl auf der Werkbank, wirkt auch die Erdanziehung. Da eine Bewegung nicht möglich ist, wird auf die Unterlage (Werkbank) eine Kraft, die **Gewichtskraft,** ausgeübt. Je größer die Masse des Körpers (Flachstahl) ist, desto größer ist die Gewichtskraft G.

Gewichtskraft = Masse × Fallbeschleunigung $G = m \cdot g$

Einheit: $1 \frac{kg \cdot m}{s^2} = 1\ N$

Bezeichnungen:

g Fallbeschleunigung in $\frac{m}{s^2}$
m Masse in kg
G Gewichtskraft in $\frac{kg \cdot m}{s^2}$

Die Fallbeschleunigung g nimmt vom Wert 9,81 m/s² unter 45° geographischer Breite auf 9,83 m/s² an den Polen zu und zum Äquator auf 9,78 m/s² ab. Für den Mond gilt die Fallbeschleunigung 1,62 m/s² und für die Sonne wurden 270 m/s² errechnet.
Der Wert $g = 9{,}81$ m/s² wird zur Berechnung der Gewichtskraft häufig auf $g \approx 10$ m/s² gerundet.

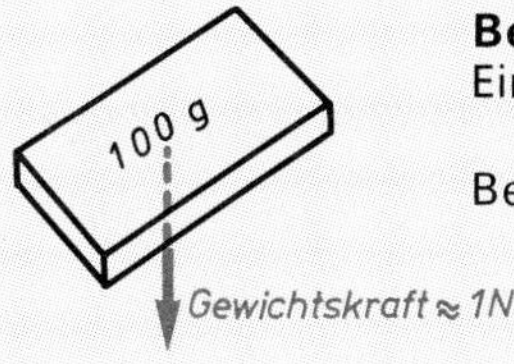

Beispiel: Gewichtskraft einer Tafel Schokolade
Eine Tafel Schokolade hat die Masse 100 g.

Berechnen Sie: a) die Gewichtskraft auf der Erde ($g = 9{,}81$ m/s²)
b) die Gewichtskraft auf der Mondoberfläche ($g = 1{,}62$ m/s²)

Lösung: a) $G = m \cdot g;\quad G = 0{,}1\ kg \cdot 9{,}81 \frac{m}{s^2} = 0{,}981 \frac{kg \cdot m}{s^2} = 0{,}981\ N \approx \mathbf{1\ N}$

b) $G = m \cdot g;\quad G = 0{,}1\ kg \cdot 1{,}62 \frac{m}{s^2} = 0{,}162 \frac{kg \cdot m}{s^2} = \mathbf{0{,}162\ N}$

Kräfte an Maschinen

Erhöht sich die Geschwindigkeit eines Körpers, z. B. eines PKW, so wird er beschleunigt. Dazu ist eine Kraft notwendig. Die Kraft 1 N erteilt einem Körper der Masse 1 kg die Beschleunigung 1 m/s².

Kraft = Masse × Beschleunigung $F = m \cdot a$

Bezeichnungen:

a Beschleunigung in $\frac{m}{s^2}$
m Masse in kg
F Kraft in N

Beispiel: Güterzug

Ein 800 t schwerer Güterzug fährt mit 0,16 m/s² Beschleunigung an. Berechnen Sie die zur Beschleunigung notwendige Kraft.

Lösung: $F = m \cdot a \quad F = 800\ t \cdot 0{,}16 \frac{m}{s^2} = 800\,000\ kg \cdot 0{,}16 \frac{m}{s^2} = 128\,000\ N = \mathbf{128\ kN}$

Darstellung von Kräften

Wirkungslinie KM: 2 N ≙ 1 mm
Richtung
F=50N
Angriffspunkt
Lage zur Waagerechten
Größe

Eine Kraft wird maßstäblich durch eine Strecke mit Pfeil dargestellt:

1. Durch die Lage der Strecke zur Waagrechten oder Senkrechten ergibt sich die **Wirkungslinie** der Kraft.
2. Die Länge der Strecke entspricht der **Größe** der Kraft. Der Kräftemaßstab (KM) ist stets anzugeben.
3. Der Anfang der Strecke wird durch den **Angriffspunkt** gekennzeichnet.
4. Der Pfeil gibt die **Richtung** der Kraft auf der Wirkungslinie an.

Zusammensetzung und Zerlegung von Kräften

Liegen Kräfte gleicher Richtung (F_1, F_2, ...) auf einer Wirkungslinie, können sie auf der Wirkungslinie verschoben und zu einer **Ersatzkraft** (F_R) zusammengezählt werden.

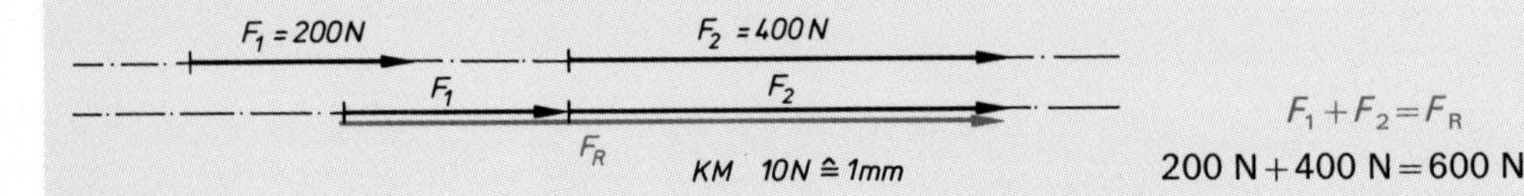

$$F_1 + F_2 = F_R$$

$$200\ \text{N} + 400\ \text{N} = 600\ \text{N}$$

Liegen Kräfte entgegengesetzter Richtung (F_1, F_2, ...) auf einer Wirkungslinie, können sie zu einer Ersatzkraft F_R voneinander abgezogen werden.

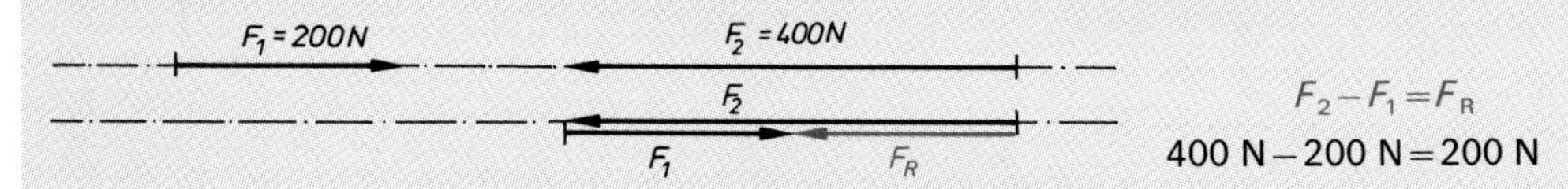

$$F_2 - F_1 = F_R$$

$$400\ \text{N} - 200\ \text{N} = 200\ \text{N}$$

Haben zwei Kräfte unterschiedliche Wirkungslinien, ergibt sich die Ersatzkraft F_R als Diagonale des **Kräfteparallelogramms.**

Beispiel: Spannseile an Leitungsmast

Zwei Spannseile eines Leitungsmasts (siehe Skizze) sollen durch eines ersetzt werden. Richtung und Größe der Ersatzkraft ergeben sich aus dem Kräfteparallelogramm.

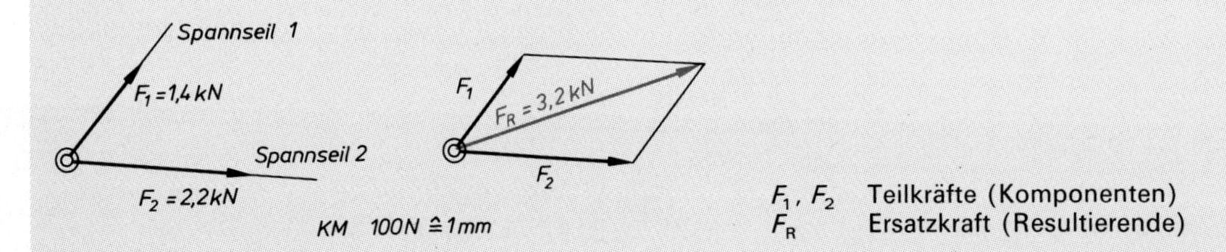

F_1, F_2 Teilkräfte (Komponenten)
F_R Ersatzkraft (Resultierende)

Entweder wirken die Teilkräfte F_1 und F_2 **oder** die Ersatzkraft F_R, niemals alle drei Kräfte gleichzeitig.

Jede Kraft F kann als eine Ersatzkraft angesehen werden, die sich aus zwei Teilkräften ergeben hat. Also kann man jede Kraft in zwei Teilkräfte zerlegen.

Beispiel: Spannseile an Leitungsmast

Das Spannseil eines Leitungsmasts (siehe Skizze) soll durch zwei ersetzt werden. Die Befestigung erfolgt an den Stellen A und B. Die Größe der Teilkräfte ergibt sich aus dem Kräfteparallelogramm.

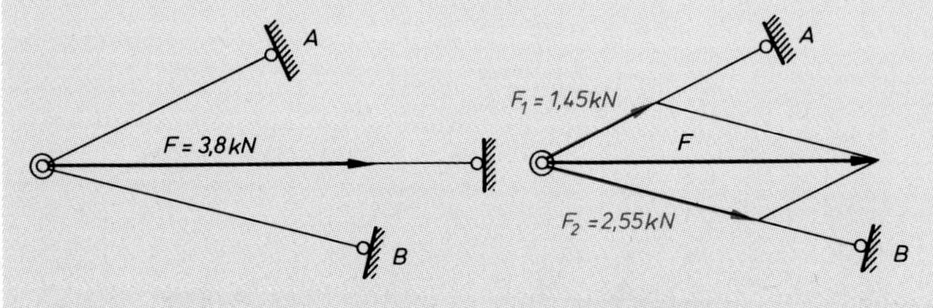

Teilkräfte und Ersatzkraft haben den gleichen Angriffspunkt.

Aufgaben zu Kräften

19.1 Gewichtskraft auf der Erde

Kombiwagen Mitschüler Stahlträger

$m = 960$ kg $m = 62$ kg $m = 37$ kg

$g = 9{,}81 \frac{m}{s^2}$

Berechnen Sie die Gewichtskräfte.

19.2 Berechnung der Gewichtskraft

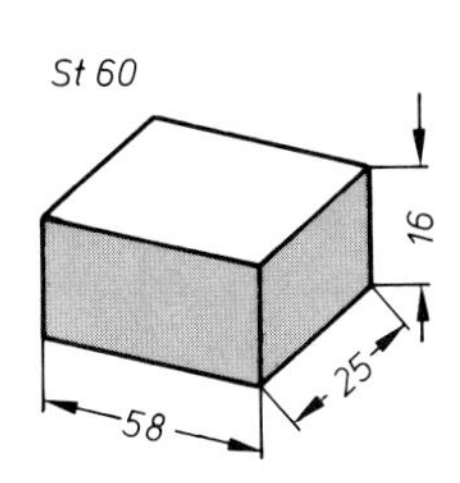

Im Tabellenbuch ist $\varrho = 7{,}85$ kg/dm³ angegeben.

Gesucht: a) Masse in Gramm.
b) Gewichtskraft in Newton.

19.3 Gegengewicht für Glühofentür

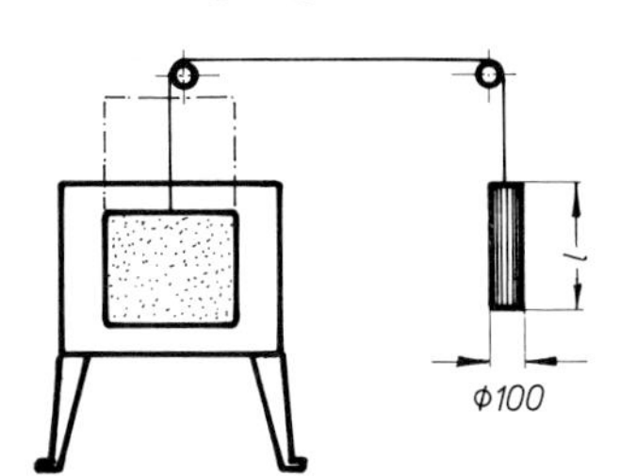

Rundstahl $\varrho = 7{,}85 \frac{kg}{dm^3}$

Masse $m = 18$ kg

Berechnen Sie:
a) die Zugkraft im Seil in Newton
b) die Länge des Rundstahls

19.4 Gewichtskraft am Pol

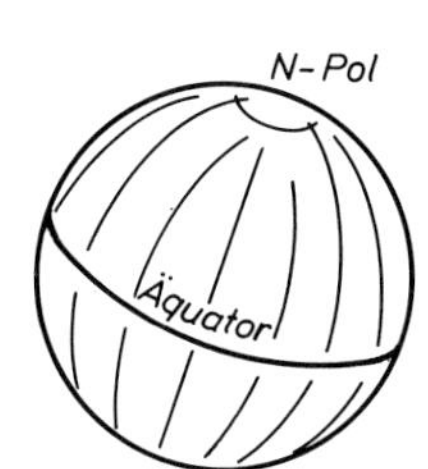

Ein Raupenfahrzeug mit der Masse $m = 2{,}4$ t wird aus dem Äquatorgebiet in die Polargegend verlegt.

Berechnen Sie die Gewichtskraft des Fahrzeugs
a) am Äquator ($g = 9{,}78$ m/s²)
b) am N-Pol ($g = 9{,}83$ m/s²)

19.5 Baukran

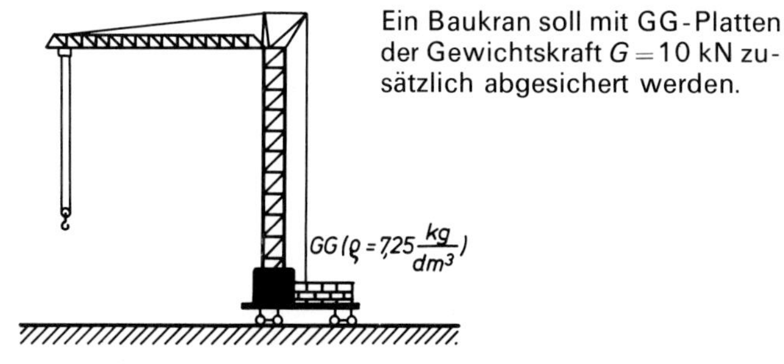

Ein Baukran soll mit GG-Platten der Gewichtskraft $G = 10$ kN zusätzlich abgesichert werden.

a) Wieviel kg Grauguß müssen in der Gießerei bestellt werden?
b) Welchen Rauminhalt benötigen die GG-Platten?

19.6 Kraft beim Beschleunigen von Fahrzeugen

	Masse	Beschleunigung
Dampflokomotive	200 t	0,17 m/s²
Elektrolok	200 t	0,25 m/s²
PKW 50 kW	850 kg	4 m/s²
Motorrad	220 kg	4,5 m/s²

Berechnen Sie jeweils die für die Beschleunigung notwendige Kraft F in Newton.

19.7 Handwagen

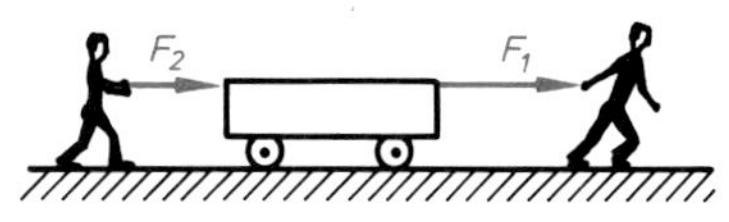

Ein Handwagen wird mit $F_1 = 100$ N gezogen und mit $F_2 = 7{,}5$ daN geschoben.
Mit welcher Kraft wird der Wagen bewegt?

19.8 Motorboot flußaufwärts

Motorkraft $F_1 = 0{,}8$ kN Strömungswiderstand $F_2 = 340$ N

Mit welcher Kraft fährt das Boot flußaufwärts?

19.9 Umlenkrolle

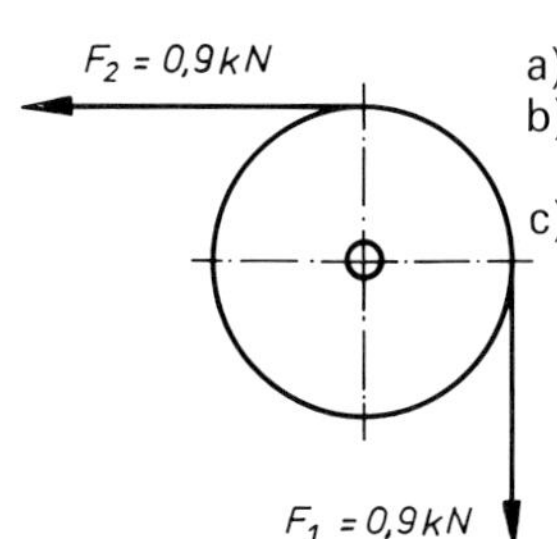

a) Legen Sie den Kräftemaßstab fest.
b) Ermitteln Sie zeichnerisch die Ersatzkraft (Resultierende).
c) Prüfen Sie das Ergebnis rechnerisch nach.

19.10 Kugelspannung

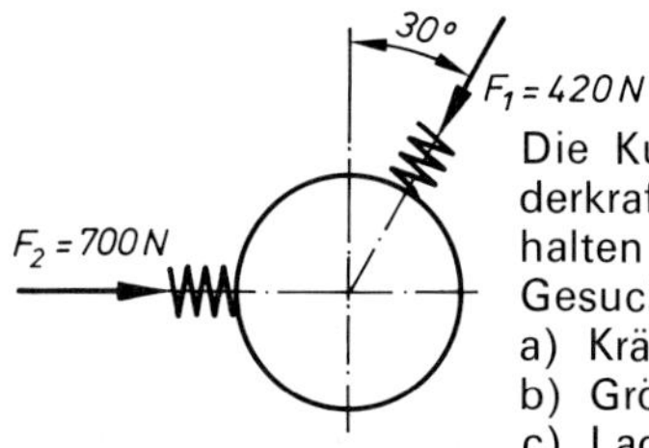

Die Kugel soll durch eine 3. Federkraft F_3 im Gleichgewicht gehalten werden.
Gesucht:
a) Kräftemaßstab
b) Größe der Gegenkraft
c) Lage der Gegenkraft zur senkrechten Achse.

19.11 Spannseil für Leitungsmast

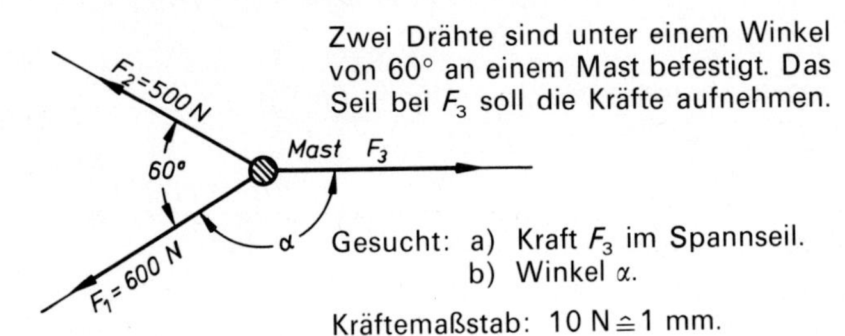

Zwei Drähte sind unter einem Winkel von 60° an einem Mast befestigt. Das Seil bei F_3 soll die Kräfte aufnehmen.

Gesucht: a) Kraft F_3 im Spannseil.
b) Winkel α.

Kräftemaßstab: 10 N ≙ 1 mm.

19.12 Gerüstknoten

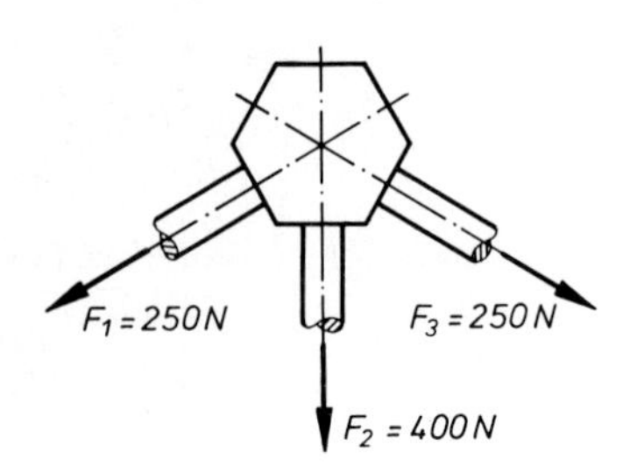

In drei Richtungen wirken Zugkräfte.
Gesucht:
a) Kräftemaßstab
b) Ersatzkraft F_R

19.13 Dreifaches Zugseil

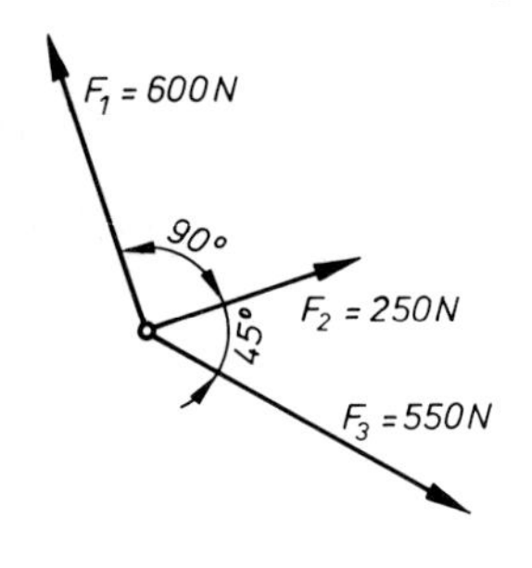

Gesucht:
a) Kräftemaßstab
b) Ersatzkraft F_R

19.14 Lampe im Hof

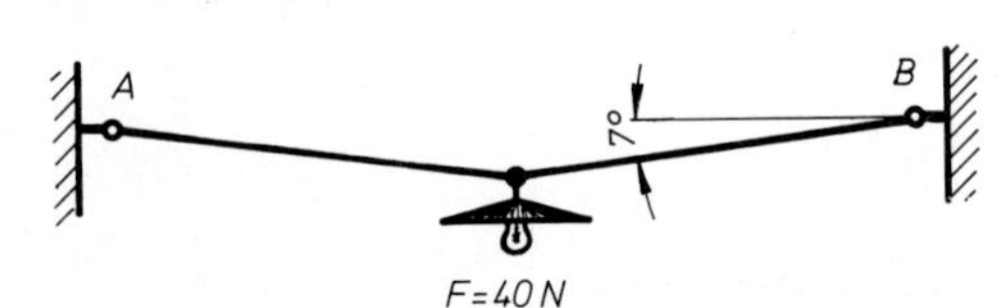

Ermitteln Sie zeichnerisch die Zugkräfte in den Seilen!

Kräftemaßstab: 20 N ≙ 1 cm.

19.15 Beladener Handwagen

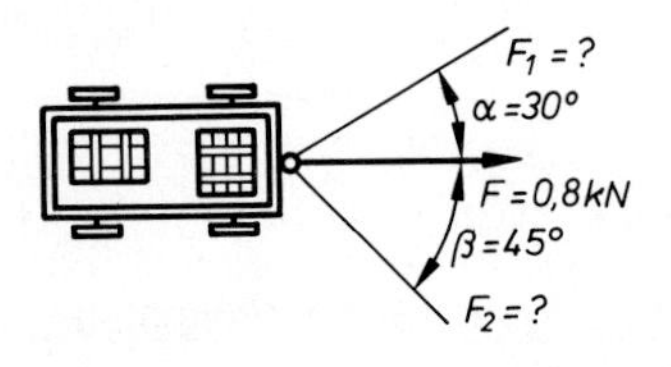

Legen Sie den Kräftemaßstab fest.

Ein Arbeiter benötigt zum Ziehen in Fahrtrichtung $F =$ 0,8 kN.

a) Mit welchen Teilkräften F_1 und F_2 würden 2 Arbeiter ziehen?
b) Wie verändern sich die Teilkräfte, wenn $\alpha = 10°$ und $\beta = 20°$ betragen?

19.16 Schrägverzahntes Stirnrad

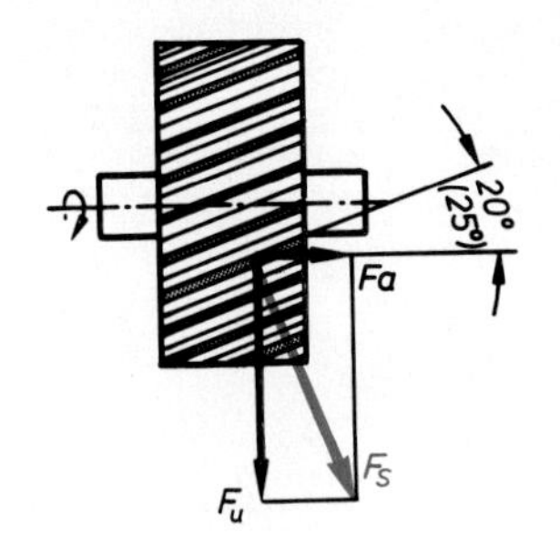

Es ist eine Umfangskraft $F_u = 800$ N zu übertragen.

Gesucht:
a) Axialkraft F_a.
b) Kraft F_s senkrecht zu den Zähnen.

Kräftemaßstab:
10 N ≙ 1 mm.

19.17 Gegenlauffräsen

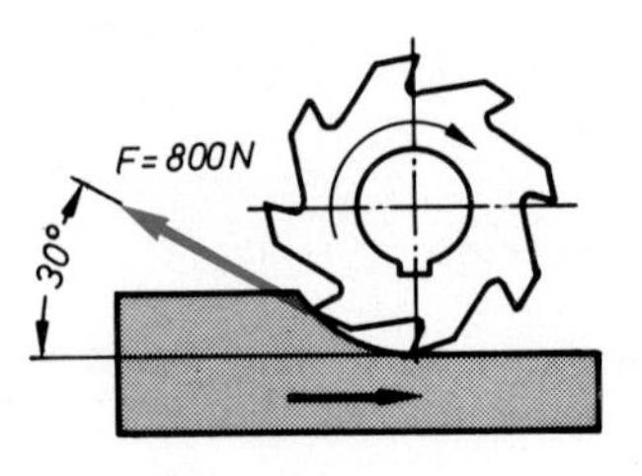

Gleichlauffräsen

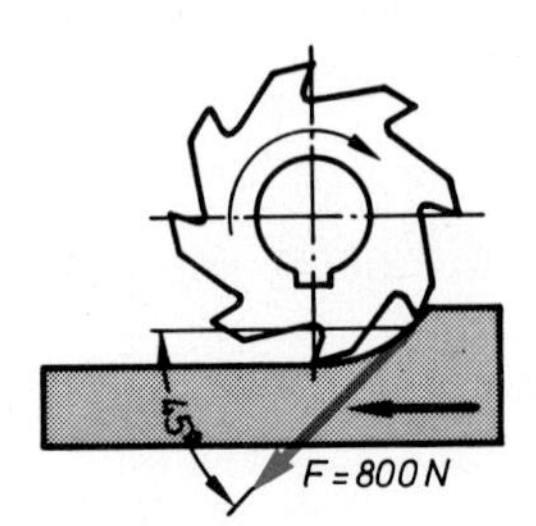

Zerlegen Sie die Gesamtschnittkraft in ihre waagrechten und senkrechten Komponenten! Kräftemaßstab: 20 N ≙ 1 mm.

19.18 Bestimmen Sie die Stabkräfte in 1 und 2

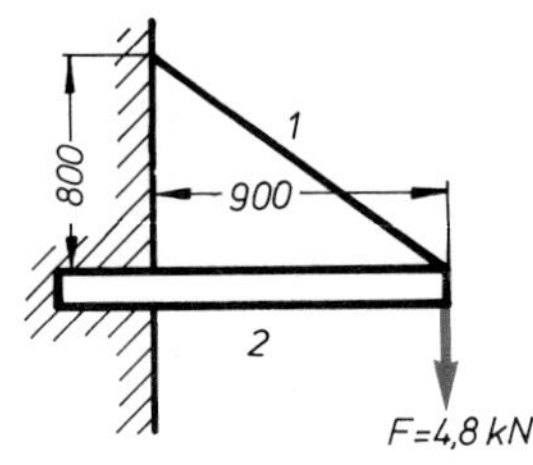

700
1
450
2
F=5,6 kN

Zeichenmaßstab: 1 : 10. Kräftemaßstab: 100 N ≙ 1 mm.

19.19 Prismenführung

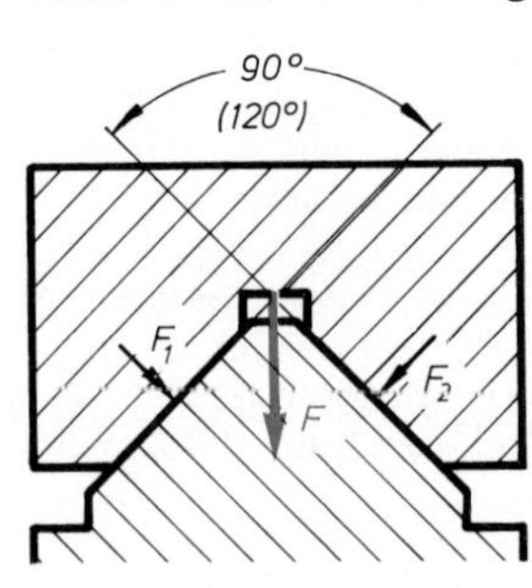

Kraft $F = 1{,}2$ kN.
Ermitteln Sie zeichnerisch die Größe der Kräfte F_1 und F_2.

Kräftemaßstab:
200 N ≙ 1 cm.

19.20 Ein Keilriementrieb

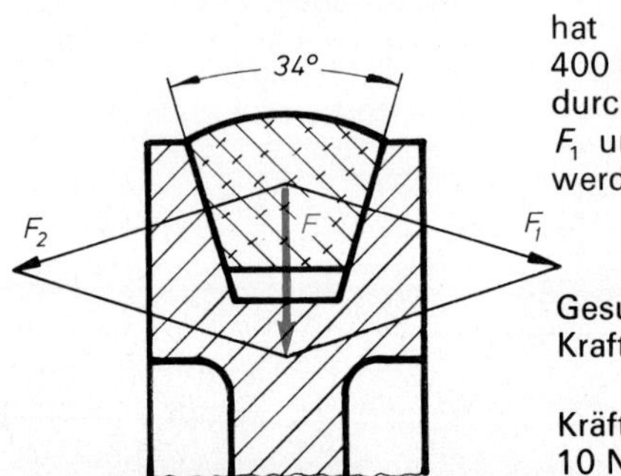

hat einen Zug F von 400 N. Dieser kann nur durch senkrechte Kräfte F_1 und F_2 aufgenommen werden.

Gesucht:
Kraft F_1 und F_2.

Kräftemaßstab:
10 N ≙ 1 mm.

20 Hebel und Drehmoment

Mit einem Hebel lassen sich Größe und Richtung einer Kraft verändern, z. B. bei Zangen, Scheren, Brechstangen, Schraubenschlüsseln. Ein Hebel ist ein starrer Körper, der um eine Achse drehbar ist. Man unterscheidet:

Einseitiger Hebel

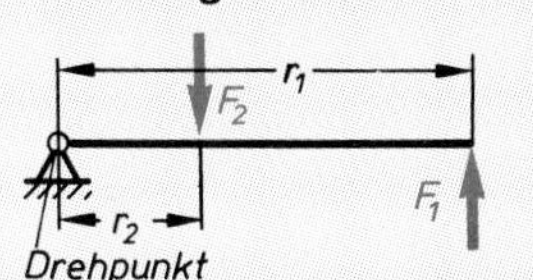

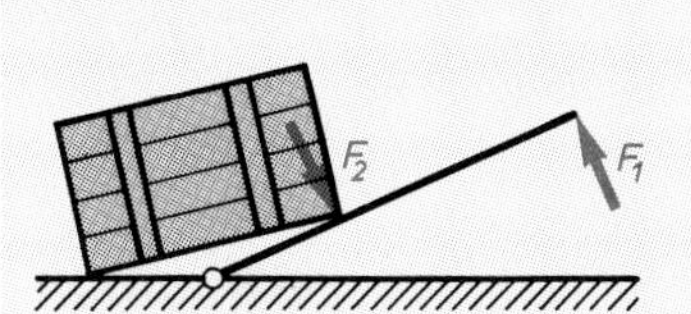

Zweiseitiger Hebel

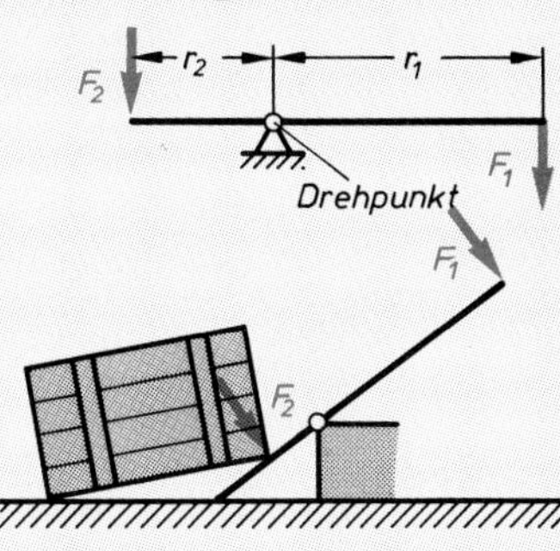

Winkelhebel

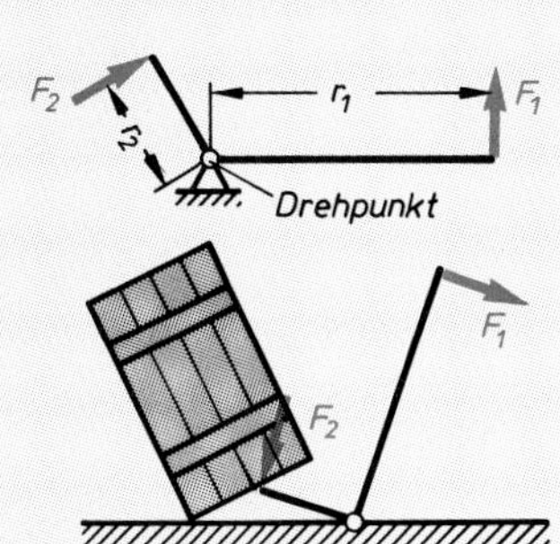

Hebelgesetz

Kraft F_1 × Hebelarm = Kraft F_2 × Hebelarm

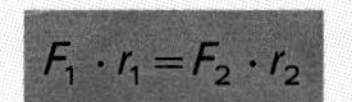

Bezeichnungen und Einheiten:

F_1, F_2	Kraft in N
r_1, r_2	Hebelarm in mm, cm, m
M	Moment oder Drehmoment in Ncm, Nm

Ein Hebelarm ist immer die senkrechte Entfernung des Drehpunkts von der Wirkungslinie der Kraft.

Moment

Das Produkt $F_1 \cdot r_1$ oder das Produkt $F_2 \cdot r_2$ heißt Moment.

$M = F \cdot r$

Ein Moment versucht den Hebel zu drehen, deshalb spricht man von linksdrehenden und rechtsdrehenden Momenten. Kräfte, deren Wirkungslinien durch den Drehpunkt gehen, können kein Moment erzeugen.
Greifen mehr als zwei Kräfte am Hebel an, herrscht Gleichgewicht, wenn die Summe der linksdrehenden Momente gleich der Summe der rechtsdrehenden Momente ist.

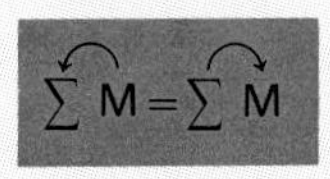

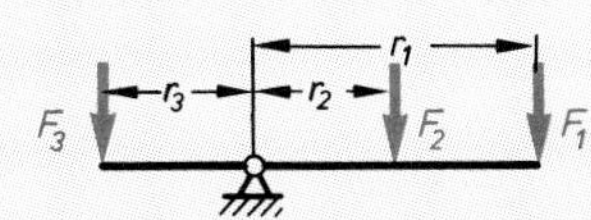

$$F_1 \cdot r_1 + F_2 \cdot r_2 = F_3 \cdot r_3$$

Beispiel 1: Einseitiger Hebel

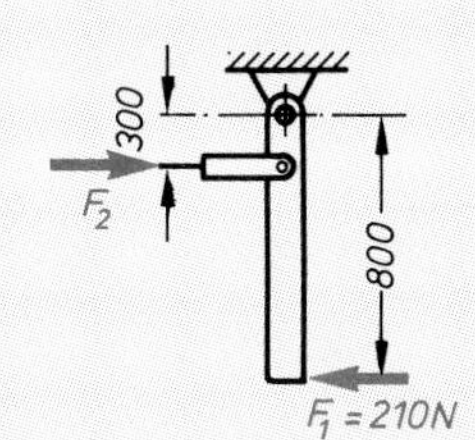

Wie groß ist die Kraft F_2 am Schalthebel?

Lösung: $F_1 \cdot r_1 = F_2 \cdot r_2$

$$F_2 = \frac{F_1 \cdot r_1}{r_2}$$

$$F_2 = \frac{210 \text{ N} \cdot 800 \text{ mm}}{300 \text{ mm}}$$

$= \mathbf{560 \text{ N}}$

Beispiel 2: Zweiseitiger Hebel

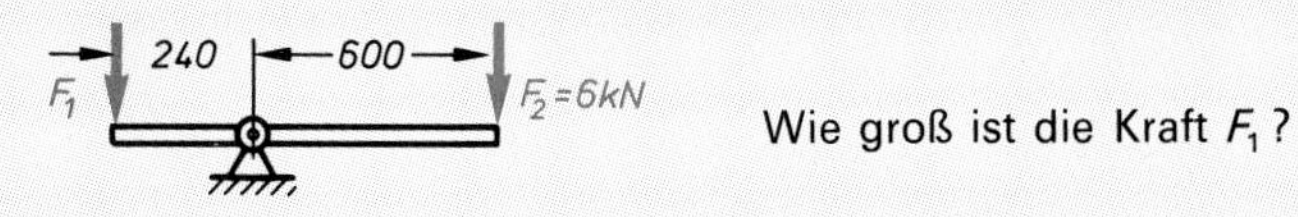

Wie groß ist die Kraft F_1?

Lösung: $F_1 \cdot r_1 = F_2 \cdot r_2$

$$F_1 = \frac{F_2 \cdot r_2}{r_1} = \frac{6 \text{ kN} \cdot 600 \text{ mm}}{240 \text{ mm}} = \mathbf{15 \text{ kN}}$$

Beispiel 3: Bremshebel

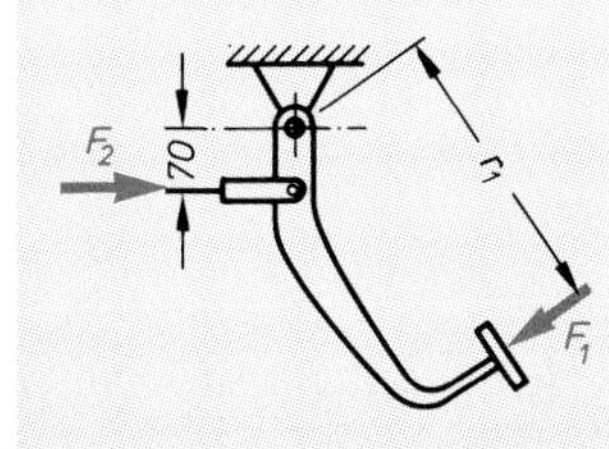

Wie lang muß der Hebelarm r_1 werden, wenn die Fußkraft $F_1 = 280$ N beträgt und eine Kolbenkraft von $F_2 = 720$ N erreicht werden soll?

Lösung: $F_1 \cdot r_1 = F_2 \cdot r_2$

$$r_1 = \frac{F_2 \cdot r_2}{F_1} = \frac{720 \text{ N} \cdot 70 \text{ mm}}{280 \text{ N}} = \mathbf{180 \text{ mm}}$$

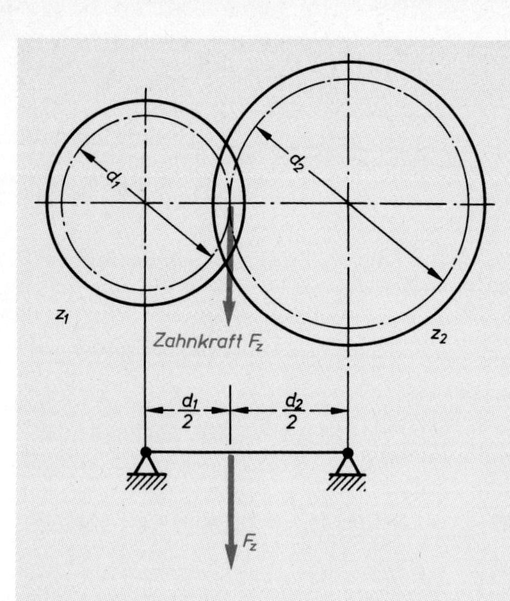

Zahntriebe übertragen Kräfte und ändern Drehmomente. Die Kraft, die am Teilkreisumfang von einem Zahn des ersten Zahnrads auf einen Zahn des zweiten Zahnrads übertragen wird, heißt Zahnkraft F_z.

$$M_1 = F_z \cdot \frac{d_1}{2} \qquad M_2 = F_z \cdot \frac{d_2}{2}$$

$$F_z = \frac{2\,M_1}{d_1} \qquad F_z = \frac{2\,M_2}{d_2}$$

daraus folgt:

$$\frac{M_1}{d_1} = \frac{M_2}{d_2}$$

Ersetzt man den Teilkreisdurchmesser $d = m \cdot z$ folgt:

$$\frac{M_1}{m \cdot z_1} = \frac{M_2}{m \cdot z_2}$$

$$\frac{M_1}{z_1} = \frac{M_2}{z_2} \quad \text{oder} \quad \boxed{\frac{M_1}{M_2} = \frac{z_1}{z_2}}$$

Die Drehmomente verhalten sich wie die Zähnezahlen.

Beispiel: Stirnradantrieb

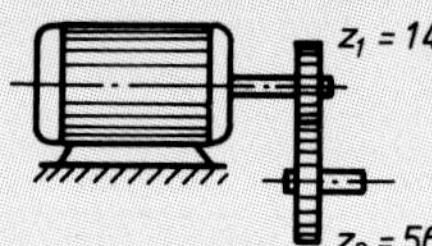

Ein Motor gibt ein Drehmoment von 42 Nm ab. Wie groß ist das Drehmoment am getriebenen Rad des Stirnradtriebs?

Lösung: $\frac{M_1}{M_2} = \frac{z_1}{z_2}$

$$M_2 = \frac{M_1 \cdot z_2}{z_1} = \frac{42\ \text{Nm} \cdot 56}{14} = \mathbf{168\ Nm}$$

■ Aufgaben zu Hebel und Drehmoment

20.1 Lochwerkzeug

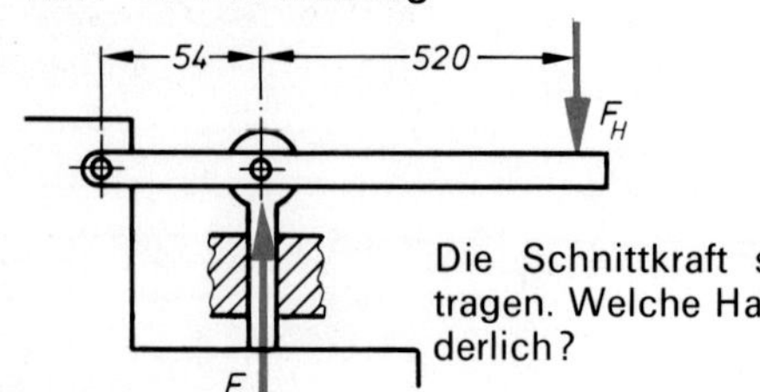

Die Schnittkraft soll $F = 2{,}6$ kN betragen. Welche Handkraft F_H ist erforderlich?

20.2

Brechstange

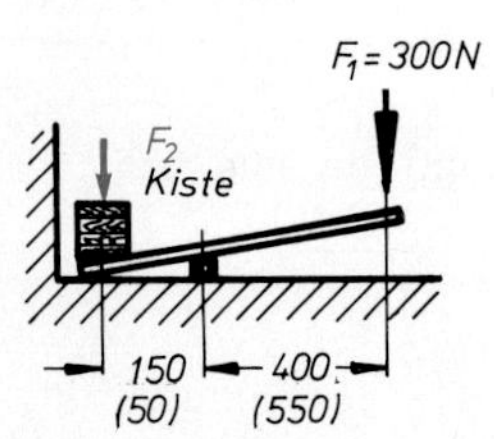

Gesucht: Kraft F_2.

Backenbremse

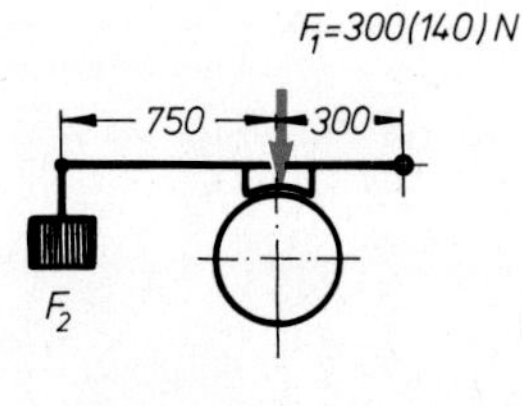

Gesucht: Gewichtskraft F_2 in N.

20.3 Winkelhebel

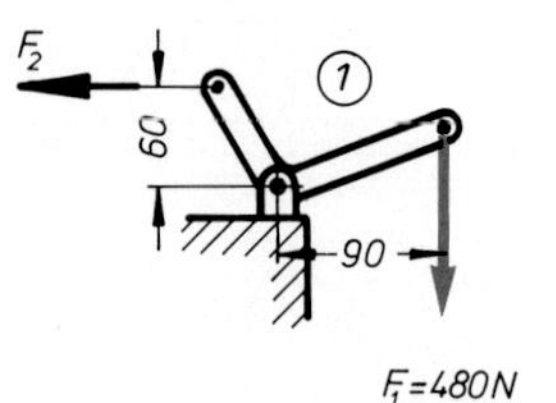

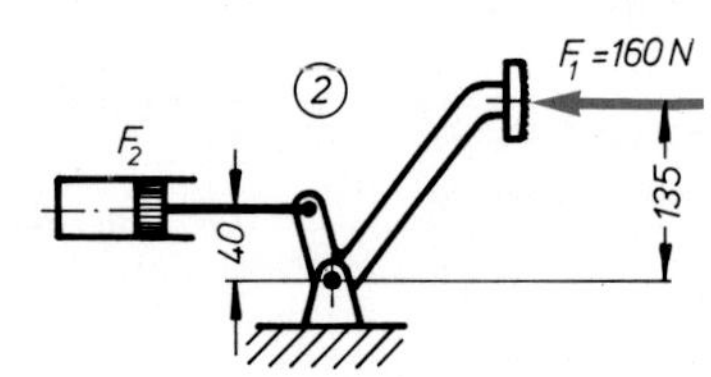

Gesucht: Jeweilige Kraft F_2.

20.4 Seiltrommel

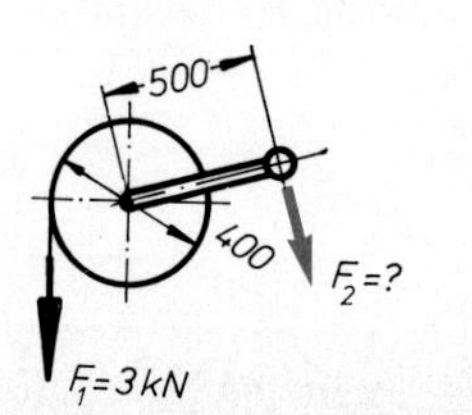

Gesucht: Gewichtskraft F_2 in N.

20.5 Seilwinde

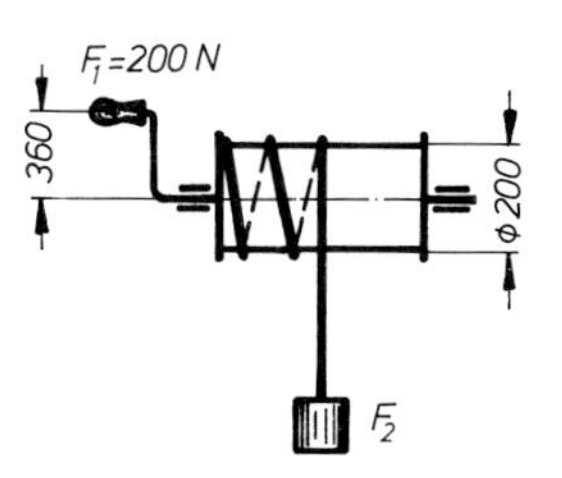

Gesucht: Gewichtskraft in N.

Schubkarre

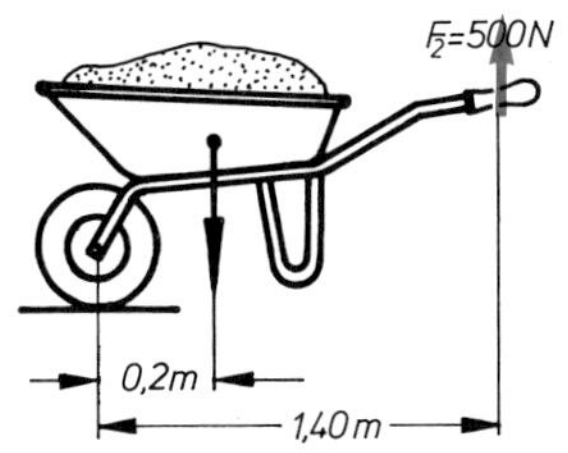

Gesucht: Kraft F_1.

20.6 Zweiseitiger Hebel

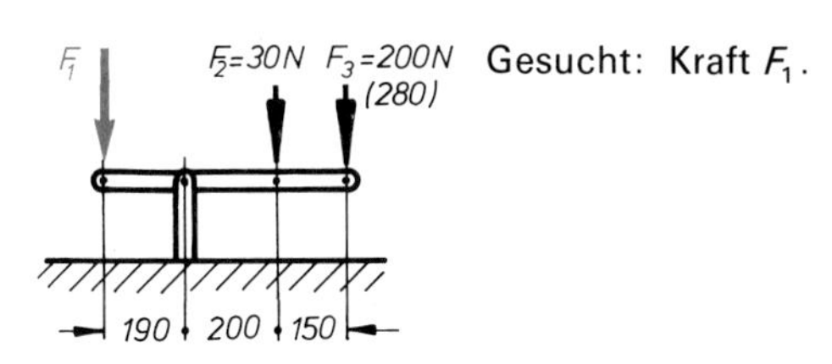

Gesucht: Kraft F_1.

▶ 20.7 Pneumatisch betätigte Spannpratze

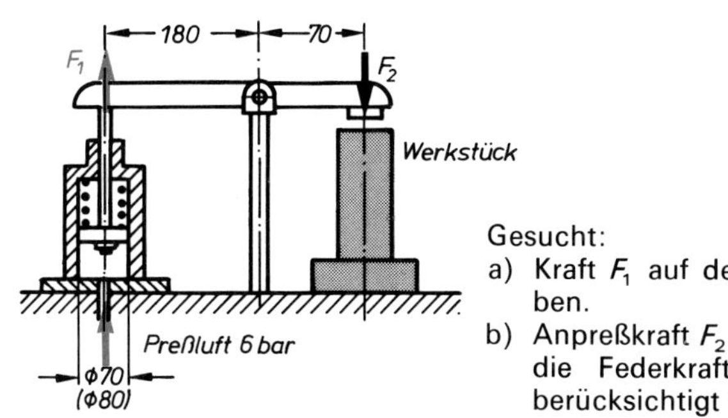

Gesucht:
a) Kraft F_1 auf den Kolben.
b) Anpreßkraft F_2, wenn die Federkraft nicht berücksichtigt wird.

▶ 20.8 Überdruckventil

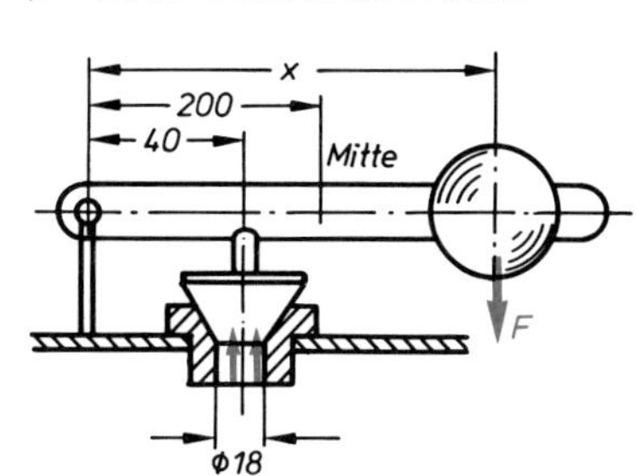

Dampfdruck 6 (8) bar
Gewichtskraft verschiebbar $F = 20$ N
Gewichtskraft des Ventilkegels: 4 N
Gewichtskraft der Stange: 2 N

Gesucht: Maß x.

▶ 20.9 Sicherheitsventil

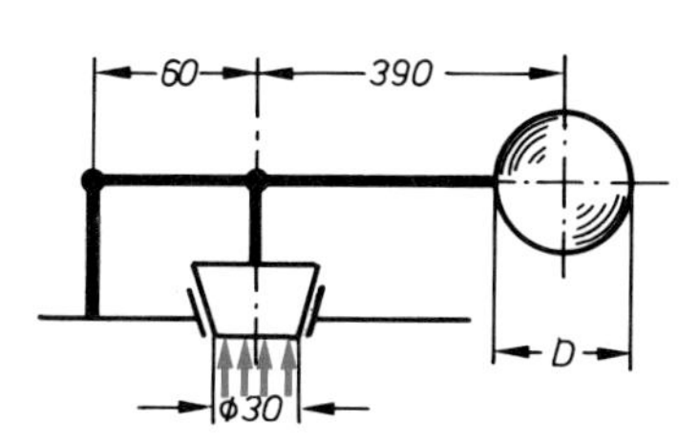

Kesseldruck 4 (6) bar
Grauguß-Kugel
$\left(\varrho = 7{,}3\ \dfrac{\text{kg}}{\text{dm}^3}\right)$

Gesucht:
a) Gewichtskraft der Kugel.
b) Durchmesser D.

20.10 Bolzenschneider

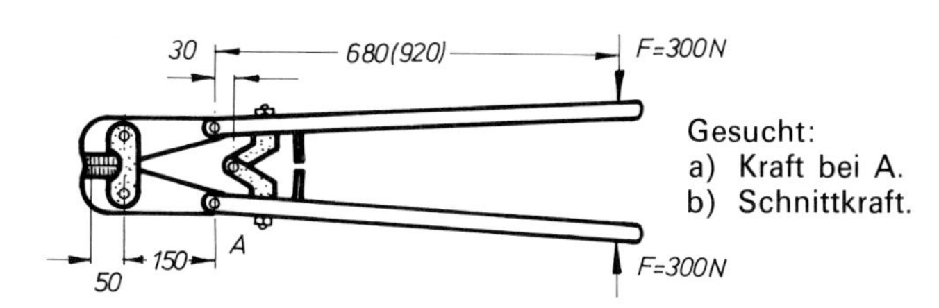

Gesucht:
a) Kraft bei A.
b) Schnittkraft.

20.11 Drehmoment beim Anziehen von Schrauben mit Festigkeitseigenschaft 5.6

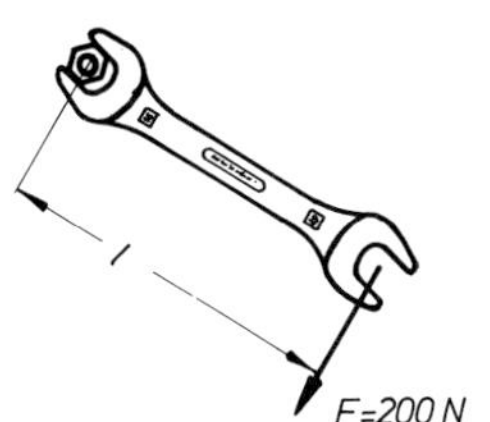

Schraube	Schlüssellänge	zulässiges Anzugsmoment
M 6	140	5 Nm
M 12	180	22 Nm
M 20	220	145 Nm

a) Berechnen Sie die Kraft F für jede Schraube.
b) Welche Schrauben können zu stark angezogen werden?

20.12 Montageanweisung für Einspritzpumpen

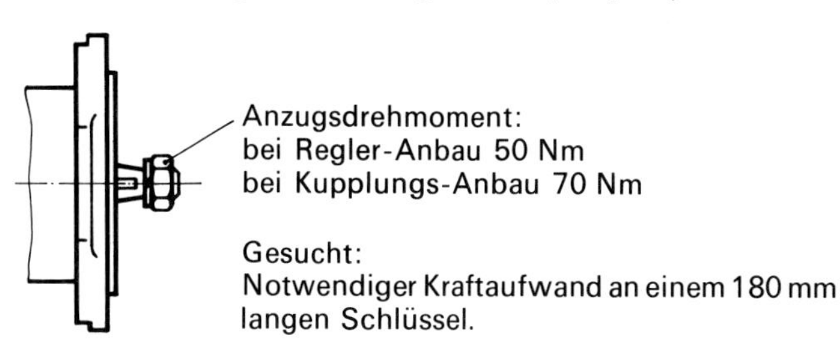

Anzugsdrehmoment:
bei Regler-Anbau 50 Nm
bei Kupplungs-Anbau 70 Nm

Gesucht:
Notwendiger Kraftaufwand an einem 180 mm langen Schlüssel.

20.13 Winde

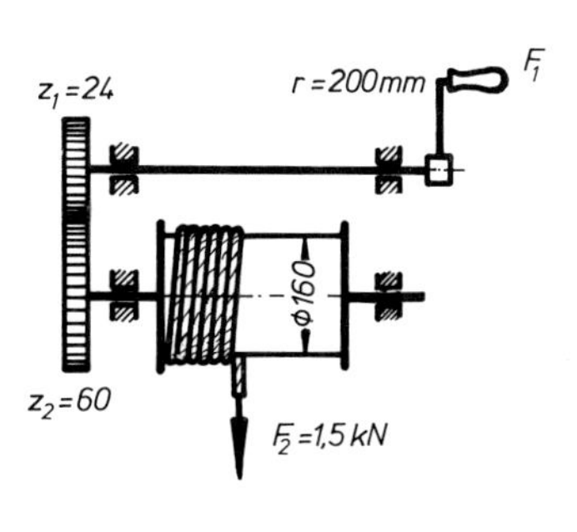

Die Drehmomente verhalten sich wie die zugehörigen Zähnezahlen.

Gesucht:
a) Kraft F_1 am Handgriff.
b) Kraft F_1, wenn für Reibungsverluste 40 % verloren gehen.

20.14 Handpresse

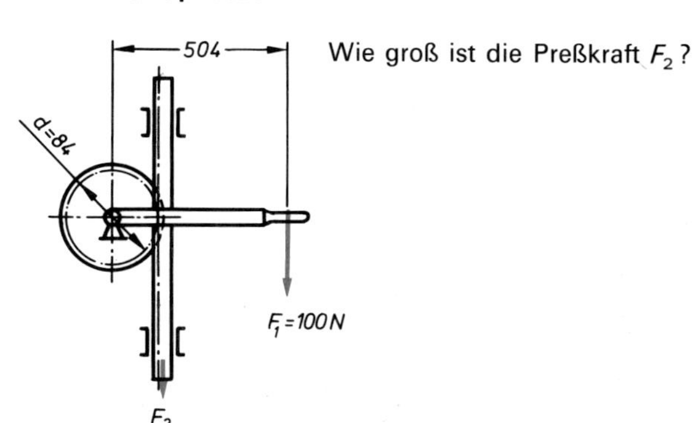

Wie groß ist die Preßkraft F_2?

21 Druck in Flüssigkeiten und Gasen

Unter Druck versteht man die Kraft, die auf eine Flächeneinheit wirkt.

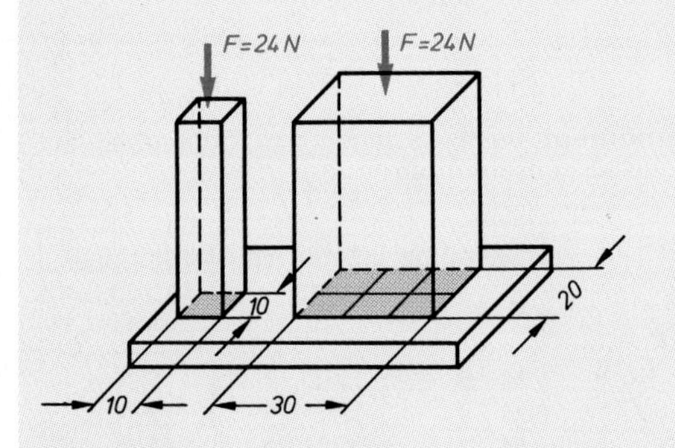

$$p = \frac{F}{A} \qquad \text{Druck} = \frac{\text{Kraft}}{\text{Fläche}}$$

$$p_1 = \frac{F}{A_1} = \frac{24\ \text{N}}{1\ \text{cm}^2} = 24\ \frac{\text{N}}{\text{cm}^2} = 2{,}4\ \text{bar}$$

$$p_2 = \frac{F}{A_2} = \frac{24\ \text{N}}{6\ \text{cm}^2} = 4\ \frac{\text{N}}{\text{cm}^2} = 0{,}4\ \text{bar}$$

Bezeichnungen:

p Druck
F Kraft
A Fläche

Die Berechnung von Maschinenteilen, die durch Druckkräfte belastet sind, erfolgt im Kapitel Festigkeitsberechnungen.

Einheiten:

$$1\ \frac{\text{N}}{\text{m}^2} = 1\ \text{Pa} \quad \text{(Pascal)}$$

$$1\ \text{bar} = 10\ \frac{\text{N}}{\text{cm}^2} = 1\ \frac{\text{daN}}{\text{cm}^2} \left(\text{früher: } 1\ \frac{\text{kp}}{\text{cm}^2} \approx 1\ \text{bar}\right)$$

$$1\ \text{Pa} = \frac{1}{100\,000}\ \text{bar} \quad \text{oder} \quad 1\ \text{bar} = 100\,000\ \text{Pa}$$

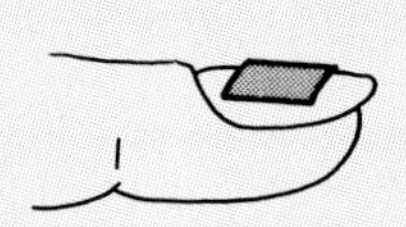

Pascal ist eine sehr kleine Einheit (etwa der Druck, der von einem fingernagelgroßen Stück Schreibpapier auf den Fingernagel ausgeübt wird).

In einem geschlossenen, mit Gas oder Flüssigkeit gefüllten Behälter, ist der Druck an jeder Stelle der Gefäßwand gleich groß. Druck pflanzt sich nach allen Seiten gleichmäßig fort. Dies wird bei pneumatischen und hydraulischen Geräten zur Bewegungs- und Kraftübertragung ausgenützt.

Druck in Gasen

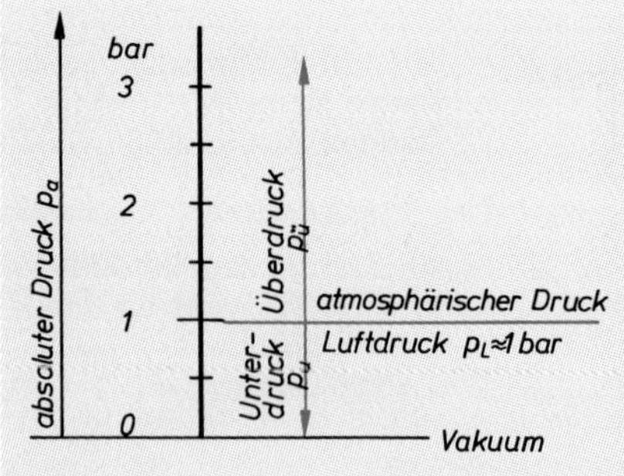

Bei technischen Vorgängen ist meist nur der Unterschied zwischen dem in einem Raum herrschenden Druck und dem atmosphärischen Druck (Luftdruck) wichtig.

Überdruck = absoluter Druck − Luftdruck

$$p_ü = p_a - p_L$$

Unterdruck = Luftdruck − absoluter Druck

$$p_u = p_L - p_a$$

Bezeichnungen:

p_a absoluter Druck
p_u Unterdruck
$p_ü$ Überdruck
p_L atmosphärischer Druck, Luftdruck

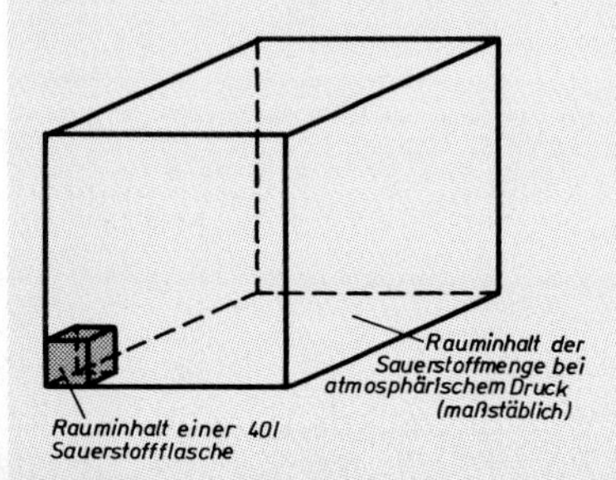

Viele Gase lassen sich ohne Schwierigkeiten zusammendrücken, z. B. Sauerstoff, Wasserstoff, Kohlendioxid. Deshalb ist es möglich, in einer Sauerstoffnormalflasche mit $V = 40$ l Rauminhalt bis zu 6000 l Sauerstoff unterzubringen. Acetylen allerdings kann nur in gelöster Form bis 18 bar verdichtet werden.
Je höher der Druck in einer Flasche ist, desto geringer wird der erforderliche Rauminhalt je Liter Gas.
Nach Boyle und Mariotte gilt bei gleicher Temperatur:

Rauminhalt × Druck nach dem Verdichten = Rauminhalt × Druck vor dem Verdichten

$$V_1 \cdot p_{a1} = V_2 \cdot p_{a2}$$

Beispiel 1: Sauerstoffflasche

Der Rauminhalt einer Sauerstoffnormalflasche beträgt $V_1 = 40$ l. Das Inhaltsmanometer zeigt einen Überdruck von $p_{ü1} = 110$ bar an. Wieviel l Sauerstoff können der Flasche entnommen werden?

Lösung: $V_1 \cdot p_{a1} = V_2 \cdot p_{a2}$

$p_{a1} = p_ü + p_L$

$p_{a1} = 110 \text{ bar} + 1 \text{ bar} = 111 \text{ bar}$

$V_2 = \frac{V_1 \cdot p_{a1}}{p_{a2}} = \frac{40 \text{ l} \cdot 111 \text{ bar}}{1 \text{ bar}} = \mathbf{4440 \text{ l}}$

Beispiel 2: Sauerstoffverbrauch

Während einer Schweißarbeit ging die Manometeranzeige einer Sauerstoffflasche mit $V_1 = 40$ l Rauminhalt von $p_ü = 56$ bar auf $p_ü = 37$ bar zurück. Wieviel l Sauerstoff wurden entnommen?

Lösung: Inhalt zu Beginn der Arbeit: $V_2 = \frac{V_1 \cdot p_{a1}}{p_{a2}} = \frac{40 \text{ l} \cdot 57 \text{ bar}}{1 \text{ bar}} = 2280 \text{ l}$

Inhalt nach der Arbeit: $V_2' = \frac{V_1 \cdot p'_{a1}}{p_{a2}} = \frac{40 \text{ l} \cdot 38 \text{ bar}}{1 \text{ bar}} = 1520 \text{ l}$

Verbrauch: $V_2 - V_2' = 2280 \text{ l} - 1520 \text{ l} = \mathbf{760 \text{ l}}$

Druck in Flüssigkeiten

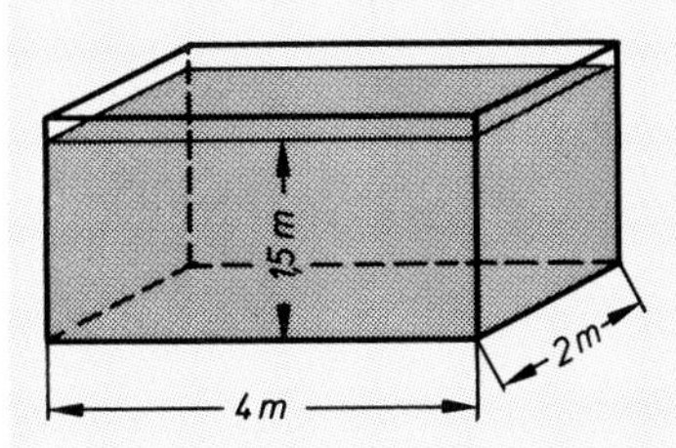

Beispiel: Heizöltank

Ein kellergeschweißter, prismatischer Tank ist mit Heizöl $\left(\varrho = 0{,}92 \frac{\text{kg}}{\text{dm}^3}\right)$ gefüllt.

Berechnen Sie: a) das Volumen der Ölfüllung
b) die Masse des Öls
c) die Gewichtskraft des Öls ($g \approx 10 \text{ m/s}^2$)
d) den Bodendruck im Tank

Lösung: a) $V = A \cdot h = 4 \text{ m} \cdot 2 \text{ m} \cdot 1{,}5 \text{ m} = \mathbf{12 \text{ m}^3}$

b) $m = V \cdot \varrho = 12000 \text{ dm}^3 \cdot 0{,}92 \frac{\text{kg}}{\text{dm}^3} = \mathbf{11040 \text{ kg}}$

c) $F = m \cdot g = 11040 \text{ kg} \cdot 10 \frac{\text{m}}{\text{s}^2} = \mathbf{110400 \text{ N}}$

d) $p = \frac{F}{A} = \frac{110400 \text{ N}}{8 \text{ m}^2} = 13800 \frac{\text{N}}{\text{m}^2} = \mathbf{13{,}8 \text{ kPa}}$

In diesem Beispiel ergab sich zur Berechnung des Bodendrucks folgender Rechenweg:

$$p = \frac{F}{A} = \frac{m \cdot g}{A} = \frac{V \cdot \varrho \cdot g}{A} = \frac{\cancel{A} \cdot h \cdot \varrho \cdot g}{\cancel{A}}$$

($F = m \cdot g$; $m = V \cdot \varrho$; $V = A \cdot h$)

Daraus ergibt sich:

Bodendruck $p = h \cdot \varrho \cdot g$

Bezeichnungen und Einheiten:

p Druck in kPa

h Höhe der Flüssigkeit in m

ϱ Dichte der Flüssigkeit in $\frac{\text{kg}}{\text{dm}^3}$

g Fallbeschleunigung in $\frac{\text{m}}{\text{s}^2}$

Druckfortpflanzung und Kraftübersetzung

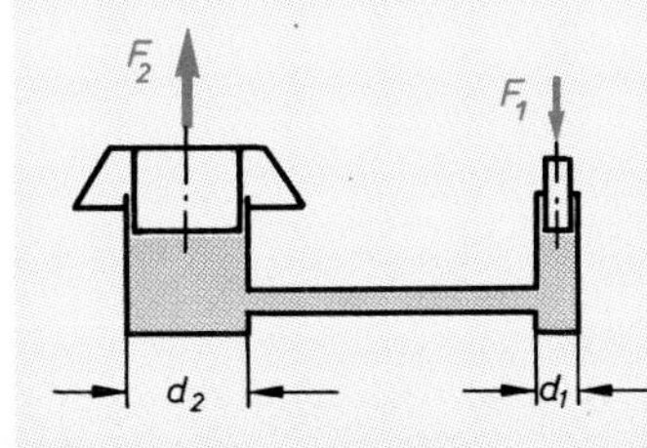

Beispiel: Hydraulischer Wagenheber

Auf den Druckkolben ($d_1 = 20$ mm) eines Wagenhebers mit dem Hubkolben ($d_2 = 180$ mm) wirkt eine Kraft $F_1 = 250$ N.
a) Welcher Druck herrscht im Öl?
b) Mit welcher Kraft F_2 wird ein Fahrzeug gehoben?

Der Druck ist überall gleich groß. Es gilt also:

$p = \frac{F_1}{A_1}$ und $p = \frac{F_2}{A_2}$

$\frac{F_1}{A_1} = \frac{F_2}{A_2}$ oder 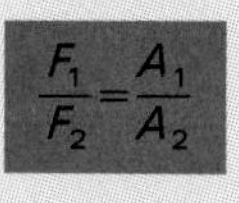

$$\frac{F_1}{F_2} = \frac{A_1}{A_2}$$

Bezeichnungen:

F_1 Kraft auf den Druckkolben
F_2 Kraft des Hubkolbens
A_1 Fläche des Druckkolbens
A_2 Fläche des Hubkolbens

Die Kolbenkräfte verhalten sich wie die Kolbenflächen.

Lösung: a) $p = \frac{F_1}{A_1} = \frac{F_1}{\frac{d_1^2 \cdot \pi}{4}} = \frac{250\ \text{N}}{314\ \text{mm}^2} = \mathbf{0{,}8\ \frac{N}{mm^2}}$

b) $F_2 = p \cdot A_2 = p \cdot \frac{d_2^2 \cdot \pi}{4} = 0{,}8\ \frac{\text{N}}{\text{mm}^2} \cdot 25\,447\ \text{mm}^2 = \mathbf{20{,}36\ kN}$

Auftriebskraft

Auf jeden Körper, der in eine Flüssigkeit eintaucht, wirkt eine Kraft, die der Gewichtskraft entgegenwirkt. Diese Kraft heißt Auftriebskraft. Sie ist so groß wie die Gewichtskraft der durch das Eintauchen verdrängten Flüssigkeitsmenge.

Auftriebskraft = Gewichtskraft der verdrängten Flüssigkeitsmenge

$F_A = m \cdot g$ 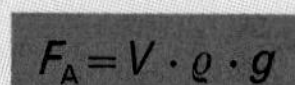

$$F_A = V \cdot \varrho \cdot g$$

Bezeichnungen:

F_A Auftriebskraft in kN
V Rauminhalt der verdrängten Flüssigkeit in m^3
ϱ Dichte der Flüssigkeit in $\frac{\text{kg}}{\text{dm}^3}$
g Fallbeschleunigung in $\frac{\text{m}}{\text{s}^2}$

Beispiel: Tauchkugel

Eine Tiefseetauchkugel mit dem Durchmesser $d = 1{,}9$ m wird ins Meer $\left(\varrho = 1{,}03\ \frac{\text{kg}}{\text{dm}^3}\right)$ gelassen. Welche Auftriebskraft wirkt auf die Kugel, wenn die Fallbeschleunigung $g \approx 10\ \text{m/s}^2$ beträgt?

Lösung: $F_A = V \cdot \varrho \cdot g$

$$F_A = \frac{\pi \cdot d^3}{6} \cdot \varrho \cdot g = \frac{\pi \cdot 1{,}9^3\ \text{m}^3 \cdot 1{,}03\ \text{kg} \cdot 10\ \text{m}}{6 \cdot \text{dm}^3 \cdot \text{s}^2} = \mathbf{37\ kN}$$

Aufgaben zu Druck in Flüssigkeiten und Gasen

21.1 Druckeinheiten

a) Gasleitung $p_ü = 0{,}2$ bar
Gesucht: Überdruck in Pa.

b) Preßluft $p_ü = 5{,}8$ bar
Gesucht: Überdruck in kPa.

c) Motorverbrennungsdruck $p_ü = 39$ bar
Gesucht: Überdruck in MPa.

21.2 Druckeinheiten

a) Dieselmotor Verbrennungsdruck $p_ü = 8$ MPa
Gesucht: Überdruck in bar.

b) Druckluftwagenheber $p_ü = 1{,}03$ MPa
Gesucht: Überdruck in bar.

c) Bremskraftverstärker LKW $p_ü = 35$ kPa
Gesucht: Unterdruck in bar.

21.3 Gasheizgerät

Ein Erdgasheizgerät darf mit dem absoluten Druck von $p_a = 2{,}27$ bar betrieben werden.
Welcher Überdruck $p_ü$ ist erlaubt?

21.4 PKW-Vergaser

In der Ansaugleitung eines PKW-Vergasers herrscht ein Unterdruck von $p_u = 0{,}6$ bar.
Berechnen Sie den absoluten Druck p_a.

21.5 Kolbenkraft im Motor

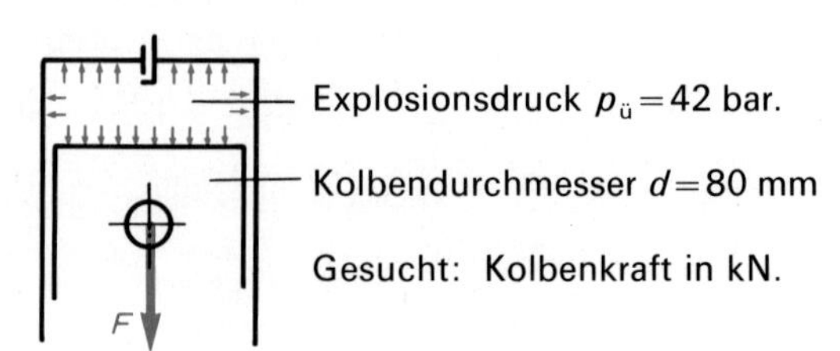

21.6 Verdichtung im Ottomotor

Zum Verdichten eines Kraftstoffluftgemischs ist eine Kolbenkraft von $F = 4{,}42$ kN erforderlich.
Wie groß ist der Überdruck bei einem Kolbendurchmesser von $d = 75$ mm kurz vor der Zündung des Gemischs?

21.7 Rakete

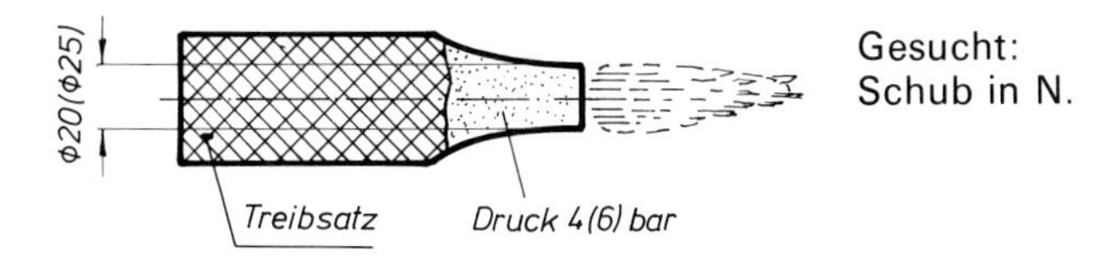

Gesucht:
Schub in N.

21.8 Inhalt einer Sauerstoffflasche

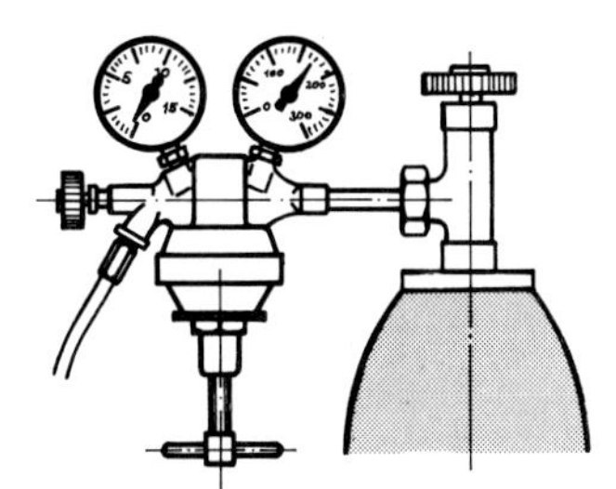

Rauminhalt 40 l (Normalflasche)
Der Zeiger des Inhaltsmanometers steht auf:
a) 130, b) 90, c) 75 bar.
Wieviel l Sauerstoff sind jeweils in der Flasche?

21.9 Sauerstoffverbrauch

Aus einer Normalflasche (40 l) mit einem Druck von 150 bar wurden 1800 (2400) l Sauerstoff verbraucht.

Gesucht: Flaschendruck in bar.

21.10 Geschweißter Behälter mit Boden

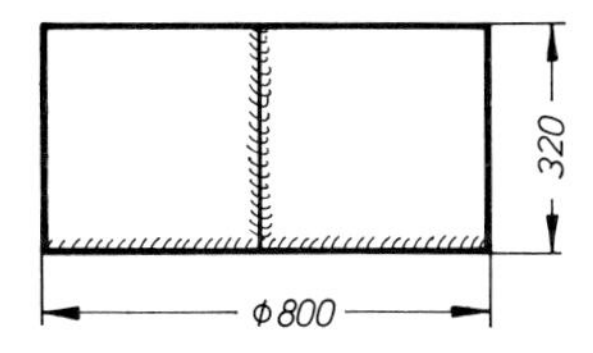

Sauerstoffverbrauch:
90 l/m Schweißnaht. Die 40-l-Sauerstoffflasche hat zu Beginn der Arbeit 120 bar Druck.

Gesucht:
a) Sauerstoffverbrauch in Litern.
b) Voraussichtlicher Druck der Sauerstoffflasche am Ende der Schweißarbeit.

21.11 Brennschneiden

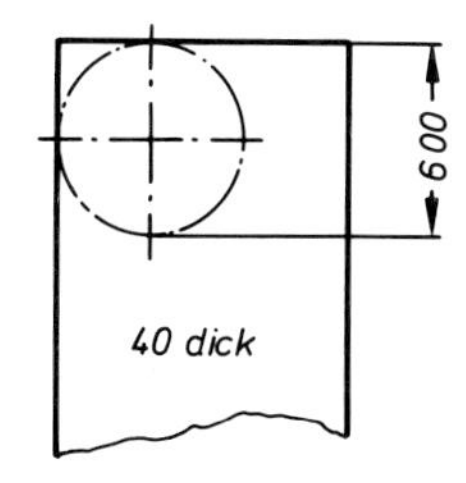

Aus einer Blechtafel ist eine Scheibe zu schneiden. Der Sauerstoffverbrauch liegt bei 350 l/m.
Welchen Flaschendruck zeigt das Inhaltsmanometer einer Sauerstoffflasche mit $V = 40$ l nach der Arbeit an, wenn zu Beginn 110 bar angezeigt wurden?

21.12 Acetylenverbrauch

Für eine Schweißarbeit an einem Messingwerkstück wurde das Mischungsverhältnis $O_2 : C_2H_2$ auf 1,5:1 eingestellt. Wieviel l Acetylen wurden verbraucht, wenn das Inhaltsmanometer der Sauerstoffflasche mit $V = 40$ l um 12 bar gefallen ist?

21.13

Gasleitung

Prüfdruck $p_ü = 0{,}2$ bar

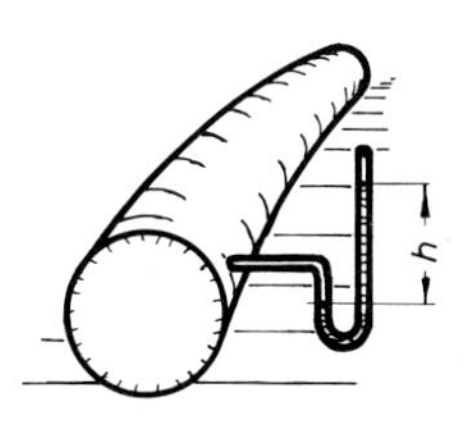

Gesucht:
Höhe h der Wassersäule.

Tauchboot

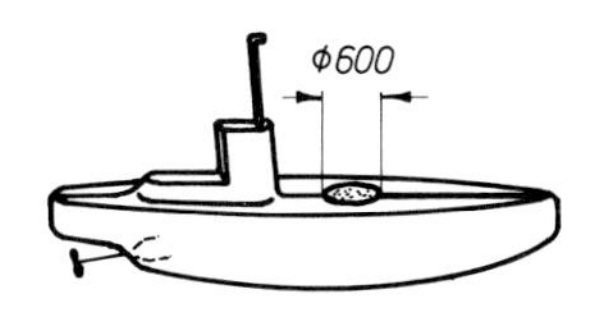

Gesucht:
a) Druck auf das Boot in 50 m Tiefe.
b) Gesamtkraft auf die Einstiegsluke.

21.14 Bodendruck im Benzintank

Berechnen Sie den Bodendruck im Benzintank einer Tankstelle $\left(\text{Benzin } \varrho = 0{,}7 \dfrac{\text{kg}}{\text{dm}^3}\right)$, der 1,8 m hoch gefüllt ist. Welche Bodenkraft wirkt, wenn der Tank eine Bodenfläche von 18 m² besitzt?

21.15 Bodendruck im Schwimmbecken

Ein Schwimmbecken ist 2 m tief mit Wasser gefüllt. Durch Düsen am Boden wird in das Wasser Luft eingepreßt. Welchen Überdruck $p_ü$ muß das Gebläse mindestens erzeugen?

21.16 Hydraulischer Wagenheber

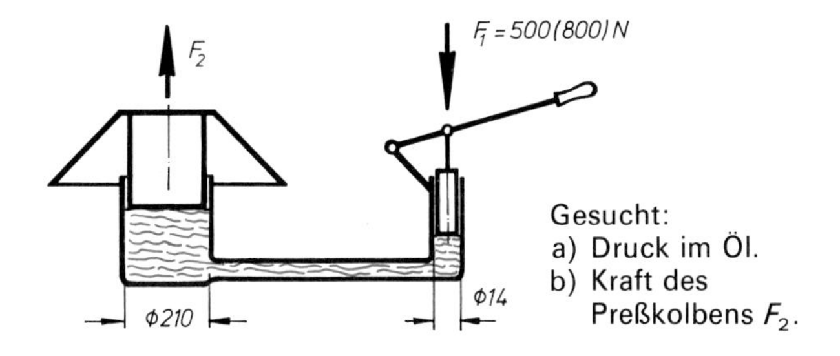

Gesucht:
a) Druck im Öl.
b) Kraft des Preßkolbens F_2.

21.17 Schwimmerkugel

Die Schwimmerkugel soll zur Hälfte eintauchen.

Gesucht:
a) Gewichtskraft der Kugel in N, wenn sie in Wasser eintaucht.
b) Gewichtskraft der Kugel in N, wenn sie in Benzin eintaucht.

Anmerkung: Das Volumen der Nadel wird vernachlässigt.

21.18 Dichtebestimmung

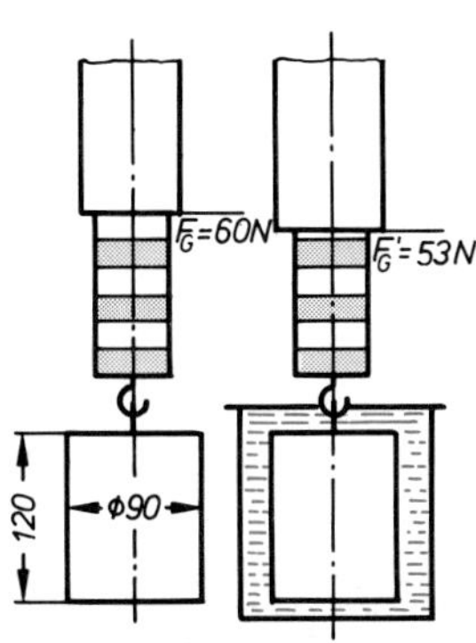

Zylinder aus Stahl $\left(\varrho = 7{,}85 \dfrac{\text{kg}}{\text{dm}^3}\right)$ an einem Kraftmesser.
a) Wie groß ist das Volumen?
b) Wie groß ist die Auftriebskraft?
c) Welche Dichte ϱ hat die Flüssigkeit?
d) Um welche Flüssigkeit kann es sich handeln?

Vergleichen Sie die Angaben im Tabellenbuch!

Temperatureinheiten

Die tiefste Temperatur, die physikalisch überhaupt erreichbar ist, beträgt −273 °C. Dieser Punkt wird als absoluter Nullpunkt bezeichnet. Er ist Bezugspunkt für die Kelvin-Skala. Die Einheit ist 1 K (Kelvin). °C ist weiterhin als gesetzliche Einheit gestattet.

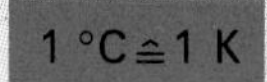

1 °C ≙ 1 K

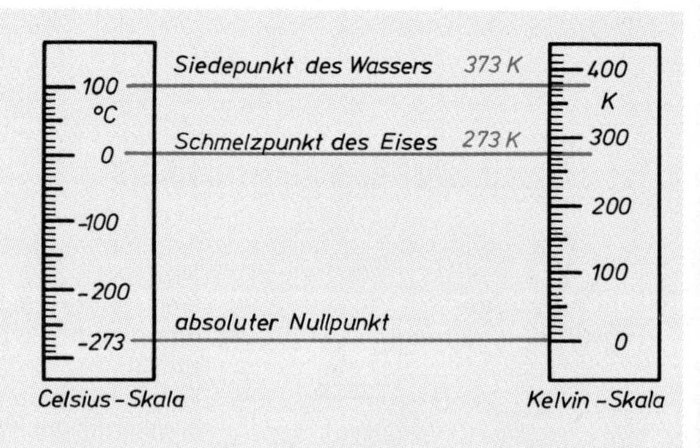

Längenänderung

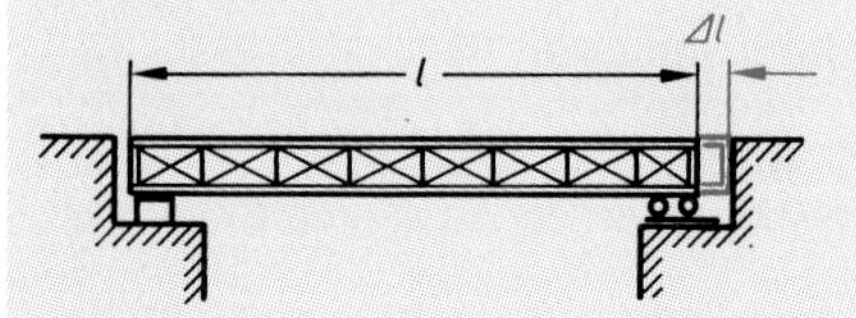

Wie alle Metalle, so dehnt sich auch die nebenstehend skizzierte Stahlbrücke bei Erwärmung aus. Jedes Teilstück dehnt sich um

$\alpha = 0{,}000\,012/°C$

seiner Länge aus.

Längenzunahme = Ausgangslänge × Temperaturunterschied × Wärmeausdehnungskoeffizient

$$\Delta l = l(t_2 - t_1) \cdot \alpha$$

Bezeichnungen:

l Länge
Δl Längenänderung
t_1 Temperatur vor der Erwärmung
t_2 Temperatur nach der Erwärmung
Δt Temperaturzunahme (sprich: Delta t)
α Längenausdehnungskoeffizient

Längenausdehnungskoeffizient α verschiedener Werkstoffe:	
Aluminium	0,000024/°C
Beton	0,000012/°C
Kunststoff (PVC)	0,000069/°C
Stahl	0,000012/°C

Beispiel: Längenausdehnung einer Brücke

Eine Stahlbrücke von $l = 60$ m Länge ist im Sommer einer Temperatur von +40 °C ausgesetzt. Im Winter ist mit Tiefsttemperaturen von −40 °C zu rechnen.
Wie groß ist die Wärmeausdehnung?

Lösung: $\Delta l = l(t_2 - t_1) \cdot \alpha = 60\text{ m}(+40° - (-40\text{ °C})) \cdot 0{,}000012/\text{°C} = \mathbf{0{,}0576\text{ m} \approx 5{,}8\text{ cm}}$

Raumausdehnung

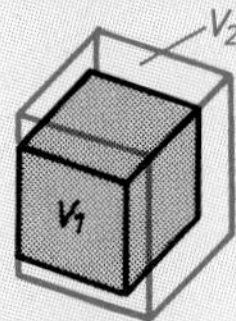

Körper dehnen sich nach allen Richtungen aus. Bei Flüssigkeiten gibt der Raumausdehnungskoeffizient γ an, um das Wievielfache sich ein Körper bei einer Erwärmung um 1 °C ausdehnt.

Volumenzunahme = Ausgangsvolumen × Raumausdehnungskoeffizient × Temperaturdifferenz

$$\Delta V = \gamma \cdot V_1 \cdot \Delta t$$

Beispiel: Benzintank

Ein Benzintank mit 60 l Inhalt wird randvoll aufgetankt. Aus dem Erdtank kommt das Benzin mit einer Temperatur von 8 °C. Auf einem sonnigen Parkplatz erwärmt sich das Fahrzeug auf 48 °C. Der Raumausdehnungskoeffizient für Benzin ist

$\gamma = 0{,}0012/°C$. Welche Benzinmenge läuft aus?

Lösung: $\Delta V = \gamma \cdot V_1 \cdot \Delta t = 0{,}0012/\text{°C} \cdot 60\text{ l} \cdot 40\text{ °C} = \mathbf{2{,}88\text{ l}}$

Schwinden bei Gußwerkstücken

Gußstücke schwinden bei der Abkühlung auf Raumtemperatur. Das Schwinden wird in % angegeben. **Die Modelllänge ist stets 100%.**

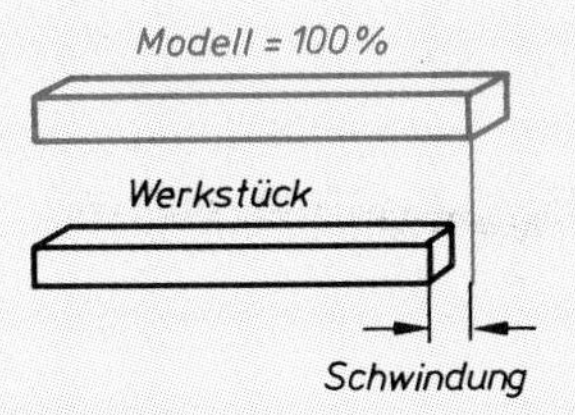

Schwindmaße	
Aluminium (G-Al)	1,25%
Gußeisen (GG-20)	1%
Stahlguß (GS-38)	2%

Beispiel: Werkstück aus GGL (Gußeisen)

Länge $l=280$ mm, Durchmesser $d=120$ mm
Wie groß sind die Modellmaße?

Lösung: Das Modell ist 100%. Das erkaltete Gußstück ist 100% − 1% = 99%.

Länge: Dreisatz: 99% sind 280 mm | 99% sind
100% sind ? mm | 1% ist
| 100% sind

$$\frac{280\ \text{mm} \cdot 100}{99} = \mathbf{282{,}83\ mm}$$

Durchmesser: 99% sind 120 mm | 99% sind
100% sind ? mm | 1% ist
| 100% sind

$$\frac{120\ \text{mm} \cdot 100}{99} = \mathbf{121{,}21\ mm}$$

Wärmemenge

Die Einheit ist das Joule (sprich: dschul).
(Joule war ein englischer Physiker.)

1 J = 1 Ws

Bezeichnungen:

- Q Wärmemenge
- m Masse
- Δt Temperaturzunahme
- c spezifische Wärmekapazität

Lt. Gesetz über Einheiten im Meßwesen ist bis 1977 die Einheit Kilokalorien (kcal) noch zugelassen.

Umrechnungen:

1 kcal = 4186,8 J ≈ 4,2 kJ
1 kJ = 0,24 kcal

Die neue Einheit hat besondere Vorteile bei der Umrechnung von elektrischer Energie in Wärmeenergie:

1 kWh = 1 kW · 3600 s = 3600 · 1000 Ws = 3,6 MJ

Heizwert (Brennwert)

bezeichnet die Wärmemenge, die von 1 kg eines festen oder flüssigen bzw. von 1 m^3 eines gasförmigen Brennstoffes abgegeben wird.

Bezeichnungen:

- Q Wärmemenge
- H Heizwert (Brennwert)
- V Volumen des gasförmigen Brennstoffes
- m Masse

Heizwerte (H) verschiedener Brennstoffe	
Braunkohle	20 MJ/kg
Steinkohle	36 MJ/kg
Heizöl	42 MJ/kg
Benzin (normal)	42 MJ/kg
Erdgas	34 MJ/m^3

Beispiel: Wieviel kWh könnte man aus 1 Liter Normalbenzin erhalten? Dichte von Benzin: $\varrho = 0{,}75\ \text{kg/dm}^3$

Lösung: $m = V \cdot \varrho = 1\ \text{dm}^3 \cdot 0{,}75\ \text{kg/dm}^3 = 0{,}75\ \text{kg}$

$Q = m \cdot H = 0{,}75\ \text{kg} \cdot 45\ \text{MJ/kg} = 33{,}75\ \text{MJ} = \mathbf{9{,}375\ kWh}$

Spezifische Wärmekapazität

Erwärmung von
20 °C auf 100 °C

Die spezifische Wärmekapazität von Wasser ist:

$c = 4{,}19 \frac{\text{kJ}}{\text{kg} \cdot {}^\circ\text{C}}$

Manchmal auch in $\frac{\text{kJ}}{\text{kg} \cdot \text{K}}$ angegeben.

Man beachte: k = Vorsatz Kilo; K = Kelvin

Die erforderliche Wärmemenge ist:

Wärmemenge = Masse × spezifische Wärmekapazität × Temperaturdifferenz

$Q = m \cdot c \cdot \Delta t$

Spezifische Wärmekapazität c in $\frac{\text{kJ}}{\text{kg} \cdot {}^\circ\text{C}}$	
Wasser	4,19
Stahl	0,491
Kupfer	0,409

Beispiel: Erwärmung von Wasser

Eine Wassermenge von 2 l (siehe Skizze) soll von 20 °C auf 100 °C erwärmt werden.
Beachten Sie: 2 l Wasser sind 2 kg Masse.
Wie groß muß die zugeführte Wärmemenge sein?

Lösung: $\Delta t = t_2 - t_1 = 100\,{}^\circ\text{C} - 20\,{}^\circ\text{C} = 80\,{}^\circ\text{C} \mathrel{\hat{=}} 80\,\text{K}$

$Q = m \cdot c \cdot \Delta t = 2\,\text{kg} \cdot 4{,}19 \frac{\text{kJ}}{\text{kg} \cdot {}^\circ\text{C}} \cdot 80 = \mathbf{670{,}4\,kJ}$

Aufgaben zur Wärmelehre

22.1 Wälzlagereinbau

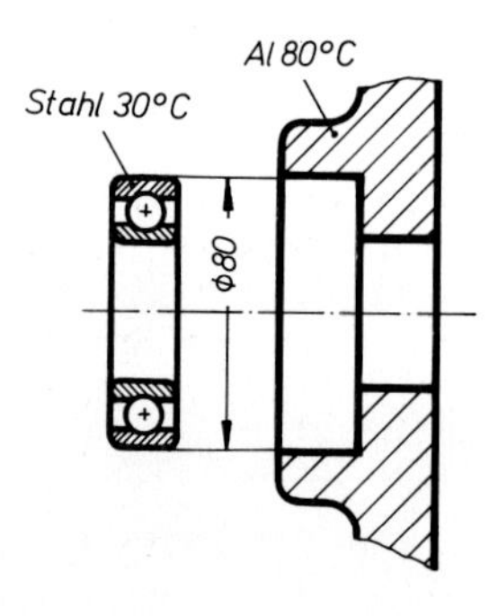

Das Aluminiumgehäuse wird auf 80 (120) °C erwärmt

Gesucht:
Einbauspiel in mm.

22.2 Faustregel beim Messen

1° Temperaturunterschied ergibt bei 100 mm Länge 1 µm Ausdehnung bei Stahl

Gesucht:
a) Genaue Länge der Ausdehnung.

b) Stellen Sie eine ähnliche Faustregel auf für:

Aluminium:
$\alpha = 0{,}000\,024/{}^\circ\text{C}$

Jnvarstahl:
$\alpha = 0{,}000\,000\,9/{}^\circ\text{C}$

Plexiglas:
$\alpha = 0{,}000\,08/{}^\circ\text{C}$

22.3 Kolbenbolzen einbauen

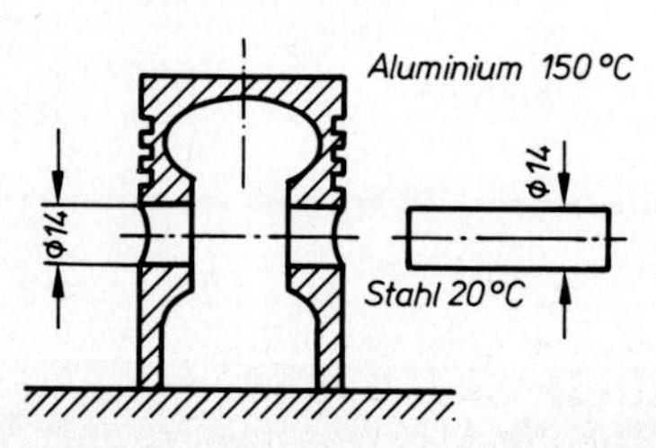

Bolzen und Bohrung haben bei 20 °C das Maß 14,000.
Der Kolben wird auf einer Heizplatte auf 150 °C erwärmt.

Gesucht:
Spiel in µm beim Einbau.

22.4 Gehäusepassung

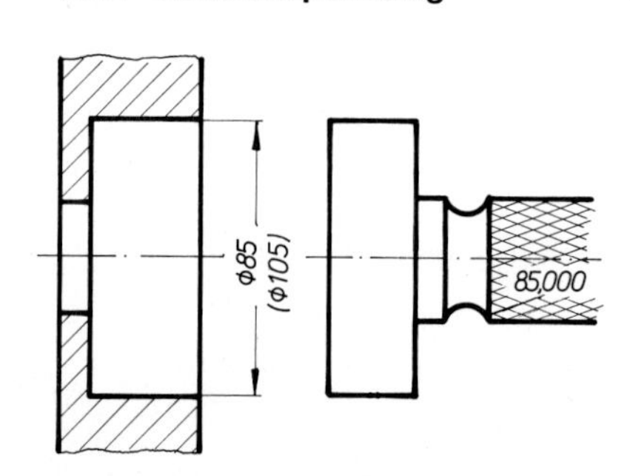

Durch die Bearbeitung hat sich das Graugruß-Gehäuse auf 75 (55) °C erwärmt. Ein Normallehrdorn von 85,000 läßt sich gerade noch einführen.

Gesucht:
Tatsächliches Maß der Bohrung bei 20 °C

22.5 Handwärme

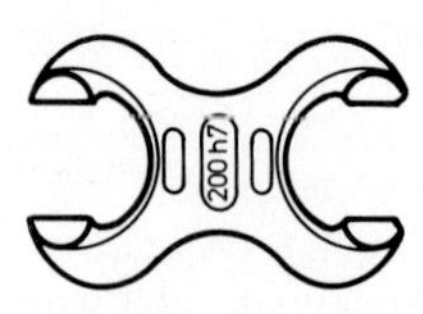

Statt der vorgeschriebenen Temperatur von 20 °C hat eine Grenzrachenlehre von 200,00 mm eine Temperatur von 35 (28) °C

Gesucht:
a) Meßfehler in µm.
b) Meßfehler in %.

22.6 Drehen zwischen Spitzen

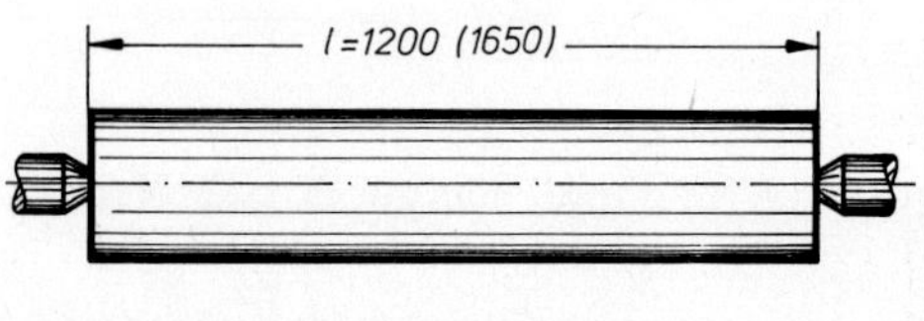

Die bei der Zerspanung auftretende Wärme erwärmt die Stahlwelle auf 65 °C.

Gesucht: Wärmeausdehnung in mm gegenüber Raumtemperatur 20 °C.

22.7 Heißwasserpumpe: kalt 20 °C Werkstoff: Gußeisen

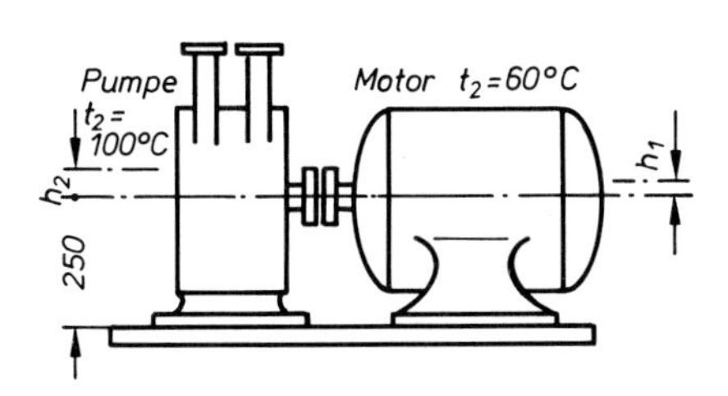

Betriebstemp.:
Motor 60 °C
Pumpe 100 °C

Gesucht:
a) Wärmeausdehnung h_1 und h_2.
b) Höhenunterschied, den die Kupplung ausgleichen muß.

22.8

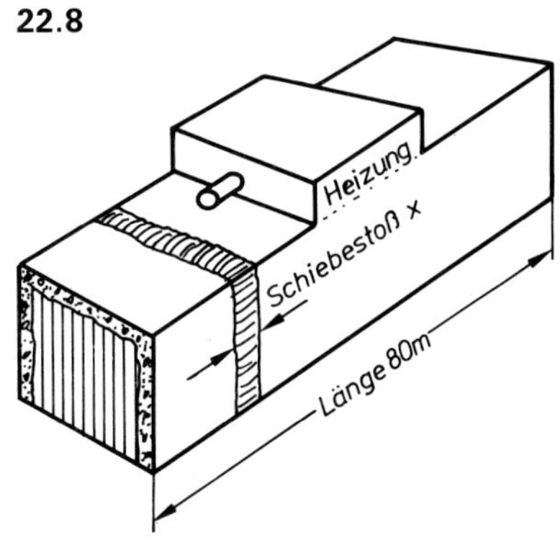

Ein **Lacktrocknungskanal** für PKW-Karosserien wird aus Stahlblech hergestellt (Wärmeausdehnungszahl = 0,000 012 /°C).

Grenztemperaturen:
Im Winter an arbeitsfreien Feiertagen:
−20 °C
Maximale Innentemperatur: +150 °C

Welche Längenänderung *x* muß der Schiebestoß auffangen können?

22.9 Eisenbahnschiene

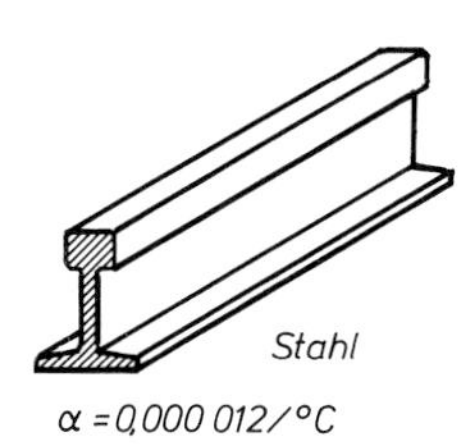

Länge l = 16 m
(Normallänge bei nicht geschweißten Schienen)

Gesucht:
Wärmeausdehnung zwischen den Extremtemperaturen:
t_1 = +50 °C (Sommer)
t_2 = −40 °C (Winter)

22.10 Werkstück aus GG-20

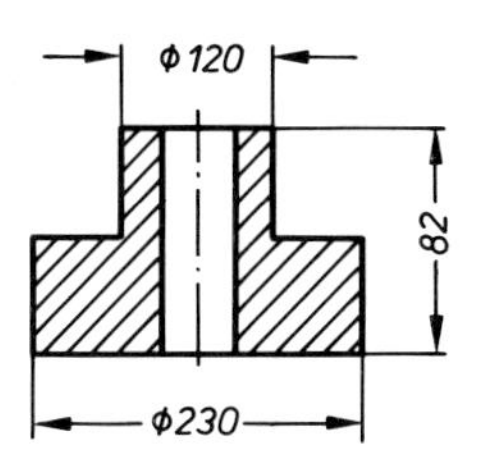

Schwindmaß für Gußeisen 1 %.

Gesucht:
Die Modellmaße für das in nebenstehender Skizze dargestellte Werkstück.

22.11 Gegossene Büchse

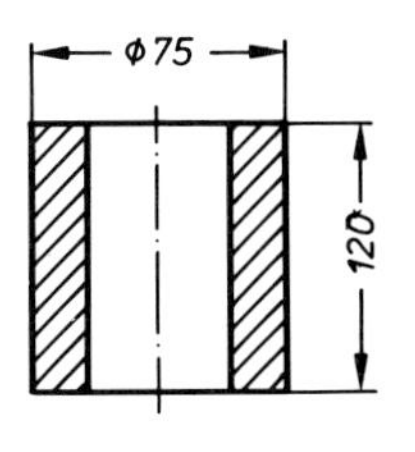

Gesucht:
Die Modellmaße für die in der Skizze dargestellten Maße des fertigen Werkstücks für den Abguß folgender Gußstoffe:

G-Al: Schwindmaß 1,25 %
GG-20: Schwindmaß 1,00 %
GS-38: Schwindmaß 2,00 %

22.12 Modell in blauer Farbe

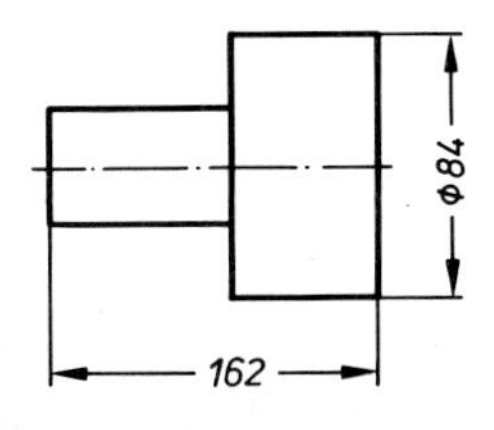

Gesucht:
a) Werkstoff, mit dem dieses Modell abgegossen werden muß (Tabellenbuch)
b) Hauptmaße des Werkstücks

22.13 In einem **Druckspeicher**

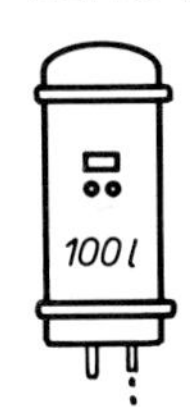

werden 100 l Wasser von +6 °C auf 100 °C erwärmt.
Die mittlere Raumausdehnungszahl von Wasser ist:

$\gamma = 0{,}000\,42$ 1/°C

Welche Wassermenge tritt bei einer vollen Kaltwasserfüllung aus?

22.14 Kunststoff verformen

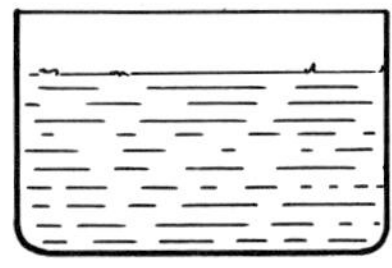

Temperatur des Leitungswassers 10 °C

60 l Wasser von 90 °C

Gesucht:
a) Notwendige Wärmemenge.
b) Verbrauch an Steinkohle (Heizwert 36 MJ/kg).

Verluste an Strahlung usw. werden nicht berücksichtigt.

22.15 Ein Druckspeicher

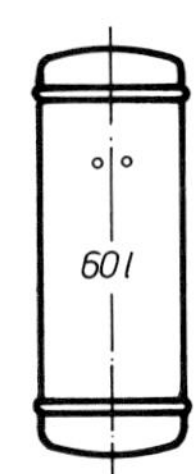

erwärmt 60 (30) l Wasser von 8 auf 80 °C

Gesucht:
a) Notwendige Wärmemenge, um das Wasser zu erwärmen.
b) Notwendige Wärmemenge, wenn 3 kg Stahl mit zu erwärmen sind.

22.16 Wasserkühlung eines Verbrennungsmotors

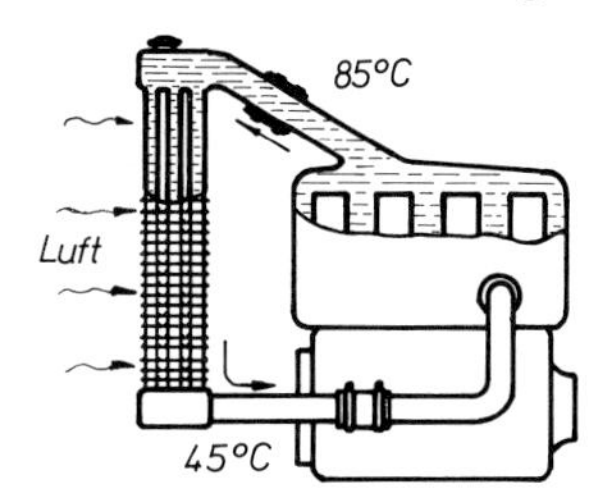

Die Kühlwassermenge von 15 l soll 151,2 MJ Wärme pro Stunde abführen.

Gesucht:
a) Wieviel l Kühlwasser sind durch den Kühler zu pumpen?
b) Wievielmal in der Stunde ist das Kühlwasser umzuwälzen?

22.17 Tauchsieder

2 Liter Wasser sind von 18 °C auf 85 °C zu erwärmen. Der Tauchsieder hat eine Nennleistung von 1 000 Watt. Wasser hat eine spezifische Wärme von:

$c = 4{,}2 \dfrac{\text{kJ}}{\text{kg} \cdot {}^\circ\text{C}}$

Gesucht: a) Masse des Wassers.
b) Erforderliche Wärmemenge.
c) Zeitdauer für die Erwärmung.

22.18 Ein **Warmwasserkessel** mit 60 l Fassungsvermögen

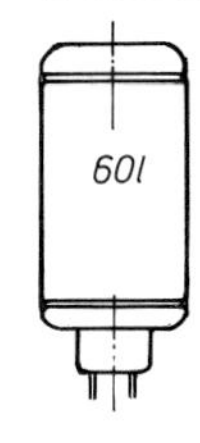

soll von 4 °C auf 95 °C erwärmt werden. Es wird angenommen, daß auch der Stahlbehälter mit einer Masse von 15 kg auf 95 °C erwärmt werden muß.
Angaben im Tabellenbuch:

Stahl: $c = 0{,}491 \dfrac{\text{kJ}}{\text{kg} \cdot {}^\circ\text{C}}$

Wasser: $c = 4{,}19 \dfrac{\text{kJ}}{\text{kg} \cdot {}^\circ\text{C}}$

Gesucht: a) Notwendige Wärmemenge.
b) Dauer der Heizperiode, wenn die Heizung 2,2 kW aufnimmt.

22.19 Welche Energie ist preiswerter?

	Elektrische Energie	Stein-kohle	Heiz-öl	Erd-gas
Kosten je Einheit	0,13 DM je kWh	0,43 DM je kg	0,40 DM je kg	0,26 DM je m^3
Heizwert	3,6 MJ je kWh	36 MJ je kg	45 MJ je m^3	34 MJ je m^3

Wieviel MJ erhält man jeweils für 1,– DM?

22.20 Elektrische Energie oder Heizöl?

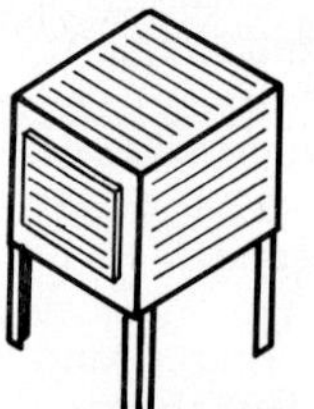

In einem Muffelofen sollen 20 kg Werkstücke aus Stahl von 20 °C auf 920 °C erwärmt werden. Stahl hat eine spezifische Wärmekapazität von

$$c = 0{,}491 \frac{\text{kJ}}{\text{kg} \cdot {}^\circ\text{C}}$$

Es ist anzunehmen, daß im Ofen 80 kg Stahl mit auf diese Temperatur erwärmt werden müssen.
Heizöl kostet 0,40 DM/kg bei einem Heizwert von 42 MJ/kg.
Elektrische Energie kostet 0,13 DM/kWh.
Was kostet die notwendige Energie aus den verschiedenen Energieträgern?

23 Bewegungslehre

Im Maschinenbau sind sehr viele Bewegungsvorgänge zu berechnen. Man unterscheidet **geradlinige** Bewegungen, z. B. beim Hobeln, Stoßen, Sägen usw., und **kreisförmige** Bewegungen, z. B. beim Drehen, Fräsen, Schleifen usw. Ein Maß dieser Bewegungen ist die **Geschwindigkeit.** Man versteht darunter den in der Zeiteinheit zurückgelegten Weg.

Gleichförmige geradlinige Bewegung

Bezeichnungen und Einheiten:

s Weg in km, m, mm
t Zeit in h, min, s
v Geschwindigkeit in km/h, m/min, m/s, mm/min

$$\text{Geschwindigkeit} = \frac{\text{Weg}}{\text{Zeit}}$$

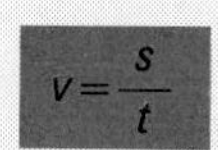

Die wenigsten geradlinigen Bewegungen verlaufen gleichmäßig. Viele sind ungleichförmig, z. B. die Bewegungen der Verkehrsmittel. Deshalb rechnet man im allgemeinen mit der **Durchschnittsgeschwindigkeit.**

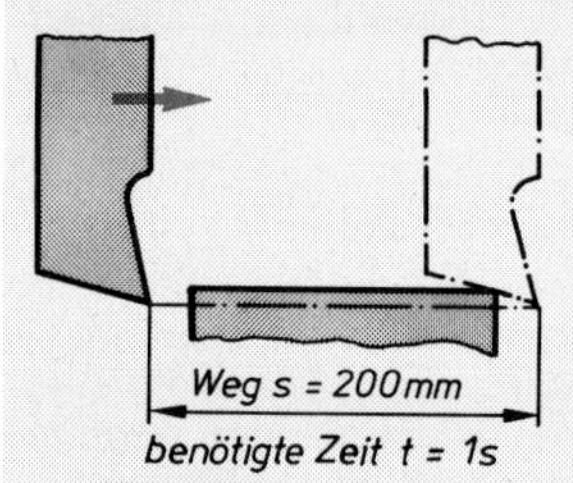

Beispiel: Stoßmaschine

Der Meißel einer Stoßmaschine legt bei einem Hub den Weg $s = 240$ mm zurück und benötigt dazu $t = 1$ s. Berechnen Sie die Meißelgeschwindigkeit in m/min.

Lösung: $v = \frac{s}{t} = \frac{200\text{ mm}}{1\text{ s}} = \frac{\frac{200}{1000}\text{ m}}{\frac{1}{60}\text{ min}} = \frac{200 \cdot 60\text{ m}}{1000 \cdot 1\text{ min}} = \mathbf{12}\ \frac{\mathbf{m}}{\mathbf{min}}$

Gleichförmige Drehbewegung

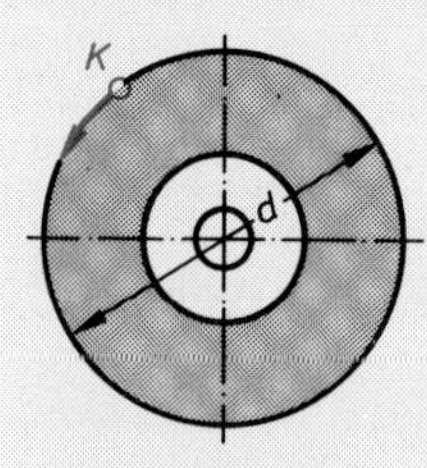

Bezeichnungen:

v Umfangs- oder Schnittgeschwindigkeit
d Durchmesser
n Drehzahl je Zeiteinheit (Umdrehungsfrequenz)

Jedes Korn der Schleifscheibe bewegt sich auf dem Umfang eines Kreises.
Die Geschwindigkeit des Korns K heißt deshalb **Umfangsgeschwindigkeit.**

Weg des Korns K bei einer Umdrehung $= d \cdot \pi$
Weg des Korns K bei zwei Umdrehungen $= d \cdot \pi \cdot 2$
Weg des Korns K bei n Umdrehungen $= d \cdot \pi \cdot n$
Wenn n die Zahl der Umdrehungen je Zeiteinheit (1/min oder 1/s) ist, gilt für die Umfangsgeschwindigkeit:

$$v = d \cdot \pi \cdot n$$

Werden bei kreisförmigen Bewegungen Späne abgehoben, bezeichnet man die Umfangsgeschwindigkeit mit **Schnittgeschwindigkeit.** Beim Drehen, Fräsen und Bohren wird die Schnittgeschwindigkeit in $\frac{\text{m}}{\text{min}}$, beim Schleifen in $\frac{\text{m}}{\text{s}}$ angegeben.

Beispiel: Schleifen

Eine Schleifscheibe mit dem Durchmesser $d = 300$ mm dreht sich mit der Drehzahl (Umdrehungsfrequenz) von $n = 1400\ \frac{1}{\text{min}}$.
Welche Schnittgeschwindigkeit v in m/s ergibt sich?

Lösung: $v = d \cdot \pi \cdot n = \frac{300\text{ mm} \cdot \pi \cdot 1400}{\text{min}} = \frac{300\text{ m} \cdot \pi \cdot 1400}{1000 \cdot 60\text{ s}} = \frac{\overset{7}{42} \cdot \pi \cdot \text{m}}{1 \cdot 6\text{ s}} = 7 \cdot \pi\ \frac{\text{m}}{\text{s}} = \mathbf{21{,}99}\ \frac{\mathbf{m}}{\mathbf{s}}$

Bewegung am Kurbeltrieb

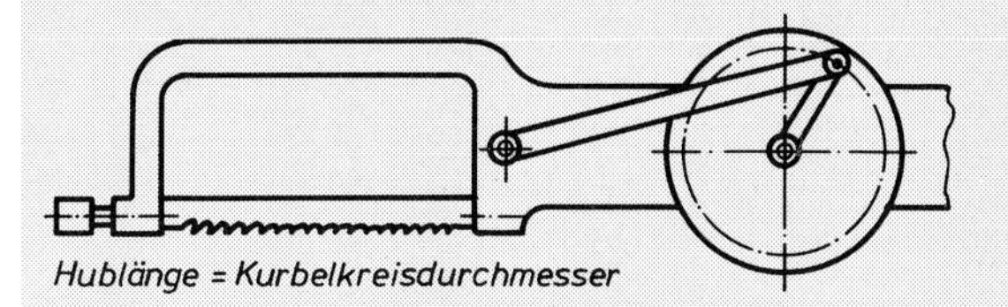

Bezeichnungen

v_m mittlere Geschwindigkeit
s Hublänge = Kurbelkreisdurchmesser
n Umdrehungen je Zeiteinheit = Zahl der Doppelhübe je Zeiteinheit

Beim Kurbeltrieb werden kreisförmige Bewegungen in geradlinige verwandelt, z. B. Kolbenmotor, Hubsäge, Exzenterpresse. Die geradlinige Bewegung ist ungleichförmig, weil nach jedem Hub die Geschwindigkeit auf Null gebracht wird. Deshalb rechnet man mit der **mittleren Geschwindigkeit.**
Bei einer Umdrehung der Kurbel führt das Sägeblatt 2 Hübe durch, einen Arbeitshub und einen Rückhub. Bei n Umdrehungen je Zeiteinheit ergibt sich:

mittlere Geschwindigkeit $v_m = 2 \cdot s \cdot n$

Beispiel: Hubsäge

Die Hublänge einer Hubsäge beträgt $s = 150$ mm. Wie groß ist die mittlere Geschwindigkeit in m/min, wenn die Säge 60 Doppelhübe je Minute macht?

Lösung: $v_m = 2 \cdot s \cdot n = \frac{2 \cdot 150 \text{ m} \cdot 60}{1000 \text{ min}} = \frac{2 \cdot 15 \cdot 6 \text{ m}}{10 \text{ min}} = \mathbf{18 \frac{m}{min}}$

► Gleichmäßig beschleunigte (verzögerte) Bewegung

Beim Anfahren eines Autos nimmt die Geschwindigkeit in jeder Sekunde zu. Ist die Zunahme in jeder Sekunde gleich groß, spricht man von gleichmäßig beschleunigter Bewegung. Bei Abnahme der Geschwindigkeit spricht man von verzögerter Bewegung (Bremsen).

Bezeichnungen und Einheiten

v_a Anfangsgeschwindigkeit
v_e Endgeschwindigkeit
v_m mittlere Geschwindigkeit
Δv Geschwindigkeitsänderung
} km/h in m/min m/s
a Beschleunigung in m/s²
t Zeit in h, min, s
s Weg in km, m

Beschleunigung = $\frac{\text{Geschwindigkeitsänderung}}{\text{Zeit}}$

$a = \frac{\Delta v}{t}$ in $\frac{m/s}{s}$ in $\frac{m}{s^2}$

$\Delta v = v_e - v_a$

Bei einer Anfangsgeschwindigkeit $v_a = 0$ ist $v_e = a \cdot t$

Erfolgt die Beschleunigung aus der Bewegung heraus $v_e = v_a + a \cdot t$

Die mittlere Geschwindigkeit ist dann $v_m = \frac{v_a + v_e}{2} = \frac{v_a + v_a + a \cdot t}{2}$ $\quad v_m = v_a + \frac{a \cdot t}{2}$

Bei mittlerer Geschwindigkeit gilt $v_m = \frac{s}{t}$ also $s = v_m \cdot t$ $\quad s = v_a \cdot t + \frac{a \cdot t^2}{2}$

Bei einer Anfangsgeschwindigkeit $v_a = 0$ ist der Weg $s = \frac{a \cdot t^2}{2}$ oder $s = \frac{v_e \cdot t}{2}$

die Endgeschwindigkeit $v_e = \sqrt{2 \cdot a \cdot s}$

■ Aufgaben zur Bewegungslehre

23.1 D-Zug Stuttgart-Mannheim

Ein D-Zug benötigt für die 129 km von Stuttgart bis Mannheim 79 min. Welche Durchschnittsgeschwindigkeit wird erreicht?

23.2 Motorschiff

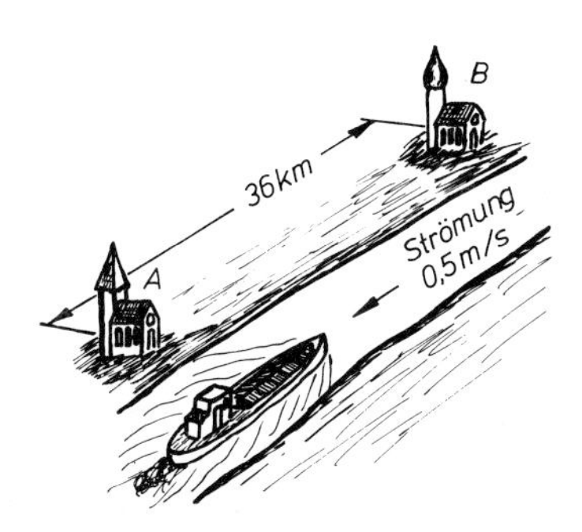

Die Eigengeschwindigkeit eines Motorschiffes beträgt $v = 9$ km/h.

Berechnen Sie:
a) die Geschwindigkeit flußauf- und flußabwärts
b) die Fahrzeiten von A nach B und von B nach A.

23.3 Weg zur Arbeitsstätte

Ein Auszubildender legt seinen 7 km langen Weg zum Betrieb mit dem Moped zurück. Bei vorsichtiger Fahrweise erreicht man mit dem Moped eine Durchschnittsgeschwindigkeit von 25 km/h. Bei riskanter Fahrt 35 km/h.

Berechnen Sie:
a) die Fahrzeit in beiden Fällen
b) die Zeitersparnis in Minuten, wenn der Auszubildende sein Leben aufs Spiel setzt.

23.4 Fahrzeit und Weg in der Schrecksekunde

Ortsdurchfahrt

Länge: 4,5 (1,25) km.
Geschwindigkeit: 50 km/h.

Gesucht: Fahrzeit in min.

Weg in der Schrecksekunde

Gesucht:
Weg in 1 Sekunde bei 50 km/h (80 km/h).

23.5 Fernsehturmaufzug

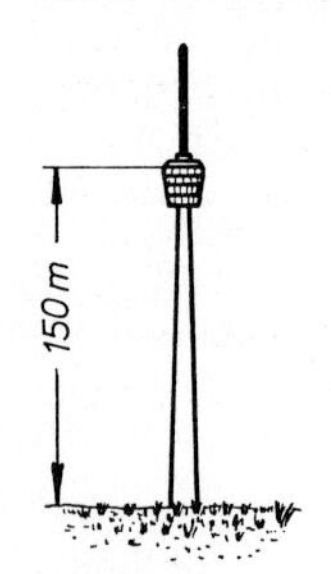

Die Durchschnittsgeschwindigkeit des Aufzugs im Fernsehturm beträgt $v = 7 \frac{m}{s}$.

Berechnen Sie die Fahrzeit.

23.6 Genauigkeit des Tachometers

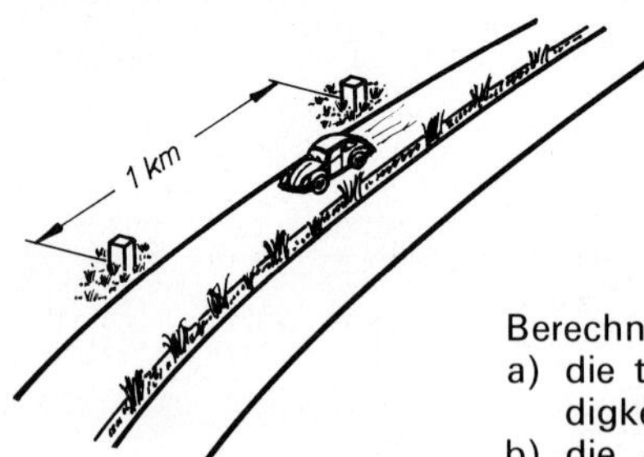

Für einen Autobahnkilometer braucht ein PKW 34 Sekunden. Der Tachometer zeigt dabei 110 km/h an.

Berechnen Sie:
a) die tatsächliche Geschwindigkeit
b) die Abweichung in % der Tachometerangabe von der tatsächlichen Geschwindigkeit.

23.7 Langhobelmaschine

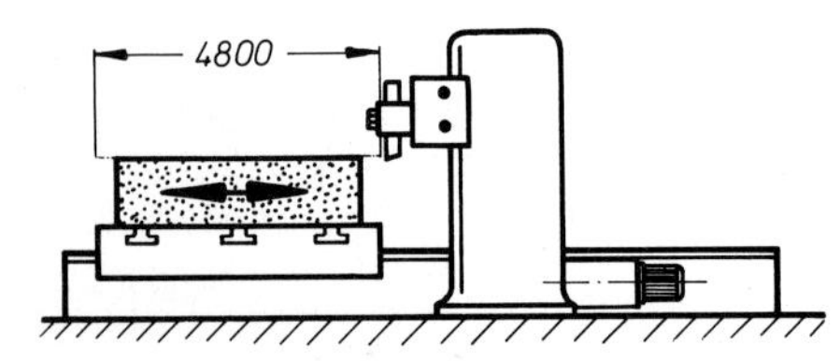

Zeit für 1 Arbeitshub $t = 18$ s
Zeit für 1 Rückhub $t = 8$ s.

Berechnen Sie:
a) die Schnittgeschwindigkeit in m/min
b) die Rücklaufgeschwindigkeit in m/min.

23.8 Tonband

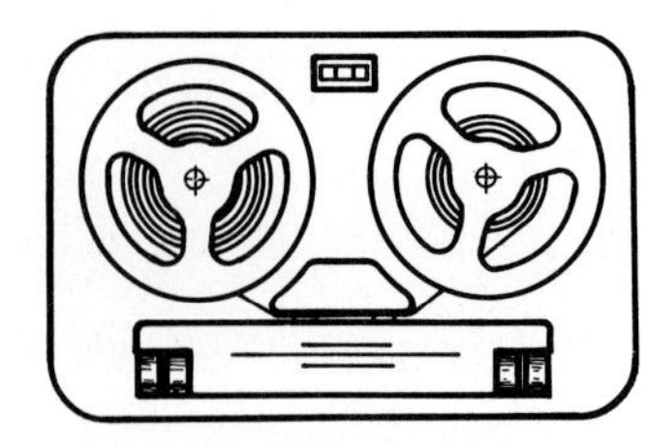

Länge 125 m

Berechnen Sie:
a) die Spieldauer des Bandes in Minuten bei einer Bandgeschwindigkeit von 9,5 cm/s. (Werksangabe 22,5 min)
b) die längste Spieldauer bei 540 m und $v = 4{,}75$ cm/s. (Werksangabe 180 min.)

23.9 Hubstapler

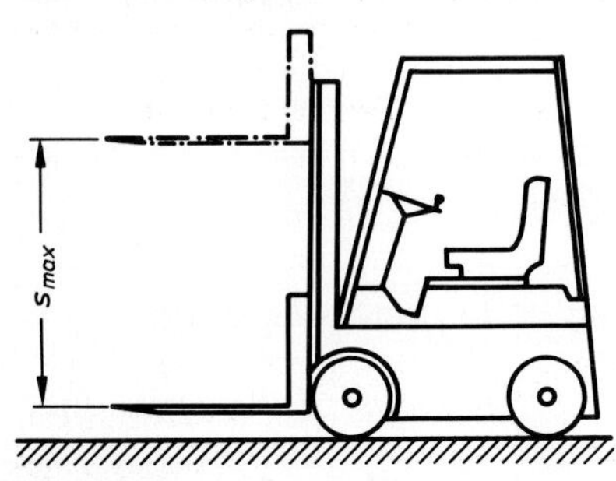

Hubhöhe $s = 1{,}5$ m
Hubgeschwindigkeit $v = 12 \frac{m}{min}$

Berechnen Sie die Zeit zum Verladen von 20 Kisten, wenn zum Aufnehmen, Rangieren und Abstellen je Kiste 28 s erforderlich sind.

23.10 Portalkran

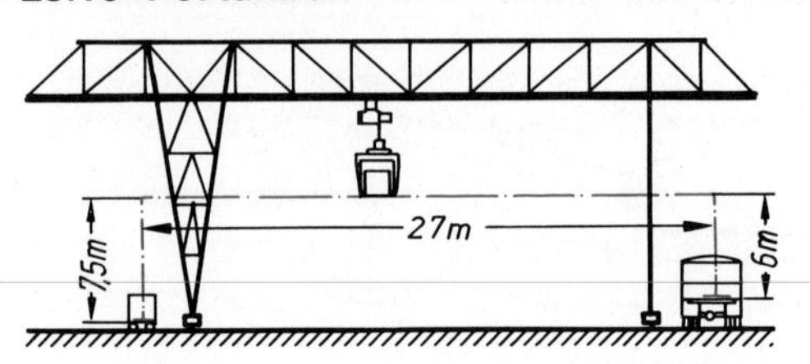

Ein Portalkran arbeitet beim Heben, Senken und Verfahren mit der gleichen Geschwindigkeit $v = 36 \frac{m}{min}$

Berechnen Sie die Zeit in s, um eine Palette vom LKW zum Rollwagen auf der gezeichneten Bahn zu transportieren.

23.11 Förderband

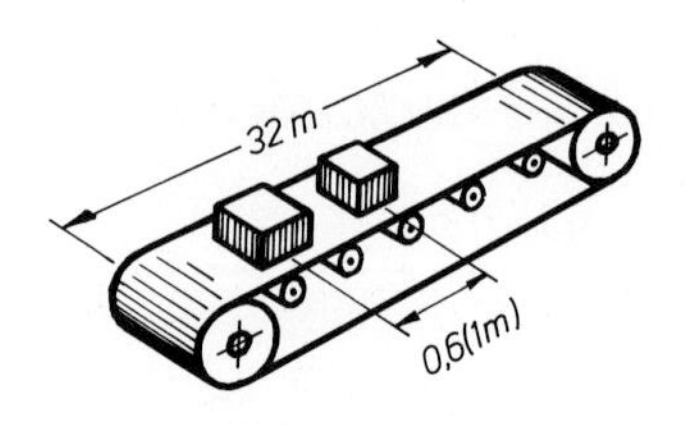

Förderzeit: $\frac{2}{3}$ min

Berechnen Sie:
a) die Geschwindigkeit in m/s
b) die Leistung in Kisten pro Stunde, wenn alle 0,6 m eine Kiste transportiert wird.

23.12 Mischanlage mit Förderband

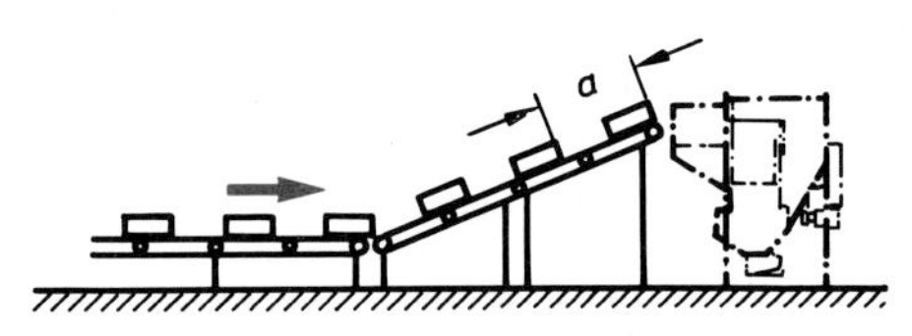

Einer Mischanlage sollen alle 6 s ein Sack Mischgut zugeführt werden.

Berechnen Sie:
a) den Abstand a von Kiste zu Kiste, wenn die Bandgeschwindigkeit $v = 18$ m/min ist,
b) die Zeit, die ein Sack unterwegs ist, wenn das Band 123 m lang ist.

23.13 Verbrennungsmotoren

Die mittlere Kolbengeschwindigkeit ist eine wichtige Größe für die Abnutzung:

Porsche 914/6
Hub: 66 mm
Drehzahl: $5800 \frac{1}{min}$

Moped
(Rekordmaschine)
Höchstgeschwindigkeit 210 km/h
Hub: 40 mm
Drehzahl: $15000 \frac{1}{min}$

Berechnen Sie die mittleren Kolbengeschwindigkeiten in m/s.

23.14 Hubsäge

Der Antrieb einer Hubsäge hat $n = 80 \frac{1}{min}$. Die Schnittgeschwindigkeit beträgt $v = 18 \frac{m}{min}$.

Berechnen Sie den Sägenhub s.

23.15 Ottomotor

Bei einem Ottomotor ist die höchste Kolbengeschwindigkeit $v_{max} \approx 1{,}6 \cdot v_m$. Wie groß darf die Drehzahl des Motors in 1/min höchstens werden, wenn $v_{max} = 1300 \frac{m}{min}$ und der Hub $s = 70$ mm betragen?

23.16 Riementrieb

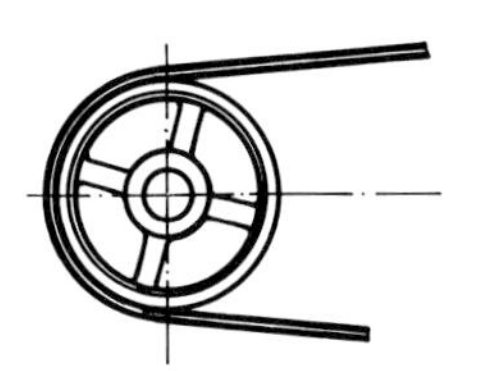

Bei zu großer Riemengeschwindigkeit schlagen Riemen gerne.

$15 \frac{m}{s}$ gilt als tragbar.

Untersuchen Sie folgende Riementriebe:

	I	II
n	1 500/min	800/min
d	150 mm	400 mm

23.17 Radialdichtringe

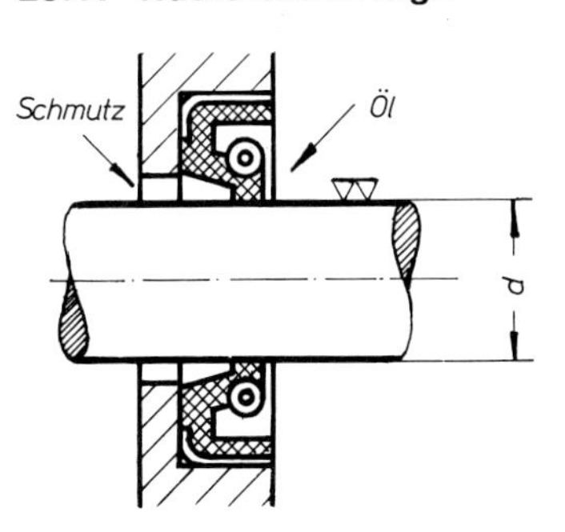

Simmerringe dienen zur Abdichtung drehender Wellen; max. Umfangsgeschwindigkeit 4 m/s.

Berechnen Sie die Höchstdrehzahl in 1/min für eine Welle von $d = 65$ (84) mm.

23.18 Spanabhebende Werkzeuge

Wendelbohrer

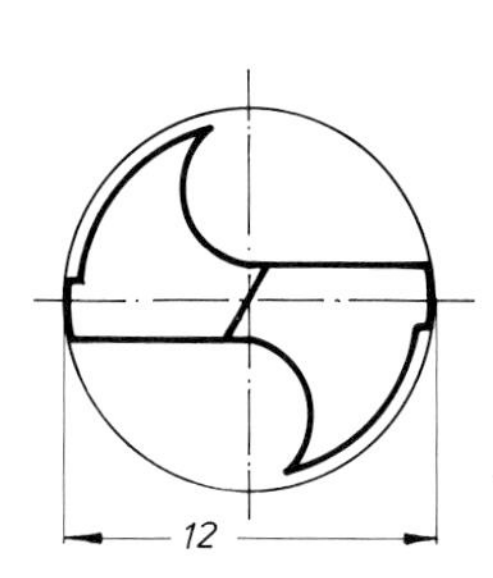

Drehzahl $n = 180 \frac{1}{\text{min}}$

Berechnen Sie die Schnittgeschwindigkeit.

Walzenfräser

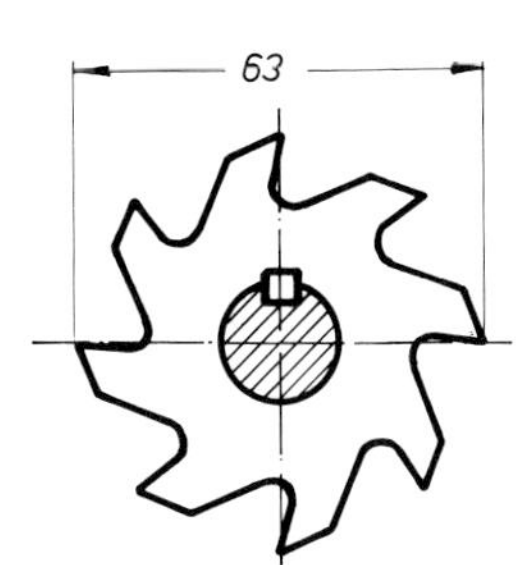

Schnittgeschwindigkeit $v = 11 \frac{\text{m}}{\text{min}}$

Berechnen Sie die Drehzahl.

23.19 Bohrung

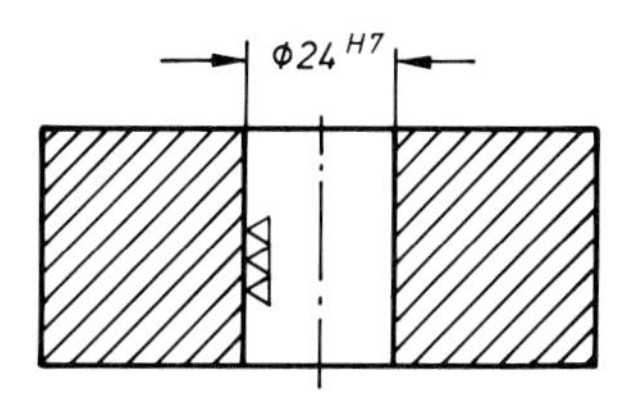

Arbeitsgänge:
a) Vorbohren mit 5-mm-HSS-Bohrer; $v = 20$ m/min
b) Bohren mit 23,8-mm-HSS-Bohrer; $v = 15$ m/min
c) Reiben $v = 6$ m/min

Berechnen Sie die Drehzahlen.

23.20 Umfangsgeschwindigkeit

Eine Schleifscheibe hat 240 mm Durchmesser. Die Schleifspindel läuft mit $n = 2\,800 \frac{1}{\text{min}}$.

a) Wie groß ist die vorhandene Umfangsgeschwindigkeit?
b) Wie ist die vorhandene Drehzahl zu verändern, wenn die zulässige Umfangsgeschwindigkeit von 30 m/s nicht überschritten werden darf?

23.21 Hochfrequenzschleifer

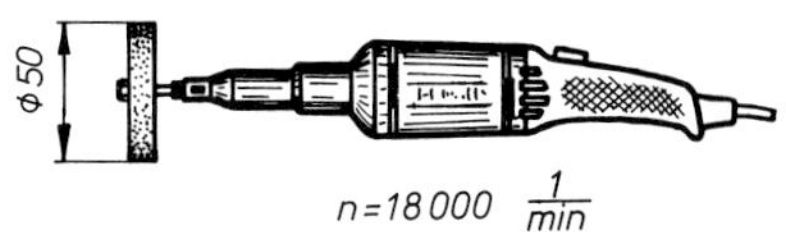

Darf eine keramisch gebundene Schleifscheibe mit 25 m/s oder muß ein Schleifkörper mit Kunstharzbindung und $v = 45$ m/s verwendet werden?

23.22 Tellerschleifer

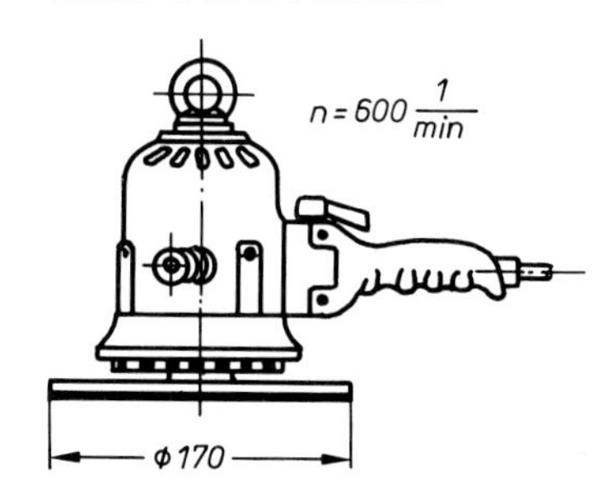

Berechnen Sie:
a) die Umfangsgeschwindigkeit der Schleifscheibe
b) die Höchstdrehzahl des Motors, wenn eine Schleifscheibe mit 80 m/s verwendet wird.

23.23 Schneideisen

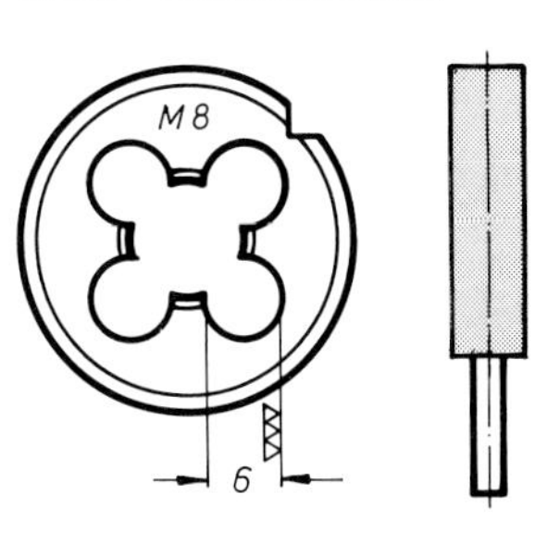

Schneideisen werden mit Schleifstiften geschärft.
Hochfrequenzschleifer: 37 000/min
Preßluftschleifer: 76 000/min
Welcher Schleifer ist für einen keramisch gebundenen Schleifstift mit $v = 25$ m/s geeignet?

► 23.24 E-Lokomotive

Eine E-Lokomotive beschleunigt beim Anfahren gleichmäßig mit $a = 0{,}65$ m/s^2.
a) Wie lange dauert es, bis der Zug die Geschwindigkeit 90 km/h erreicht hat?
b) Wie weit ist der Zug dann vom Anfahrort entfernt?

► 23.25 Pkw-Beschleunigung

Ein Auto fährt in der Ortschaft mit 50 km/h. Am Ende der Ortschaft beschleunigt der Fahrer mit 2 m/s^2.
a) Nach welcher Zeit hat das Auto eine Geschwindigkeit von 100 km/h?
b) Wie weit ist dann das Auto vom Ortsrand entfernt?

► 23.26 Hobelmaschine

Eine Hobelmaschine arbeitet mit einer Schnittgeschwindigkeit $v_e = 40$ m/min.
a) Welchen Überlaufweg braucht die Maschine, wenn der Tisch mit $a = 0{,}6$ m/s^2 abgebremst wird?
b) Wie lange dauert der Bremsvorgang?

24 Riementrieb

Mit Hilfe von Riementrieben lassen sich Drehzahlen und Drehkräfte auch bei großen Achsabständen verändern. Man verwendet Flach-, Keil-, Rund- oder Zahnriemen.

Einfache Übersetzungen

Flachriementrieb

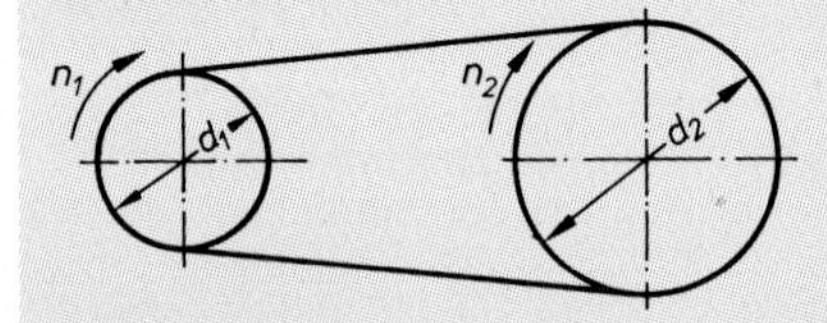

Bezeichnungen und Einheiten:

d_1 Durchmesser der treibenden Scheibe in mm
d_2 Durchmesser der getriebenen Scheibe in mm
n_1 Drehzahl (Umdrehungsfrequenz) der treibenden Scheibe in 1/min
n_2 Drehzahl (Umdrehungsfrequenz) der getriebenen Scheibe in 1/min

Die Riemengeschwindigkeit ist an beiden Scheiben gleich groß, also gilt:

$$v_1 = v_2$$

$$d_1 \cdot \not{\pi} \cdot n_1 = d_2 \cdot \not{\pi} \cdot n_2$$

$$d_1 \cdot n_1 = d_2 \cdot n_2$$

Durch Umstellen der Formel erhält man die Verhältnisgleichung:

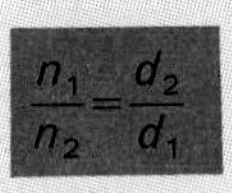
$$\frac{n_1}{n_2} = \frac{d_2}{d_1}$$

Die Durchmesser verhalten sich umgekehrt wie die Drehzahlen.

Das Verhältnis aus Drehzahl der treibenden Scheibe zu Drehzahl der getriebenen Scheibe heißt Übersetzungsverhältnis i.

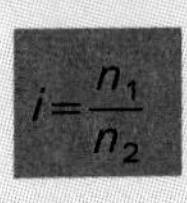
$$i = \frac{n_1}{n_2}$$

oder

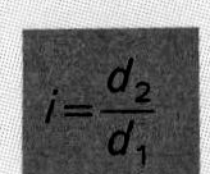
$$i = \frac{d_2}{d_1}$$

Das Übersetzungsverhältnis i soll möglichst so vereinfacht werden, daß

a) im Nenner eine 1 steht, z. B. $\frac{n_1}{n_2} = \frac{12:4}{4:4} = \frac{3}{1} = \mathbf{3}$

b) nur ein Dezimalbruch steht, z. B. $\frac{n_1}{n_2} = \frac{4:5}{5:5} = \frac{0,8}{1} = \mathbf{0,8}$

Beispiel: Umwälzpumpenantrieb

Ein Elektromotor treibt eine Umwälzpumpe über einen Riemen an. Die treibende Scheibe des Motors hat einen Durchmesser von $d_1 = 150$ mm und eine Drehzahl (Umdrehungsfrequenz) $n_1 = 1500$/min.

a) Mit welcher Drehzahl n_2 arbeitet die Pumpe, wenn ihre Riemenscheibe $d_2 = 90$ mm groß ist?

b) Wie groß ist das Übersetzungsverhältnis i?

Lösung: a) $n_1 \cdot d_1 = n_2 \cdot d_2$ $\qquad n_2 = \frac{n_1 \cdot d_1}{d_2} = \frac{1500 \cdot 150 \text{ mm}}{\text{min} \cdot 90 \text{ mm}} = \mathbf{2500\ \frac{1}{min}}$

b) $i = \frac{n_1}{n_2} = \frac{1500 \cdot \not{\text{min}}}{\not{\text{min}} \cdot 2500} = \frac{15}{25} = \frac{3}{5} = \frac{0,6}{1} = \mathbf{0,6}$ oder $i = \frac{d_2}{d_1} = \frac{90 \text{ mm}}{150 \text{ mm}} = \frac{3}{5} = \frac{0,6}{1} = \mathbf{0,6}$

Keilriementrieb

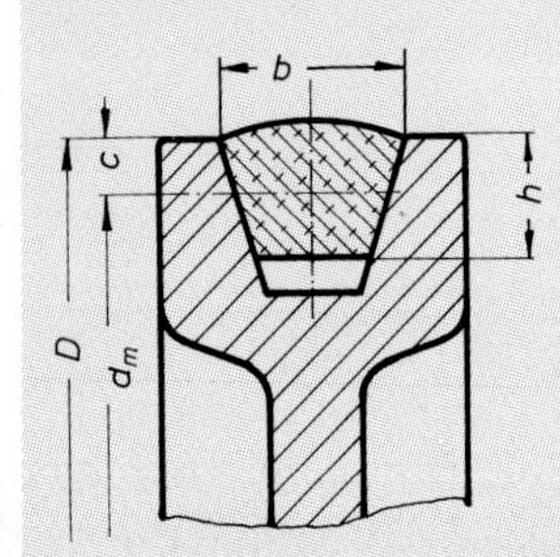

Für Keilriemen errechnet sich der für die Übersetzung wirksame Durchmesser d_m aus dem Außendurchmesser D und dem Korrekturmaß c, das von der Riemenbreite abhängt.

$$d_m = D - 2c$$

Für Keilriementriebe gelten die Formeln der Flachriementriebe.

$$d_{m1} \cdot n_1 = d_{m2} \cdot n_2$$

$$i = \frac{n_1}{n_2} \quad \text{oder} \quad i = \frac{d_2}{d_1}$$

Keilriemenscheiben und Keilriemen nach DIN 2217

Riemenbreite b ISO mm	10	13 A	17 B	20	22 C	25	32 D	40 E
Korrekturmaß c mm	3	4	5	6	7	8	10	12

Beispiel: Keilriementrieb

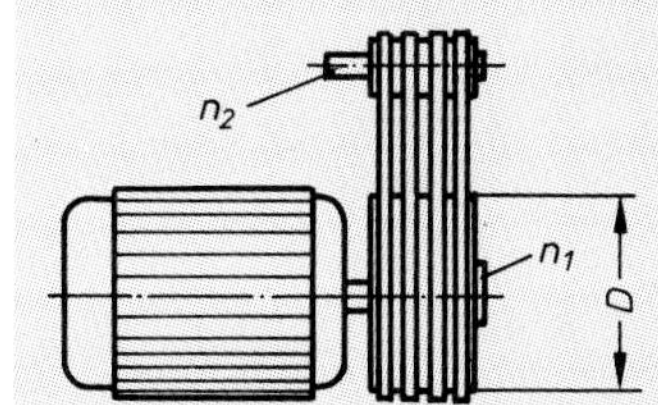

Der Fußmotor einer Fräsmaschine mit einer Drehzahl (Umdrehungsfrequenz) von $n_1 = 1440$/min und einer Keilriemenscheibe mit $D = 180$ mm treibt mit vier $b = 17$ mm breiten Keilriemen ein mehrstufiges Getriebe an.

a) Wie groß ist der wirksame Durchmesser der treibenden Scheibe?
b) Wie groß ist der wirksame Durchmesser der getriebenen Scheibe, wenn ihre Drehzahl $n_2 = 942$/min ist?
c) Wie groß ist das Übersetzungsverhältnis i?

Lösung: a) Korrekturmaß $c = 5$ mm $\qquad d_{m1} = D - 2c = 180\text{ mm} - 2 \cdot 5\text{ mm} = \mathbf{170\ mm}$

b) $d_{m2} = \dfrac{d_{m1} \cdot n_1}{n_2} = \dfrac{170\text{ mm} \cdot 1440\ \cancel{\text{min}}}{\cancel{\text{min}} \cdot 942} = 259{,}9\text{ mm} \approx \mathbf{260\ mm}$

c) $i = \dfrac{n_1}{n_2} = \dfrac{1440\text{ min}}{942\text{ min}} = \mathbf{1{,}53}$

Doppelte Übersetzungen

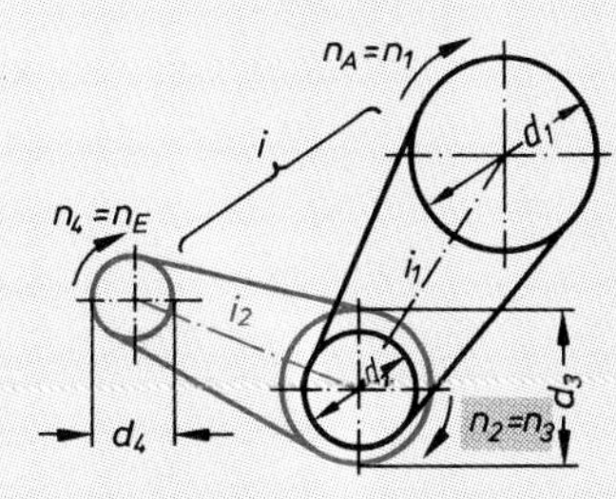

Das Gesamtübersetzungsverhältnis i ist das Verhältnis aus Anfangsdrehzahl n_A und Enddrehzahl n_E. Es ergibt sich auch aus dem Produkt der Einzelübersetzungsverhältnisse.

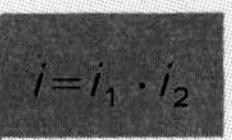

$$i = \frac{n_1 \cdot \cancel{n_3}}{\cancel{n_2} \cdot n_4} = \frac{n_1}{n_4}$$

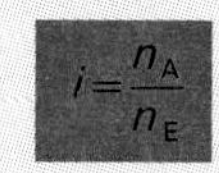

oder

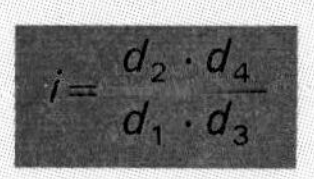

Die Durchmesser verhalten sich umgekehrt wie die Drehzahlen.

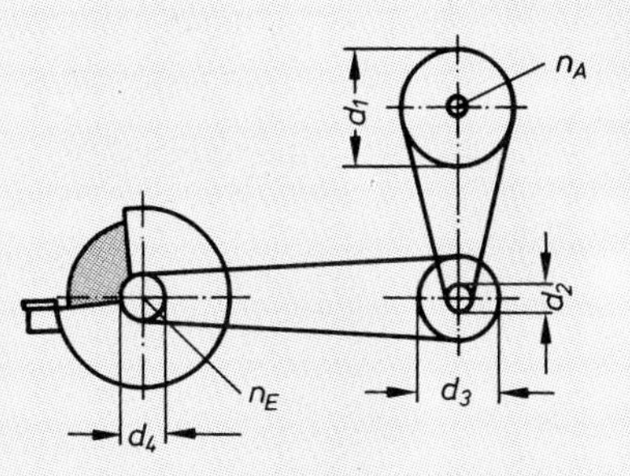

Beispiel: Schleifscheibenantrieb

Eine Schleifscheibe wird über einen doppelten Riementrieb mit $d_1 = 150$ mm, $d_2 = 65$ mm, $d_3 = 130$ mm, $d_4 = 65$ mm und der Anfangsdrehzahl $n_A = 925$/min angetrieben.

a) Wie groß ist das Gesamtübersetzungsverhältnis i?
b) Welche Drehzahl hat die Schleifspindel?

Lösung: a) $i = \dfrac{d_2 \cdot d_4}{d_1 \cdot d_3} = \dfrac{65\ \cancel{\text{mm}} \cdot \cancel{65}^{\,1}\ \cancel{\text{mm}}}{150\ \cancel{\text{mm}} \cdot \cancel{130}_{\,2}\ \cancel{\text{mm}}} = \dfrac{65}{300} = \mathbf{0{,}216}$

b) $i = \dfrac{n_A}{n_E} \qquad n_E = \dfrac{n_A}{i} = \dfrac{925}{\text{min} \cdot 0{,}216} = \mathbf{4282\ \dfrac{1}{min}}$

Aufgaben zum Riementrieb

24.1 Einfacher Riementrieb

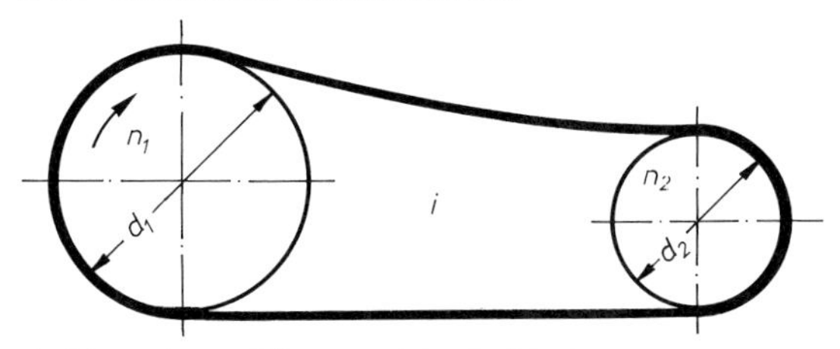

a) Von einem Riementrieb sind bekannt: $n_1 = 1400$/min, $d_1 = 245$ mm, $d_2 = 70$ mm.

Berechnen Sie die Drehzahl n_2 und das Übersetzungsverhältnis i.

b) Von einem Riementrieb sind bekannt: $i = 3$, $n_2 = 250$/min, $d_1 = 180$ mm.

Berechnen Sie den Durchmesser d_2 und die Anfangsdrehzahl.

24.2 Antrieb eines Wellenstranges

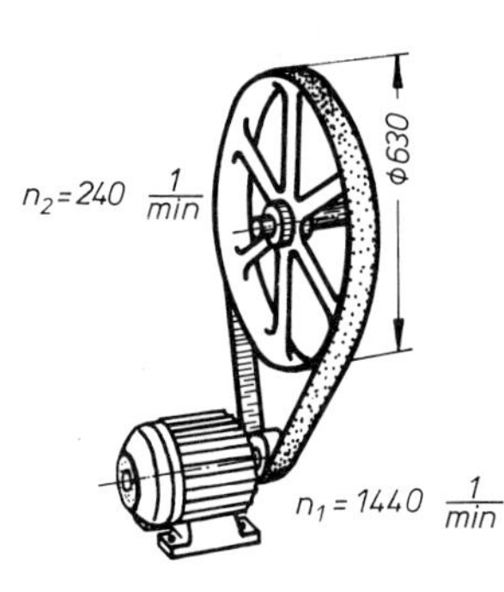

Berechnen Sie:
a) den Durchmesser der Motorriemenscheibe
b) das Übersetzungsverhältnis.

24.3 Stufenscheibe

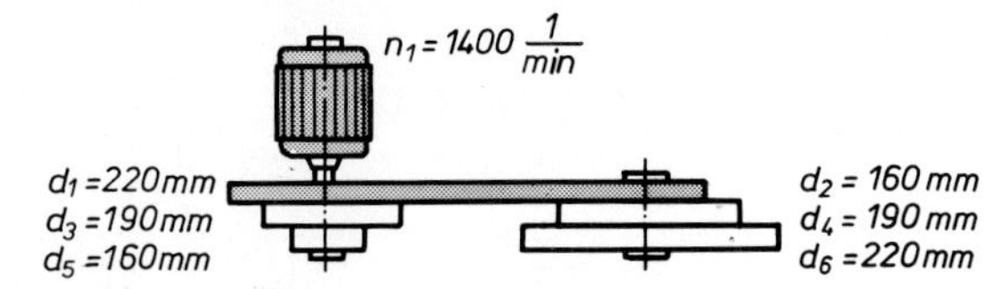

Berechnen Sie:
a) die Drehzahlen der getriebenen Welle
b) die Übersetzungsverhältnisse.

24.4 Wäscheschleuder mit Keilriemen

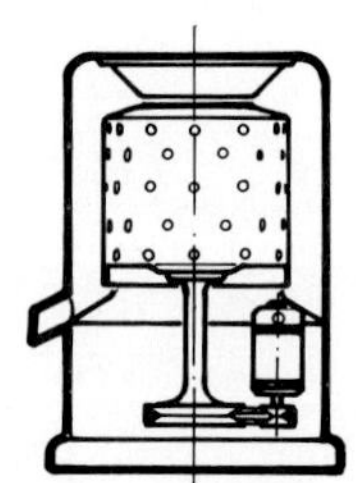

Keilriemenbreite $b = 10$ mm.
Außendurchmesser Riemenscheibe Motor $D_1 = 36$ mm.
Außendurchmesser Riemenscheibe Trommel $D_2 = 126$ mm.
Motordrehzahl $n_1 = 6\,370$/min.

Berechnen Sie:
a) die wirksamen Durchmesser beider Keilriemenscheiben
b) die Drehzahl n_2 der Trommel
c) das Übersetzungsverhältnis i.

24.5/6 Abnutzung einer Schleifscheibe

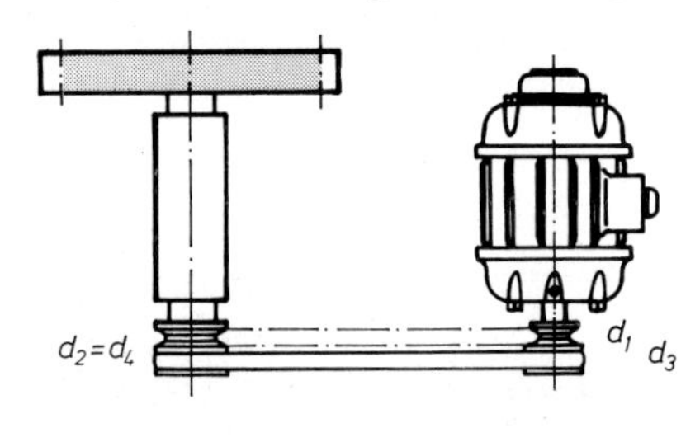

Ein Elektromotor mit $n_1 = 2\,880$/min treibt über einen Riemen eine Schleifscheibe mit $d = 300$ mm an. Die Riemenscheibe des Motors mißt $d_1 = 55$ mm, die der Schleifspindel $d_2 = 76$ mm.

a) Wie groß ist die Schnittgeschwindigkeit?
b) Welchen Durchmesser d_3 muß eine Stufenscheibe auf der Motorwelle haben, wenn der Riemen umgelegt werden soll, sobald die Schleifscheibe sich auf $d = 250$ mm abgenützt hat und die Schnittgeschwindigkeit wieder so groß wie bei einer Scheibe mit $d = 300$ mm sein soll?

24.7 Doppelter Riementrieb

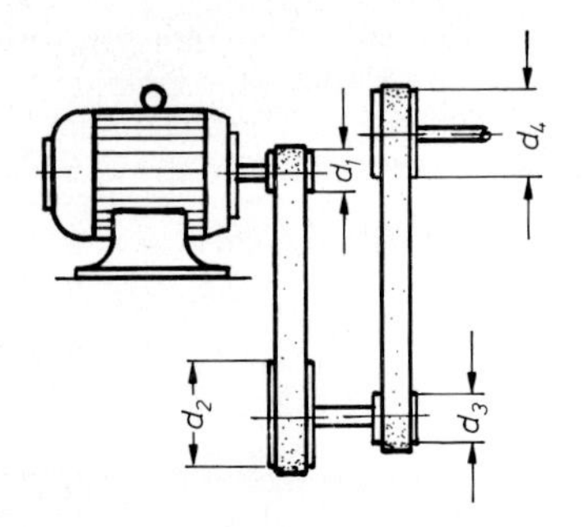

Von einem Riementrieb sind bekannt:
$d_1 = 112$ mm,
$n_A = 2\,880$/min,
$d_2 = 448$ mm,
$d_4 = 360$ mm und
$n_E = 240$/min.

Berechnen Sie:
a) die Gesamtübersetzung
b) die Drehzahl der Zwischenwelle
c) den Durchmesser d_3.

24.8 Schleifscheibenantrieb

Eine Schleifscheibe mit $d = 200$ mm Durchmesser soll höchstens $v = 25$ m/s Schnittgeschwindigkeit erreichen. Sie wird über einen doppelten Riementrieb mit $d_1 = 600$ mm, $d_2 = 240$ mm, $d_3 = 250$ mm und der Anfangsdrehzahl $n_A = 160$/min angetrieben.

Berechnen Sie:
a) den Durchmesser d_4 der Riemenscheibe auf der Schleifscheibenspindel
b) die Gesamtübersetzung i.

24.9 Haupt- und Nebenantrieb

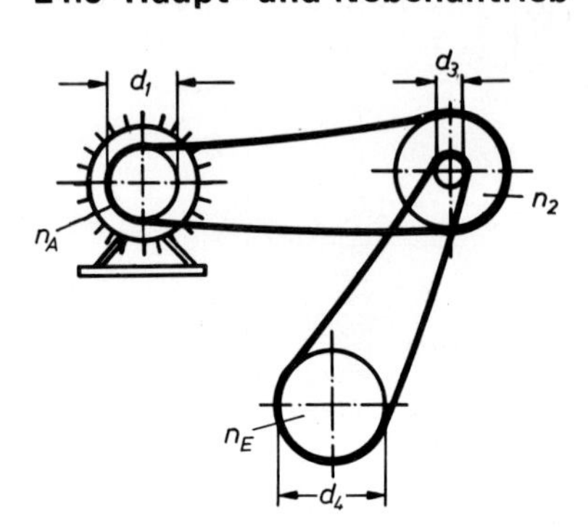

Von einem Haupt- und Nebenantrieb mit Riemen ist bekannt:
$d_1 = 80$ mm,
$n_A = 1\,440$/min,
$n_2 = 640$/min,
$d_4 = 360$ mm und
$i_2 = 4:1$

Berechnen Sie:
a) die Durchmesser d_2 und d_3 der Riemenscheiben
b) die Enddrehzahl n_E
c) die Gesamtübersetzung i.

24.10 Stufenloses Getriebe

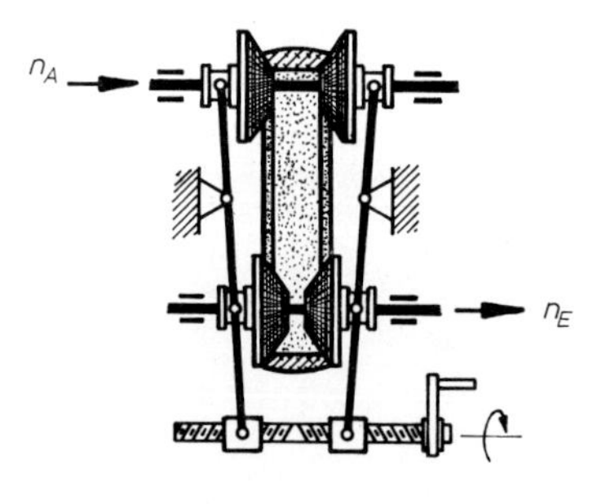

Ein stufenloses Getriebe mit Breitkeilriemen hat als kleinsten wirksamen Durchmesser $d_m = 75$ mm, als größten $d_m = 250$ mm. Der Antriebsmotor hat eine Drehzahl von $n_A = 1\,500$/min.

Berechnen Sie:
a) das Übersetzungsverhältnis im gezeichneten Zustand
b) die höchste und niederste Enddrehzahl.

► 24.11 Kompressor

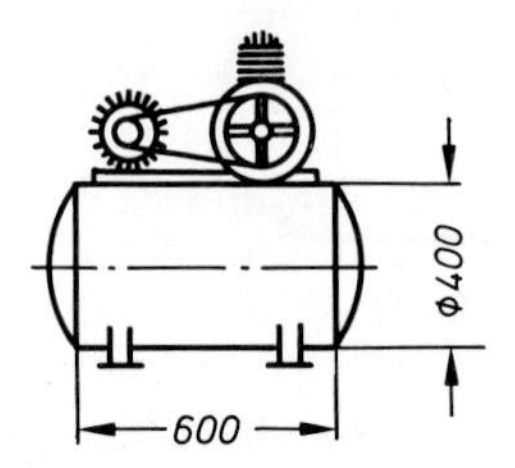

Motordrehzahl:
$n = 1\,400$/min
Hub: 80 mm, Kolbendurchmesser: 90 mm
Riementrieb:
$d_1 = 150$ mm
$d_2 = 450$ mm

Berechnen Sie:
a) die Zahl der Doppelhübe des Kompressors je min
b) den Rauminhalt des Behälters
c) die Luftmenge im Behälter in l bei 6 bar Druck
d) die Betriebsdauer, bis der Motor abschaltet.

25 Zahntrieb

Drehzahlen und Drehkräfte lassen sich bei kleinen Achsabständen durch Zahnräder übertragen.

Zahnradabmessungen

Bezeichnungen:

d Teilkreisdurchmesser
d_a Kopfkreisdurchmesser
d_f Fußkreisdurchmesser
p Teilung
m Modul
h Zahnhöhe bzw. Frästiefe
h_a Zahnkopfhöhe
h_f Zahnfußhöhe
z Zähnezahl
c Kopfspiel

Der Teilkreisumfang läßt sich in so viele gleich lange Teile teilen als das Zahnrad Zähne hat. Ein solches Teilstück heißt Teilung p. Daraus ergibt sich für den Teilkreisumfang $U = p \cdot z$. Der Teilkreisumfang ist aber auch $U = d \cdot \pi$. Es folgt daraus: $d \cdot \pi = p \cdot z$ und $d = \frac{p \cdot z}{\pi}$.

Da z immer eine ganze Zahl ist, muß p ein Vielfaches von π sein. Man nennt die Zahl, die mit π multipliziert p ergibt, **Modul m.**

$$p = m \cdot \pi$$

Für den Teilkreisdurchmesser gilt $d = \frac{p \cdot z}{\pi} = \frac{m \cdot \pi \cdot z}{\pi}$

$$d = m \cdot z$$

Nach DIN 780 sind die Modulmaße so festgelegt, daß sich bei Teilkreisdurchmessern höchstens zwei Dezimalstellen ergeben können (vergleichen Sie die Angaben im Tabellenbuch).

Die Zahnkopfhöhe h_a ist rechnerisch immer gleich dem Modul m.

$$h_a = m$$

Zwischen dem Kopfkreis des einen und dem Fußkreis des anderen Zahnrades muß Spiel entstehen, das Kopfspiel c. Nach DIN 867 soll $c = \frac{1}{10} \cdot m$ bis $c = \frac{3}{10} \cdot m$ betragen. Somit ist die Zahnfußhöhe

$$h_f = m + c$$

Aus der Zähnezahl z und dem Modul m lassen sich alle Zahnradabmessungen errechnen:

Teilung	$p = m \cdot \pi$
Modul	$m = \frac{p}{\pi} = \frac{d_a}{z+2}$
Teilkreisdurchmesser	$d = m \cdot z = d_a - 2m$
Zahnkopfhöhe	$h_a = m$
Zahnhöhe = Frästiefe	$h = m + m + c$
Zahnfußhöhe	$h_f = m + c$
Kopfkreisdurchmesser	$d_a = d + 2m = m(z+2)$
Zähnezahl	$z = \frac{d}{m} = \frac{d_a - 2m}{m}$

Zwei Zahnräder, die zusammenarbeiten, müssen denselben Modul haben. Aus Modul und Kopfspiel ergibt sich, daß sich die Teilkreise berühren. Daraus läßt sich der Achsenabstand a bestimmen:

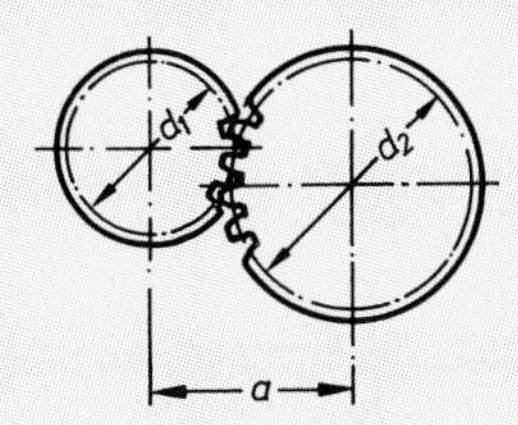

$$a = \frac{d_1 + d_2}{2}$$ oder $$a = \frac{m(z_1 + z_2)}{2}$$

Beispiel: Zahnradabmessungen

Ein Zahnrad mit Modul $m = 3$ mm soll 24 Zähne erhalten.
a) Wie groß ist die Teilung p?
b) Welchen Teilkreisdurchmesser d hat das Zahnrad?
c) Auf welchen Kopfkreisdurchmesser d_a ist das Zahnrad zu drehen?
d) Welche Frästiefe ist bei einem Kopfspiel von $c = \frac{1}{4} \cdot m$ einzustellen?

Lösung:
a) $p = m \cdot \pi = 3\text{ mm} \cdot 3{,}14 = \mathbf{9{,}425\text{ mm}}$
b) $d = m \cdot z = 3\text{ mm} \cdot 24 = \mathbf{72\text{ mm}}$
c) $d_a = d + 2m = 72\text{ mm} + 2 \cdot 3\text{ mm} = \mathbf{78\text{ mm}}$
d) $h = m + m + c = 3\text{ mm} + 3\text{ mm} + \frac{1}{4} \cdot 3\text{ mm} = 6\frac{3}{4}\text{ mm} = \mathbf{6{,}75\text{ mm}}$

Einfache Übersetzungen

Stirnradantrieb

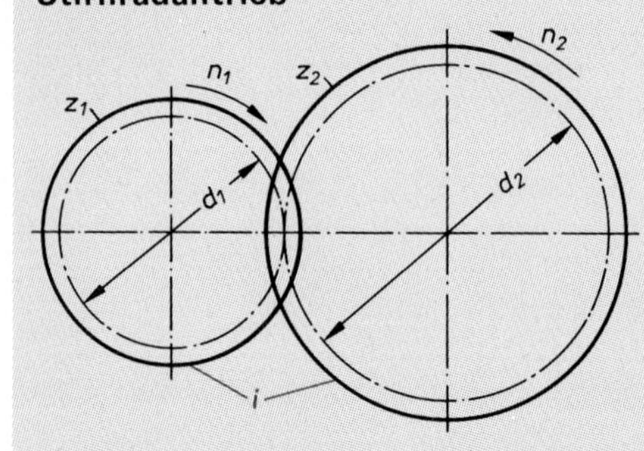

Beim Abwälzen von zwei Stirnrädern berühren sich die Teilkreise. Die Zahnräder haben also die gleiche Umfangsgeschwindigkeit.

$$v_1 = v_2$$

$$d_1 \cdot \pi \cdot n_1 = d_2 \cdot \pi \cdot n_2$$

Setzt man für $d = m \cdot z$ ergibt sich $\cancel{m} \cdot z_1 \cdot n_1 = \cancel{m} \cdot z_2 \cdot n_2$

Grundformel für den Zahntrieb 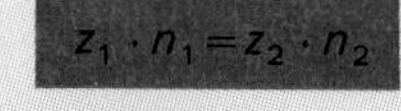

$$z_1 \cdot n_1 = z_2 \cdot n_2$$

Übersetzung 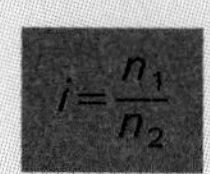 oder 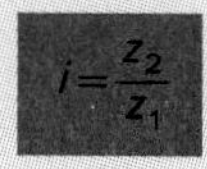

$$i = \frac{n_1}{n_2} \quad \text{oder} \quad i = \frac{z_2}{z_1}$$

Die Zähnezahlen verhalten sich umgekehrt wie die Drehzahlen.

a

$n_1 = 560 \ \frac{1}{min}$

$z_1 = 24$

Beispiel: Einfacher Stirnradtrieb

Berechnen Sie a) das Übersetzungsverhältnis
b) die Drehzahl n_2
c) den Achsenabstand, wenn der Modul $m = 3$ mm ist.

Lösung: a) $i = \frac{z_2}{z_1} = \frac{32}{24} = \frac{4:3}{3:3} = \frac{1{,}33}{1} = \mathbf{1{,}33}$

b) $z_1 \cdot n_1 = z_2 \cdot n_2 \qquad n_2 = \frac{z_1 \cdot n_1}{z_2} = \frac{24 \cdot 560\ 1/\text{min}}{32} = \mathbf{420\ \frac{1}{min}}$

c) $a = \frac{m(z_1 + z_2)}{2} = \frac{3\text{ mm }(24+32)}{2} = \frac{3 \cdot 56\text{ mm}}{2} = \mathbf{81\text{ mm}}$

Zahntrieb mit Zwischenrad

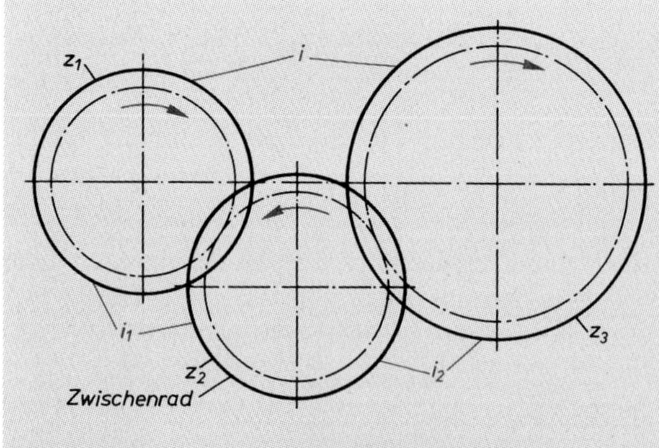

Ein Zwischenrad ändert nur die Drehrichtung, nicht das Übersetzungsverhältnis.

$$i_1 = \frac{z_2}{z_1} \qquad i_2 = \frac{z_3}{z_2}$$

$$i = i_1 \cdot i_2$$

$$i = \frac{\cancel{z_2}}{z_1} \cdot \frac{z_3}{\cancel{z_2}}$$

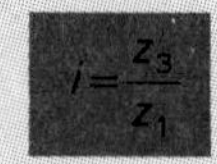

$$i = \frac{z_3}{z_1}$$

Doppelte und mehrfache Übersetzungen

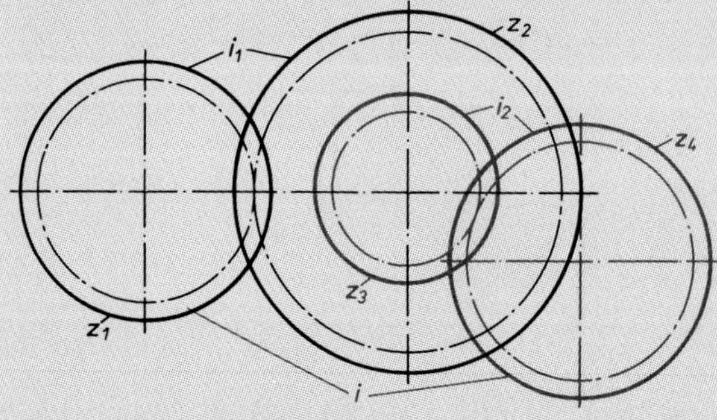

Zahnrad 2 und Zahnrad 3 haben die gleiche Drehzahl

Das Gesamtübersetzungsverhältnis i wird wie beim doppelten Riementrieb ermittelt.

$$i = i_1 \cdot i_2$$

$$i_1 = \frac{n_1}{n_2} \quad \text{oder} \quad i_1 = \frac{z_2}{z_1}$$

$$i_2 = \frac{n_3}{n_4} \quad \text{oder} \quad i_2 = \frac{z_4}{z_3}$$

$$n_2 = n_3$$

$$i = \frac{n_1}{\cancel{n_2}} \cdot \frac{\cancel{n_2}}{n_4} = \frac{n_1}{n_4}$$

Doppelter Zahntrieb $i=\frac{n_A}{n_E}$ oder $i=\frac{z_2 \cdot z_4}{z_1 \cdot z_3}$

Mehrfacher Zahntrieb $i=\frac{z_2 \cdot z_4 \cdot z_6 \cdots}{z_1 \cdot z_3 \cdot z_5 \cdots}$

$$\text{Gesamtübersetzung}=\frac{\text{Produkt der getriebenen Zähnezahlen}}{\text{Produkt der treibenden Zähnezahlen}}$$

oder $i=\frac{n_1 \cdot \cancel{n_3} \cdot \cancel{n_5} \cdots}{\cancel{n_2} \cdot \cancel{n_4} \cdot n_6 \cdots}=\frac{n_1}{n_6}$

$n_2=n_3 \qquad n_4=n_5$

$$i=\frac{n_A}{n_E}$$

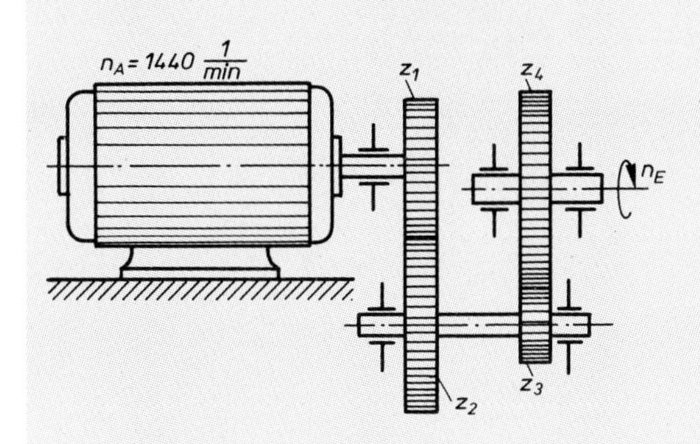

Beispiel: Doppelter Zahntrieb

Von einem zweistufigen Getriebe sind bekannt:
Motordrehzahl $n_A=1\,440 \;\; 1/\text{min}$

Zähnezahlen $z_1=17 \quad z_2=68$
$z_3=15 \quad z_4=75$

Berechnen Sie a) die Einzelübersetzungen i_1 und i_2
b) die Gesamtübersetzung i
c) die Enddrehzahl n_E
d) die Drehzahl der Zwischenwelle n_2.

Lösung: a) $i_1=\frac{z_2}{z_1}=\frac{68}{17}=\frac{\mathbf{4}}{\mathbf{1}}$

$i_2=\frac{z_4}{z_3}=\frac{75}{15}=\frac{\mathbf{5}}{\mathbf{1}}$

b) $i=i_1 \cdot i_2=\frac{4}{1} \cdot \frac{5}{1}$

$i=\frac{\mathbf{20}}{\mathbf{1}}$

c) $i=\frac{n_A}{n_E} \qquad n_E=\frac{n_A}{i}$

$n_E=\frac{1\,440}{20 \text{ min}}=\mathbf{72} \; \frac{\mathbf{1}}{\mathbf{min}}$

d) $i_1=\frac{n_1}{n_2}=\frac{n_A}{n_2}$

$n_2=\frac{n_A}{i_1}=\frac{1\,440}{4 \text{ min}}=\mathbf{360} \; \frac{\mathbf{1}}{\mathbf{min}}$

Übersetzung mit Schnecke und Schneckenrad

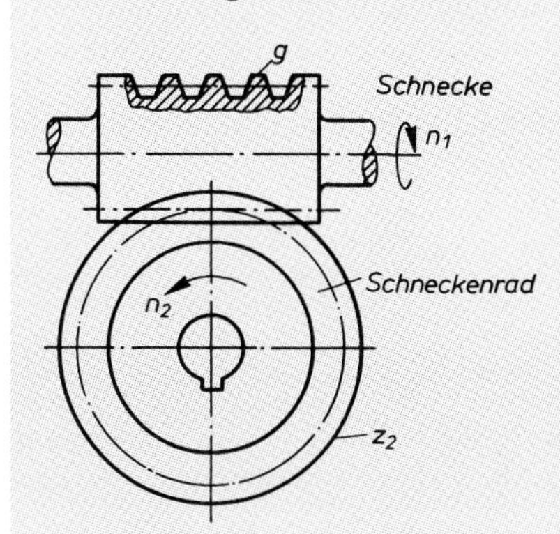

Bei einer Umdrehung einer eingängigen Schnecke dreht sich das Schneckenrad um einen Zahn. Die Anzahl der Schneckengänge gibt also die Zähnezahl der Schnecke an.

$g=1$ heißt $z_1=1$

$g=3$ heißt $z_1=3$

Somit gilt für den Schneckentrieb wie beim Stirnradtrieb

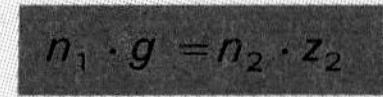

oder

$$n_1 \cdot z_1 = n_2 \cdot z_2$$

Beispiel: Schneckentrieb

Eine zweigängige Schnecke treibt ein Schneckenrad mit 40 Zähnen. Das Schneckenrad dreht sich mit $n_2=12 \; \frac{1}{\text{min}}$.
Berechnen Sie a) die Drehzahl der Schnecke
b) das Übersetzungsverhältnis.

Lösung: a) $n_1 \cdot g=n_2 \cdot z_2$

$n_1=\frac{n_2 \cdot z_2}{g}=\frac{12 \cdot 40}{\text{min} \cdot 2}=\frac{480}{2 \cdot \text{min}}=\mathbf{240} \; \frac{\mathbf{1}}{\mathbf{min}}$

b) $i=\frac{n_1}{n_2}=\frac{240 \;\; 1/\text{min}}{12 \;\; 1/\text{min}}=\frac{\mathbf{20}}{\mathbf{1}}$ oder $i=\frac{z_2}{z_1}=\frac{40}{2}=\frac{\mathbf{20}}{\mathbf{1}}$

25.1 Abmessungen am Zahnrad M 1:1

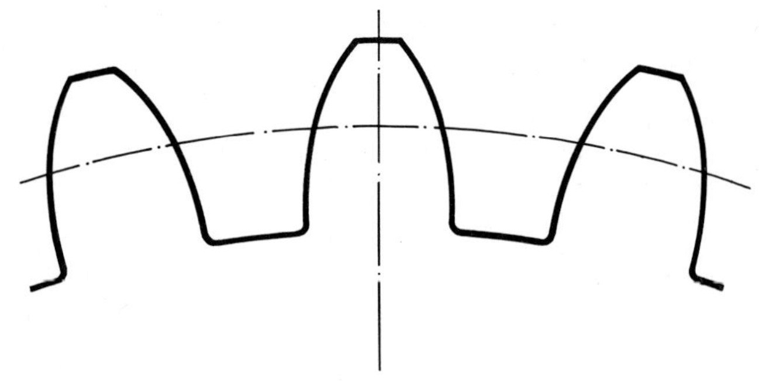

a) Legen Sie den Mittelpunkt des Zahnrads fest.
b) Ermitteln Sie mit dem Maßstab den Kopfkreisdurchmesser d_a und den Modul m (genormter Wert).
c) Berechnen Sie den Teilkreisdurchmesser d und die Teilung p.
d) Zeichnen Sie folgende Abmessungen ein: m, d_a, d, h, d_f und p.

25.2 Zahnrad

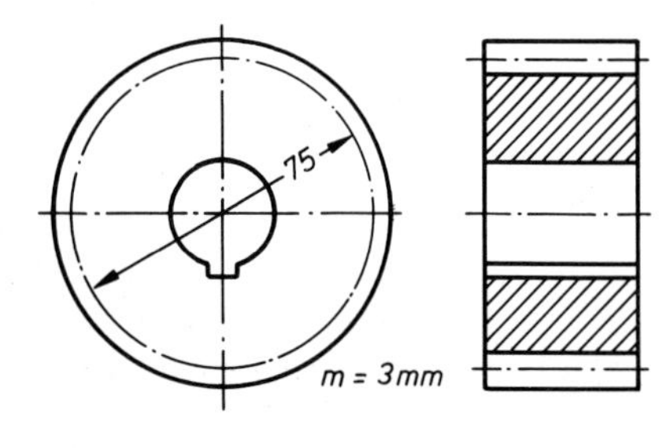

Eine unvollständig bemaßte Zahnradzeichnung ist zu ergänzen.

Berechnen Sie:
a) Zähnezahl z
b) Kopfkreisdurchmesser d_a
c) Frästiefe h bei einem Kopfspiel von $c = \frac{1}{5}\,m$.

25.3 Zahnrad

An einem schadhaften Zahnrad lassen sich folgende Maße ermitteln: $z = 27$, $d_a = 72{,}5$ mm.

Berechnen Sie:
a) Modul m
b) Teilkreisdurchmesser d
c) Frästiefe h bei $c = \frac{1}{6}\,m$
d) Achsenabstand zu einem Zahnrad mit $z_2 = 48$.

25.4 Zahnradpumpe

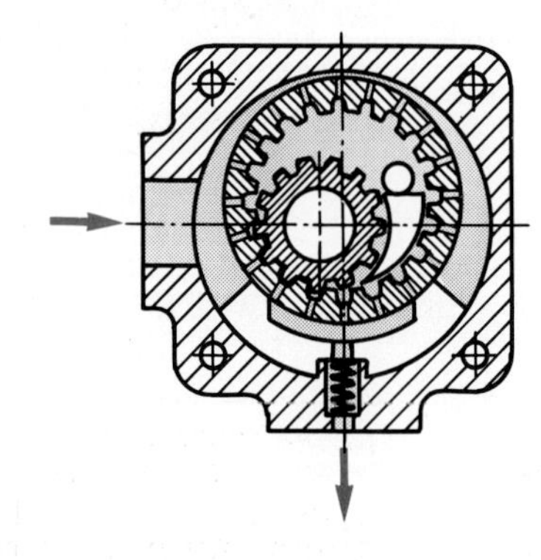

Von einer innenverzahnten Zahnradpumpe ist der Modul $m = 4$ mm und der Kopfkreisdurchmesser des Antriebsritzels mit $d_a = 60$ mm bekannt.

Berechnen Sie:
a) die Zähnezahl des Ritzels
b) den Teilkreisdurchmesser d des Ritzels
c) den Achsenabstand, wenn der Innenzahnkranz $z_2 = 24$ Zähne hat.

25.5 Zahnrad

Ein Zahnrad wurde zerstört. Am Bruchstück wurden auf einem Teilumfang von 135° 18 Zähne gezählt. Der Modul ist $m = 5$ mm.

Berechnen Sie:
a) die Zähnezahl des ganzen Zahnrades
b) den Kopfkreisdurchmesser
c) die Frästiefe bei einem Kopfspiel von $c = \frac{1}{5}\,m$.

25.6 Zahntrieb mit Abdeckhaube

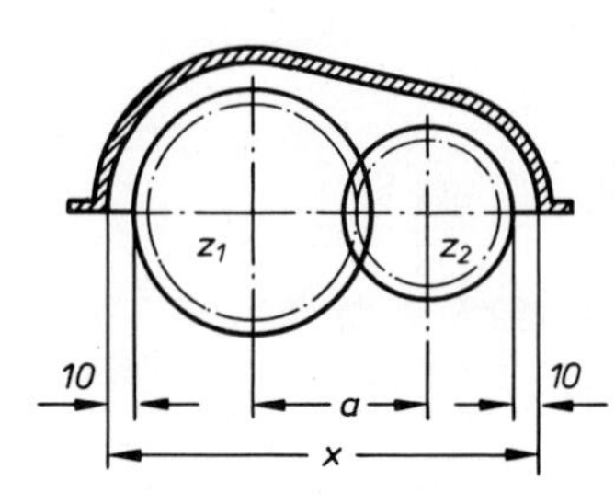

Zwei Zahnräder sind im Abstand von $a = 82{,}5$ mm im Eingriff. Der Modul ist $m = 2{,}5$ mm. Das getriebene Rad hat $z_2 = 24$ Zähne.

Berechnen Sie:
a) die Zähnezahl z_1
b) die Teilkreisdurchmesser d_1 und d_2
c) die lichte Weite x der Abdeckhaube, wenn der Abstand zu den Rädern je 10 mm betragen soll.

25.7 Zahnradpaar

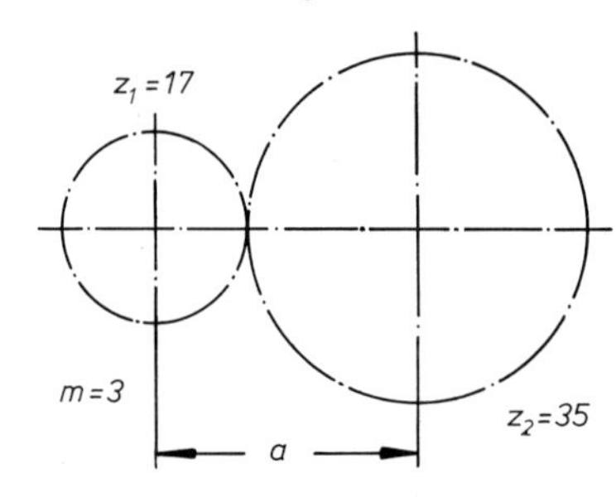

Berechnen Sie:
a) den Teilkreisdurchmesser beider Zahnräder
b) den Kopfkreisdurchmesser beider Räder
c) den Achsenabstand.

25.8 Zahnradabmessungen

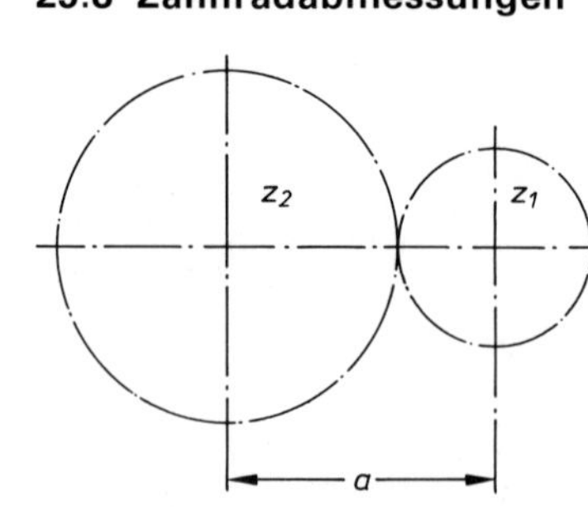

Von einem Zahnradpaar sind bekannt: Kopfkreisdurchmesser von Rad 1 mit $d_a = 81$ mm, Zähnezahl $z_1 = 34$ und Achsenabstand $a = 90$ mm.

Berechnen Sie für das Zahnrad 2:
a) den Modul m
b) die Zähnezahl z_2
c) den Teilkreisdurchmesser d_2.

25.9 Zahnradtrieb

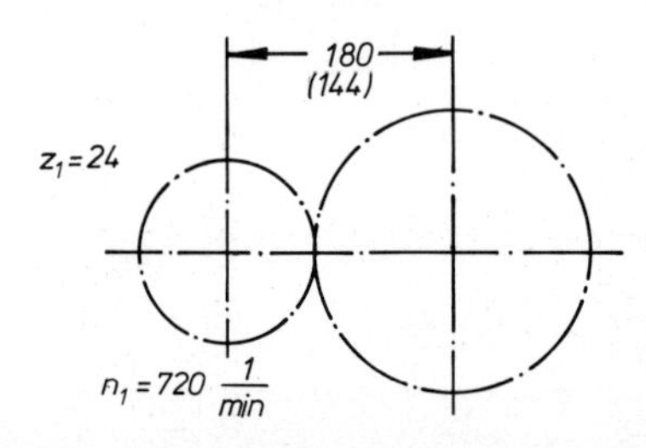

Übersetzungsverhältnis 3:2 (5:3)

Berechnen Sie:
a) die Drehzahl n_2
b) die Zähnezahl z_2
c) den Modul m
d) die Teilkreisdurchmesser.

25.10 Kupplungsrädergetriebe

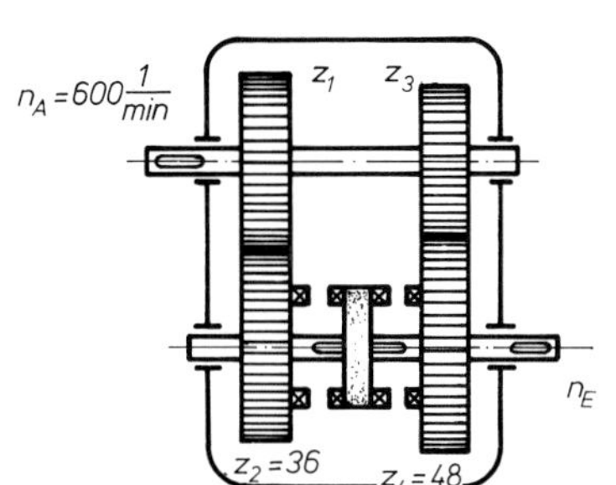

Enddrehzahlen:

$700 \frac{1}{\text{min}}$ und $375 \frac{1}{\text{min}}$

Berechnen Sie:
a) die Übersetzungsverhältnisse
b) die Zähnezahlen z_1 und z_3
c) den Achsenabstand, wenn der Modul $m =$ 3 mm ist.

25.11 Handbohrmaschine

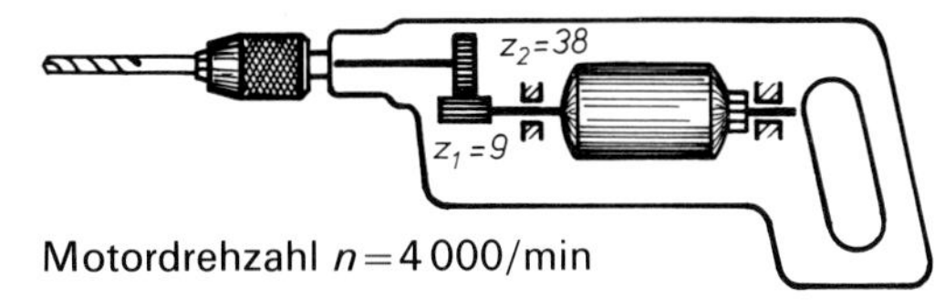

Motordrehzahl $n = 4\,000$/min

Gesucht:
a) Drehzahl der Bohrspindel
b) Schnittgeschwindigkeit eines Bohrers von 8 (13) mm Durchmesser
c) Schnittgeschwindigkeit, wenn bei starker Belastung die Motordrehzahl auf 3 100/min sinkt.

25.12 Fahrrad

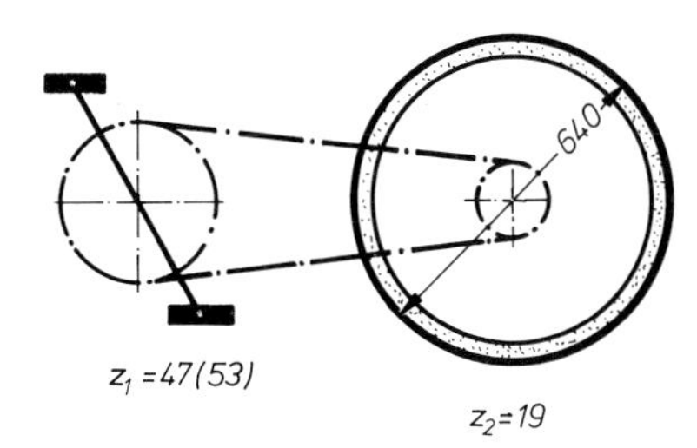

Berechnen Sie:
a) das Übersetzungsverhältnis
b) die Drehzahl des Hinterrades, wenn der wirksame Reifendurchmesser 640 mm beträgt und eine Geschwindigkeit von 24 km/h gefahren wird
c) die Drehzahl der Pedalachse.

25.13 Zwischenrad

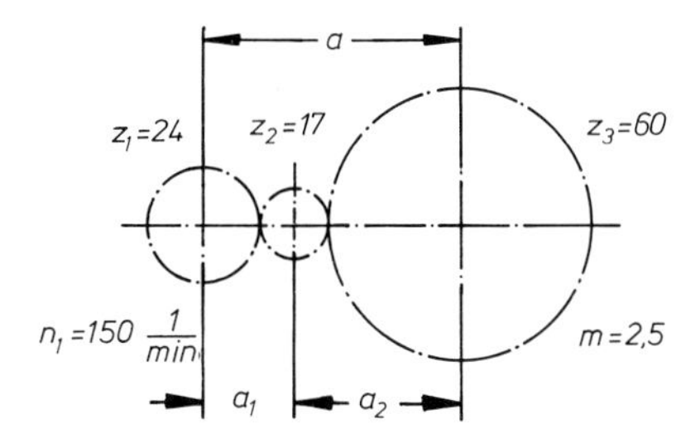

Berechnen Sie:
a) die Drehzahl n_3
b) die Achsenabstände a_1, a_2 und a.

25.14 Tischverstellung

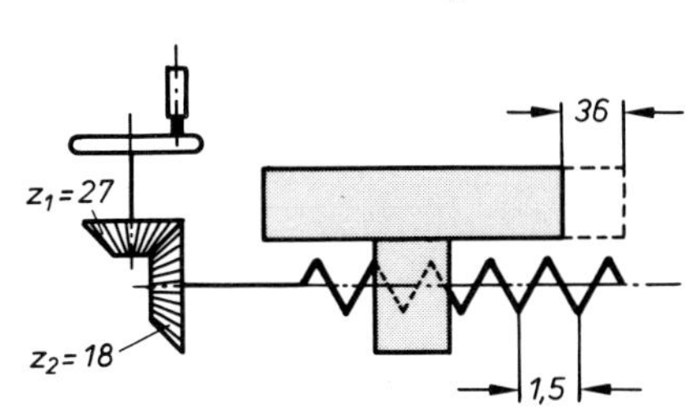

Berechnen Sie:
a) die Zahl der Kurbelumdrehungen für einen Weg von 36 mm
b) den Weg bei einer Umdrehung der Kurbel.

25.15 Zahnradübersetzung mit Zwischenrad

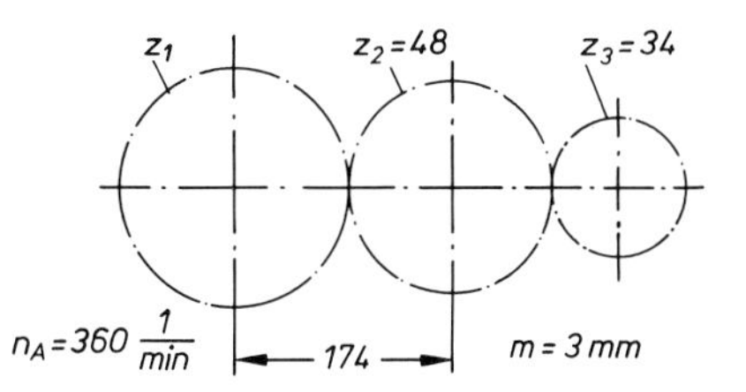

Berechnen Sie:
a) den Teilkreisdurchmesser von Zahnrad 1
b) die Zähnezahl z_1
c) die Enddrehzahl n_E
d) das Übersetzungsverhältnis.

► 25.16 Nockenwellenantrieb

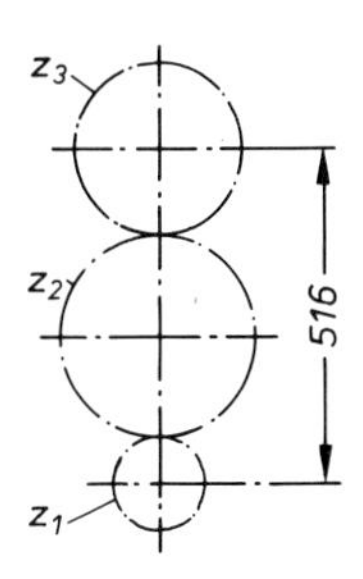

Die Nockenwelle eines Viertaktmotors dreht sich halb so schnell wie die Kurbelwelle. Sie wird durch einen Zahntrieb von der Kurbelwelle aus angetrieben. Das Zahnrad z_1 auf der Kurbelwelle besitzt 24 Zähne und einen Modul $m = 6$ mm.
a) Wie groß muß die Zähnezahl z_3 des Zahnrades auf der Nockenwelle sein?
b) Wie groß muß die Zähnezahl des Zwischenrades sein, damit der Achsabstand 516 mm zwischen Kurbelwelle und Nockenwelle überbrückt wird?

25.17 Zahnstangenantrieb

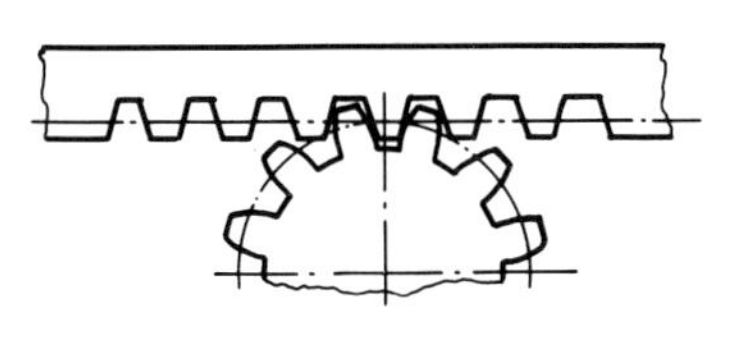

Eine Zahnstange wird durch ein Zahnrad mit $z = 32$ angetrieben. Modul $m = 4$ mm.
Wie groß ist der Hub der Zahnstange bei einer Zahnradumdrehung?

25.18 Zahnstange und Zahnrad

Ein Zahnrad mit 24 Zähnen mit einem Modul $m = 5$ mm treibt eine Zahnstange.
Wieviel Zahnradumdrehungen sind nötig, wenn die Zahnstange um 1 884 mm bewegt werden soll?

25.19 Antrieb einer Hobelmaschine

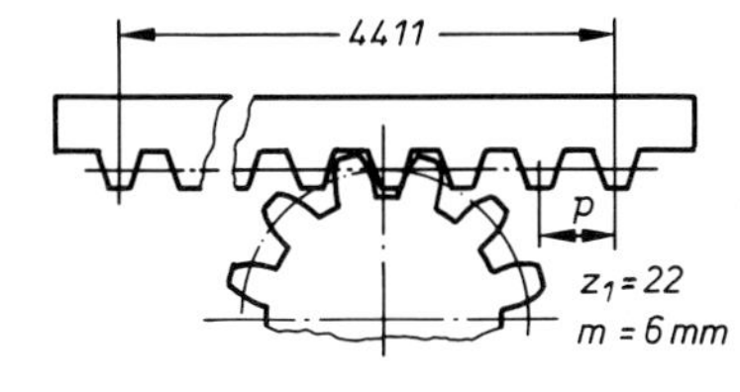

Berechnen Sie:
a) die Teilung p der Zahnstange
b) die Zähnezahl der Zahnstange
c) die Zahl der Umdrehungen des Zahnrades je Hub.

25.20 Getriebemotor

$n_A = 1\,440 \frac{1}{\text{min}}$

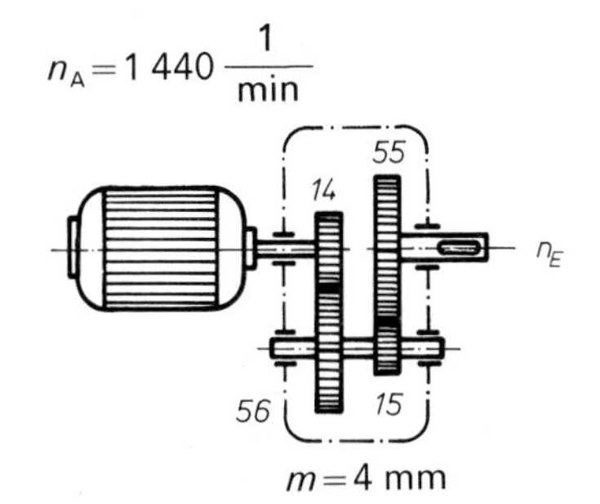

Berechnen Sie:
a) die Drehzahl n_E
b) die Gesamtübersetzung i
c) den Achsenabstand.

25.21 Doppelte Übersetzung mit Kegelrad

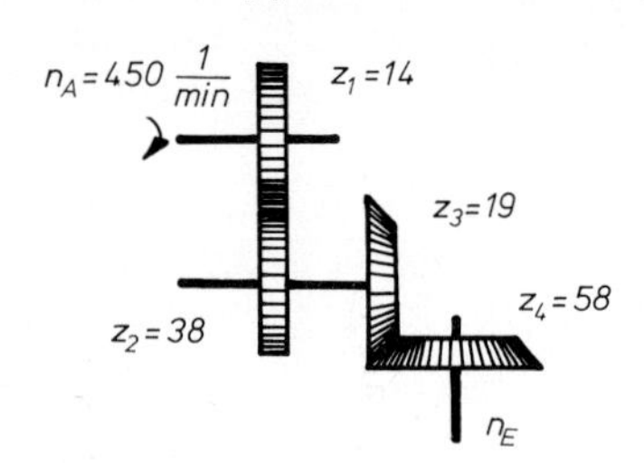

Berechnen Sie:
a) die Enddrehzahl
b) die Einzelübersetzungen
c) die Gesamtübersetzung.

25.22 Zweigang-Bohrmaschine

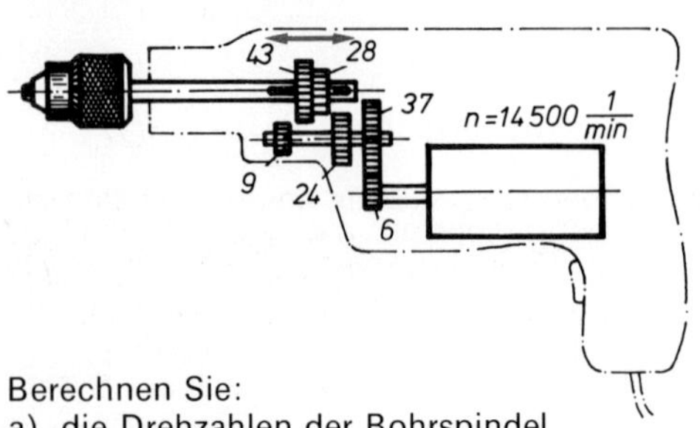

Berechnen Sie:
a) die Drehzahlen der Bohrspindel
b) die Schnittgeschwindigkeit bei einem Bohrerdurchmesser von 10 mm bei niederster Drehzahl.

25.23 Übersetzung

Ein Elektromotor treibt über ein zweistufiges Zahnradgetriebe eine Säge an. Die Motordrehzahl ist 1440/min, die Säge hat eine Drehzahl von 192/min. Die Zahnräder der ersten Stufe haben $z_1 = 18$ und $z_2 = 45$ Zähne. Das Zahnrad z_4 hat 42 Zähne.

Berechnen Sie:
a) die Gesamtübersetzung
b) die Einzelübersetzungen
c) die Zähnezahl des Zahnrades z_3.

25.24 Bohrspindelantrieb

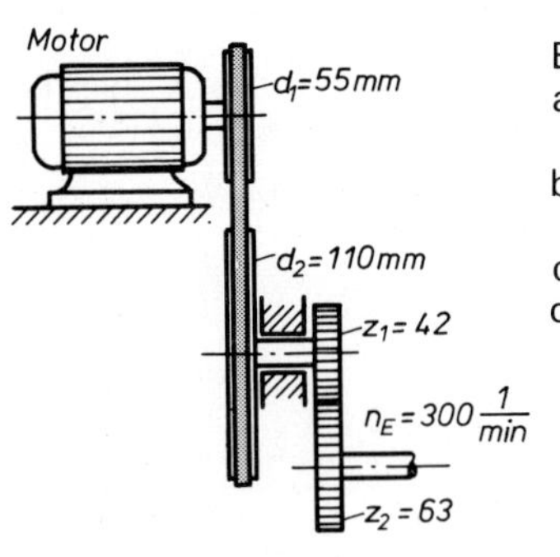

Berechnen Sie:
a) die Übersetzung des Riementriebs i_1
b) die Übersetzung des Zahntriebs i_2
c) die Gesamtübersetzung
d) die Motordrehzahl n_A.

25.25 Personenauto

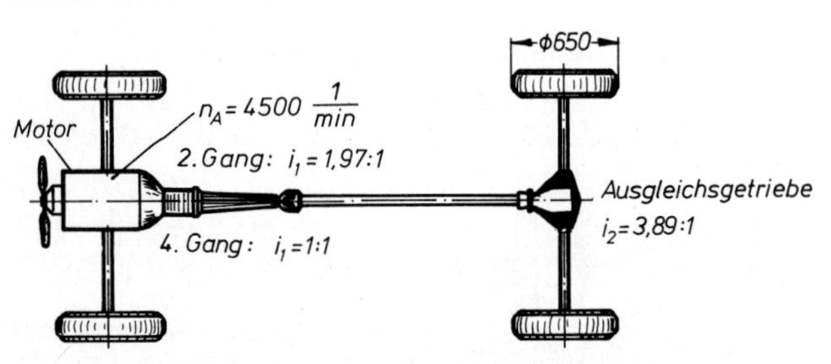

Berechnen Sie:
a) die Geschwindigkeit in km/h im 2. Gang
b) die Geschwindigkeit in km/h im 4. Gang.

25.26 Schneckentrieb

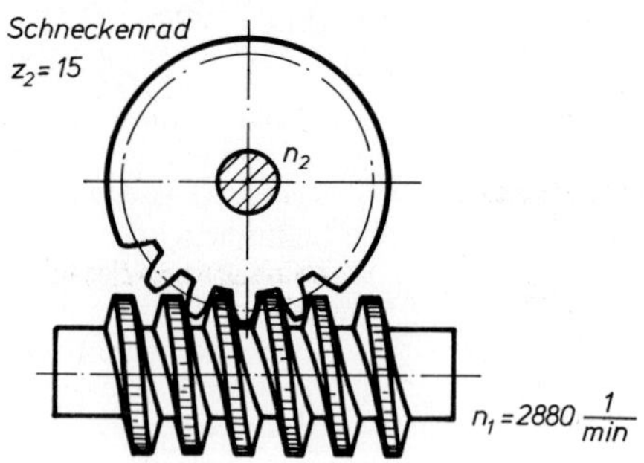

Berechnen Sie:
a) das Übersetzungsverhältnis
b) die Drehzahl des Schneckenrads.

25.27 Schneckengetriebe

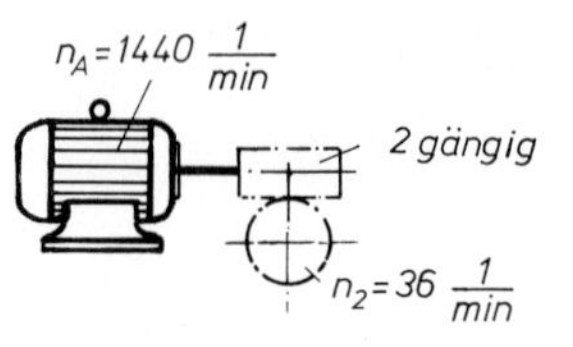

Berechnen Sie:
a) die Zähnezahl z_2
b) die Übersetzung i.

25.28 Aufzugsmaschine

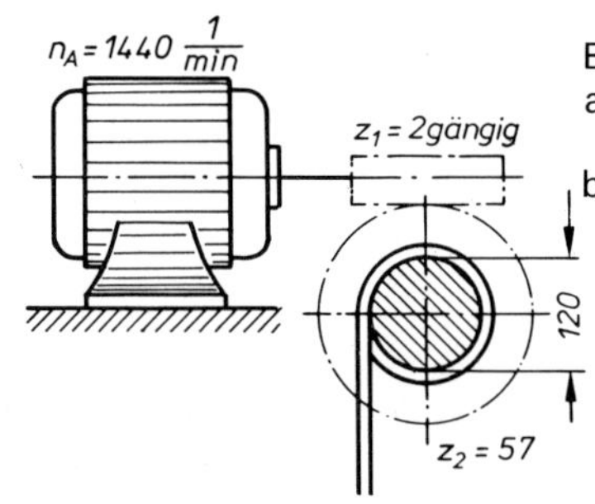

Berechnen Sie:
a) die Drehzahl der Seiltrommel
b) die Seilgeschwindigkeit in m/s.

25.29 Seiltrommelantrieb

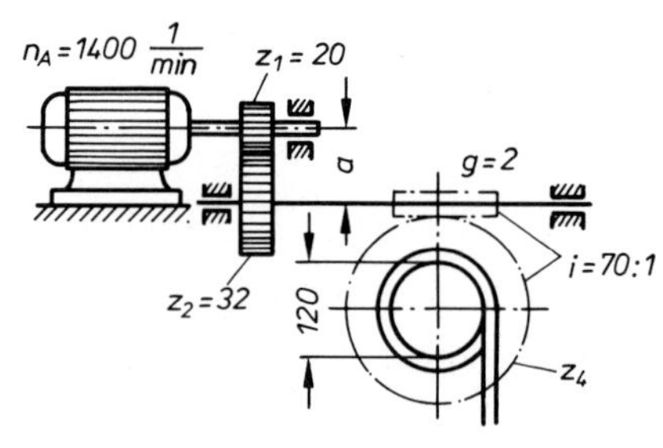

Berechnen Sie:
a) die Drehzahl der Schnecke
b) die Drehzahl der Seiltrommel
c) die Geschwindigkeit des Seiles
d) den Achsenabstand a bei Modul $m = 4$ mm
e) die Zähnezahl des Schneckenrades z_4.

25.30 Reibradantrieb eines Plattenspielers

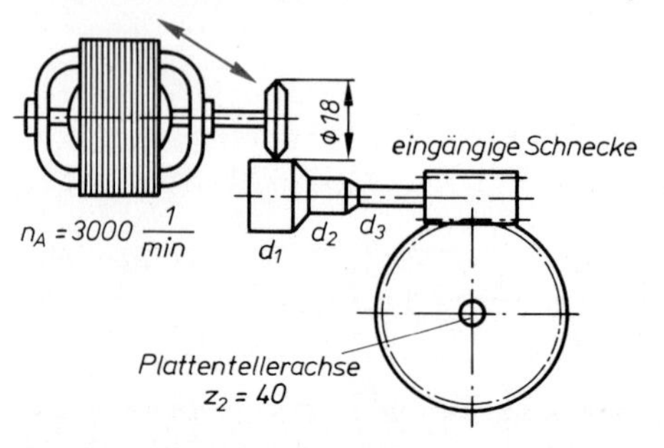

Berechnen Sie die Durchmesser d_1, d_2 und d_3 der Zwischenwelle, wenn sich der Plattenteller mit 33, 45 oder 78/min drehen soll.

26 Wechselräderberechnung

Beim Gewindeschneiden auf älteren Drehmaschinen oder zu Reparaturzwecken müssen Wechselräder aufgesteckt werden. Die Zähnezahlen der Zahnräder ergeben sich aus der Steigung des zu schneidenden Gewindes (Werkstück) und der Leitspindelsteigung. Die Übersetzung kann mit einem Räderpaar (einfache Übersetzung) oder mit zwei Räderpaaren (doppelte Übersetzung) erfolgen. Hierbei können Zwischenräder und ein Wendeherzgetriebe notwendig sein.

Bezeichnungen:

- P Steigung des Werkstücks (zu schneidendes Gewinde)
- P_L Steigung der Leitspindel
- z_t Zähnezahl der treibenden Räder
- z_g Zähnezahl der getriebenen Räder

Soll ein Werkstück ein Gewinde mit $P=1$ mm erhalten und hat die Leitspindel eine Steigung von $P_L=3$ mm, so darf sich die Leitspindel auf drei Umdrehungen der Arbeitsspindel nur einmal drehen. Das Steigungsverhältnis ist $\frac{P}{P_L}=\frac{1}{3}$ und das Drehzahlenverhältnis $\frac{n_{Werkstück}}{n_{Leitspindel}}=\frac{3}{1}$. Da sich aber beim Zahntrieb die Zähnezahlen umgekehrt wie die Drehzahlen verhalten, ist das **Steigungsverhältnis** $\frac{P}{P_L}=\frac{1}{3}$ gleich dem **Zähnezahlenverhältnis** $\frac{z_t}{z_g}=\frac{1}{3}$.

Einfache Übersetzung

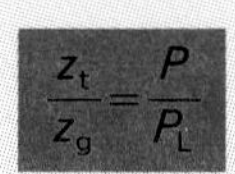

$$\frac{\text{Zähnezahl des treibenden Rades}}{\text{Zähnezahl des getriebenen Rades}}=\frac{\text{Steigung des Werkstücks}}{\text{Steigung der Leitspindel}}$$

Doppelte Übersetzung

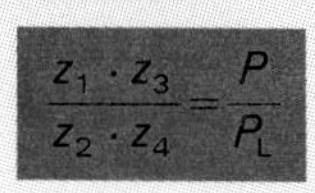

Rädersatz: Nach DIN 181 sind die Wechselräder genormt: 20, 20, 25, 30, 35 .... 115, 120 und 127 Zähne.

Aufsteckregel: Damit sich die Zahnräder nicht an der Wechselradschere behindern, ist bei doppelter Übersetzung zu beachten:

$z_1+z_2 \geqq z_3+15$ — z_1+z_2 gleich oder größer als z_3+15

$z_3+z_4 \geqq z_2+15$ — z_3+z_4 gleich oder größer als z_2+15

Ist ein metrisches Gewinde auf einer Drehmaschine mit metrischer Leitspindelsteigung (Beispiel 1) oder ein Zollgewinde auf einer Maschine mit Leitspindelsteigung in Zoll (Beispiel 2) herzustellen, sind die Steigungen in den gegebenen Maßen einzusetzen. Sind die Maßeinheiten von Werkstücksteigung und Leitspindelsteigung unterschiedlich, müssen die Zollwerte jeweils in Millimeter umgerechnet werden (Beispiele 3 und 4). Bei Modulgewinden (Gewindegänge von Schnecken) ist die Steigung $P=g \cdot \pi \cdot m$ (Beispiele 5 und 6).

Umrechnungswerte	$1''=25{,}4\ \text{mm}=\frac{254}{10}\ \text{mm}=\mathbf{\frac{127}{5}\ mm}$	$\pi=3{,}14159\approx\mathbf{\frac{22}{7}}$

Beispiel 1:

Metrisches Gewinde – metrische Leitspindelsteigung

Ein Gewinde M 10 ist auf einer Drehmaschine mit einer Leitspindelsteigung $P_L=3$ mm herzustellen. Berechnen Sie die Wechselräder.

Lösung:

M 10 Steigung $P=1{,}5$ mm

$$\frac{z_t}{z_g}=\frac{P}{P_L}=\frac{1{,}5\ \not{mm}\cdot 20}{3\ \not{mm}\cdot 20}=\frac{\mathbf{30}}{\mathbf{60}} \qquad z_1=30,\ z_2=60$$

Beispiel 2:

Gewindesteigung und Leitspindelsteigung in Zoll

Ein Rundgewinde Rd $12\times\frac{1}{10}''$ ist auf einer Drehmaschine herzustellen, die eine Leitspindel mit 4 Gg/1″ (4 Gänge je Zoll) hat. Berechnen Sie die Wechselräder.

Lösung:

Eine Leitspindel mit 4 Gg/1″ hat eine Steigung von $P_L=\frac{1}{4}''$

$$\frac{z_t}{z_g}=\frac{P}{P_L}=\frac{\frac{1}{10}\not{''}}{\frac{1}{4}\not{''}}=\frac{1\cdot 4\cdot 5}{10\cdot 1\cdot 5}=\frac{20}{50} \qquad z_1=20,\ z_2=50$$

Beispiel 3:

Metrisches Gewinde – Leitspindelsteigung in Zoll

Ein Gewinde M 10 ist auf einer Drehmaschine herzustellen, die eine Leitspindel mit 4 Gg/1″ hat. Berechnen Sie die Wechselräder.

Lösung:

$$\frac{z_t}{z_g}=\frac{P}{P_L}=\frac{1{,}5\ \text{mm}}{\frac{1}{4}''}=\frac{1{,}5\ \not{mm}}{\frac{1}{4}\cdot\frac{127}{5}\ \not{mm}}=\frac{1{,}5\cdot 4\cdot 5}{1\cdot 127}=\frac{6\cdot 5\cdot 10}{1\cdot 127\cdot 10}$$

$$=\frac{60\cdot 5\cdot 10}{10\cdot 127\cdot 10}=\frac{\mathbf{60\cdot 50}}{\mathbf{100\cdot 127}} \qquad z_1=60\quad z_3=50 \qquad z_2=100\quad z_4=127$$

Aufsteckregel: $60+100>50+15$; $50+127>100+15$

Beispiel 4:

Zollgewinde – metrische Leitspindelsteigung

Ein Rundgewinde Rd $12\times\frac{1}{10}''$ ist auf einer Drehmaschine mit einer Leitspindelsteigung $P_L=3$ mm herzustellen. Berechnen Sie die Wechselräder.

Lösung:

$$\frac{z_t}{z_g}=\frac{P}{P_L}=\frac{\frac{1}{10}''}{3\ \text{mm}}=\frac{\frac{1}{10}\cdot\frac{127}{5}\ \not{mm}}{3\ \not{mm}}=\frac{1\cdot 127\cdot 3}{10\cdot 5}=\frac{127\cdot 3\cdot 10}{10\cdot 5\cdot 10}$$

$$=\frac{127\cdot 10\cdot 2}{10\cdot 50\cdot 2}=\frac{127\cdot 20}{30\cdot 100} \qquad z_1=127\quad z_3=60 \qquad z_2=30\quad z_4=50$$

Aufsteckregel: $127+30>20+15$; $20+50>30+15$

Beispiel 5:

Modulgewinde – metrische Leitspindelsteigung

Eine eingängige Schnecke mit Modul $m=3$ mm ist auf einer Drehmaschine mit einer Leitspindelsteigung $P_L=6$ mm herzustellen. Berechnen Sie die Wechselräder.

Lösung:

$$\frac{z_t}{z_g}=\frac{P}{P_L}=\frac{g\cdot\pi\cdot m}{P_L}=\frac{1\cdot\pi\cdot 3\,\text{mm}}{6\,\text{mm}}=\frac{\frac{22}{7}\cdot 3}{6}=\frac{22\cdot 3\cdot 5}{7\cdot 6\cdot 5}$$

$$=\frac{110\cdot 3\cdot 10}{35\cdot 6\cdot 10}=\frac{\mathbf{110\cdot 30}}{\mathbf{35\cdot 60}}$$

Aufsteckregel: 110+35>30+15; 30+60>35+15

Beispiel 6:

Modulgewinde – Leitspindelsteigung in Zoll

Eine zweigängige Schnecke mit Modul $m=1{,}5$ mm ist auf einer Drehmaschine herzustellen, die eine Leitspindel mit 2 Gg/1″ hat. Berechnen Sie die Wechselräder.

Lösung:

$$\frac{z_t}{z_g}=\frac{P}{P_L}=\frac{g\cdot\pi\cdot m}{P_L}=\frac{2\cdot\pi\cdot 1{,}5}{\frac{1}{2}''}=\frac{2\cdot\frac{22}{7}\cdot 1{,}5\,\text{mm}}{\frac{1}{2}\cdot\frac{127}{5}\,\text{mm}}$$

$$=\frac{2\cdot 2\cdot 5\cdot 22\cdot 1{,}5}{7\cdot 1\cdot 127}=\frac{6\cdot 5\cdot 22\cdot 10}{7\cdot 1\cdot 127\cdot 10}=\frac{60\cdot 5\cdot 22\cdot 5\cdot 5}{7\cdot 10\cdot 127\cdot 5\cdot 5}$$

$$=\frac{60\cdot 25\cdot 110}{35\cdot 50\cdot 127}$$

Aufsteckregel: 60+35>25+15
25+50>35+15
25+50≯110+15 Räder vertauschen!

$$=\frac{60\cdot 25\cdot 110}{35\cdot 127\cdot 50}$$

25+127>110+15
110+50>127+15

Aufgaben zur Wechselräderberechnung

26.1 Wechselräder

Ein Gewinde M 16 (M 20) ist auf einer Drehmaschine mit Leitspindelsteigung $P_L=6$ mm zu schneiden.

Berechnen Sie die Wechselräder mit einfacher Übersetzung. Gewindesteigung siehe Tabellenbuch.

26.2 Wechselräder für doppelte Übersetzung

Berechnen Sie die Wechselräder in doppelter Übersetzung für folgende Gewinde und prüfen Sie mit der Aufsteckregel: Leitspindelsteigung $P_L=12$ mm.

a) M 12 c) M 16×1,5 e) Tr 44×7
b) M 24 d) M 90×4 f) S 48×8

26.3 Gewindesteigung

An einer Drehmaschine wird die Leitspindel mit Leitspindelsteigung $P_L=6$ mm über folgende Räder angetrieben:

a) treibende Räder: 50, 30
getriebene Räder: 25, 120
b) treibende Räder: 20, 35, 20
getriebene Räder: 50, 40, 120.

Welches metrische ISO-Gewinde wird jeweils geschnitten?

26.4 Metrische Leitspindel – Gewindesteigung in Zoll

Ermitteln Sie doppelte Übersetzungen mit dem 127er-Rad zum Schneiden folgender Gewinde:

Gewindebezeichnung	Leitspindelsteigung
Rd 8×$\frac{1}{10}$″	12 mm
Rd 40×$\frac{1}{6}$″	6 mm
Rd 120×$\frac{1}{4}$″	12 mm

26.5 Metrisches Gewinde – Leitspindelsteigung in Zoll

Berechnen Sie die Wechselräder in doppelter Übersetzung für folgende Gewinde und prüfen Sie mit der Aufsteckregel:

a) Gewindesteigung $P=3$ mm
Leitspindelsteigung $P_L=\frac{1}{4}$″
b) Gewindesteigung $P=3{,}5$ mm
Leitspindelsteigung $P_L=\frac{1}{2}$″.

26.6 Wechselräder für Zollgewinde

Berechnen Sie die Wechselräder in doppelter Übersetzung für eine Drehmaschine mit der Leitspindelsteigung $P_L=\frac{1}{2}$″, wenn die Gewinde mit
a) 16 Gg/1″
b) 11 Gg/1″
c) 7 Gg/1″
hergestellt werden sollen.

26.7/8 Drehmaschine mit eingebauter Übersetzung

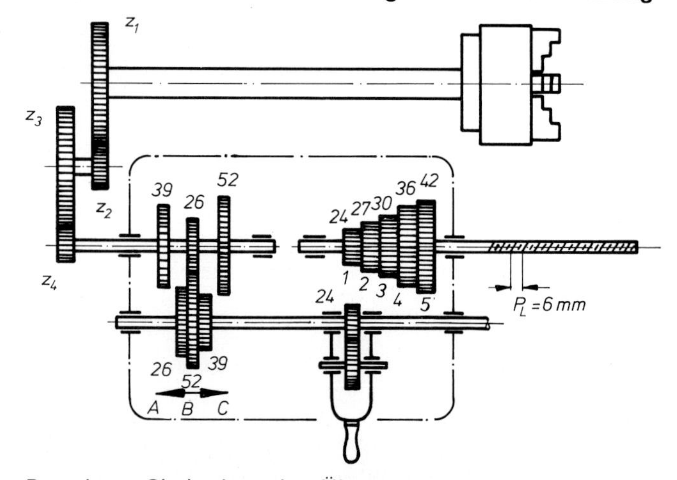

Berechnen Sie in doppelter Übersetzung:

a) die Wechselräder für $P=0{,}75$ mm, wenn das Schieberad auf B und die Nortonschwinge auf 1 steht,
b) die Wechselräder für ein Gewinde mit 4 Gg/1″, wenn das Schieberad auf B und die Nortonschwinge auf 4 steht.

26.9/10 Modulgewinde

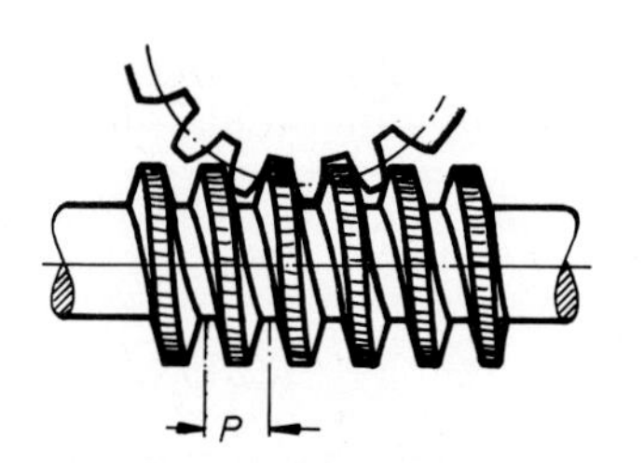

a) Eine zweigängige Schnecke mit Modul $m=1$ mm soll auf einer Drehmaschine mit Leitspindelsteigung $P_L=6$ mm hergestellt werden. Berechnen Sie die Wechselräder in doppelter Übersetzung.
b) Eine eingängige Schnecke mit Modul $m=1{,}5$ mm soll auf einer Drehmaschine mit Leitspindelsteigung $P_L=\frac{1}{2}$″ hergestellt werden. Berechnen Sie die Wechselräder in doppelter Übersetzung.

27 Stufensprung

Die Mehrzahl der Werkzeugmaschinen wird über mehrstufige, schaltbare Rädergetriebe angetrieben. Die Abtriebsdrehzahlen wählt man nicht willkürlich, sondern so, daß für jede Fertigungsaufgabe die geeignete Drehzahl zur Verfügung steht. Diese Drehzahlabstufung erfolgt meist in einer **geometrischen Reihe,** Vorschübe können auch in einer **arithmetischen Reihe** gestuft sein.

Arithmetische Stufung

Bei der arithmetischen Drehzahlfolge erhält man die nächste Drehzahlstufe, wenn man jeweils eine gleichbleibende Zahl a dazuzählt.

Drehzahl n_1
Drehzahl $n_2=n_1+a$ $\quad a=n_2-n_1$
Drehzahl $n_3=n_2+a$ $\quad a=n_3-n_2$
⋮
Drehzahl $n_z=n_{z-1}+a$ $\quad a=n_z-n_{z-1}$

Unterschiedswert

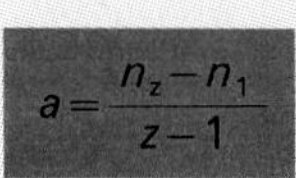

$$a=\frac{n_z-n_1}{z-1}$$

Beispiel: Arithmetische Drehzahlstufung

Drehzahl $n_1=45$/min, Drehzahl $n_6=120$ 1/min, Zahl der Stufen $z=6$.
Berechnen Sie
a) den Unterschiedswert a
b) die Zwischenstufen n_2 bis n_5.

Lösung: a) $a=\frac{n_z-n_1}{z-1}$

$$a=\frac{120\ 1/\text{min}-45\ 1/\text{min}}{6-1}=\frac{75\ 1/\text{min}}{5}=\mathbf{15\ 1/min}$$

b) $n_2=n_1+a=45$ 1/min$+15$ 1/min$=$ **60 1/min**
$n_3=n_2+a=60$ 1/min$+15$ 1/min$=$ **75 1/min**
$n_4=n_3+a=75$ 1/min$+15$ 1/min$=$ **90 1/min**
$n_5=n_4+a=90$ 1/min$+15$ 1/min$=$**105 1/min**

Geometrische Stufung

Bei der geometrischen Drehzahlfolge erhält man die nächste Drehzahlstufe, wenn man jeweils mit einer gleichbleibenden Zahl φ (sprich: fi) multipliziert.

Drehzahl n_1

$n_2=n_1\cdot\varphi$ $\quad \varphi=\frac{n_2}{n_1}$

$n_3=n_2\cdot\varphi=n_1\cdot\varphi^2$ $\quad \varphi=\frac{n_3}{n_2}$

$n_4=n_3\cdot\varphi=n_1\cdot\varphi^3$ $\quad \varphi=\frac{n_4}{n_3}$
⋮
$n_z=n_{z-1}\cdot\varphi=n_1\cdot\varphi^{z-1}$

Stufensprung

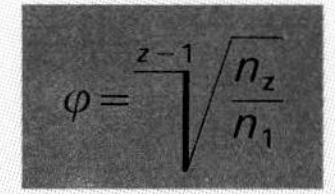

$$\varphi=\sqrt[z-1]{\frac{n_z}{n_1}}$$

Beispiel: Geometrische Drehzahlstufung

Drehzahl $n_1=45$/min, Drehzahl $n_5=180$/min, Zahl der Stufen $z=5$.
Berechnen Sie
a) den Stufensprung, b) die Zwischenstufen n_2 bis n_4.

Lösung: a) $\varphi=\sqrt[z-1]{\frac{n_z}{n_1}}$

$$\varphi=\sqrt[5-1]{\frac{180\ 1/\text{min}}{45\ 1/\text{min}}}=\sqrt[4]{4}=\sqrt{\sqrt{4}}=\sqrt{2}=\mathbf{1{,}4}$$

b) $n_2=n_1\cdot\varphi=45$ 1/min $\cdot\ 1{,}4\approx$ **63 1/min**
$n_3=n_2\cdot\varphi=63$ 1/min $\cdot\ 1{,}4\approx$ **90 1/min**
$n_4=n_3\cdot\varphi=90$ 1/min $\cdot\ 1{,}4\approx$**125 1/min**

Zur Vereinfachung der Getriebekonstruktionen verwendet man genormte Stufensprünge

$\varphi=1{,}12$	$\varphi=1{,}25$	$\varphi=1{,}4$	$\varphi=1{,}6$	$\varphi=2$

27.1 Treppenböckchen

Eine Spanntreppe ist arithmetisch gestuft und hat 5 Spannhöhen.

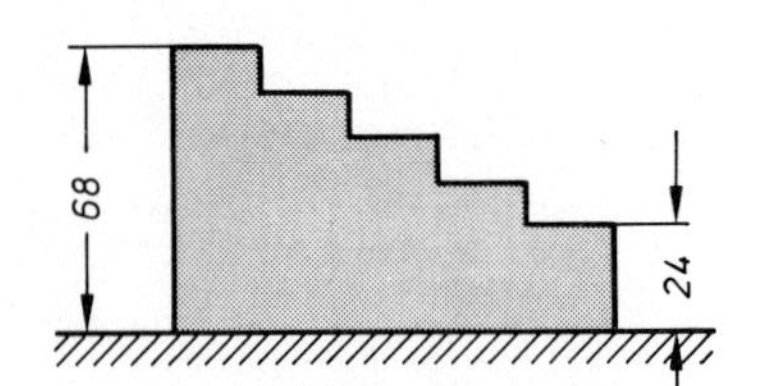

Berechnen Sie:
a) den Unterschiedswert a
b) die Höhen der einzelnen Stufen.

27.2 Vorschubgetriebe

Das Vorschubgetriebe eines Fräsmaschinentisches ist arithmetisch gestuft. Insgesamt sind 8 Vorschübe von $s_1 = 0{,}12$ mm/1 bis $s_8 = 1{,}1$ mm/1 vorhanden.

Berechnen Sie:
a) den Unterschiedswert a
b) die Vorschübe s_2 bis s_7.

27.3 Drehzahlreihe

Drehzahl $n_1 = 32$/min, Stufensprung $\varphi = 1{,}4$.

Berechnen Sie die Drehzahlen n_2 bis n_{12} bei geometrischer Stufung.
Hinweis: Ergebnisse so runden, daß $n_3 = 63$/min, $n_8 = 340$/min und $n_{11} = 946$/min sind.

27.4 Vorschübe einer Drehmaschine

Vorschubreihe

0,5 mm/1	... mm/1
0,625	1,5
0,75	...
...	...
1	1,875
...	
1,25	2

Bestimmen Sie:
a) die Art der Stufung
b) den Sprung je Stufe
c) die fehlenden Vorschübe.

27.5 Schnittgeschwindigkeiten einer Räummaschine

An einer Räummaschine stehen 5 Schnittgeschwindigkeiten in geometrischer Stufung zur Verfügung, $v_1 = 20$ m/min und $v_5 = 31{,}5$ m/min.

Berechnen Sie:
a) den Stufensprung φ
b) die Schnittgeschwindigkeiten v_2 bis v_4.

28 Getriebe an Werkzeugmaschinen – Übungsaufgaben

28.1 Bohrmaschine

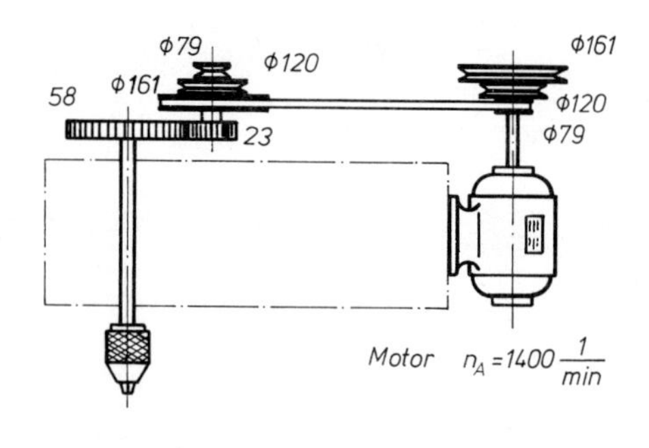

Berechnen Sie:
a) die Drehzahlen der Bohrspindel
b) den Stufensprung
c) die Schnittgeschwindigkeit eines Bohrers mit $d = 16$ mm bei gezeichneter Riemenlage.

■ 28.3 Nortongetriebe

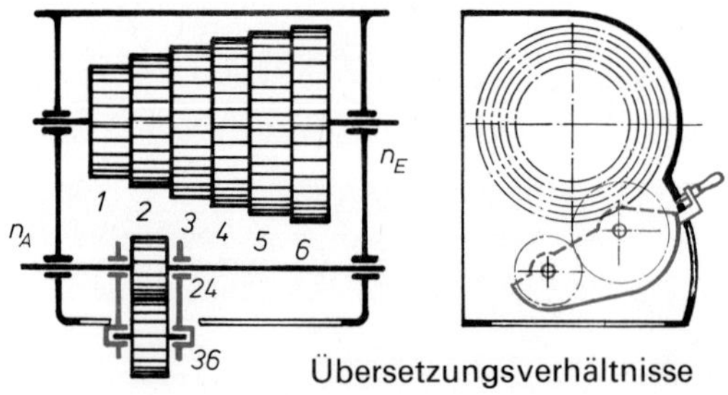

Übersetzungsverhältnisse

1 : 1		1,375 : 1	(11 : 8)
1,125 : 1	(9 : 8)	1,5 : 1	(3 : 2)
1,25 : 1	(5 : 4)	1,75 : 1	(7 : 4)

Berechnen Sie die Zähnezahlen.

28.2 Schieberadgetriebe

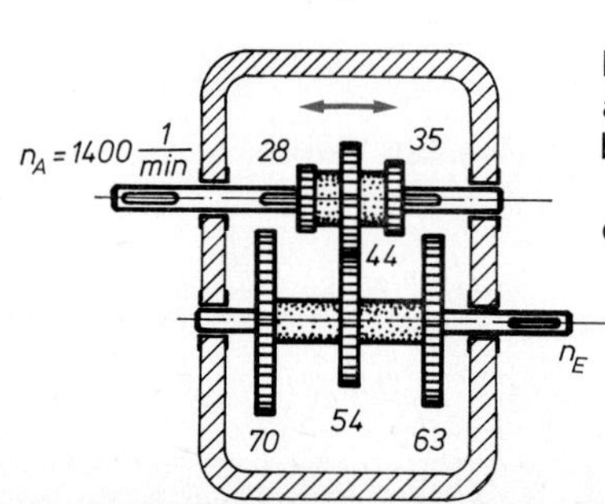

Berechnen Sie:
a) die Enddrehzahlen
b) den Achsenabstand bei Modul $m = 4$ mm
c) den Kopfkreisdurchmesser d_a für das Zahnrad $z_2 = 70$.

28.4 Ziehkeilgetriebe

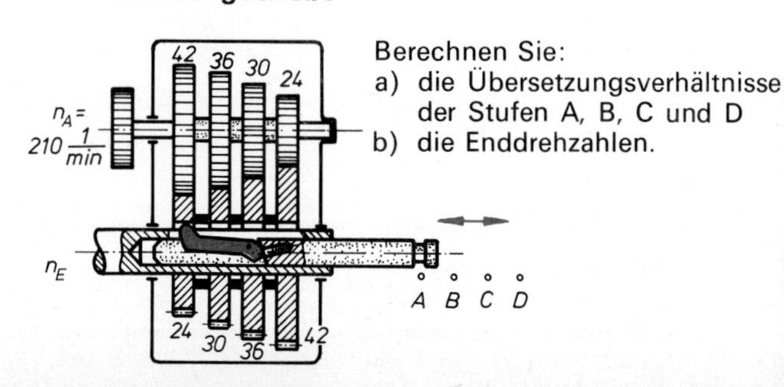

Berechnen Sie:
a) die Übersetzungsverhältnisse der Stufen A, B, C und D
b) die Enddrehzahlen.

28.5 Drehmaschine

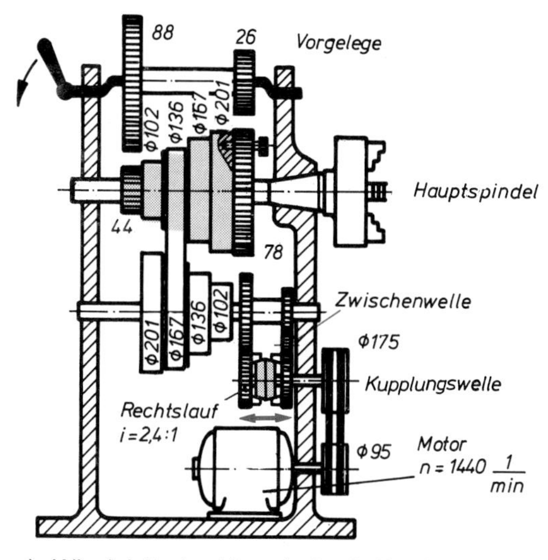

a) Wieviel Drehzahlen sind möglich?
b) Wie groß ist die eingestellte Spindeldrehzahl?
c) Wie groß ist die niederste Drehzahl im Rechtslauf?

28.6 Hauptantrieb einer Drehmaschine

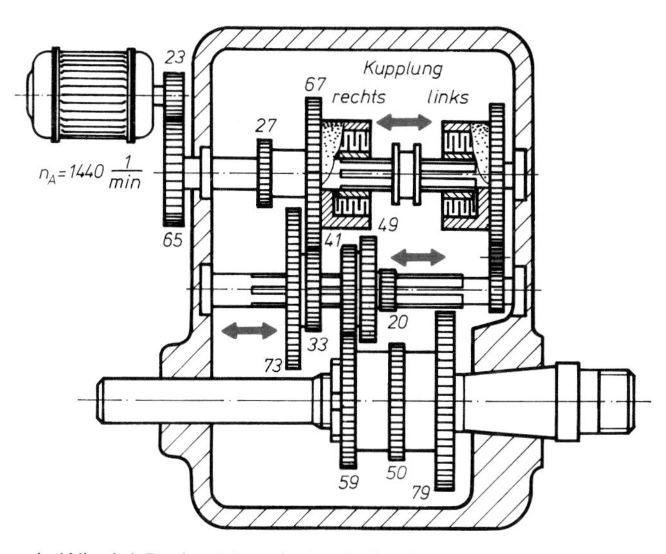

a) Wieviel Drehzahlen sind möglich?
b) Wie groß ist die eingestellte Spindeldrehzahl?
c) Wie groß ist die niederste Drehzahl im Rechtslauf?

28.7 Bohrmaschine mit stufenlosem Antrieb

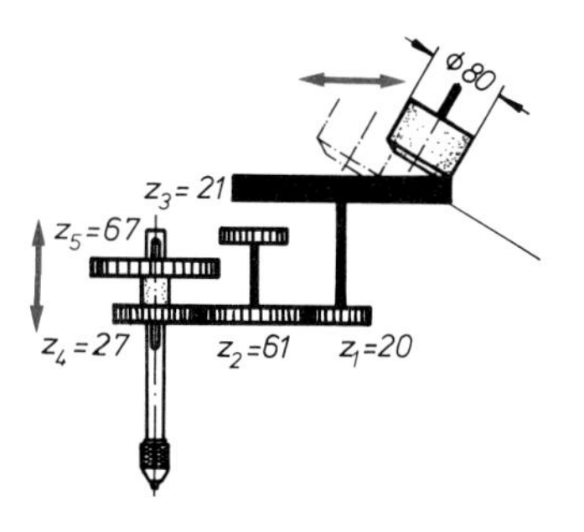

Antriebsmotor
$n_A = 1\,400$ 1/min
Reibscheibe:
Größter wirksamer Durchmesser $d = 300$ mm
kleinster wirksamer Durchmesser $d = 30$ mm.

Berechnen Sie:
a) die größtmögliche Spindeldrehzahl
b) die kleinstmögliche Spindeldrehzahl.

28.8 Hauptantrieb einer Drehmaschine

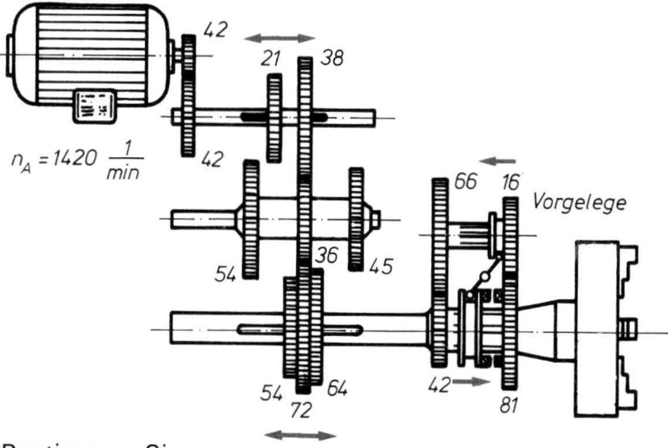

Bestimmen Sie:
a) die Anzahl der möglichen Spindeldrehzahlen
b) die Spindeldrehzahl bei eingeschaltetem Vorgelege (siehe Kraftfluß in der Zeichnung)
c) die Spindeldrehzahl bei ausgeschaltetem Vorgelege
d) die höchste Drehzahl der Spindel.

29 Kegeldrehen

Bezeichnungen
am vollen Kegel:

Obiger Kegel hat ein Kegelverhältnis von 1:2. Auf einer Länge von 2 mm verändert sich der Kegeldurchmesser um 1 mm.

Die Normbezeichnung hierfür ist:

$C=1:x=1:2$

am Kegelstumpf:

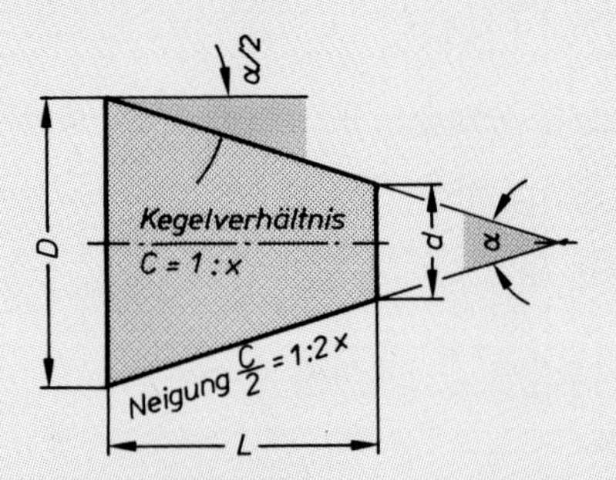

Bezeichnungen:

α	Kegelwinkel
$\frac{\alpha}{2}$	Neigungswinkel = Einstellwinkel
C	Kegelverhältnis (1 : x)
d	kleiner Durchmesser
D	großer Durchmesser
l	Länge des Kegelstumpfes
L	Länge des Werkstücks

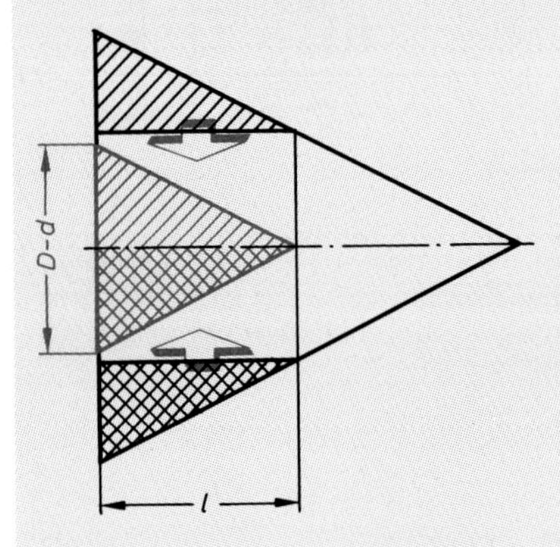

Denkt man sich den Kegel mit dem kleinen Durchmesser d durchbohrt, so ist das Kegelverhältnis:

$$C=\frac{D-d}{l}$$

Die Neigung ist:

$$\frac{C}{2}=\frac{D-d}{2\cdot l}$$

Beispiel: Berechnung eines Durchmessers

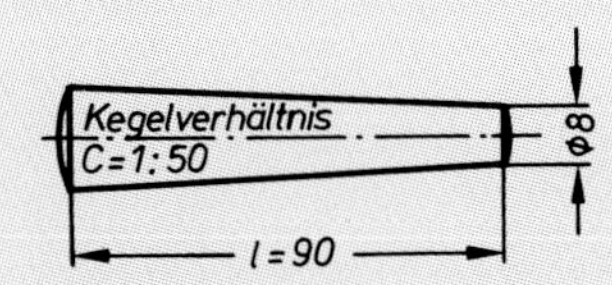

Gesucht: $D=?$

Lösung A (durch Formelumstellung):

$$C=\frac{D-d}{l}\rightarrow \quad C\cdot l=D-d\rightarrow \quad D=C\cdot l+d$$

$$D=C\cdot l+d=\tfrac{1}{50}\cdot 90\text{ mm}+8\text{ mm}=\mathbf{9{,}8\ mm}$$

Lösung B (durch Schlußrechnen):

Bei 50 mm Kegellänge ist der Durchmesserunterschied: 1 mm
Bei 1 mm Kegellänge ist der Durchmesserunterschied: $\frac{1}{50}$ mm
Bei 90 mm Kegellänge ist der Durchmesserunterschied: $\frac{1}{50}$ mm · 90 mm = 1,8 mm
$D=d+$ Durchmesserunterschied = 8 mm + 1,8 mm = **9,8 mm**

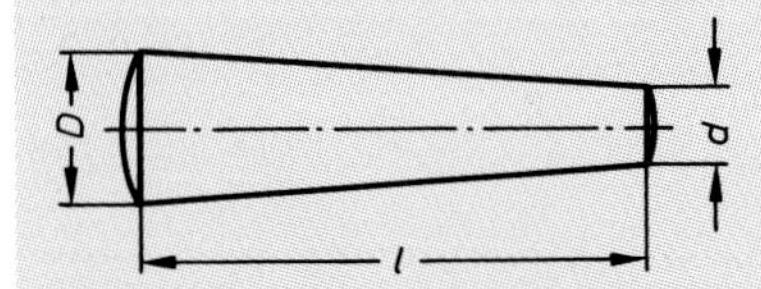

Beispiel: Kegelverhältnis eines Kegelstiftes

Maße: $D=$ 7,6 mm
$d=$ 6,0 mm
$l=$ 80,0 mm

Gesucht: Kegelverhältnis C.

Lösung: $C=\frac{D-d}{l}=\frac{7{,}6\text{ mm}-6\text{ mm}}{80\text{ mm}}=\frac{1{,}6\text{ mm}:1{,}6\text{ mm}}{80\text{ mm}:1{,}6\text{ mm}}=\mathbf{1:50}$

Kegeldrehen durch Oberschlittenverstellung

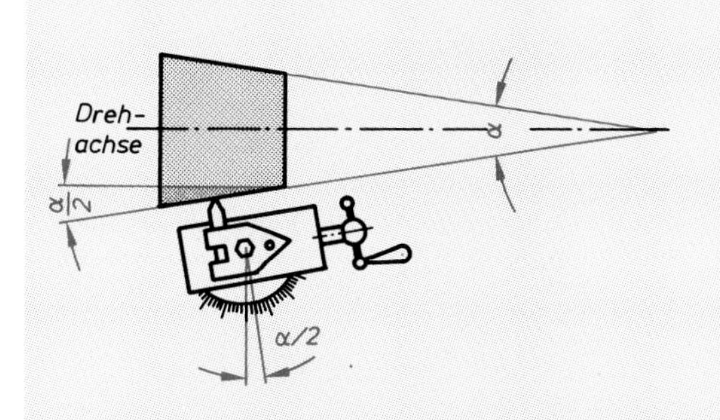

Der Einstellwinkel $\frac{\alpha}{2}$ läßt sich aus folgender Beziehung ermitteln:

$$\tan\frac{\alpha}{2} = \frac{D-d}{2\cdot l}$$

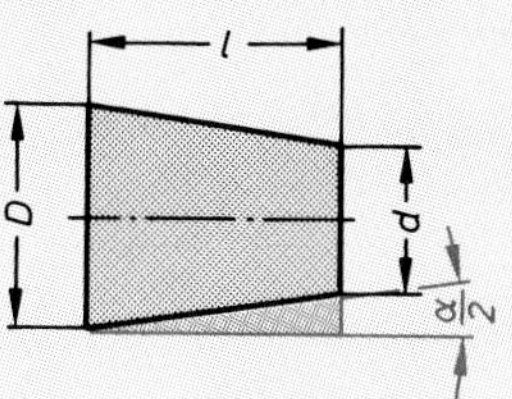

Beispiel: Kegelhülse

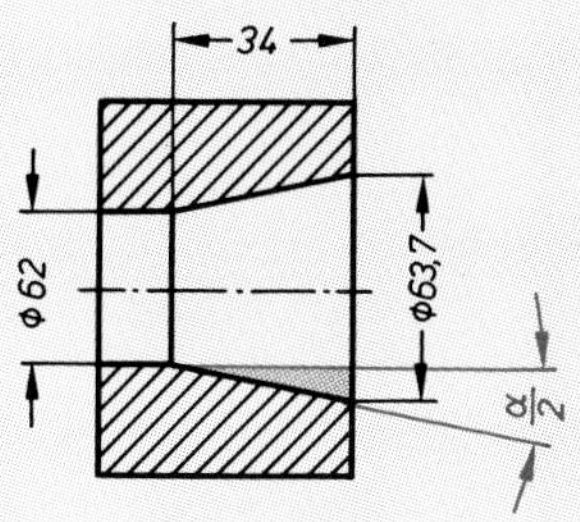

Gesucht: a) Neigung $\frac{C}{2}$

b) Einstellwinkel $\frac{\alpha}{2}$.

Lösung:

$$\frac{C}{2} = \frac{D-d}{2\cdot l} = \frac{63{,}7\text{ mm} - 62\text{ mm}}{2\cdot 34\text{ mm}} = \mathbf{1:40}$$

$$\tan\frac{\alpha}{2} = \frac{D-d}{2\cdot l} = \frac{1}{40} = 0{,}025$$

Zwischenrechnung:

$\tan\frac{\alpha}{2} = 0{,}025\,0$	$\frac{\alpha}{2} = ?$

$\tan 1°20' = 0{,}023\,3$

$\tan 1°30' = 0{,}026\,2$

Differenz $10' = 0{,}002\,9$

$\tan 1°20' = 0{,}023\,3$

$\tan\frac{\alpha}{2} = 0{,}025\,0$

Unterschied $= 0{,}001\,7$

Dreisatz: Der Unterschied 0,002 9 entspricht:
Der Unterschied 0,001 0 entspricht: $\frac{10'\cdot 0{,}001\,7}{0{,}001\,0} = 5{,}862'$
Der Unterschied 0,001 7 entspricht:

$$= 5'\,\frac{862}{1\,000}\cdot 60''$$

$$= 5'\,51{,}72''$$

$$\approx 6'$$

$$\frac{\alpha}{2} \approx \mathbf{1°\,26'}$$

Faustformel für Winkel unter 10°:

α	D	d
°	mm	mm

$$\frac{\alpha}{2} = \frac{113\cdot(D-d)}{4\cdot L} = \frac{113\cdot(63{,}7\text{ mm} - 62\text{ mm})}{4\cdot 34\text{ mm}} = \frac{113\cdot 1{,}7\text{ mm}}{4\cdot 34\text{ mm}} = 1{,}412\,5°$$

$$\frac{\alpha}{2} = 1{,}412\,5° = 1° + 0{,}412\,5\cdot 60'' = 1°\,28{,}4'$$

Tatsächlicher Wert: $\frac{\alpha}{2} = \mathbf{1°\,25'}$

Die Ungenauigkeit von etwa 3 Winkelminuten muß bei der Faustregel in Kauf genommen werden.

Kegeldrehen mit Hilfe des Leitlineals

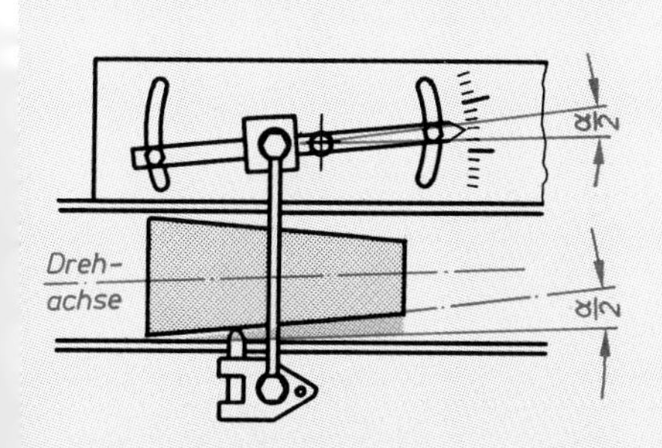

Es lassen sich Einstellwinkel $\frac{\alpha}{2}$ bis zu etwa 15° herstellen.
Allerdings darf die Kegellänge nicht länger als die Länge des Leitlineals sein.

Kegeldrehen durch Reitstockverstellung

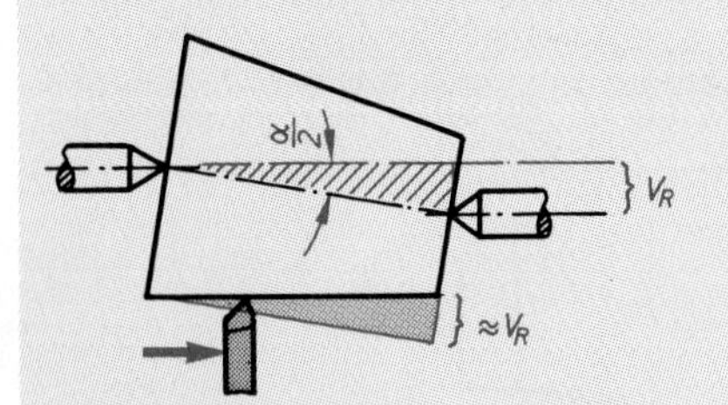

Die Reitstockverstellung ist näherungsweise:

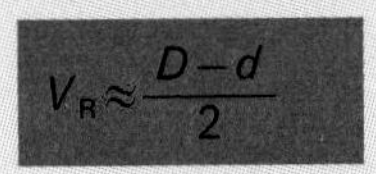

$$V_R \approx \frac{D-d}{2}$$

Die Reitstockverstellung sollte allerdings nicht größer als $\frac{1}{50}$ der Kegellänge sein.

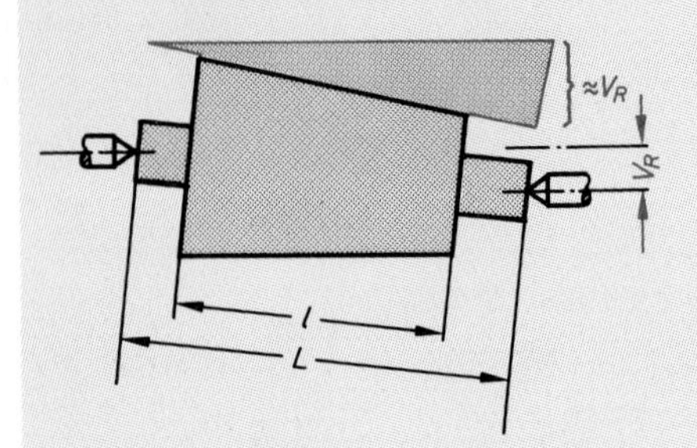

Bei Kegeln mit Ansätzen gilt:

$$V_R = \frac{D-d}{2\,l} \cdot L$$

Beispiel: Kegel mit Ansätzen

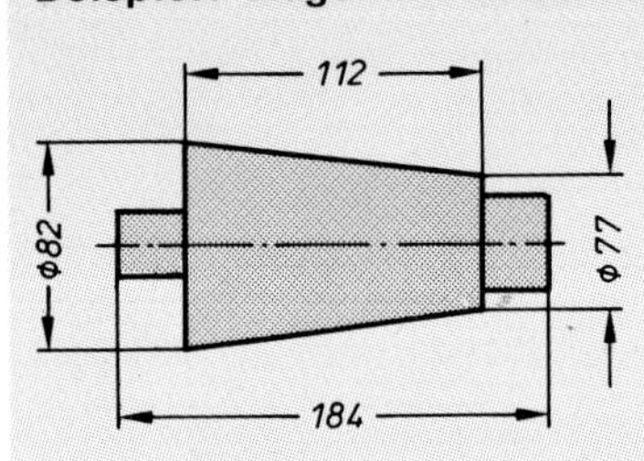

Gesucht:
a) Reitstockverstellung V_R.
b) größte zulässige Reitstockverstellung.

Lösung: a) $V_R = \frac{D-d}{2\,l} \cdot L = \frac{82\text{ mm} - 77\text{ mm}}{2 \cdot 112\text{ mm}} \cdot 184\text{ mm} = \mathbf{4{,}1\ mm}$

b) $V_R = \frac{1}{50} \cdot L = \frac{1}{50} \cdot 184\text{ mm} = \mathbf{3{,}68\ mm}$

Die Reitstockverstellung von 4,1 mm ist mehr als $\frac{1}{50}$ der Kegellänge. Der Kegel kann durch Reitstockverstellung nicht hergestellt werden. Evtl. sind Kugelspitzen zu verwenden:

■ Aufgaben zum Kegeldrehen

29.1 Bezeichnungen am Kegel

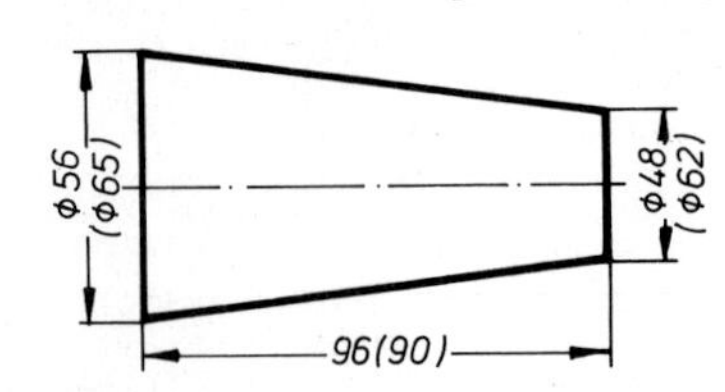

Gesucht:
a) Kegelverhältnis
b) Neigung

Φ25 — Kegel 1:20 — d — 70(84)

Gesucht:
a) kleiner Durchmesser
b) Neigung

29.2 Kegelstifte nach DIN 1

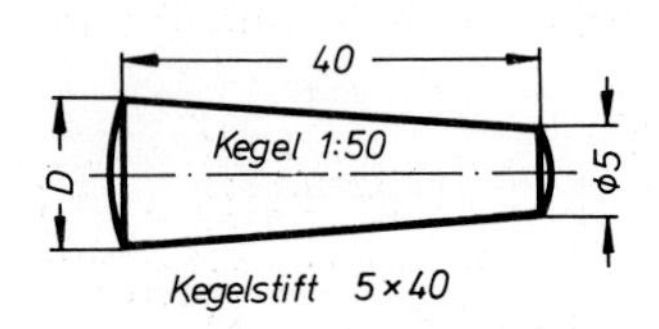

Gesucht:
großer Durchmesser für folgende Kegelstifte:

5 × 40
8 × 60
13 × 80

29.3 Kegelbohrung stufenweise vorbohren

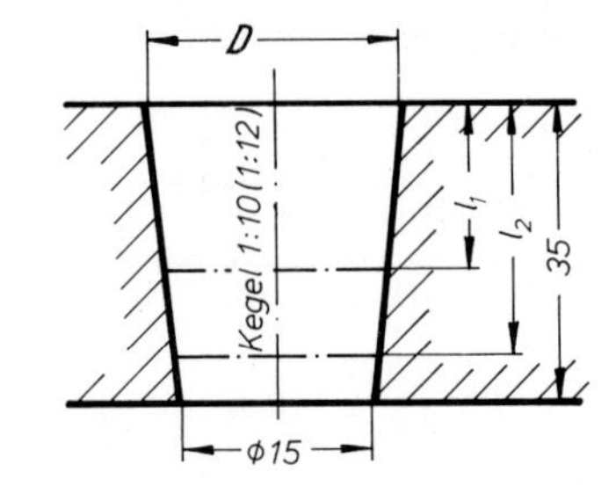

Gesucht:
a) großer Durchmesser.
b) l_1 für 17-mm-Bohrer.
c) l_2 für 16-mm-Bohrer.
Es bleibt unberücksichtigt, daß die Bohrungen 0,1...0,3 mm größer werden.

29.4 Kegeldrehen durch Drehen des Oberschlittens

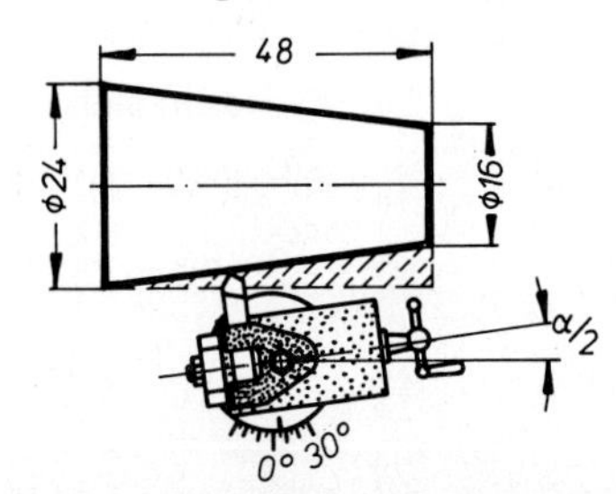

	II	III	IV
D	25	76	33,5
d	23,5	64	31
l	24	28	37,5

Gesucht:
a) Kegelverhältnis.
b) Einstellwinkel $\alpha/2$.

29.5

Reibungskegel für Kupplung

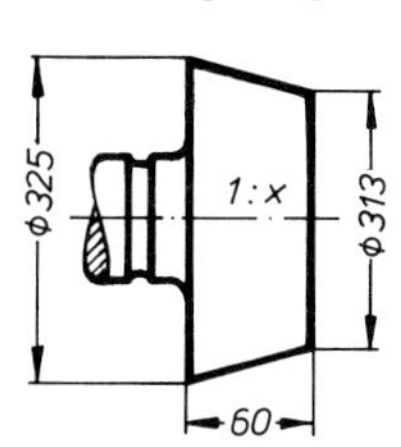

Innenkegel

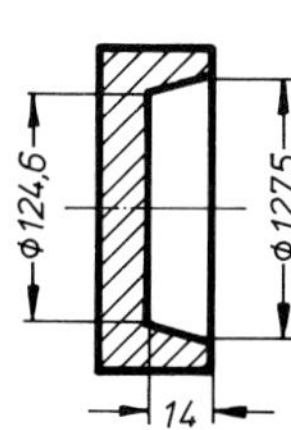

Gesucht: a) Kegelverhältnis. b) Einstellwinkel $\alpha/2$.

29.6 Leitlineal ($\alpha_{max} = 15°$)

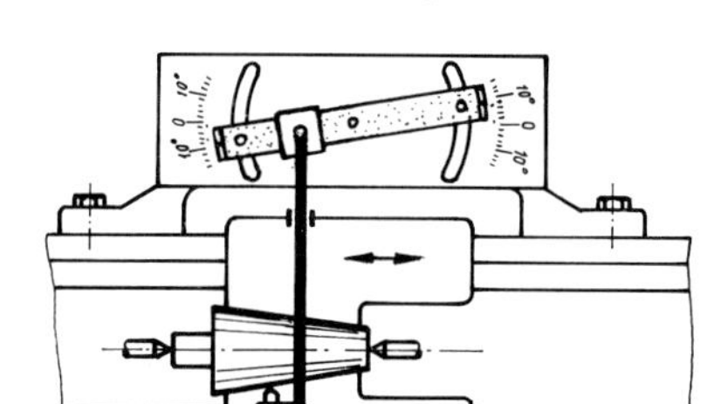

Gesucht:
Marken für die Kegelverhältnisse:

a) 1:4 Spindelflansche an Werkzeugmaschinen.
b) 1:50 Kegelstifte.
c) 1:20 metrische Kegel für Werkzeuge.

29.7 Ventilkegel, Kegelverhältnis 1:6

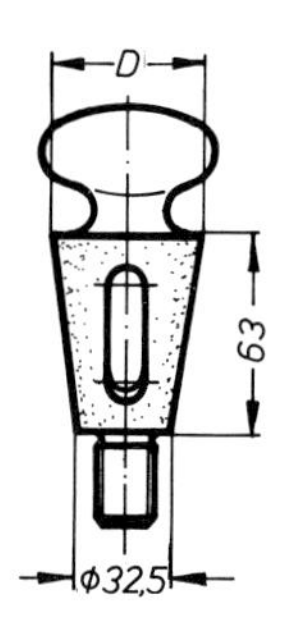

Gesucht:

a) großer Durchmesser D.
b) Einstellwinkel $\alpha/2$.

29.8 Pendelkugellager mit kegeliger Bohrung

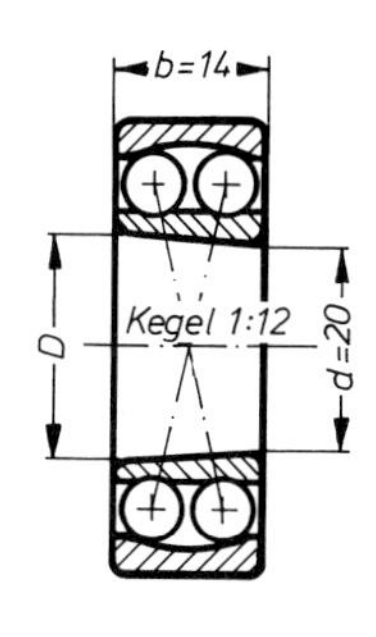

Gesucht:

a) Einstellwinkel $\alpha/2$.
b) Maß D für:

b	14	16	18
d	20	30	40

29.9 Dichtungskegel

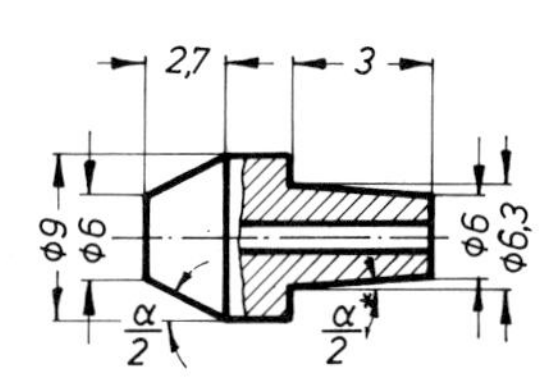

Gesucht:

a) Kegelverhältnisse beider Kegel.
b) Einstellwinkel $\alpha/2$ und $\alpha/2^*$.

29.10 Fräsdorn mit Steilkegel nach DIN 2080

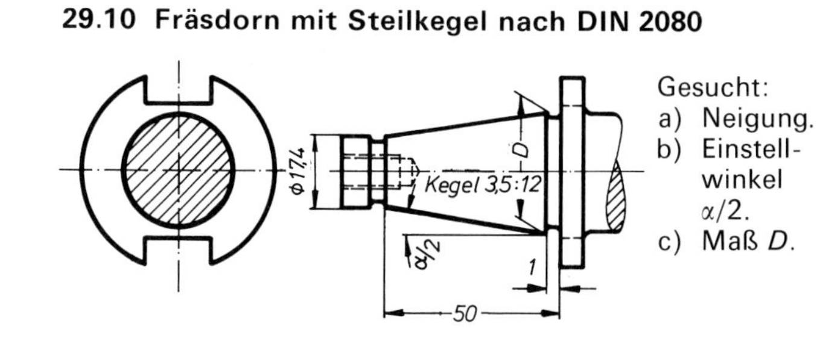

Gesucht:

a) Neigung.
b) Einstellwinkel $\alpha/2$.
c) Maß D.

29.11 Kegel mit Ansätzen

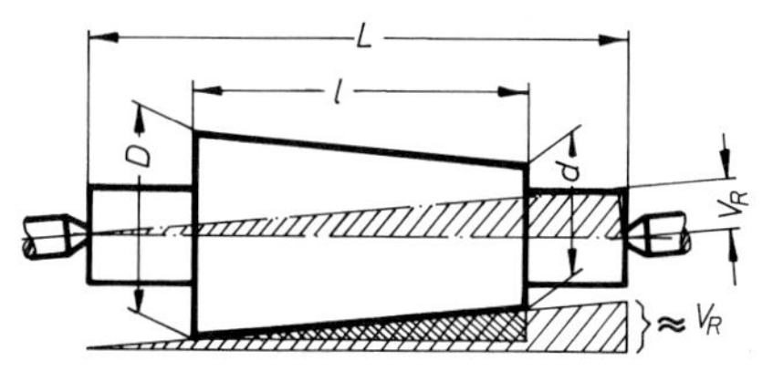

Gesucht: Reitstockverstellung.

	I	II	III
D	71	36	54
d	69	34,2	51
l	56	48	90
L	244	108	189

29.12 Reitstockverstellung

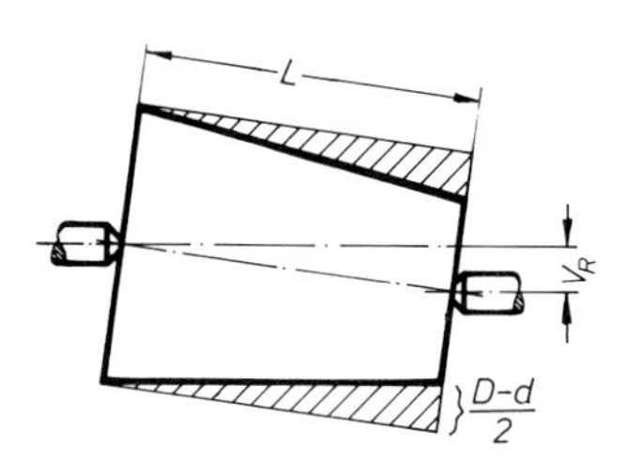

sollte höchstens $\frac{1}{50}$ der Werkstücklänge L betragen

	D	d	L
I	56	52	124
II	67,1	54,5	720

Gesucht:
Reitstockverstellung.

29.13 Morsekegel für Werkzeuge

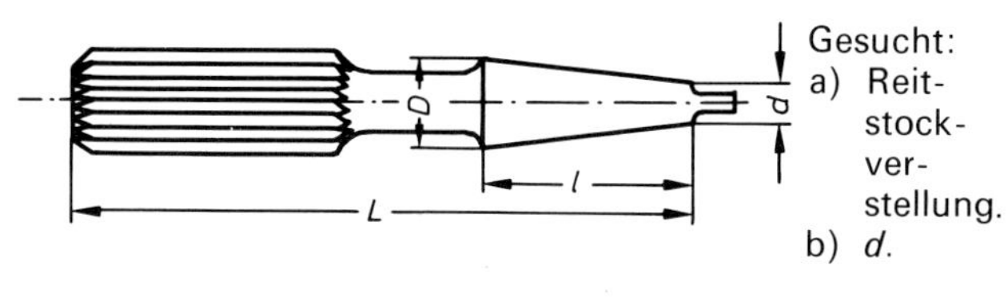

Gesucht:

a) Reitstockverstellung.
b) d.

Morsekegel	C	L	D	l
1	1:20,048	150	12,415	65,5
2	1:20,02	245	18,181	78,5

29.14 Aufsteckreibahlen haben konische Aufnahmen

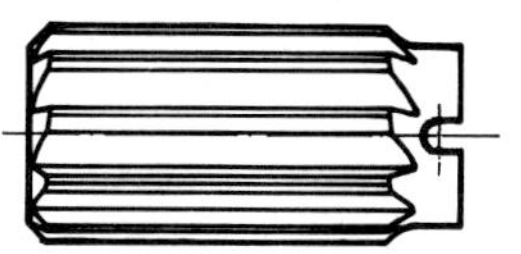

Gesucht:

a) großer Durchmesser.
b) Einstellwinkel $\alpha/2$.
c) Reitstockverstellung, wenn der Aufsteckhalter 250 mm lang ist.

30 Festigkeitsberechnungen – Zugspannung

Der Konstrukteur berechnet Maschinenteile sehr genau und trägt eine große Verantwortung für die Sicherheit von Menschen und Produktionsmitteln. Für vereinfachte Berechnungen sind folgende Schritte notwendig:

1. Ermittlung der auf die Bauteile wirkenden Kräfte
2. Bestimmung des gefährdeten Querschnitts
3. Festlegung der Sicherheitszahl
4. Vergleich der tatsächlich wirksamen Spannung mit der berechneten zulässigen Spannung.

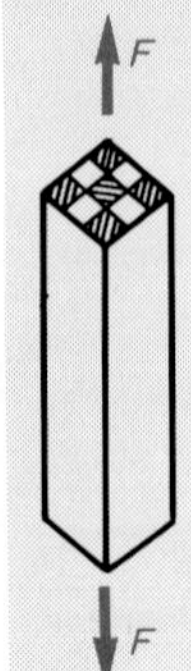

Wird ein Stab mit dem Querschnitt S durch die Kraft F auf Zug belastet, so bildet sich im Werkstoff eine Gegenkraft. Dieser Widerstand bezogen auf die Flächeneinheit mm² oder cm² heißt Zugspannung σ_z.

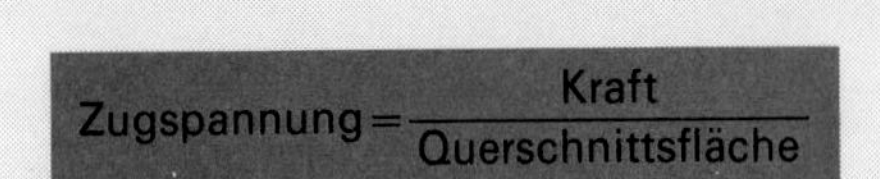

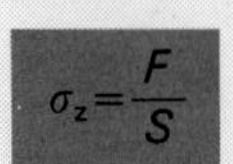

Bezeichnungen:

σ_z Zugspannung (sprich: sigma z)
σ_B Zugfestigkeit (sprich: sigma B)
F Kraft (Zugkraft)
S Querschnittsfläche, die beansprucht wird

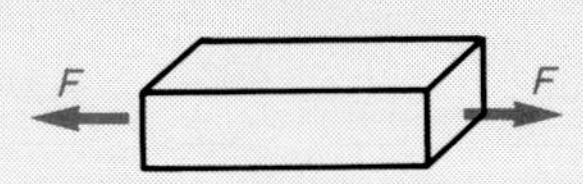

Beispiel: Zugspannung

Ein Quadratstahl von 5 mm × 5 mm Querschnitt wird mit einer Zugkraft von $F = 4\,000$ N ($\approx$400 kp) belastet. Wie groß ist die Zugspannung σ_z?

Lösung: $S = l \cdot b = 5 \text{ mm} \cdot 5 \text{ mm} = 25 \text{ mm}^2$

$$\sigma_z = \frac{F}{S} = \frac{4\,000 \text{ N}}{25 \text{ mm}^2} = \mathbf{160 \text{ N/mm}^2}$$

Sicherheitszahl (ν)

Bauteile dürfen keinen so großen Spannungen ausgesetzt werden, daß sie sich merklich verformen oder gar brechen. Das nebenstehende Bild zeigt das Kraftverlängerungsdiagramm eines St 34. Die Zugfestigkeit beträgt $34 \frac{\text{daN}}{\text{mm}^2} = 340 \frac{\text{N}}{\text{mm}^2}$. Dieser Eisenwerkstoff wird heute auch als Fe 340 bezeichnet, weil er eine Zugfestigkeit von 340 N/mm² hat. Die Streckgrenze sollte keinesfalls überschritten werden. Deshalb wird stets mit einer Sicherheitszahl ν gerechnet.
Die zulässige Spannung σ_{zul} ist dann:

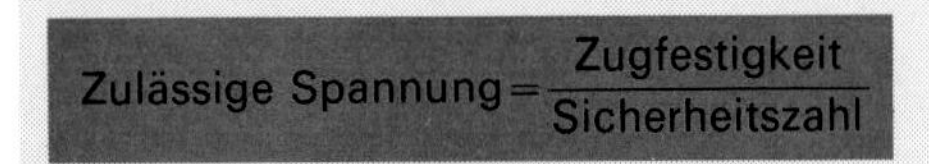

Bezeichnungen:

σ_{zul} zulässige Spannung (sprich: sigma zulässig)
ν Sicherheitszahl (sprich: nü)
ε Dehnung in % (sprich: Epsilon)
R_e Streckgrenze (R von französisch resistance = Widerstand, e elastischer Bereich)
R_m Zugfestigkeit (R von französisch resistance = Widerstand, m = maximal)

Anmerkung: Im folgenden wird bei der Festigkeitsberechnung stets von der Zugfestigkeit R_m ausgegangen. Bei genauer Berechnung geht der Konstrukteur von der Streckgrenze R_e aus.

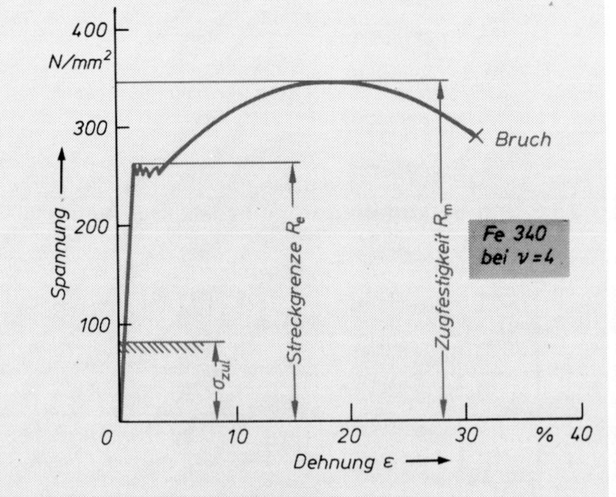

Der Konstrukteur wählt aufgrund einer genauen Untersuchung die Sicherheitszahl, die meist zwischen 2 bis 5 liegt. Bei Personengefährdung werden der Festigkeitsberechnung Sicherheitszahlen von 4 bis 20 zugrunde gelegt.

Beispiel: Zulässige Spannung

Die im Beispiel Zugspannung errechnete Spannung von $160 \frac{\text{N}}{\text{mm}^2}$ soll von einem St 34 (Fe 340) aufgenommen werden. Es ist von einer Sicherheitszahl von $\nu = 4$ auszugehen.

a) Wie groß ist die zulässige Spannung?
b) Darf der Quadratstahl einem Zug von $F = 4\,000$ N ausgesetzt werden?

Lösung:

a) $\sigma_{zul} = \frac{R_m}{\nu} = \frac{340 \text{ N/mm}^2}{4} = \mathbf{85 \text{ N/mm}^2}$

b) tatsächliche Zugspannung: 160 N/mm² ($\approx$16 kp/mm²) (laut Berechnung im vorigen Beispiel)
zulässige Zugspannung: 85 N/mm² ($\approx$8,5 kp/mm²)

Ergebnis: Die zulässige Spannung ist überschritten. Der Quadratstahl darf nicht mit $F = 4\,000$ N belastet werden!

30.1 Prismatischer Stab unter Zugbeanspruchung

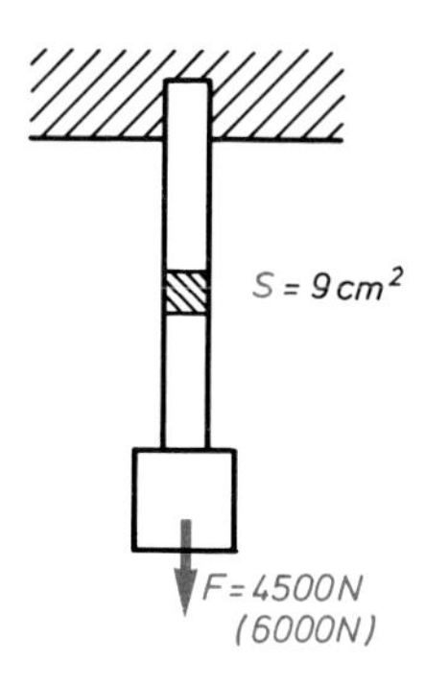

Wie groß ist die Zugspannung in N/cm² und N/mm²?

30.2 Zuganker aus Rundstahl

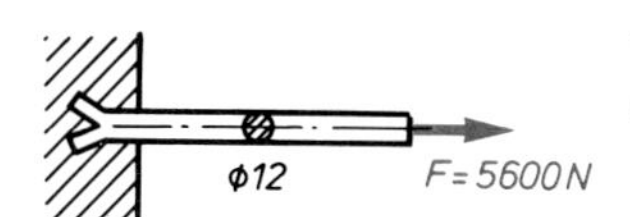

Welche Zugspannung tritt in dem Rundstahl auf?

30.3 Flachstahl auf Zug belastet

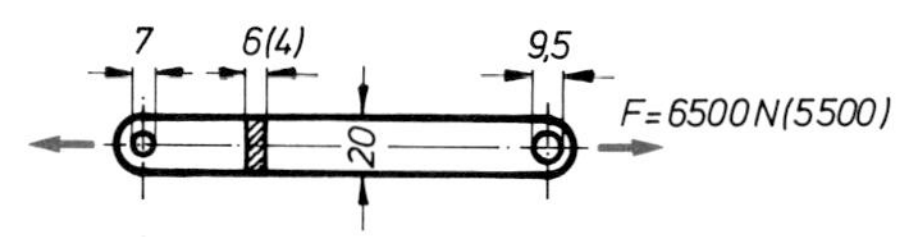

Gesucht:
a) Gefährdeter Querschnitt in mm².
b) Höchste Zugspannung, die bei dieser Belastung auftritt.

30.4 Flachprobestab

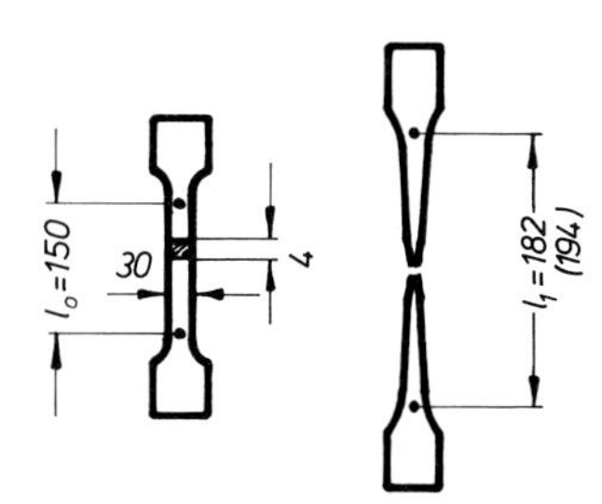

Bruchlast: 43 (48) kN

Gesucht:
a) Zugfestigkeit.
b) Dehnung ε in %.

30.5 Drahtseil für Personenaufzug

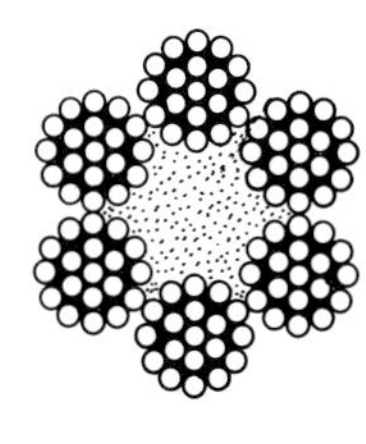

6 Litzen mit je 19 Drähten von 0,8 mm ∅
R_m = 1 600 N/mm² (Tiegelstahl, Kaltverformung hat die Festigkeit erhöht)
Gesucht:
a) Querschnitt sämtlicher Drähte.
b) Rechnerische Bruchkraft
c) Zulässige Gewichtskraft bei 20facher Sicherheit.

30.6 Schrauben für Schubstangenkopf

Die Vorspannung der Schrauben und die schwellende Belastung wird hier nicht berücksichtigt.

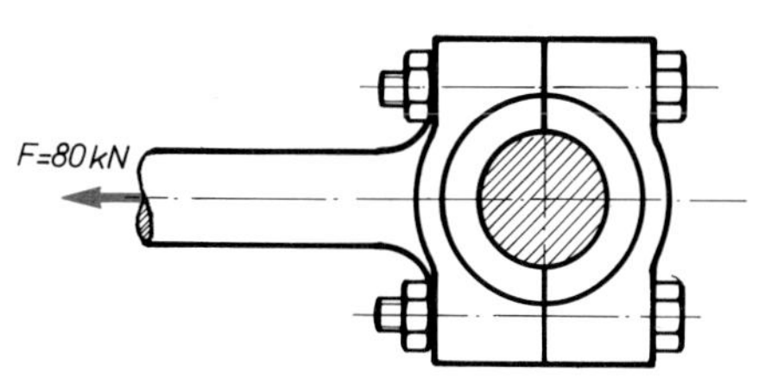

σ_{zul} = 60 N/mm² (der Schrauben)

Gesucht:
a) Querschnitt der Schrauben.
b) Außendurchmesser der Schrauben.

30.7 Lasthaken

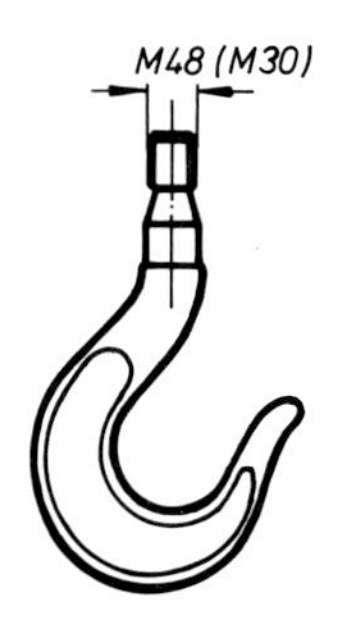

σ_{zul} = 5 000 N/cm²
Entnehmen Sie den Durchmesser des Spannungsquerschnitts dem Tabellenbuch!

Gesucht:
a) Tragkraft in N.
b) Sicherheit, wenn ein St 60 verwendet wurde.

30.8 Gliederkette

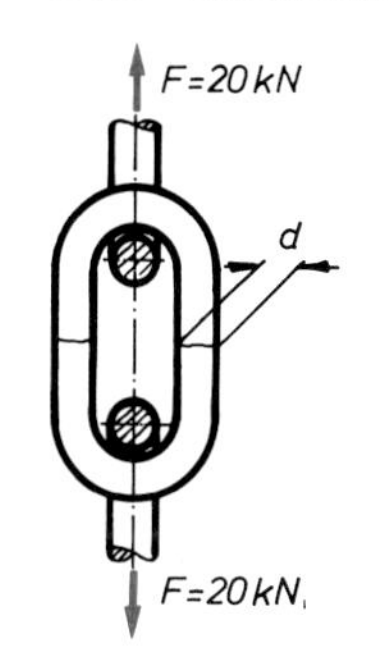

Gesucht:
a) Zahl der tragenden Querschnitte.
b) Erforderliche Fläche, wenn σ_{zul} = 90 N/mm² (60 N/mm²).
c) Durchmesser des Kettenstahles.

30.9 Ringschraube im Gesenk geschmiedet

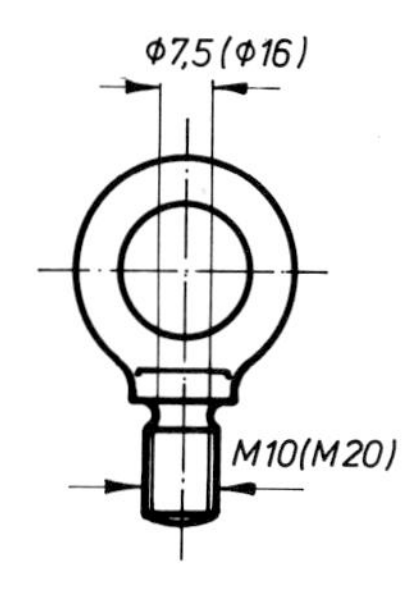

Höchstbelastung nach DIN 580
1 500 N (5 700 N)
σ_B = 340 N/mm²

Gesucht:
a) Zugspannung im gefährdeten Querschnitt
b) Sicherheitszahl.

30.10 Ein Zuganker aus St 60

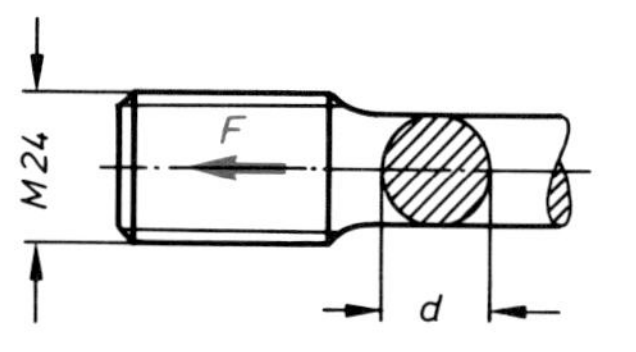

hat eine Kraft von F = 32 kN zu übertragen.
Die Sicherheitszahl ist ν = 4.

a) Wie groß ist σ_{zul}?
b) Welcher Durchmesser d (in ganzen Millimetern) ist zu verwenden?

31 Druckspannung und Pressung

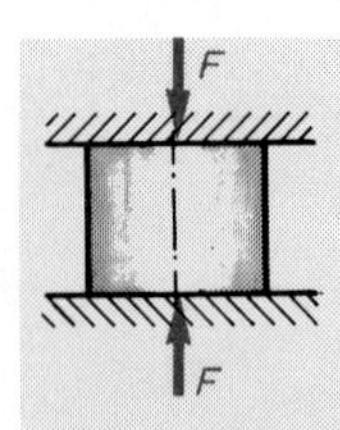

Die Druckspannung σ_d (sprich: Sigma-Druck) berechnet sich ähnlich wie die Zugspannung:

$$\text{Druckspannung} = \frac{\text{Druckkraft}}{\text{Querschnittsfläche}}$$

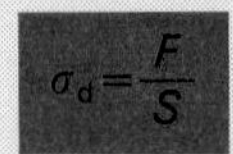

Bezeichnungen:

σ_d Druckspannung
σ_{dB} Druckfestigkeit (sprich: sigma dB)
σ_{dF} Quetschgrenze
$\sigma_{d\,zul}$ zulässige Spannung (sprich: sigma d zulässig)
σ_S Streckgrenze (sprich: sigma S)

Bei Stahlguß und Stahl wird statt der Druckfestigkeit die Quetschgrenze σ_{dF} eingesetzt.

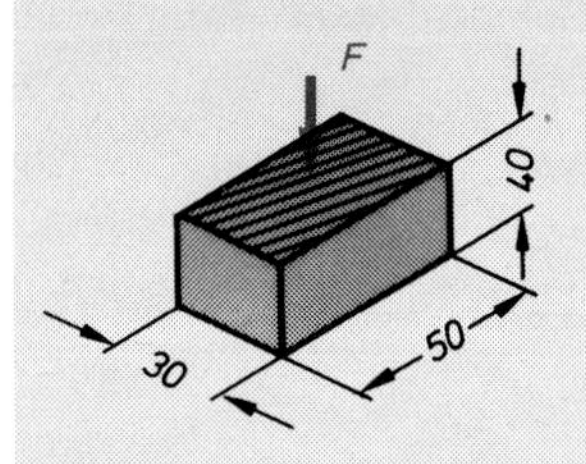

Beispiel: Druckspannung

Ein Maschinenfuß wird durch einen Distanzblock aus GG-15 abgestützt (Maße siehe Skizze). GG-15 hat eine Druckfestigkeit σ_{dB} von 600 N/mm². Die Kraft F ist 150 kN (≈15 000 kp).

a) Wie groß ist die belastete Fläche?
b) Wie groß ist die entstehende Druckspannung σ_d?
c) Darf der Block bei einer Sicherheitszahl von $\nu = 4$ mit dieser Druckkraft belastet werden?

Lösung: a) $S = l \cdot b = 5\text{ cm} \cdot 3\text{ cm} = \mathbf{15\ cm^2}$

b) $\sigma_d = \frac{F}{S} = \frac{150\text{ kN}}{15\text{ cm}^2} = 10\,\frac{1000\text{ N}}{100\text{ mm}^2} = \mathbf{100\ \frac{N}{mm^2}}$

c) $\sigma_{d\,zul} = \frac{\sigma_{dB}}{\nu} = \frac{600\text{ N}}{4\text{ mm}^2} = \mathbf{150\ \frac{N}{mm^2}}$

Der GG-Block darf mit 150 kN belastet werden.

Die Pressung wird ähnlich wie die Zug- und Druckspannung berechnet:

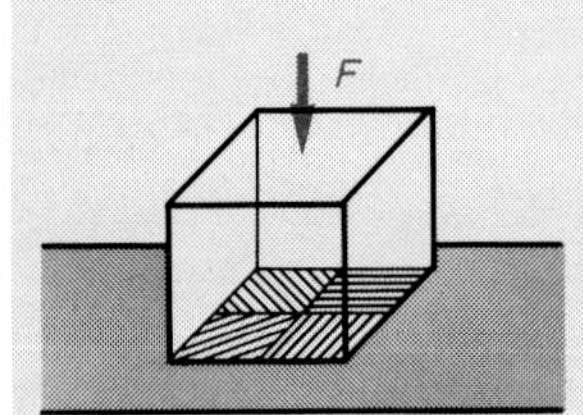

$$\text{Druckspannung} = \frac{\text{Kraft}}{\text{Querschnittsfläche}}$$

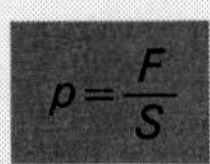

Bezeichnungen:

p Pressung
p_{zul} zulässige Pressung (sprich: p zulässig)

Beispiel: Flächenpressung

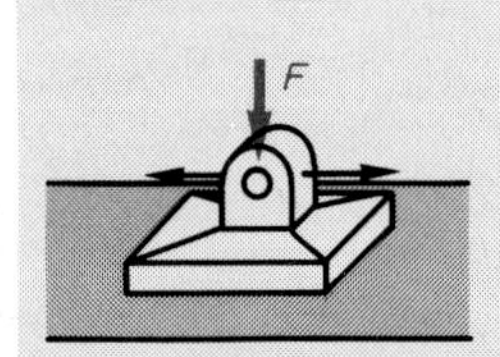

Der Gleitschuh mit der Grundfläche 80 mm × 50 mm bewegt sich in waagrechter Richtung unter der Last F. Die Flächenpressung p soll 15 N/cm² nicht überschreiten.
Wie groß darf F maximal werden?

Lösung: $S = l \cdot b = 8\text{ cm} \cdot 5\text{ cm} = 40\text{ cm}^2$

$F = S \cdot p = 40\text{ cm}^2 \cdot 15\text{ N/cm}^2 = \mathbf{6000\ N}$

Aufgaben zu Druckspannung und Pressung

31.1 GG-Säule

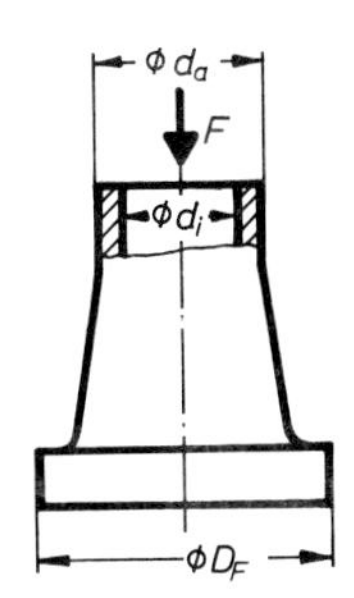

Gewichtskraft $F = 152$ kN
zulässige Druckspannung 8000 N/cm²
$d_a = 120$ mm

Gesucht:
a) Notwendige Querschnittsfläche der Säule.
b) Innendurchmesser d_i.
c) Fußdurchmesser der vollen Kreisfläche D_F, wenn die zulässige Flächenpressung 220 N/cm² beträgt.

31.2 Flächenbelastung

Elefant:

Gewicht: 40 kN
Fußfläche: 320 cm².

Bleistiftabsatz:

Gewichtskraft: 540 N
Absatzfläche: 0,6 cm²

Gesucht:
Flächenpressung.

31.3 Schwingmetall-Puffer

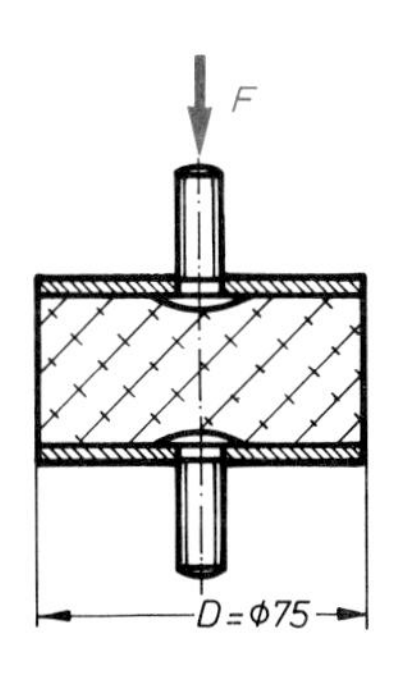

können Stöße aufnehmen
Druckspannung 5...40 N/cm²

Gesucht:
Belastung F in N bei:

σ_{zul} (N/cm²)	40	20	15
D (mm)	40	75	100

31.4 Ist eine gehärtete Druckplatte notwendig?

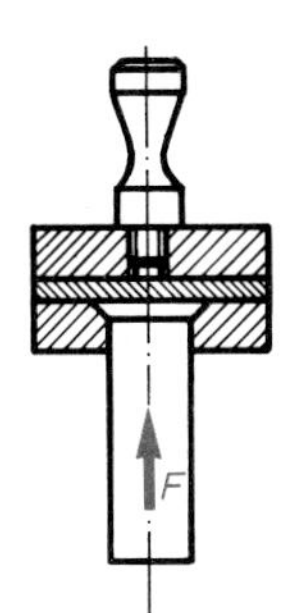

Die Flächenpressung darf ohne gehärtete Druckplatte 250 N/mm² nicht übersteigen:

	Schnittkraft F	Durchmesser
Stempel I	5000 N	6 mm
Stempel II	40000 N	15 mm
Stempel III	14000 N	8 mm

Gesucht:
Flächenpressung in N/mm².

Anmerk.: Die Stauchung des Stempels bleibt unberücksichtigt.

31.5 Ein Maschinenfundament

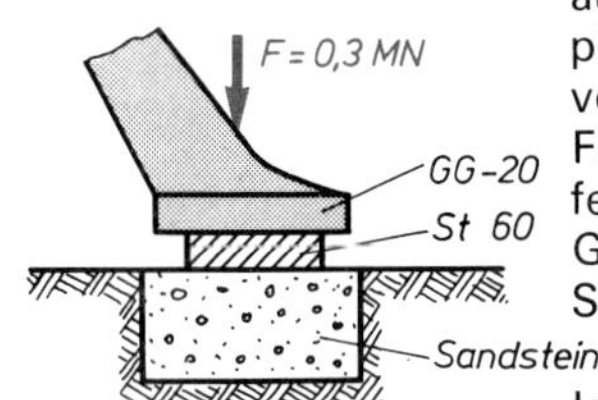

aus GG-20 wird mit einer Stahlplatte aus St 60 mit einer Fläche von 80 mm × 90 mm unterlegt.
Folgende Flächenpressungen dürfen nicht überschritten werden:
GG-20: 12 N/mm²
Sandstein: 2 N/mm²

Ist diese Belastung zulässig?

31.6 Druckspannung

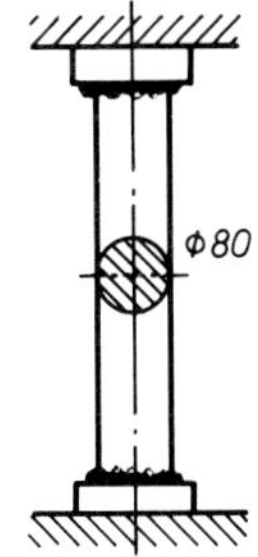

Eine kurze, massive, zylindrische Säule aus GG-15 mit einem Durchmesser von 80 mm wird mit einer Druckkraft $F = 450$ kN (45000 kp) belastet. GG-15 hat eine Druckfestigkeit $\sigma_{dB} = 600$ N/mm².

a) Wie groß ist die belastete Fläche?
b) Wie groß ist die Druckspannung σ_d?
c) Darf die Säule bei einer Sicherheitszahl $\nu = 4$ mit dieser Druckkraft belastet werden?

31.7 Fließpressen einer Filmbüchse

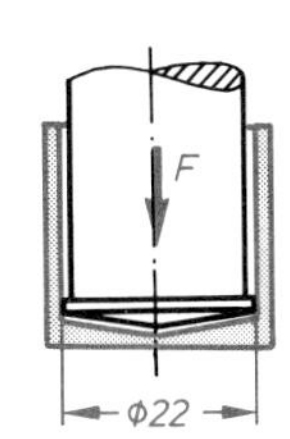

Das weiche Reinaluminium erfordert einen Druck von $p = 480$ N/mm², damit es zum Fließen kommt.

Gesucht:
Wie groß ist die zum Pressen notwendige Kraft F?

Die Stempelschräge ist überhöht gezeichnet.

31.8 Belastung einer Lagerschale

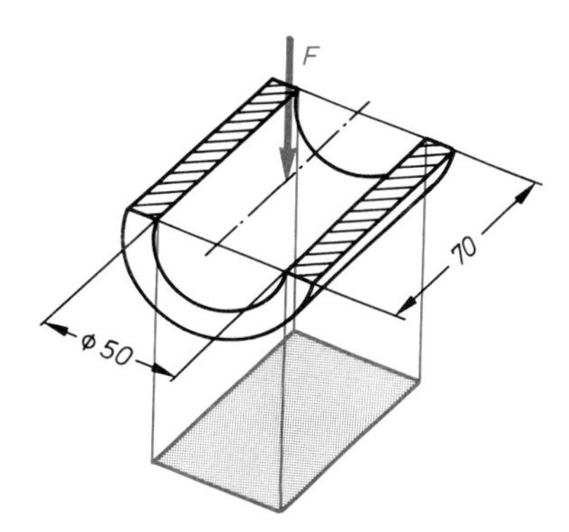

Es ist eine maximale Pressung von $p = 8$ N/cm² zugelassen.

Wie groß darf die Belastung F maximal werden?

Anmerkung:
Bei der Berechnung von zylindrischen Lagerschalen wird die Druckspannung auf die rot gezeichnet projizierte Fläche berechnet.

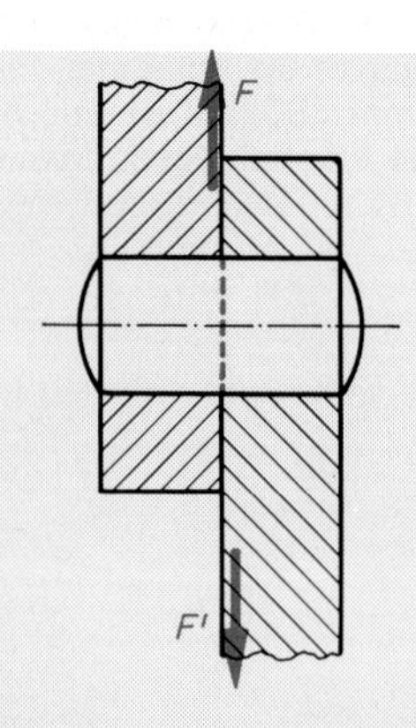

Schub: Der Werkstoff soll nicht getrennt werden. Nebenstehende Stiftverbindung wird auf Schub beansprucht:

$$\text{Schubspannung} = \frac{\text{Schubkraft}}{\text{Querschnittsfläche}} \qquad \tau_s = \frac{F}{S}$$

Bezeichnungen:

τ_s Schubspannung (sprich: tau s)
τ_{zul} zulässige Schubspannung (sprich: tau zulässig)

Beispiel: Schubspannung

Die oben skizzierte Stiftverbindung aus St 34 hat einen Durchmesser von 5 mm und ist einer Schubkraft von 2000 N ausgesetzt. Wie groß ist die Schubspannung τ_s?

Lösung: $S = 0{,}785 \cdot d^2 = 0{,}785 \cdot 5\ \text{mm} \cdot 5\ \text{mm} = 19{,}63\ \text{mm}^2$

$$\tau_s = \frac{F}{S} = \frac{2000\ \text{N}}{19{,}63\ \text{mm}^2} = \mathbf{101{,}9\ \frac{N}{mm^2}}$$

Abscheren (Trennen). Der Werkstoff soll getrennt werden.

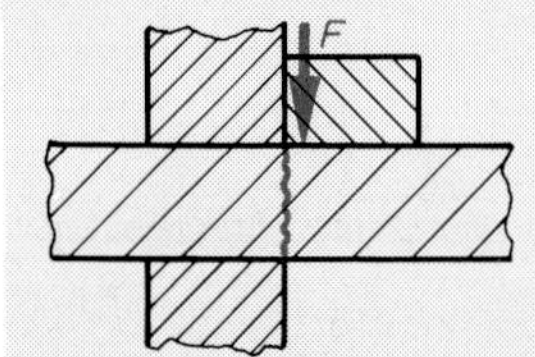

Wird der Werkstoff so stark belastet, daß er längs der roten Linie durchreißt, so spricht man von Abscherung. In der Stanztechnik werden so z. B. Werkstücke durch Trennen hergestellt. Die Scherfestigkeit ist ungefähr $\frac{4}{5}$ der Zugfestigkeit des Werkstoffes.

$$\tau_B \approx \tfrac{4}{5} \cdot P_m$$

Bezeichnungen:

τ_B Schub- oder Scherfestigkeit (sprich: tau B)
τ_{zul} zulässige Schubspannung

Hinweis: Es gibt ein- und mehrschnittige Verbindungen.

Beispiel: Abscheren

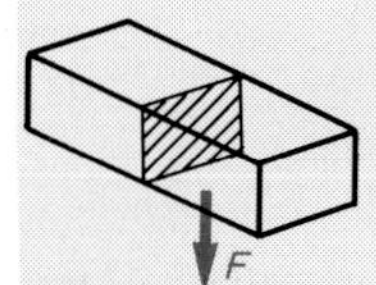

Ein Stahlprofil aus St 34 mit rechteckigem Querschnitt von 60 mm × 30 mm soll abgeschert werden.
a) Wie groß ist der Trennquerschnitt S?
b) Wie groß ist die Scherfestigkeit τ_B?
c) Erforderliche Scherkraft F?

Lösung: a) $S = l \cdot b = 6\ \text{cm} \cdot 3\ \text{cm} = 18\ \text{cm}^2$

b) $\tau_B \approx \frac{4}{5} \cdot R_m = 0{,}8 \cdot \frac{34\ \text{daN}}{\text{mm}^2} = 272\ \frac{\text{N}}{\text{mm}^2}$

100 mm²
c) $F = S \cdot \tau_B = \sout{18\ \text{cm}^2} \cdot 272\ \frac{\text{N}}{\text{mm}^2} = \mathbf{489{,}6\ kN}$

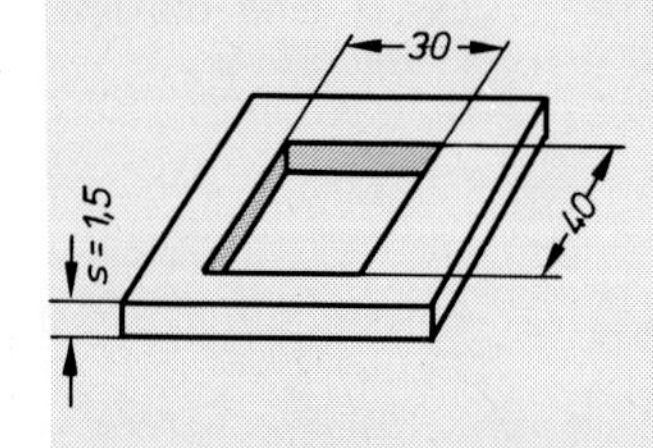

Beispiel: Trennen eines Werkstückes aus St 34

Wie groß ist die Trennfläche?
Wie groß ist die erforderliche Scherkraft?

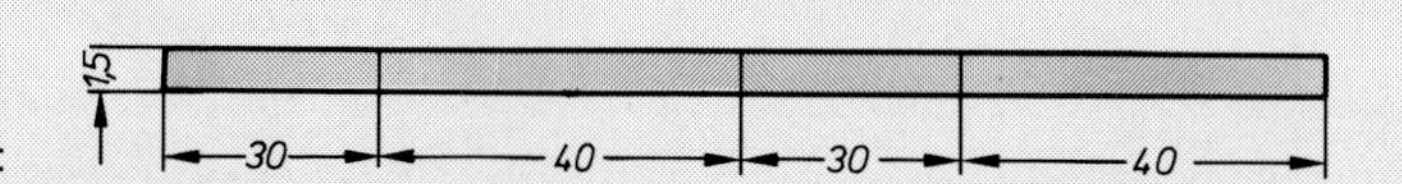

Lösung: Größe der Trennfläche:

a) Länge der Trennfläche:

$l = 2\,(l + b) = 2\,(30\ \text{mm} + 40\ \text{mm}) = 140\ \text{mm}$

$S = l \cdot b = 140\ \text{mm} \cdot 1{,}5\ \text{mm} = \mathbf{210\ mm^2}$

b) $\tau_B = \frac{4}{5} \cdot R_m = 0{,}8 \cdot 34\ \frac{\text{daN}}{\text{mm}^2} = 272\ \frac{\text{N}}{\text{mm}^2}$

$F = S \cdot \tau_B = 210\ \text{mm}^2 \cdot 272\ \frac{\text{N}}{\text{mm}^2} = 57\,120\ \text{N} \approx \mathbf{57\ kN}$

32.1 Nietverbindungen sind auf Abscherung zu berechnen

Bei vollständiger Berechnung müßte auch die Reibung und der Lochleibungsdruck berücksichtigt werden.

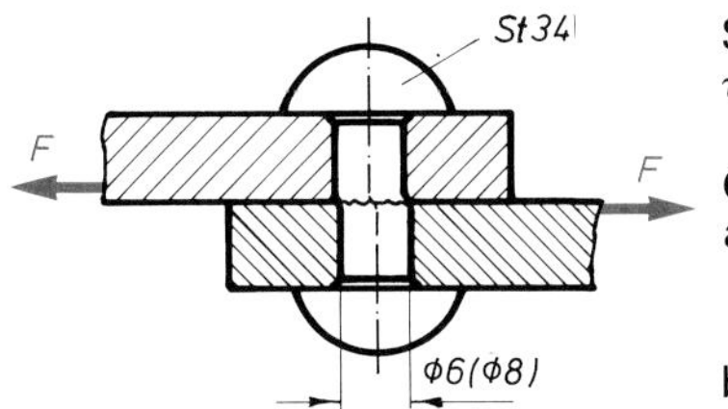

Scherfestigkeit:
$\tau_B \approx R_m$

Gesucht:
a) Kraft, die den Niet durch Abscheren zerstören würde.
b) Zulässige Beanspruchung bei 5facher Sicherheit.

32.2 Bolzen einer Seilrolle aus St 60

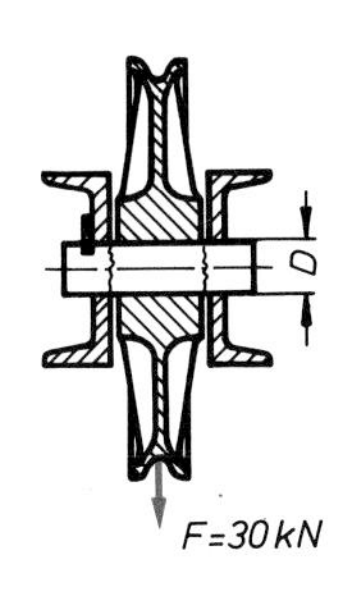

($\tau_{zul} \approx 0{,}8 \cdot \sigma_{zul}$)
5fache Sicherheit

Gesucht:
a) τ_{zul}.
b) Erforderlicher Scherquerschnitt.
c) Bolzendurchmesser.
d) Schubspannung, wenn wegen der Durchbiegung ein Bolzen von 55 mm∅ gewählt wurde.

32.3 Zweireihige Laschennietung

Reibung und Lochleibungsdruck wird nicht berücksichtigt.

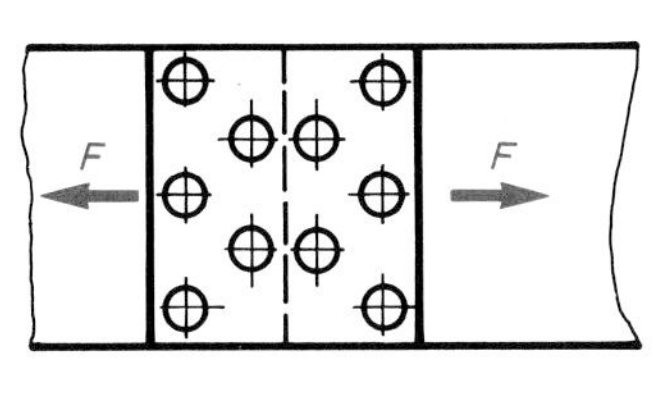

Nieten von 5 (7) mm∅ aus St 34
$\tau_{zul} = 80\ (120)\ N/mm^2$

Gesucht:
Zulässige Höchstkraft F.

32.4 Kerbstift (Werkstoff: 6.8)

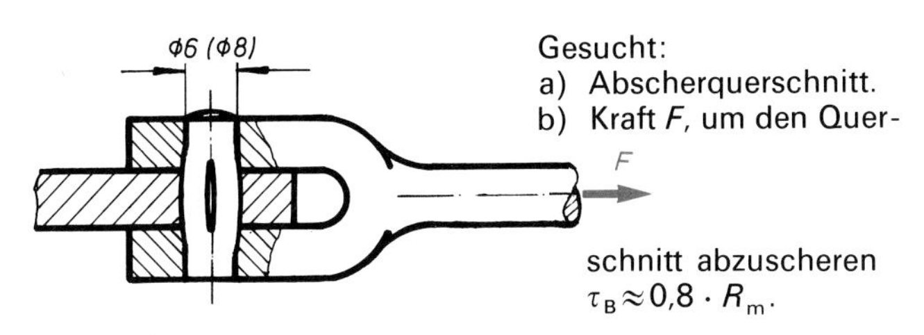

Gesucht:
a) Abscherquerschnitt.
b) Kraft F, um den Querschnitt abzuscheren
$\tau_B \approx 0{,}8 \cdot R_m$.

32.5 Schwingmetallpuffer

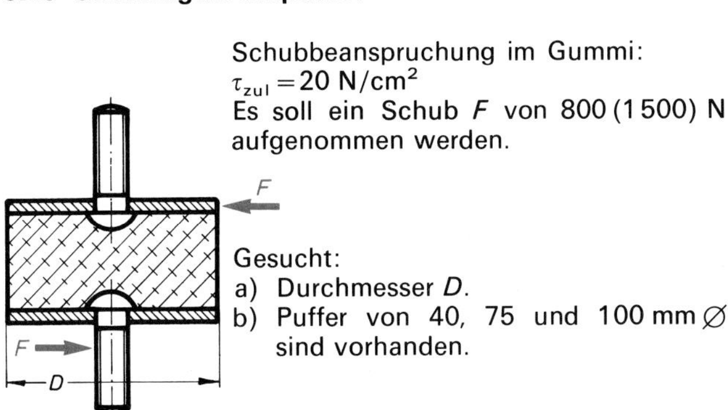

Schubbeanspruchung im Gummi:
$\tau_{zul} = 20\ N/cm^2$
Es soll ein Schub F von 800 (1500) N aufgenommen werden.

Gesucht:
a) Durchmesser D.
b) Puffer von 40, 75 und 100 mm∅ sind vorhanden.

32.6 Geklebtes Rohr

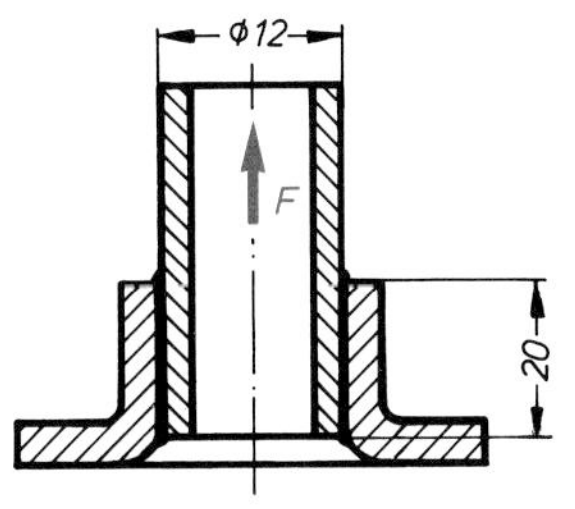

einwandfrei vorbehandelt, warm ausgehärtet
$\tau_B = 40\ N/mm^2$ in der Klebnaht

Gesucht:
a) Bruchlast F.
b) Zulässige Belastung, wenn die Sicherheitszahl $\nu = 6$.

32.7 Überlappte Klebung

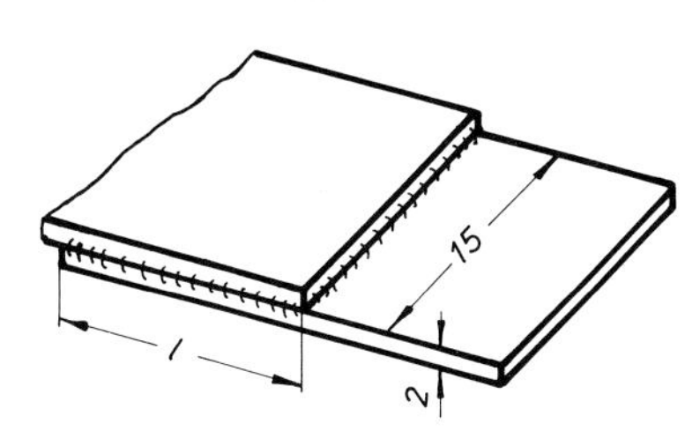

Aluminium
$R_m = 100\ N/mm^2$
Scherfestigkeit der Klebenaht:
15 N/mm²

Gesucht:
Klebelänge l, um die gleiche Festigkeit wie im Aluminium zu erzielen.

32.8 Scherkraft

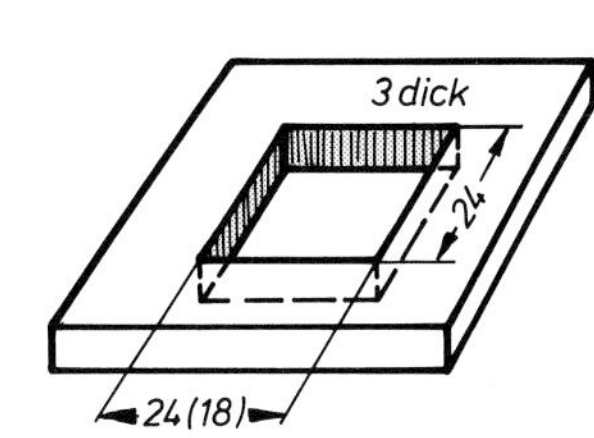

Gesucht:
a) Legen Sie die Trennfläche rot an!
b) Wie groß ist die Schneidkraft bei $\tau_B = 320\ N/mm^2$?

32.9 Lochschnitt

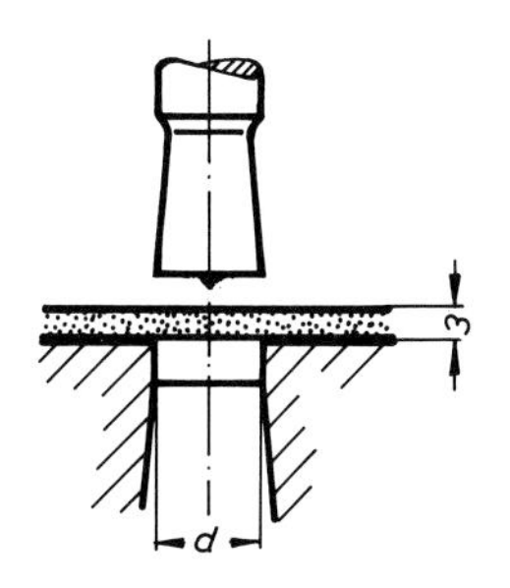

Gesucht:
Schneidkraft für kreisförmige Ronden von 18, 33 und 48 mm Durchmesser aus Tiefziehblech St 13 04
$\tau_B = 300\ N/mm^2$.

32.10 Schneidkraft bei stumpfem bzw. scharfem Werkzeug

scharf stumpf

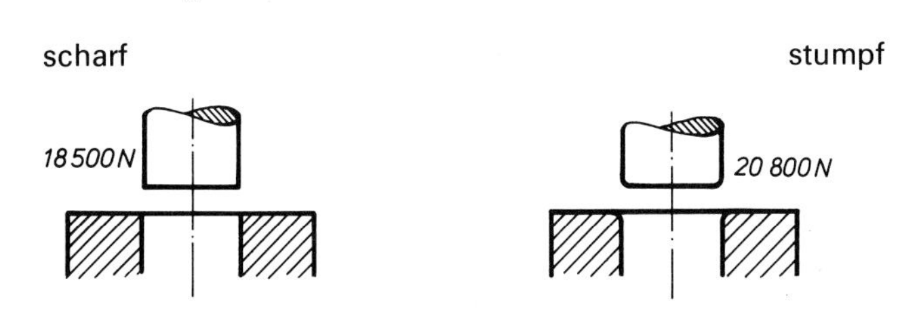

Stempeldurchmesser 20 mm, Werkstoffdicke 1 mm.

Gesucht: Schubbeanspruchung beim Lochen in N/mm².

32.11 Scherkraft

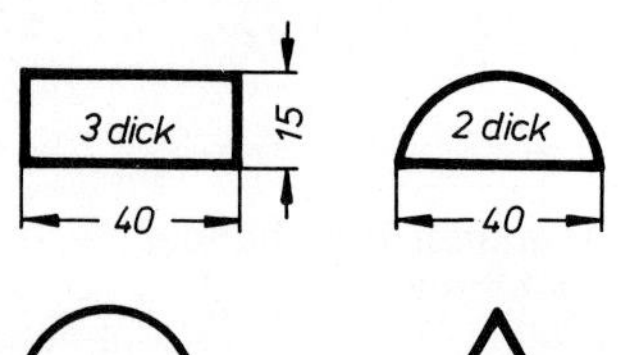

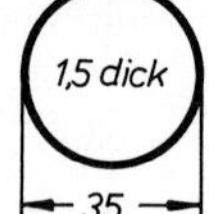

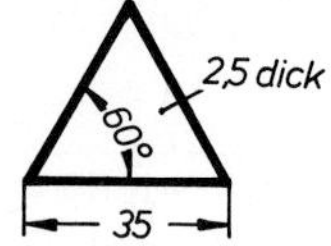

Werkstoff: St 50

Gesucht:
Scherkraft, wenn die Scherfestigkeit $\frac{4}{5}$ der Zugfestigkeit beträgt.

▶ 32.12 Kupplung mit 2 Stiften aus St 60

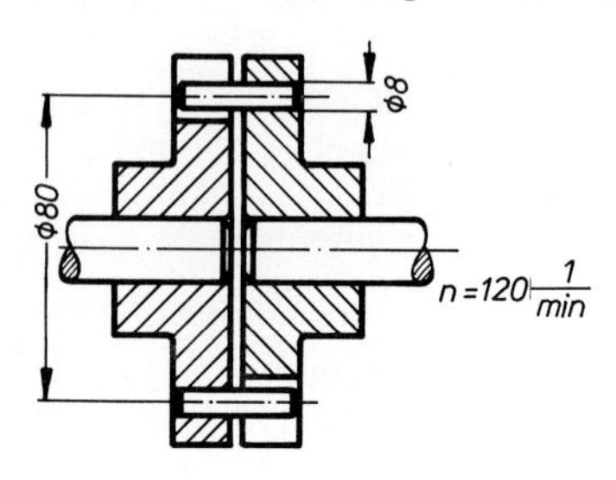

Gesucht:

a) Welche Kraft schert die beiden Stifte ab?
b) Übertragbare Leistung bei 8facher Sicherheit, wenn nur auf Abscherung gerechnet wird.

32.13 Griff befestigt mit Paßstift aus St 60

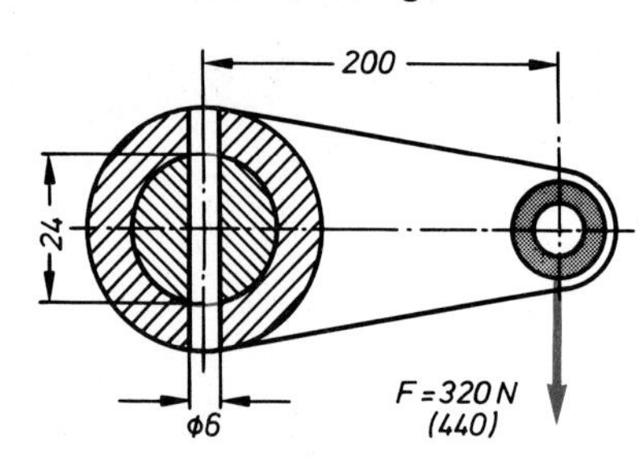

Gesucht:

a) Scherspannung in den belasteten Querschnitten.
b) Sicherheitszahl.

32.14 Eingeklebter Kugelgriff

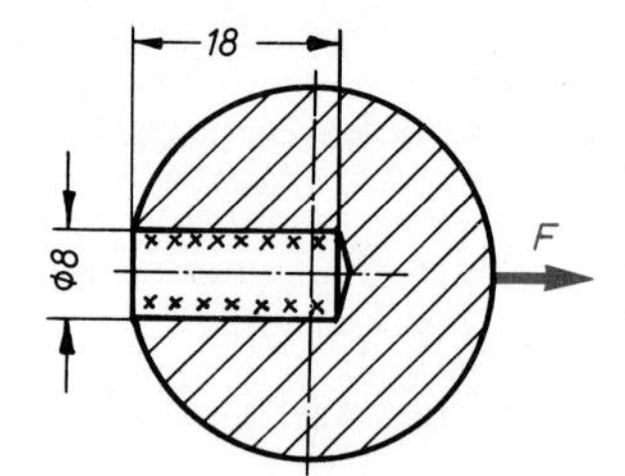

Die geklebte Fläche ist in der Schnittzeichnung durch × × × gekennzeichnet.
Die Scherfestigkeit in der Klebnaht wird mit $\tau = 20\ \mathrm{N/mm^2}$ angenommen.

Gesucht:

a) Kraft, mit der der Griff abgezogen werden kann.
b) Zulässige Zugkraft *F*, wenn ein 8fache Sicherheit gewählt wird.

32.15 Armband einer Uhr

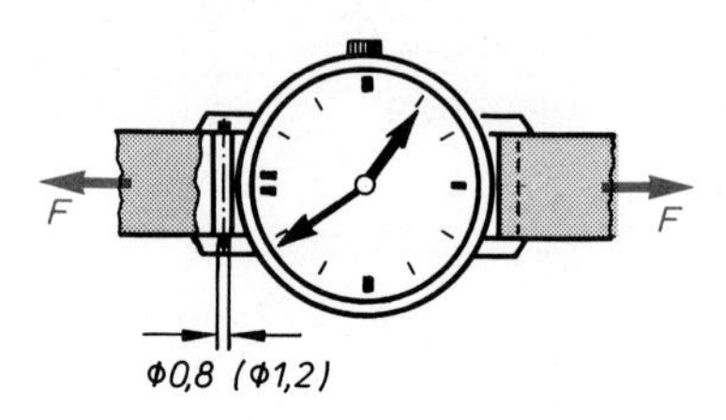

Die Steckstifte zur Verbindung von Gehäuse und Armband einer Uhr sind aus St 60.

a) Wievielschnittig ist die Verbindung an den Steckstiften?
b) Wie hoch kann die Zugkraft *F* werden, wenn ein Sicherheitsfaktor ν von 2,5 angesetzt werden soll?
c) Kraft *F* bei Bruch?

32.16 Abdeckblech aus St 42

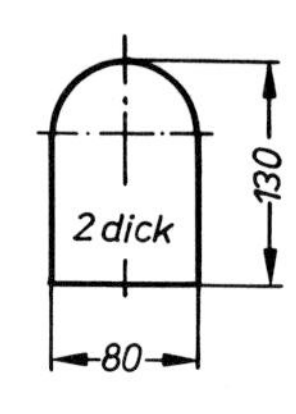

Gesucht:

a) Trennfläche.
b) Erforderliche Scherkraft.

33 Biegung

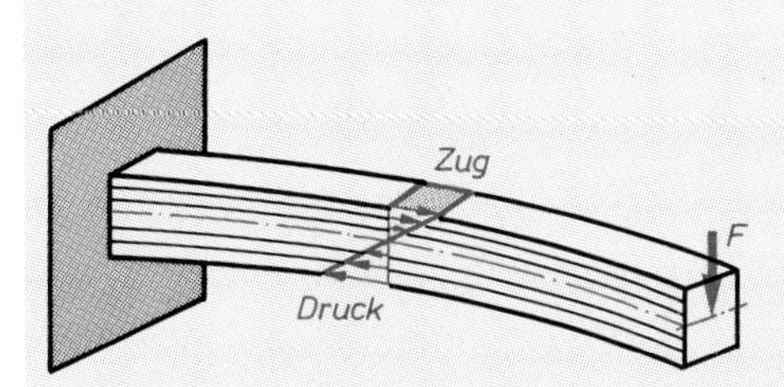

Ein einseitig eingespannter Träger (siehe Skizze) wird bei Belastung durch die Kraft F gebogen. Die Biegebeanspruchung bewirkt im oberen Teil des Trägers Dehnungen (Zugspannungen) und im unteren Teil Stauchungen (Druckspannungen). In der Mitte liegt die neutrale Faser. Sie unterliegt keiner Spannung.

Bei der Berechnung auf Biegebeanspruchung wird die größte Spannung am gefährdeten Querschnitt berechnet:

$$\text{Spannung} = \frac{\text{Biegemoment}}{\text{Widerstandsmoment}}$$

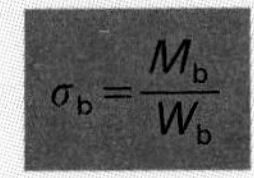

$$\sigma_b = \frac{M_b}{W_b}$$

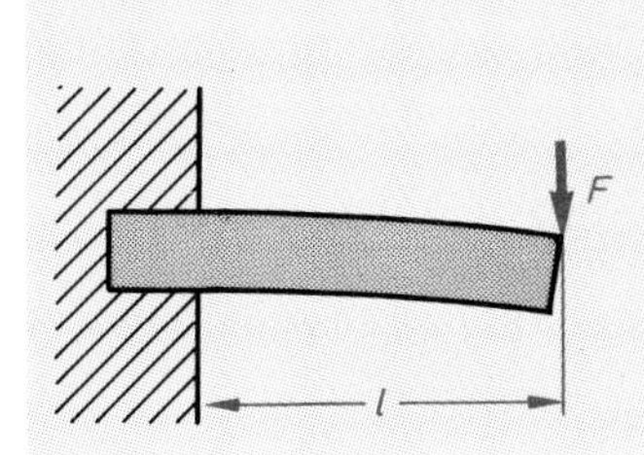

Bezeichnungen:

F	Kraft
$\sigma_{b\,zul}$	Zulässige Biegespannung
M_b	Biegemoment
W_b	Widerstandsmoment
l	Abstand der Kraft vom Unterstützungspunkt oder evtl. der Abstand der zwei Stützen

Es ist für die Rechnung zweckmäßig, alle Maße in cm einzusetzen.

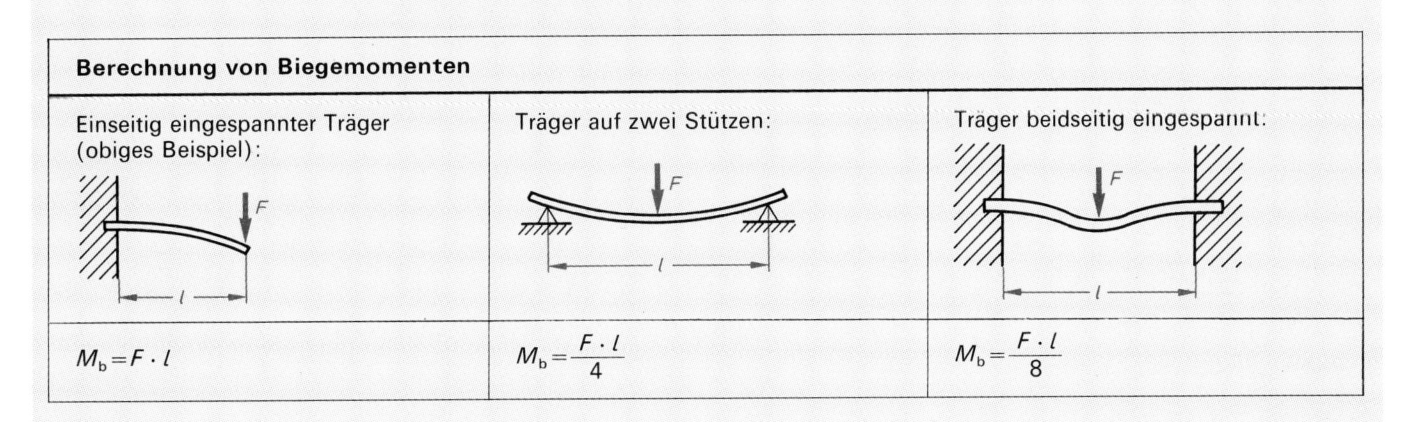

Berechnung von Biegemomenten		
Einseitig eingespannter Träger (obiges Beispiel):	Träger auf zwei Stützen:	Träger beidseitig eingespannt:
$M_b = F \cdot l$	$M_b = \frac{F \cdot l}{4}$	$M_b = \frac{F \cdot l}{8}$

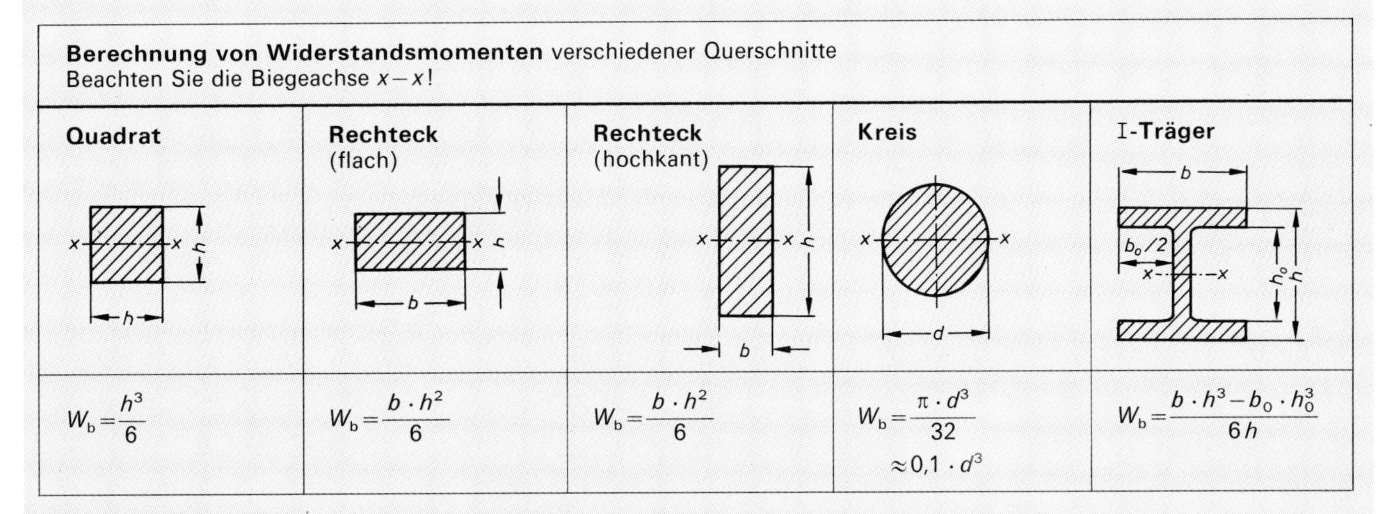

Berechnung von Widerstandsmomenten verschiedener Querschnitte
Beachten Sie die Biegeachse $x-x$!

Quadrat	Rechteck (flach)	Rechteck (hochkant)	Kreis	I-Träger
$W_b = \frac{h^3}{6}$	$W_b = \frac{b \cdot h^2}{6}$	$W_b = \frac{b \cdot h^2}{6}$	$W_b = \frac{\pi \cdot d^3}{32}$ $\approx 0{,}1 \cdot d^3$	$W_b = \frac{b \cdot h^3 - b_0 \cdot h_0^3}{6h}$

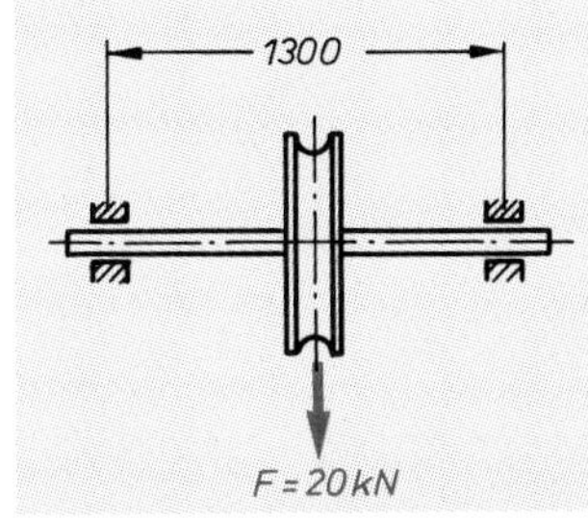

Beispiel: Seilscheibenwelle für einen Aufzug

Bei einem Lagermittenabstand von 1300 mm ist mit einer Belastung der Seilscheibe mit $F = 20$ kN zu rechnen. Die Lagerstellen dürfen nicht als feste Einspannung angenommen werden.
Als Werkstoff für die Welle wird St 60 verwendet ($\sigma_{zul} = 120\ \text{N/mm}^2 = 12\,000\ \text{N/cm}^2$).
Wie groß muß der Wellendurchmesser gewählt werden?

Lösung: $\sigma_b = \frac{M_b}{W_b} \rightarrow W_b = \frac{M_b}{\sigma_b} = \frac{F \cdot l}{\sigma_{zul} \cdot 4} = \frac{20\,\text{kN} \cdot 130\,\text{cm}}{12\,000\,\frac{\text{N}}{\text{cm}^2} \cdot 4} = 54{,}17\ \text{cm}^3$

$W_b = \frac{\pi \cdot d^3}{32}$

$W_b = \frac{\pi \cdot d^3}{32} \rightarrow d = \sqrt[3]{\frac{32 \cdot W_b}{\pi}} = \sqrt[3]{\frac{32 \cdot 54{,}17\ \text{cm}^3}{\pi}} = \mathbf{8{,}2\ cm}$

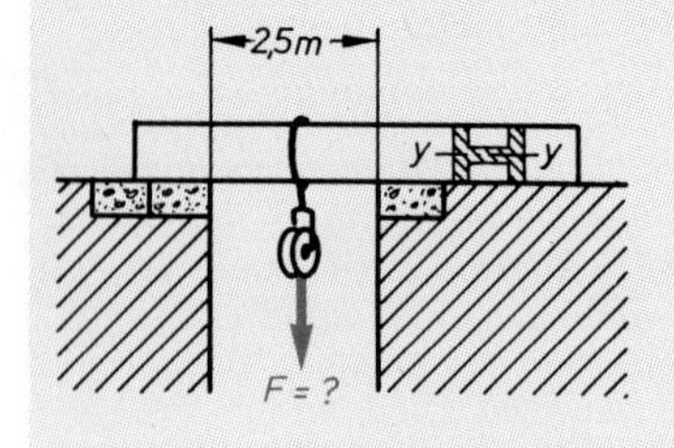

Beispiel: Quergelegter Träger für Seilrolle

Ein schmaler I-Träger nach DIN 1025 von 140 mm Höhe hat lt. Tabelle für Beanspruchung über die Biegeachse y—·—y ein Widerstandsmoment von $W_b = 10{,}7\ \text{cm}^3$. Der verwendete St 60 darf bei 10facher Sicherheit mit $\sigma_{zul} = 60\ \text{N/mm}^2$ belastet werden. Welche Kraft F ist maximal zulässig?

Lösung: $\sigma_b = \frac{M_b}{W_b} \rightarrow M_b = \sigma_{zul} \cdot W_b = 60\ \text{N/mm}^2 \cdot 10{,}7\ \text{cm}^3$

$= 6\,000\ \text{N/cm}^2 \cdot 10{,}7\ \text{cm}^3 = 64\,200\ \text{Ncm}$

$M_b = \frac{F \cdot l}{4} \rightarrow F = \frac{4 \cdot M_b}{l} = \frac{4 \cdot 64\,200\ \text{Ncm}}{250\ \text{cm}} = \mathbf{1027{,}2\ N}$

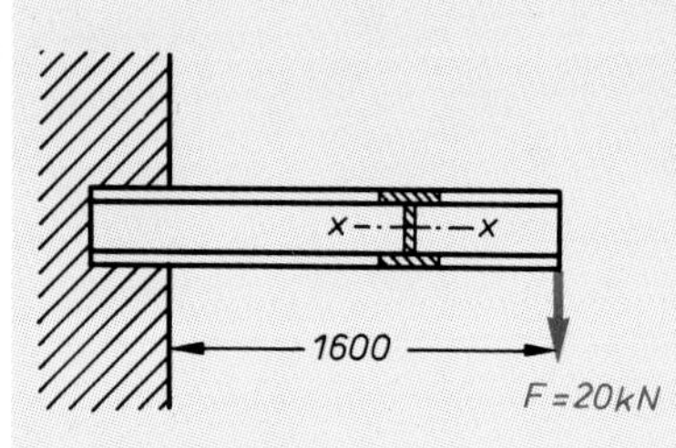

Beispiel: Einseitig eingespannter Träger

Der nebenstehende Träger I PB 120 nach DIN 1025 soll mit $F = 20\ \text{kN}$ belastet werden. Die zulässige Spannung $\sigma_{b\ zul}$ darf $60\ \text{N/mm}^2$ nicht überschreiten (St 60 für einen Sicherheitsfaktor $\nu = 10$).

In breit- und parallelflanschiger Ausführung hat der oben genannte Träger ein Widerstandsmoment W_b von $144\ \text{cm}^3$.

a) Mit welcher Kraft F darf der Träger belastet werden?

b) Darf die Kraft von $F = 20\ \text{kN}$ aufgebracht werden?

Lösung: a) $\sigma_b = \frac{M_b}{W_b} \rightarrow M_b = W_b \cdot \sigma_{zul} = 144\ \text{cm}^3 \cdot \frac{6\,000\ \text{N}}{\text{cm}^2} = 864\,000\ \text{Ncm}$ (60 N/mm² durchgestrichen)

$M_b = F \cdot l \rightarrow F = \frac{M_b}{l} = \frac{864\,000\ \text{Ncm}}{160\ \text{cm}} = \mathbf{5\,400\ N}$

b) Die Kraft von 20 kN darf nicht aufgebracht werden (etwa 4fach zulässige Kraft).

Aufgaben zu Biegung

33.1 Einseitig eingespannter Träger

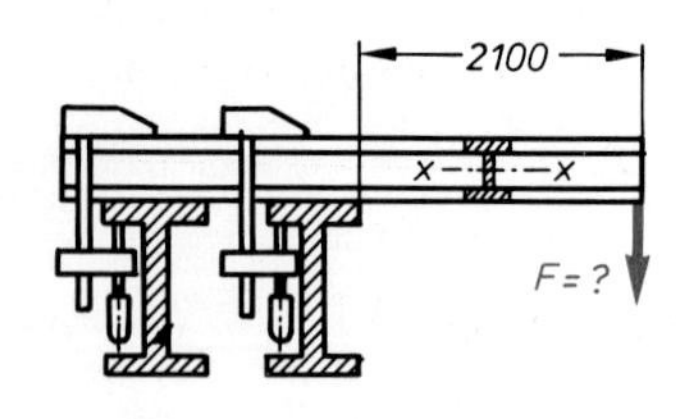

Ein breit- und parallelflanschiger Träger nach DIN 1025 hat eine Höhe von 160 mm und lt. Tabelle ein Widerstandsmoment von $W_b = 311\ \text{cm}^3$ in der x— · —x-Achse.
σ_{zul} ist $8\,000\ \text{N/cm}^2$.

Wie groß darf die Kraft F werden?

Die Belastung der Schraubzwingen muß getrennt untersucht werden.

33.2 I-Träger für Seilzug

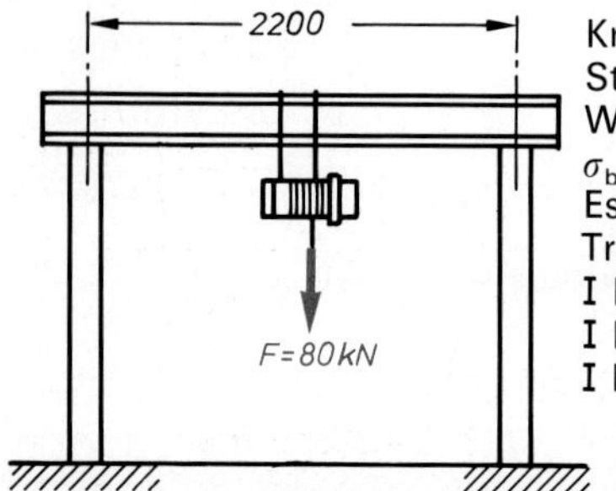

Kraft: $F = 80\ \text{kN}$
Stützenabstand: 2,4 m
Werkstoff: St 60
$\sigma_{b\ zul} = 6\,400\ \text{N/cm}^2$
Es stehen folgende Träger zur Verfügung
I PB 180: $W_b = 426\ \text{cm}^3$
I PB 200: $W_b = 570\ \text{cm}^3$
I PB 220: $W_b = 736\ \text{cm}^3$

33.3 Ein einbetonierter Flachstahl

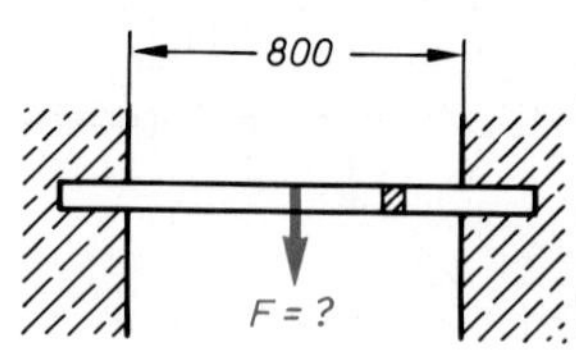

aus St 34 mit einem Querschnitt von 40 mm × 40 mm soll gemäß Skizze eine Kraft F aufnehmen.

Gesucht:
Zulässige Kraft F bei einer Sicherheitszahl $\nu = 10$.

33.4 Kraft an einer Stahlwelle

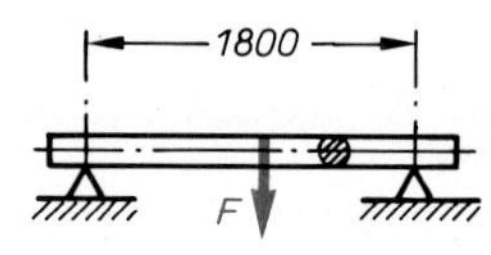

Eine Welle aus St 60 von 60 mm Durchmesser soll mittig eine Kraft F aufnehmen. Es ist mit einer 10fachen Sicherheit zu rechnen.

Welche Kraft F darf aufgebracht werden?

33.5 Rundstahl von 8 mm Durchmesser in der Betonwand

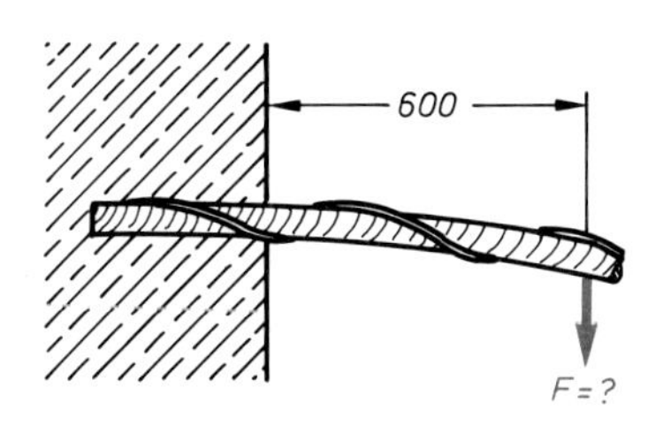

Betonstahl I hat nach DIN 1045 eine Streckgrenze $R_e = 22$ daN/mm². Bei 3facher Sicherheit ist: $\sigma_{zul} = 73{,}33$ N/mm² $= 7\,333$ N/cm².

Welche Kraft F darf in 600 mm Entfernung von der Betonwand aufgebracht werden, ohne daß der Rundstahl verbogen wird?

33.6 Gewinde lösen

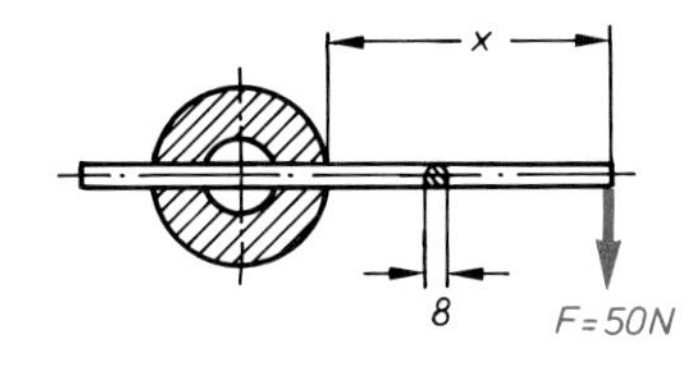

Eine eingeschraubte Hülse hat zum Anziehen und Lösen eine Durchgangsbohrung gemäß Skizze. Es wird ein Präzisionsrundstahl von 8 mm ⌀ durchgesteckt. Die Zugfestigkeit ist $R_m = 85$ daN/mm².

Welche Länge x darf gewählt werden, wenn mit einer Sicherheitszahl $\nu = 2$ gerechnet wird?

34 Berechnungen für Schneidwerkzeuge

Streifenausnutzung

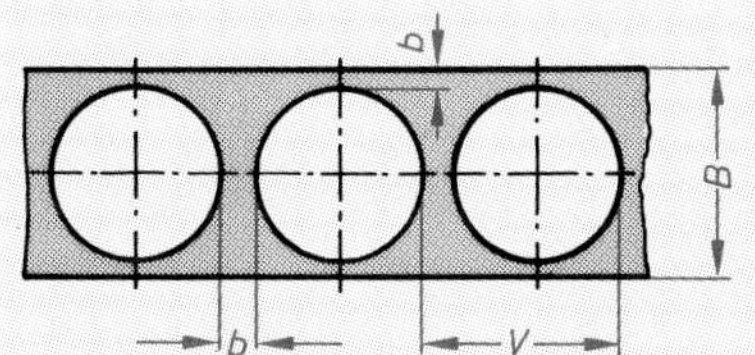

Bei der Mengenfertigung von Werkstücken muß die kleinste Streifenbreite B berechnet werden. Allerdings ist zwischen den ausgeschnittenen Teilen ein Steg b erforderlich.

Bezeichnungen: b Stegbreite
B Streifenbreite
v Vorschub

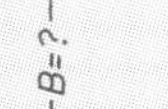

Beispiel: Streifenausnutzung

Es sind Scheiben von 30 mm ⌀ auszuschneiden.
Lt. Tabellenbuch ist für eine Blechdicke von 2 mm eine Stegbreite von 2,4 mm vorzusehen.
a) Wie groß ist die Streifenbreite?
b) Welcher Vorschub ist zu wählen?

Lösung: a) $B = D + 2b = 30\text{ mm} + 2 \cdot 2{,}4\text{ mm} = \mathbf{34{,}8\text{ mm}}$ b) $v = l + b = 30\text{ mm} + 2{,}4\text{ mm} = \mathbf{32{,}4\text{ mm}}$

Schneidspiel

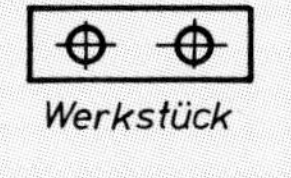
Werkstück

Bei Schneidwerkzeugen ist ein Stempelspiel zwischen Schneidplatte und Stempel Sp vorzusehen. Es beträgt ungefähr 2 bis 5% der Blechdicke.
Beim Lochen erhält der Stempel das Sollmaß. Es entspricht dem Nennmaß des Loches (linkes Bild).
Beim Ausschneiden erhält die Schnittplatte das Sollmaß (rechtes Bild).

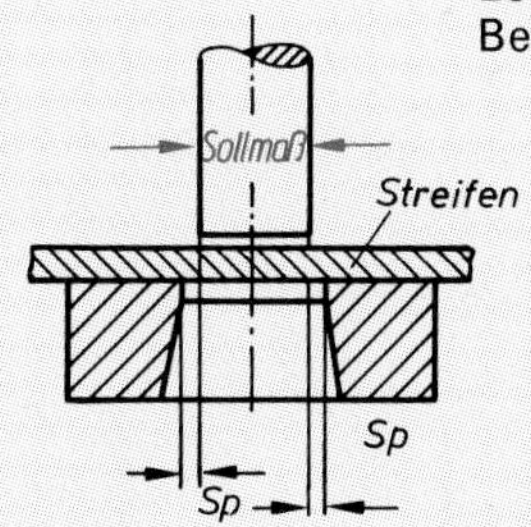

Lochen

Werkstück

Sp Sp

Sollmaß

Ausschneiden

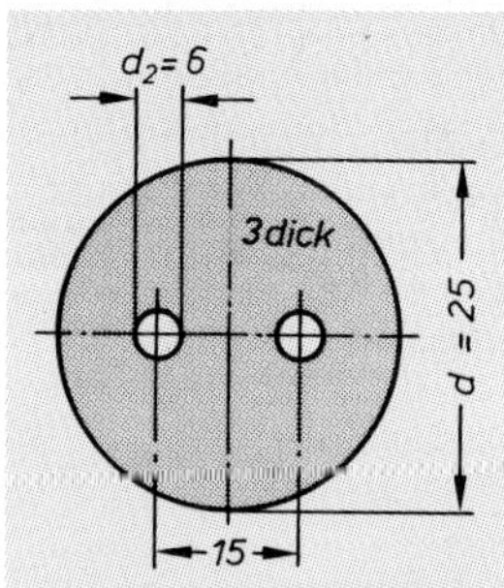

Beispiel: Durchmesser der Stempel

Nebenstehendes Werkstück aus Stahl ist zu fertigen. Es ist ein Schneidspiel von 2,5% vorzusehen.
a) Wie groß muß das Schneidspiel sein?
b) Wie groß ist der Durchmesser des Stempels für den Außendurchmesser?
c) Welcher Stempeldurchmesser ist für die kleinen Stempel zu wählen?

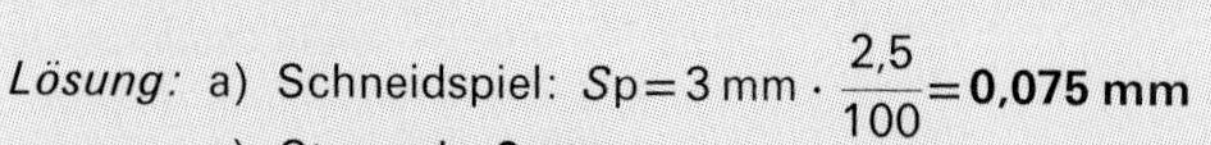

Lösung: a) Schneidspiel: $Sp = 3\,\text{mm} \cdot \frac{2,5}{100} = \mathbf{0,075\,mm}$ b) $D = d_1 - 2Sp = 25\,\text{mm} - 2 \cdot 0,075\,\text{mm} = \mathbf{24,85\,mm}$

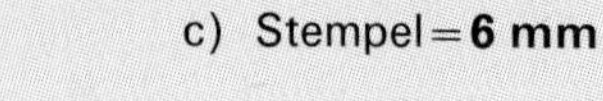

c) Stempel = **6 mm**

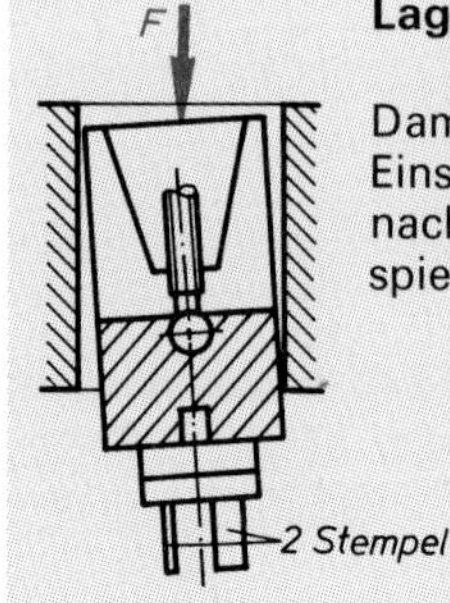

Lage des Einspannzapfens

Damit ein Verkanten des Pressenstößels vermieden wird (siehe nebenstehende Skizze), muß die Achse des Einspannzapfens im Kräftemittelpunkt aller Stempelkräfte liegen. Die Ermittlung des Kräftemittelpunktes erfolgt nach dem Hebelgesetz. Die Berechnung kann entweder über die jeweiligen Schnittkräfte der Stempel (Beispiel 1) oder über die Länge der Schneidkanten (Beispiel 2) erfolgen.

Pressenstößel verkantet

Quadratische Scheiben mit zylindrischem Durchgangsloch

Folgeschneidwerkzeug

Mit einem Folgeschneidwerkzeug – wie im links skizzierten Bild – sollen quadratische Scheiben gemäß folgender Skizze ausgeschnitten werden

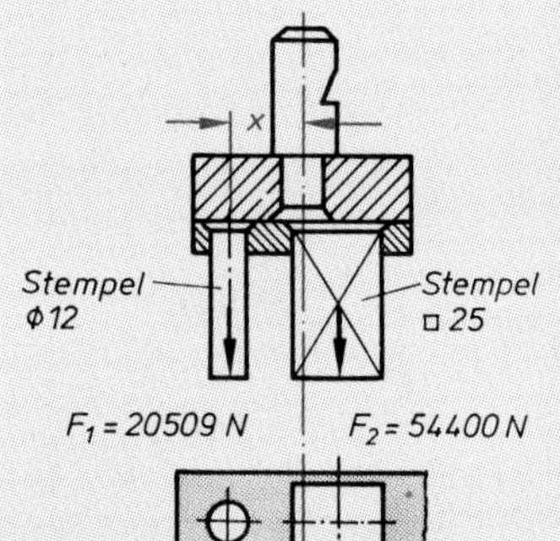

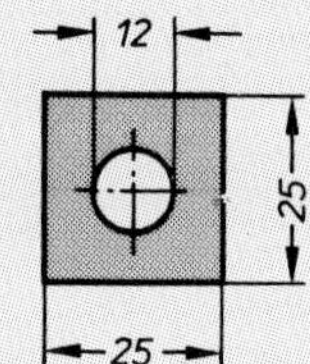

Werkstoff: Stahl 1,5 mm dick

Bei einer Stegbreite von 2,4 mm ist der Vorschub 27,4 mm.

Gesucht:
Abstand x_1 des Einspannzapfens zum Mittelpunkt des kleinen zylindrischen Stempels.

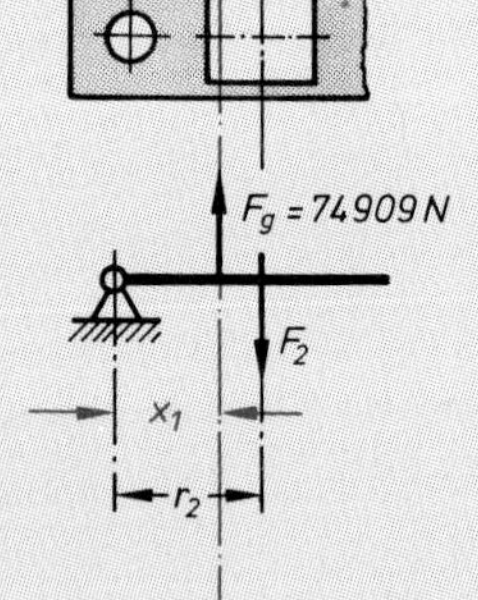

Beispiel 1: Ermittlung über die Schneidkräfte

Der Drehpunkt wird z. B. in Angriffspunkt der Schneidkraft des zylindrischen Stempels gelegt. Nach dem Hebelgesetz gilt dann:

Lösung: $F_1 \cdot x_1 = F_2 \cdot r_2$ oder $x_1 = \frac{F_2 \cdot r_2}{F} = \frac{54\,400\,\text{N} \cdot 27,4\,\text{mm}}{74\,909\,\text{N}} = \mathbf{19,9\,mm}$

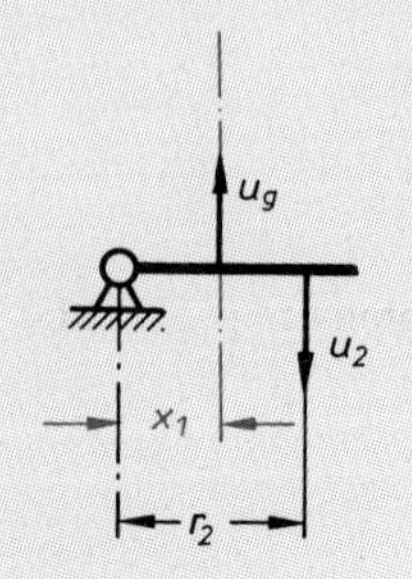

Beispiel 2: Ermittlung über die Stempelumfänge

Lösung:

Umfang des zylindrischen Vorlochers:

$U_1 = d \cdot \pi = 12\,\text{mm} \cdot 3,14 = 37,7\,\text{mm}$

Umfang des quadratischen Hauptstempels:

$U_2 = 4 \cdot a = 4 \cdot 25\,\text{mm} = 100,0\,\text{mm}$

$U_g = U_1 + U_2 = 137,7\,\text{mm}$

Nach dem Hebelgesetz ist:

$U_g \cdot x_1 = U_2 \cdot r_2$

oder $x_1 = \frac{U_2 \cdot r_2}{U_g} = \frac{100\,\text{mm} \cdot 27,4\,\text{mm}}{137,7\,\text{mm}} = \mathbf{19,9\,mm}$

34.1 Distanzstück aus Aluminium

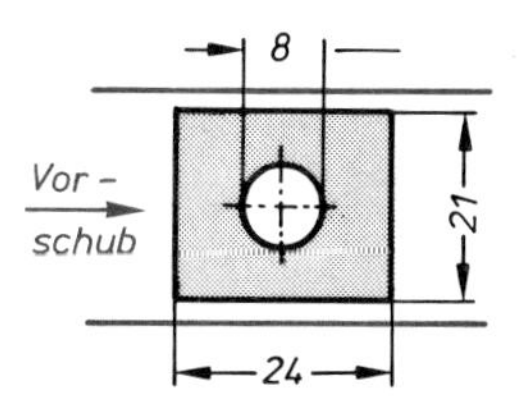

Schneidspiel 4% je Schneidkante

a) Welche Maße müssen die zu verwendenden Stempel haben?
b) Berechnen Sie den Streifenvorschub und die Streifenbreite, wenn der Steg 3,6 mm breit werden soll.

34.2 Scheibe 8,4 nach DIN 125

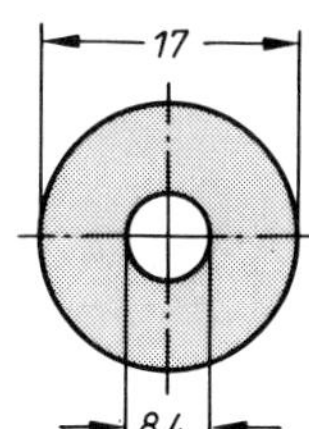

Obengenannte Scheiben für M 8-Schrauben sind wegen Lieferschwierigkeiten nicht zu beziehen. Sie sollen mit einem Schneidwerkzeug hergestellt werden. Werkstoff: Stahl 1,6 mm dick.

a) Welche Streifenbreite ist bei einer Stegbreite von 1,5 mm erforderlich?
b) Welcher Stempeldurchmesser ist für den großen Stempel notwendig, wenn ein Schneidspiel von 2,5% angesetzt wird?
c) Stempeldurchmesser für den kleinen Stempel?

34.3 Winkel aus St 34

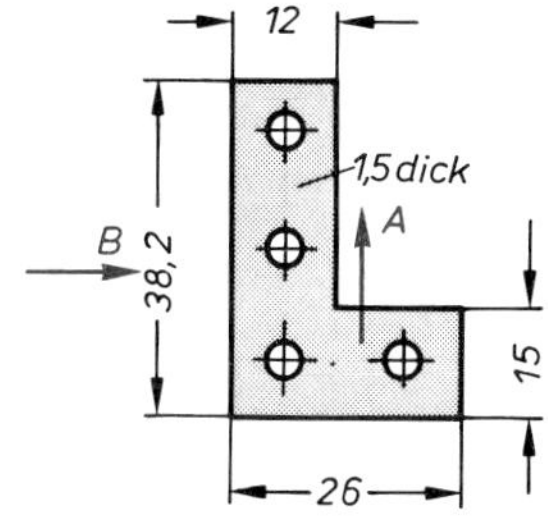

Nebenstehend skizzierte Winkel sollen ausgeschnitten werden. Der Streifenvorschub kann in Richtung A und B erfolgen. Als Stegbreite wird 2 mm angenommen.

Gesucht:
a) Streifenbreite B.
b) Vorschub v.

34.4 Wendeschneiden

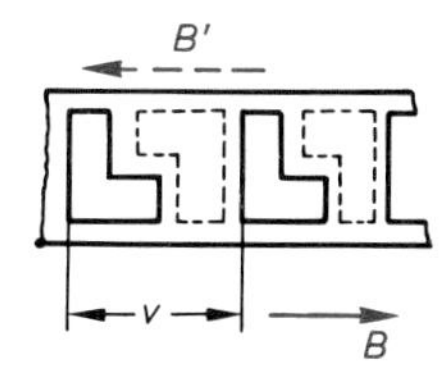

Der Winkel aus der Aufgabe 34.3 soll durch Wendeschneiden hergestellt werden. Der Streifenvorschub soll in Richtung B erfolgen.

Gesucht:
a) Vorschub.
b) Streifenbreite.

34.5 Stempel- und Streifenberechnung

Eine Unterlagscheibe (Scheibe nach DIN 125) von 5,8 mm Innen- und 10 mm Außendurchmesser soll aus einem Blechstreifen aus Stahl von 1 mm Dicke ausgeschnitten werden. Die Stegbreite wird mit 1,5 mm angenommen.

a) Wie groß ist der Vorschub?
b) Wie groß ist die Streifenbreite?
c) Wie groß sind die Stempeldurchmesser? (Stempelspiel: 0,05 mm)

► 34.6 Platinen zweireihig ausschneiden

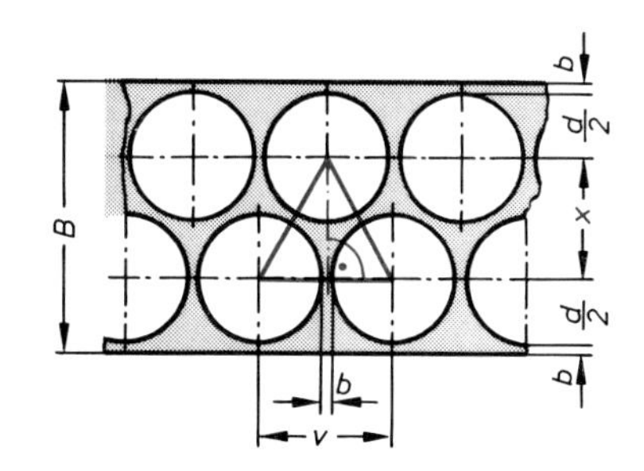

Platinendurchmesser:
$d = 8$ (11) mm
Stegbreite:
$b = 1{,}4$ mm

Gesucht:
a) Vorschub.
b) Maß x.
c) Streifenbreite.

34.7 Lage des Einspannzapfens

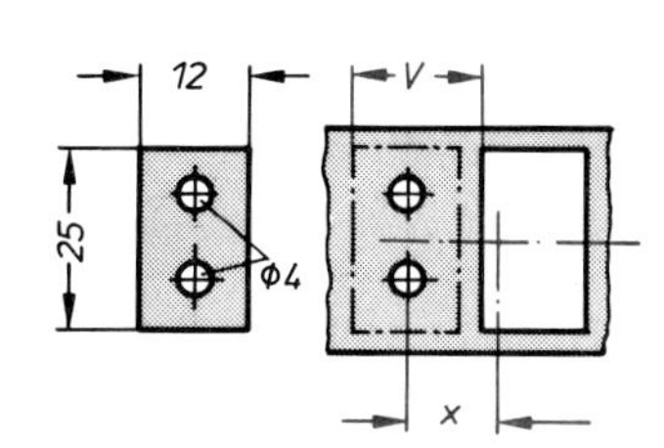

bei einem Folgeschneidwerkzeug wie Skizze.
Stegbreite: 1,8 mm

Gesucht:
a) Vorschub v.
b) Maß x.

34.8 Folgeschneidwerkzeug für Grundplatte

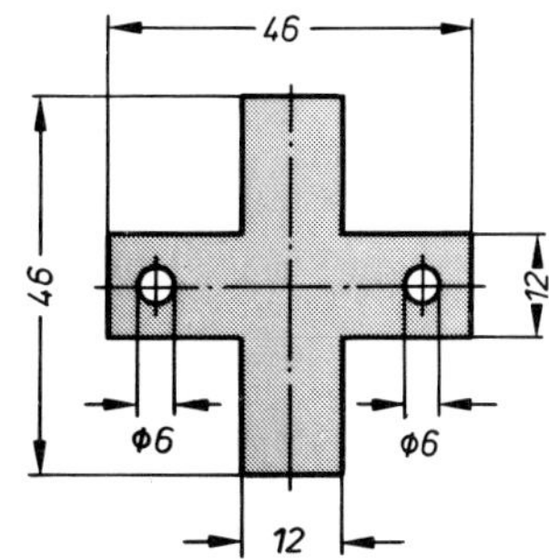

Nebenstehende Grundplatte wird mit einem Vorschub von 48,2 mm in einem Folgeschneidwerkzeug ausgeschnitten.

Gesucht:
a) Umfang der beiden Vorlocher.
b) Umfang des Hauptstempels.
c) Abstand des Einspannzapfens zum Vorlocher.

35 Mechanische Arbeit

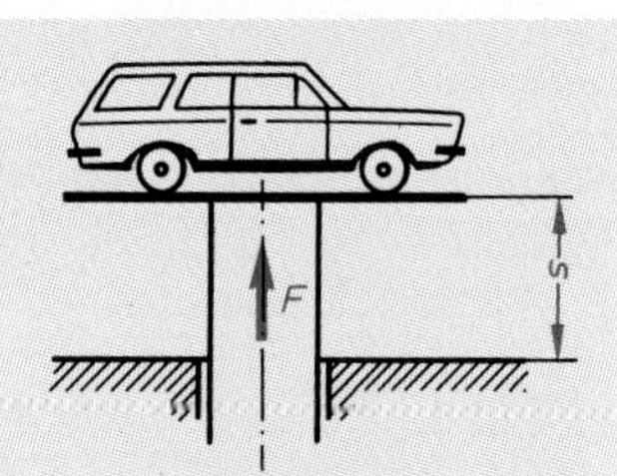

Beim Heben eines Fahrzeugs mit einer Hebebühne wird mechanische Arbeit verrichtet. Auf das Fahrzeug wirkt eine Hubkraft F, wobei es einen Weg s zurücklegt. Die Arbeit ist um so größer, je größer die Kraft und je größer der Weg sind.

Mechanische Arbeit = Kraft × Weg $\quad W = F \cdot s$

Beispiel: Hebebühne

Ein Fahrzeug mit der Gewichtskraft $F = 9{,}6$ kN wird mit einer Hebebühne auf eine Höhe von 1,8 m gehoben. Welche Arbeit ist zu verrichten?

Lösung: $W = F \cdot s \quad W = 9600\ \text{N} \cdot 1{,}8\ \text{m} = \mathbf{17\,280\ Nm}$

Einheiten: Aus dem Beispiel ergibt sich als Einheit für die Arbeit: Newton × Meter = **Nm**

1 Nm = 1 J (Joule, sprich: dschul) — Joule, englischer Physiker (1818–1889)

1 J = 1 Ws (Wattsekunde)

Bezeichnungen:

W Arbeit
F Kraft
s Weg

■ Aufgaben zur mechanischen Arbeit

35.1

Kran

4 m

2600 N

Behälter füllen

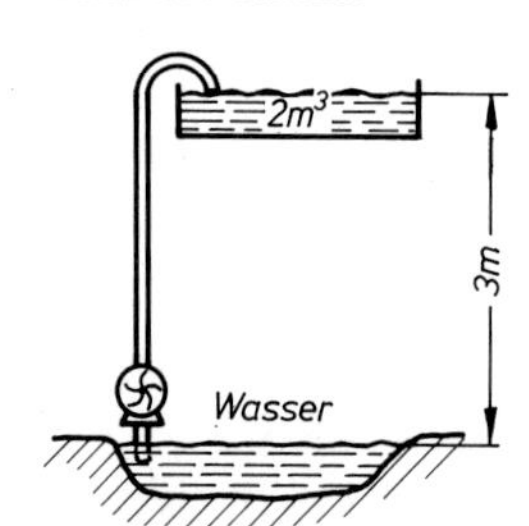

Gesucht: Erforderliche mechanische Arbeit in kNm.

35.2 Seilrolle

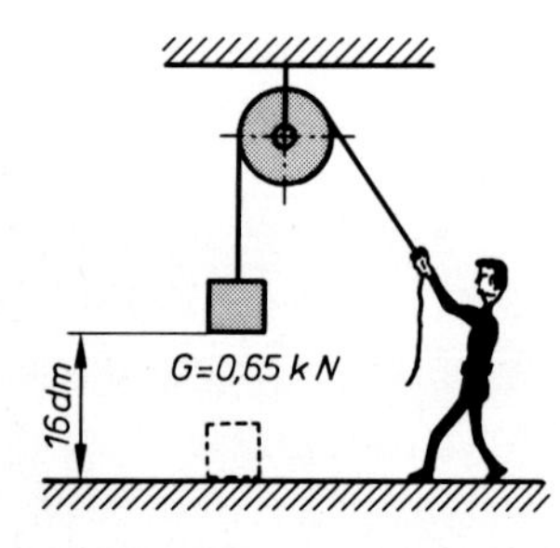

Berechnen Sie die Hubarbeit in Nm und kJ.

► 35.3 Aufzug für den Fernsehturm

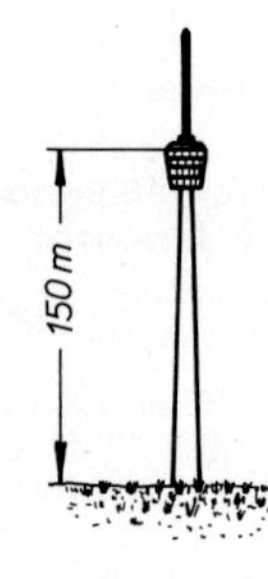

Der Aufzug ist ausgelegt für eine mechanische Arbeit von 2,4 MJ.

Wieviel Personen dürfen zusteigen, wenn die Kabine mit 1,5 kN und eine Person mit 750 N Gewichtskraft angesetzt werden?

35.4 Hebebühne

Eine Hebebühne kann bis zu 28,5 kJ Arbeit verrichten und dabei das Fahrzeug 1,9 m heben.

Welche Kraft ist erforderlich?

35.5 Pumpspeicherwerk Glems

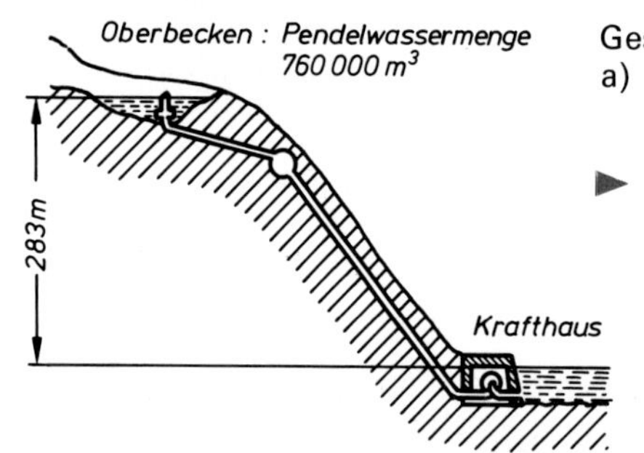

Gesucht:
a) Mechanische Arbeit der Pendelwassermenge.
► b) Gespeicherte elektrische Arbeit in kWh.

35.6 Hubarbeit im Walzwerk

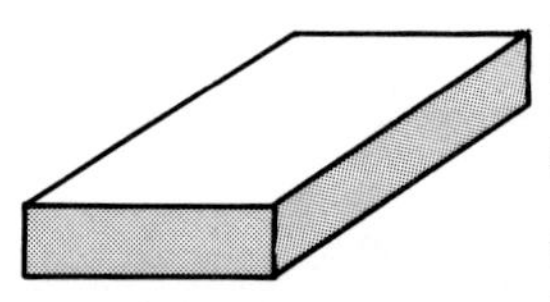

Die Stahlbramme wird aus einem Tiefofen mit einem Kran 6,8 m hoch gehoben.

Welche Hubarbeit in kNm ist notwendig?

Maße: 1 000 mm × 650 mm × 250 mm
St 60

$\varrho = 7{,}85\ \frac{\text{kg}}{\text{dm}^3}$

35.7 Kranarbeit mit U-Stahl

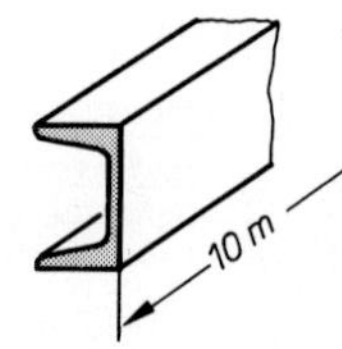

U 400 DIN 1026 – St 37.2
(siehe Tabellenbuch)

Wie hoch wird der Träger gehoben, wenn eine Arbeit von $W = 25{,}13$ kJ verrichtet wird?

► 35.8 Beschleunigungskraft

Zum Beschleunigen eines PKW von 0 auf 60 km/h ist eine mechanische Arbeit von 0,165 MJ erforderlich. Der Beschleunigungsweg ist 110 m lang.

Wie groß ist die Antriebskraft?

36 Mechanische Leistung und Wirkungsgrad

Kann ein Fahrzeug auf einer Hebebühne in 15 Sekunden, auf einer anderen Hebebühne jedoch in 10 Sekunden auf die gleiche Höhe gehoben werden, ist die verrichtete Arbeit $W = F \cdot s$ an beiden Hebebühnen gleich. Die Leistungen aber sind unterschiedlich. Je kürzer die Zeit für eine Arbeit ist, desto größer ist die Leistung. Daraus folgt: **Leistung ist Arbeit in der Zeiteinheit.**

$$\text{Leistung} = \frac{\text{Arbeit}}{\text{Zeit}} \qquad P = \frac{W}{t}$$

$$W = F \cdot s$$

$$\text{Leistung} = \frac{\text{Kraft} \times \text{Weg}}{\text{Zeit}} \qquad P = \frac{F \cdot s}{t}$$

$$\frac{s}{t} = v$$

$$\text{Leistung} = \text{Kraft} \times \text{Geschwindigkeit} \qquad P = F \cdot v$$

Bezeichnungen:

P	Leistung	s	Weg
W	Arbeit	t	Zeit
F	Kraft	v	Geschwindigkeit

Beispiel: Hebebühne

Wie groß ist die Leistung einer Hebebühne, wenn ein Fahrzeug mit der Gewichtskraft $F = 9{,}6$ kN in 10 Sekunden 1,8 m hoch gehoben wird?

Lösung: $P = \frac{W}{t} = \frac{F \cdot s}{t}$ $\qquad P = \frac{9600\ \text{N} \cdot 1{,}8\ \text{m}}{10\ \text{s}} = \mathbf{1728\ \frac{Nm}{s}}$

Einheiten: Aus dem Beispiel ergibt sich als Einheit für die Leistung: $\frac{\text{Newton} \times \text{Meter}}{\text{Sekunde}} = \frac{\text{Nm}}{\text{s}}$

$$1\ \frac{\text{Nm}}{\text{s}} = 1\ \frac{\text{J}}{\text{s}} \qquad 1\ \frac{\text{kNm}}{\text{s}} = 1\ \frac{\text{kJ}}{\text{s}}$$

$$1\ \frac{\text{J}}{\text{s}} = 1\ \frac{\text{Nm}}{\text{s}} = 1\ \text{W (Watt)} \qquad 1\ \frac{\text{kJ}}{\text{s}} = 1\ \frac{\text{kNm}}{\text{s}} = 1\ \text{kW (Kilowatt)}$$

Wirkungsgrad

Einer Maschine muß immer mehr Leistung zugeführt werden als sie abgibt. Die Verluste entstehen u.a. durch Reibung, Wärmeleitung und elektrische Widerstände. Das Verhältnis aus abgegebener Leistung zu zugeführter Leistung heißt Wirkungsgrad η (sprich: eta).

$$\text{Wirkungsgrad} = \frac{\text{abgegebene Leistung}}{\text{zugeführte Leistung}} \qquad \eta = \frac{P_{ab}}{P_{zu}}$$

Bezeichnungen:

η	Wirkungsgrad
P_{ab}	abgegebene Leistung
P_{zu}	zugeführte Leistung

Die abgegebene Leistung ist immer kleiner als die zugeführte Leistung, somit ist der Wirkungsgrad η immer kleiner als 1 ($\eta < 1$). Der Wirkungsgrad η hat keine Einheit.

η wird auch in Prozent angegeben: $\eta = 0{,}8$ oder $\eta = 80\,\%$

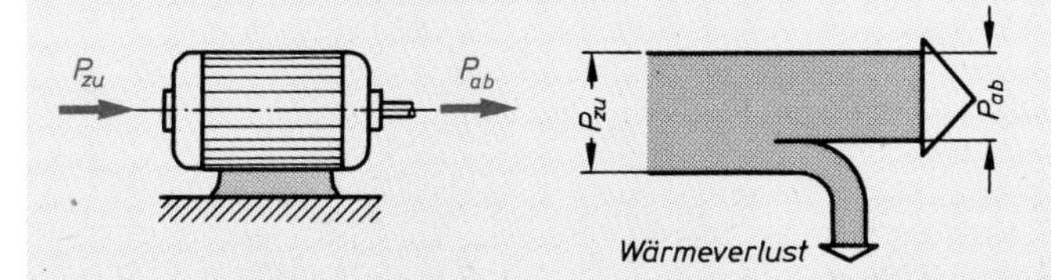

Beispiel 1: Motor

Einem Motor werden 4 kW Leistung zugeführt. Wie groß ist der Wirkungsgrad η, wenn 3 kW abgegeben werden?

Lösung: $\eta = \frac{P_{ab}}{P_{zu}} = \frac{3\ \text{kW}}{4\ \text{kW}} = \mathbf{0{,}75}$

Beispiel 2: Motor und Getriebe

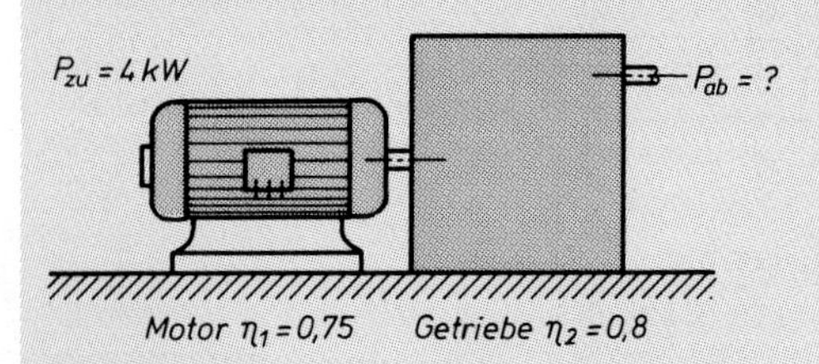

Berechnen Sie: a) die abgegebene Leistung des Motors
b) die abgegebene Leistung des Getriebes
c) den Gesamtwirkungsgrad η.

Lösung: a) $P_{ab\,M} = \eta_1 \cdot P_{zu\,M}$

$P_{ab\,M} = 0{,}75 \cdot 4\text{ kW}$

$P_{ab\,M} = \mathbf{3\ kW}$

b) $P_{ab\,M} = P_{zu\,G}$

$P_{ab\,G} = \eta_2 \cdot P_{zu\,G}$

$P_{ab\,G} = 0{,}8 \cdot 3\text{ kW} = \mathbf{2{,}4\ kW}$

c) $\eta = \dfrac{P_{ab\,G}}{P_{zu\,M}}$

$\eta = \dfrac{2{,}4\text{ kW}}{4\text{ kW}}$

$\eta = \mathbf{0{,}6}$

Der Gesamtwirkungsgrad η in Beispiel 2 ergibt sich auch als Produkt der Teilwirkungsgrade von Motor und Getriebe: $\eta = 0{,}75 \cdot 0{,}8 = 0{,}6$

Gesamtwirkungsgrad 

Wirkungsgrade	
Dampflokomotive	≈0,12
Ottomotor	≈0,25
Dieselmotor	≈0,34
Zahntrieb	≈0,95
Drehmaschine	≈0,70

■ Aufgaben zu mechanischer Leistung und Wirkungsgrad

36.1 Fernsehturmaufzug

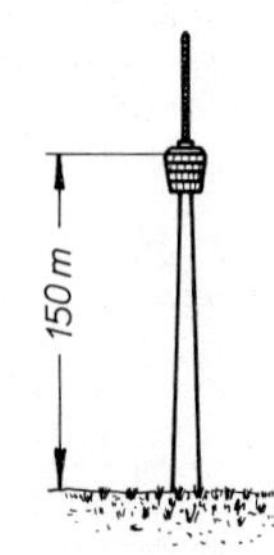

Fahrzeit: 37,5 Sekunden
Gewichtskraft der besetzten Kabine: 12 kN

Gesucht:
Leistungsbedarf in kW.

36.2 Elektrolaufkatze

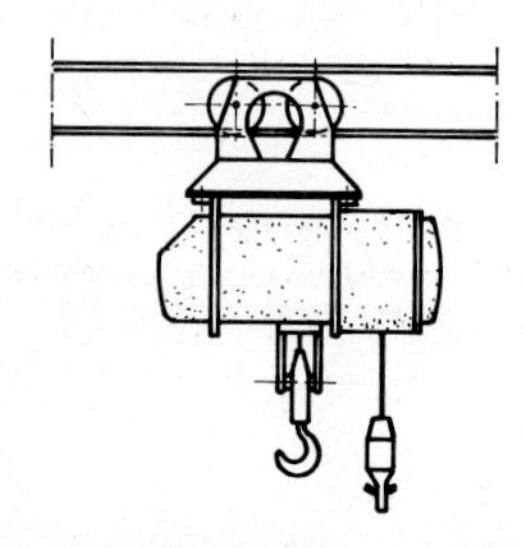

Tragkraft 30 kN,
Hubgeschwindigkeit
6 (7,5) m/min

Gesucht:
Erforderliche Antriebsleistung in kW.

36.3 Übertragbare Leistung eines Zahnriemens

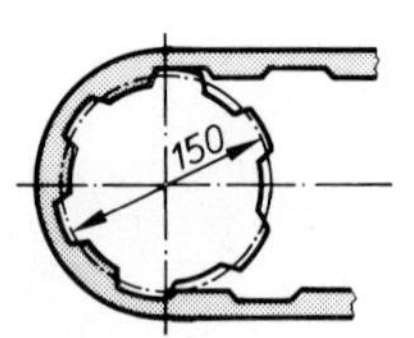

bei $n = 720\,\dfrac{1}{\text{min}}$

Der Riemen wird mit 360 N Zug belastet.

Gesucht:
Übertragbare Leistung.

36.4 Leistungsbedarf beim Drehen

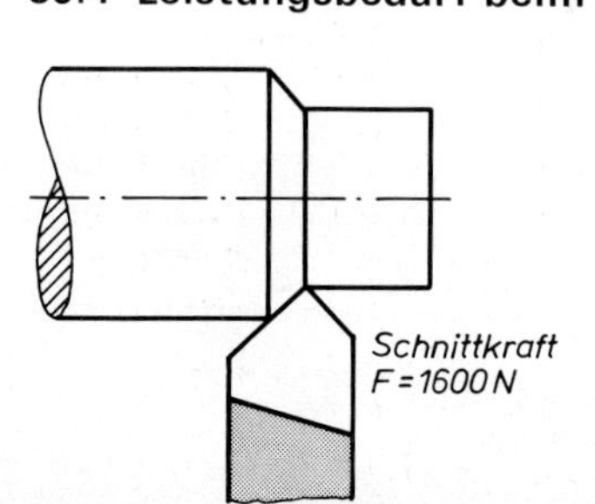

Drehzahl
$n = 48\ (180)$/min
Durchmesser
$d = 200\ (120)$ mm

Gesucht:
Leistungsbedarf am Werkstück in kW.

36.5 Gartenpumpe

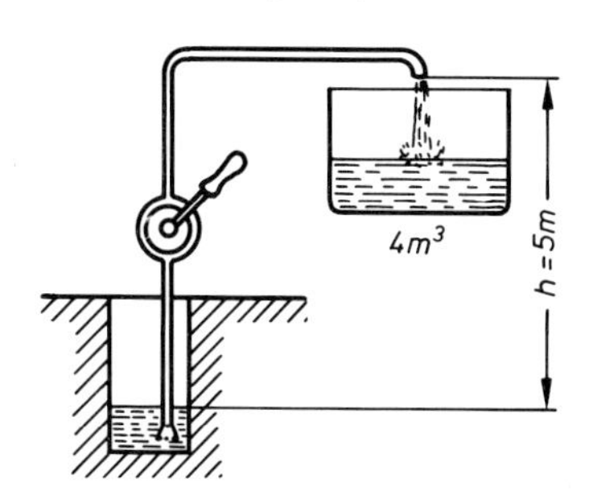

Füllzeit: $\frac{1}{2}$ (2) Stunden

Kann ein kräftiger Junge die Leistung aufbringen?

Anmerk.: Ein Mensch kann kurzzeitig 150 W leisten.

36.6 Wirkungsgrad eines Elektromotors

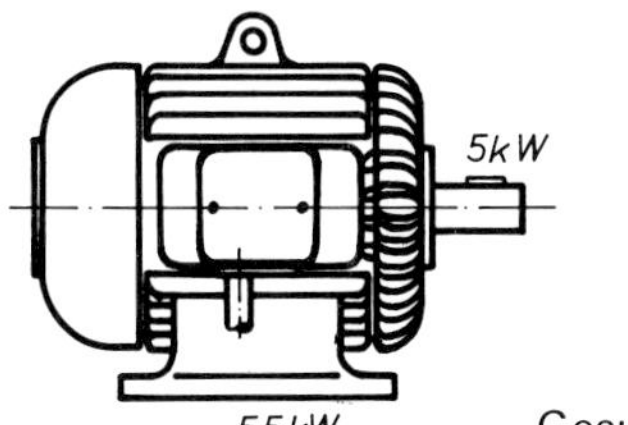

Gesucht: Wirkungsgrad.

36.7 Wirkungsgrad einer Untersetzung

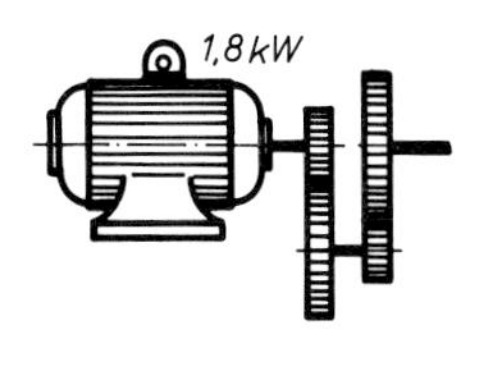

η für ein Stirnräderpaar 0,95.

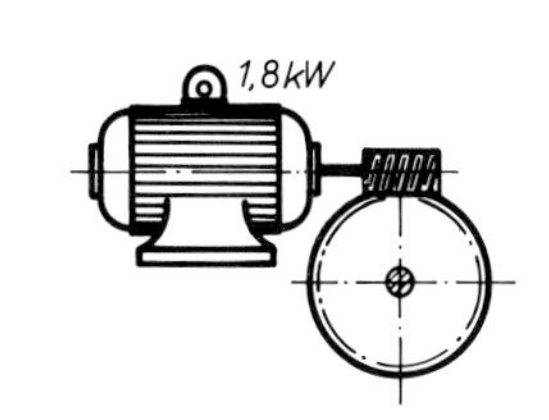

η für Schneckentrieb = 0,65

Gesucht:
Abgegebene Leistung.

36.8 Eine Kreiselpumpe

fördert 45 m³ Wasser pro Stunde auf einen 30 m hohen Wasserturm.
$\eta = 0{,}8$

Gesucht:
Antriebsleistung für die Pumpe in kW.

36.9 Getriebemotor für niedere Drehzahlen

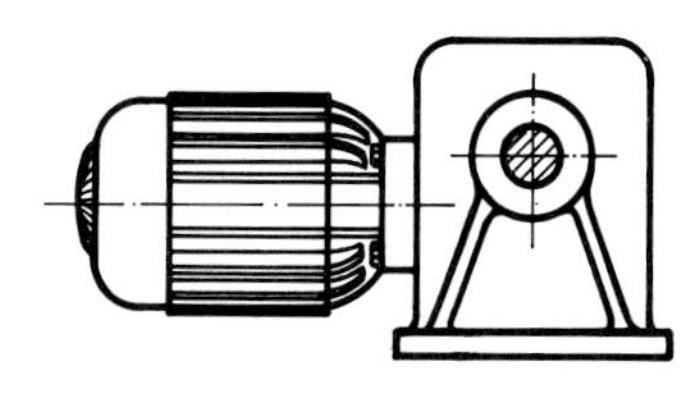

Leistungsabgabe 0,9 kW
Wirkungsgrad des Motors 0,9 (0,95)
Wirkungsgrad des Schneckentriebes:
$\eta = 0{,}8$ (2gängig)
(0,6, 1gängig)

Gesucht: a) Gesamtwirkungsgrad.
b) Leistungsaufnahme in kW.

36.10 Laufkran

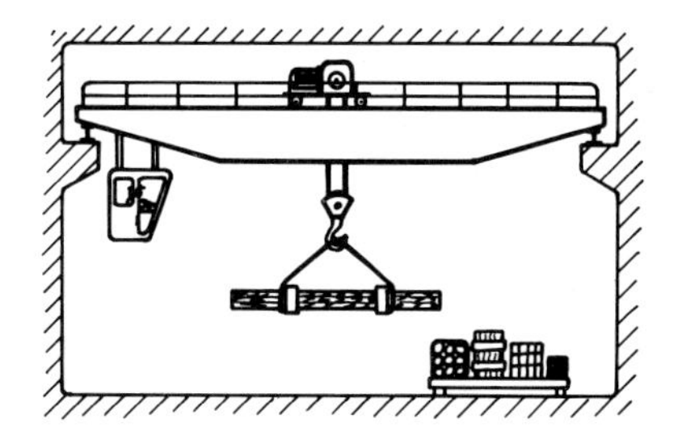

Hubkraft: 0,5 MN
Hubgeschwindigkeit $v = 3{,}3$ m/min
Wirkungsgrad
$\eta = 0{,}8$ (Stirnradgetriebe)
($\eta = 0{,}6$ Schneckengetriebe)

Gesucht:
Leistungsbedarf in kW.

36.11 Kraftwerk

Gesucht:
a) Höhenunterschied.
b) Leistung des Wassers.
c) Wirkungsgrad, wenn eine Leistung von 1300 kW abgegeben wird.

36.12 Leistung einer Drehmaschine

Beim Abdrehen einer Welle beträgt die Schnittgeschwindigkeit 51 m/min, die Schnittkraft 1,2 kN. Der Wirkungsgrad des Motors beträgt 0,875, der Wirkungsgrad der Drehmaschine 0,8.

a) Wie groß ist der Gesamtwirkungsgrad?
b) Wie groß ist die Schnittleistung in kW?
c) Welche elektrische Leistung in kW entnimmt der Motor der Drehmaschine aus dem Netz?

36.13 Drehmaschine

Auf einer Drehmaschine soll eine Welle mit einem Durchmesser $d = 92$ mm zerspant werden. Die Schnittkraft beträgt $F = 6{,}75$ kN, die Drehzahl $n = 355$/min. Der Wirkungsgrad des Zahnradgetriebes im Spindelstock ist $\eta_1 = 0{,}87$ und der Wirkungsgrad des Riementriebes zum Motor $\eta_2 = 0{,}91$.

Berechnen Sie:
a) Die Schnittgeschwindigkeit v in m/min.
b) Die Leistung P_S an der Schneide in kW.
c) Die Leistung P_M des Motors in kW.

36.14 Schnittleistung

Auf einer Drehmaschine wird mit einer Schnittgeschwindigkeit $v = 16$ m/min eine Welle aus Stahl bearbeitet. Spanquerschnitt 6 mm², Schnittdruck 1800 N/mm².

a) Wie groß ist die Schnittkraft F?
b) Wie groß ist die Leistung P (in kW) am Werkzeug?
c) Welche Antriebsleistung in kW benötigt die Maschine, wenn der Wirkungsgrad 0,7 beträgt?

37 Reibung

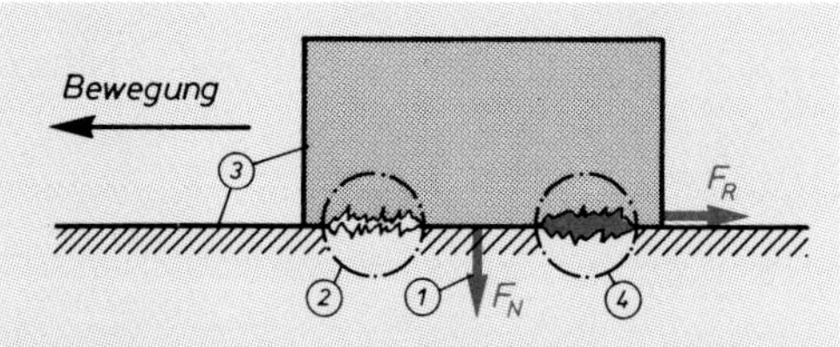

Reibung ist eine Kraft, die der Bewegung eines Körpers auf einer Unterlage Widerstand entgegensetzt. Die Größe der Reibungskraft F_R ist abhängig von:

1. Normalkraft F_N des zu bewegenden Körpers
2. Oberflächenqualität der Berührungsflächen
3. Werkstoffpaarung an den Berührungsflächen
4. Schmiermittelzugabe an den Berührungsflächen

Die Größe der Reibungskraft hängt **nicht** von der Größe der Berührungsfläche ab.

Der Einfluß von Oberflächenqualität, Werkstoffpaarung und Schmiermittelzugabe auf die Reibungskraft wurde durch Versuche ermittelt und in der Reibungszahl μ zusammengefaßt.

Man unterscheidet: Haftreibungskraft F_{R0} und Haftreibungszahl μ_0, wenn ein Körper in Bewegung versetzt werden soll
Gleitreibungskraft F_R und Gleitreibungszahl μ, wenn ein Körper in Bewegung bleiben soll
Rollreibungskraft und Rollreibungszahl, wenn ein Körper rollend bewegt wird.

Reibungskraft = Reibungszahl · Normalkraft

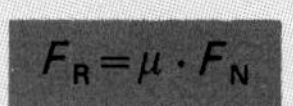

$$F_R = \mu \cdot F_N$$

Bezeichnungen:

F_R Reibungskraft
μ Reibungszahl
F_N Normalkraft
(Kraft senkrecht zur Reibfläche)

Reibungszahlen (Auswahl)				
Werkstoff-paarung	Haftreibungszahl μ_0		Gleitreibungszahl μ	
	trocken	geschmiert	trocken	geschmiert
Stahl/Stahl	0,15	0,1	0,15	0,01
Stahl/GG	0,19	0,1	0,18	0,01
Stahl/CuSn	0,19	0,1	0,18	0,01
GG/GG		0,16		0,1–0,15
Bremsbelag/Stahl			0,5–0,6	
Stahl/Gummi			0,5–0,9	

Beispiel 1: GG-Block auf Stahl

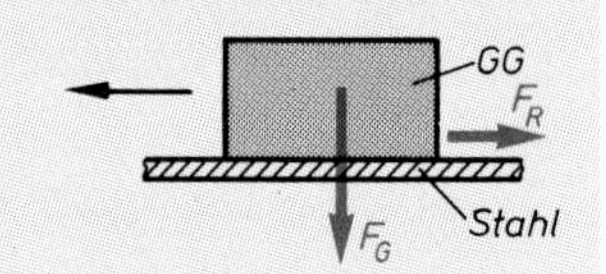

Ein GG-Block soll auf einem Fräsmaschinentisch verschoben werden. Wie groß ist die Haftreibungskraft, wenn die Gewichtskraft des GG-Werkstücks 120 N und die Haftreibungszahl $\mu_0 = 0{,}2$ betragen?

Lösung: Die Gewichtskraft wirkt senkrecht auf die Reibfläche, somit gilt:

$F_G = F_N$

$F_{R0} = \mu_0 \cdot F_N = 0{,}2 \cdot 120\ \text{N} = \mathbf{24\ N}$

Beispiel 2: Kistentransport

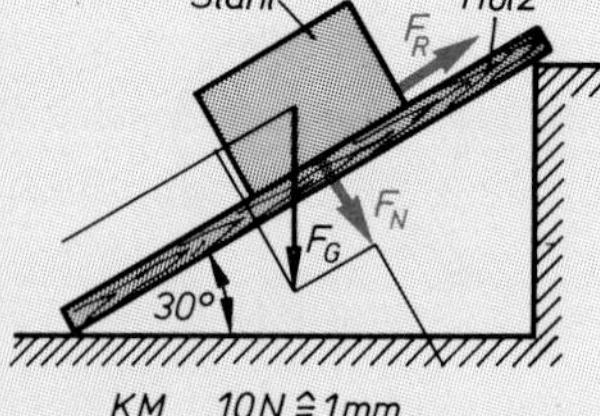

Eine Stahlkiste mit der Gewichtskraft $F_G = 125$ N rutscht auf einem Brett von einer Rampe herab. Wie groß ist die Gleitreibungskraft F_R, welche die Kiste bremst, wenn die Gleitreibungszahl $\mu = 0{,}4$ beträgt.

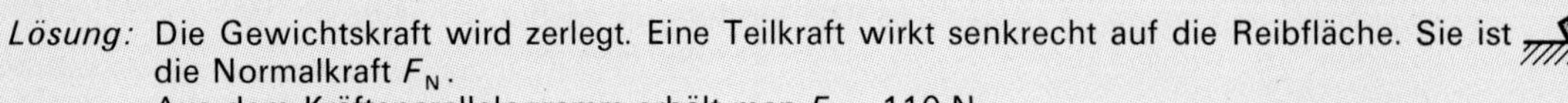

Lösung: Die Gewichtskraft wird zerlegt. Eine Teilkraft wirkt senkrecht auf die Reibfläche. Sie ist die Normalkraft F_N.
Aus dem Kräfteparallelogramm erhält man $F_N = 110$ N

$F_R = \mu \cdot F_N = 0{,}4 \cdot 110\ \text{N} = \mathbf{44\ N}$

Beispiel 3: Gleitlager

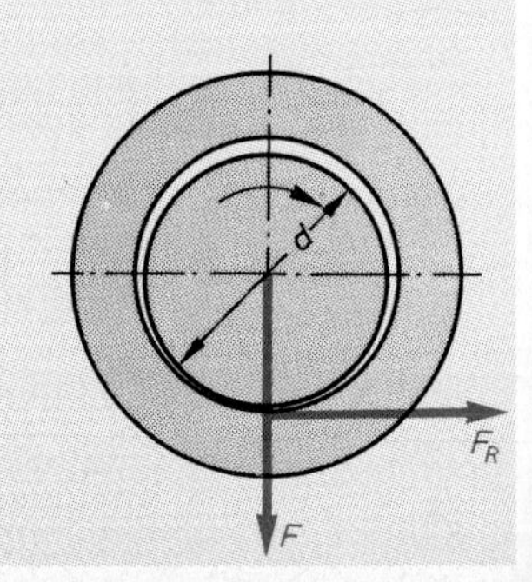

In einem Gleitlager wirkt eine Auflagerkraft $F = 350$ N. Die Welle hat einen Durchmesser $d = 55$ mm und die Reibungszahl ist $\mu = 0{,}18$.

Berechnen Sie:
a) die Reibungskraft F_R
b) das Reibungsmoment in Nm

Lösung: a) Auflagerkraft F = Normalkraft F_N

$F_R = \mu \cdot F_N = 0{,}18 \cdot 350\ \text{N} = \mathbf{63\ N}$

b) Reibungsmoment = Reibungskraft · Kraftarm

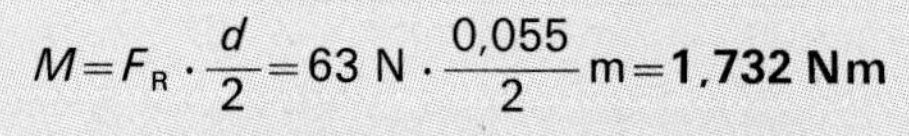

$$M = F_R \cdot \frac{d}{2} = 63\ \text{N} \cdot \frac{0{,}055}{2}\ \text{m} = \mathbf{1{,}732\ Nm}$$

37.1

Reitstock verschieben
$\mu = 0{,}15$
Gewichtskraft 200 N

Holzkiste auf Betonboden
$\mu = 0{,}4$
Gewichtskraft 900 N

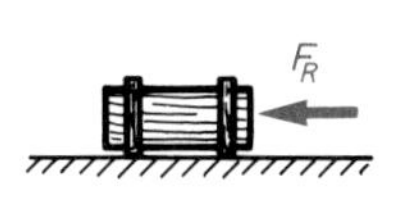

Gesucht: Kraft F_R zum Überwinden der Reibung.

37.2 Schiebetür

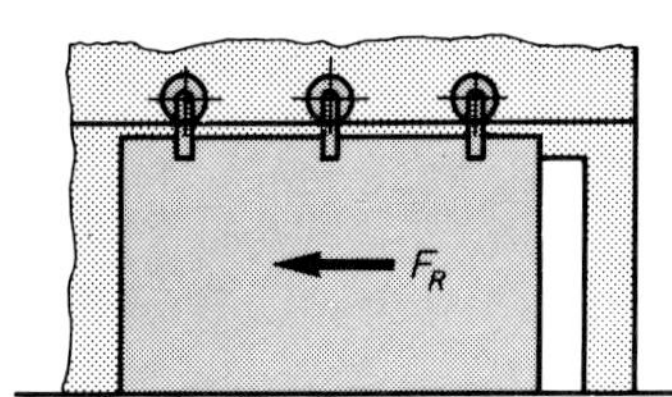

Gewichtskraft der Schiebetür $F_G = 1{,}2$ kN
Reibungszahl $\mu = 0{,}15$

Gesucht: Reibungskraft F_R.

37.3 Verschraubung

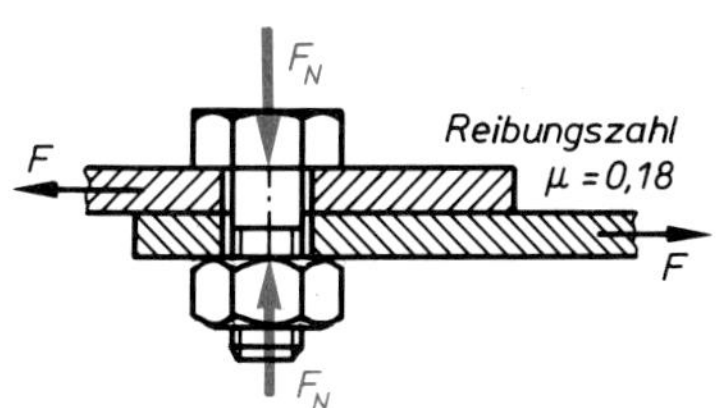

Welche Spannkraft F_N muß durch die Schraube erzeugt werden, wenn eine Zugkraft von 0,8 kN nur durch die Reibungskraft übertragen werden soll?

37.4 Fangvorrichtung für Aufzug

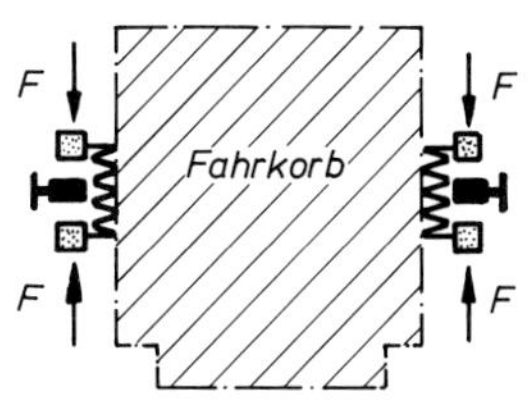

Bei Seilbruch bremsen 4 Backen über eine Hebelübersetzung mit je $F = 55$ kN. Reibungszahl $\mu = 0{,}2$

Gesucht: Bremskraft.

37.5 Prisma im Schraubstock

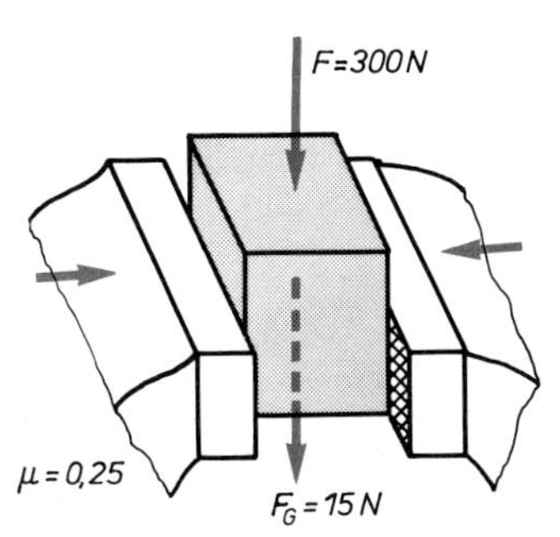

Gesucht:
Kraft der Spannbacken, damit das Werkstück nicht verrutscht.

37.6 Prismenführung

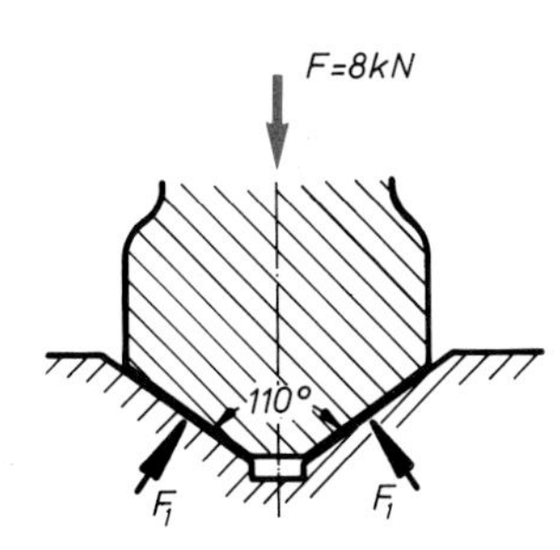

Gesucht:

a) Senkrechte Kräfte F_1 auf die schrägen Flächen.
Kräftemaßstab:
100 N ≙ 1 mm.
b) Reibungskraft beim Verschieben, wenn $\mu = 0{,}06$ ist.

37.7 Gleitlager

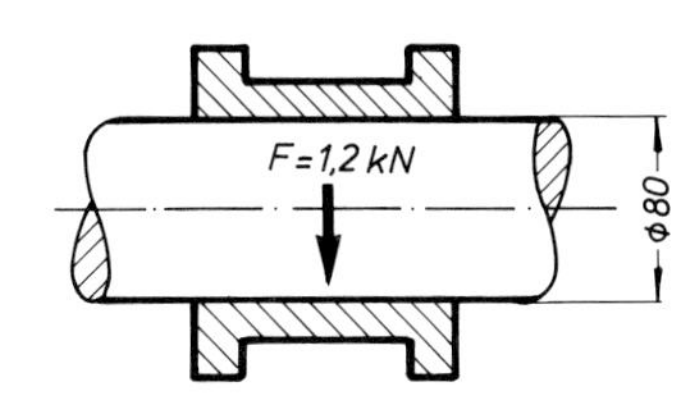

Gesucht:

a) Reibungskraft bei $\mu = 0{,}065$.
b) Reibungsmoment in Nm.

37.8 Backenbremse

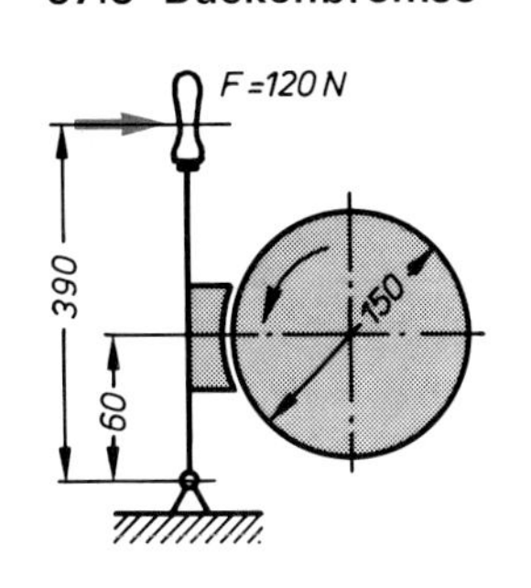

Reibungszahl $\mu = 0{,}15$

Gesucht:

a) Anpreßkraft.
b) Reibungskraft.
c) Reibungsmoment.

37.9 Rutschkupplung

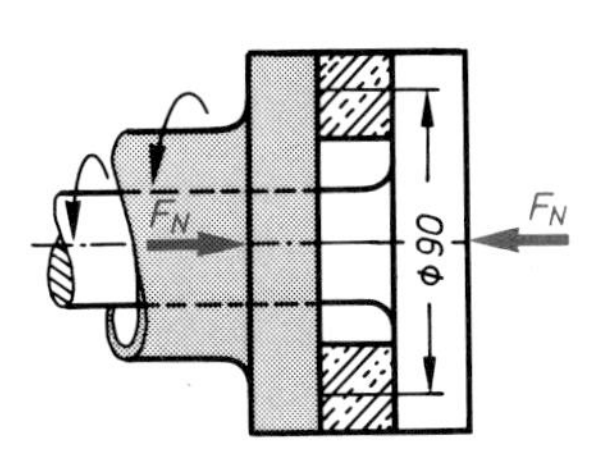

Die Kupplung soll ein Reibungsmoment von höchstens 13,5 Nm übertragen.
Reibungszahl $\mu = 0{,}6$

Gesucht:
Normalkraft F_N.

► 37.10 Welle mit Gleitlager

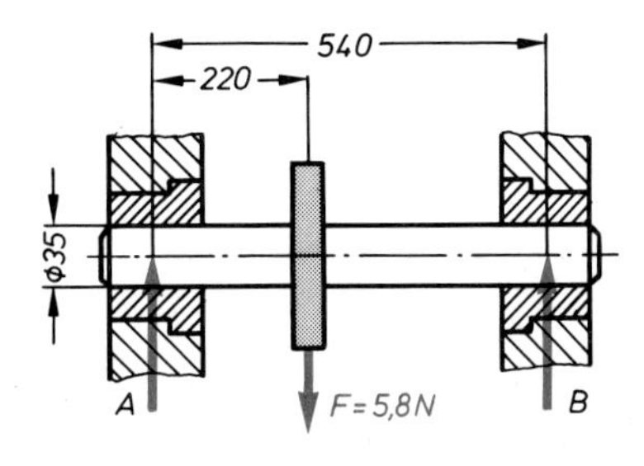

Reibungszahl $\mu = 0{,}02$
Gewichtskraft der Welle $F_G = 50$ N

Gesucht:

a) Lagerkräfte A und B.
b) Reibungsmoment für Lager A und B.

38 Schiefe Ebene und Schraube

Schiefe Ebene

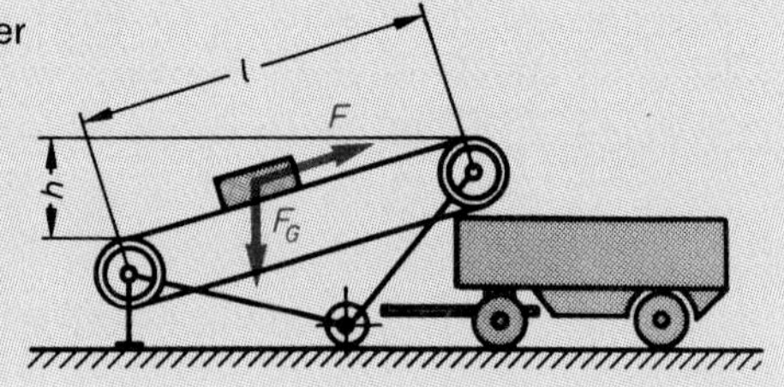

Mit Hilfe einer schiefen Ebene kann Kraft gespart werden, jedoch ist ein größerer Weg zurückzulegen.
Vernachlässigt man die Reibung, dann gilt:

Arbeit auf der schiefen Ebene = Hubarbeit

Zugkraft × Kraftweg = Gewichtskraft der Last × Hubhöhe

Beispiel 1: Förderband

Ein Förderband mit der Länge $l = 5{,}85$ m transportiert eine Last mit der Gewichtskraft $F_G = 0{,}65$ kN auf LKW-Höhe von $h = 1{,}8$ m. Welche Zugkraft F muß im Förderband wirken?

Lösung: $F = \frac{F_G \cdot h}{l} = \frac{0{,}65\ \text{kN} \cdot 1{,}8\ \text{m}}{5{,}85\ \text{m}} = \mathbf{0{,}2\ kN}$

Beispiel 2: Keilwirkung

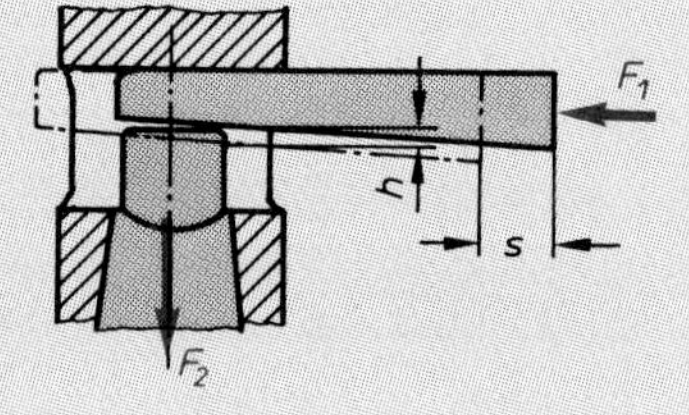

Zum Austreiben eines Werkzeugkegels wird eine Kraft $F_1 = 30$ N aufgebracht. Der Austreiber legt den Weg $s = 5$ mm zurück, wobei die Höhe um $h = 1{,}5$ mm zunimmt. Wie groß ist die Austreibkraft in der Richtung der Kegelachse?

Kraftarbeit = Hubarbeit

$F_1 \cdot s = F_2 \cdot h$

Lösung: $F_2 = \frac{F_1 \cdot s}{h} = \frac{30\ \text{N} \cdot 5\ \text{mm}}{1{,}5\ \text{mm}} = \mathbf{100\ N}$

Schraube

Beispiel: Schraubstock

Am Spannhebel eines Schraubstocks mit dem Radius $r = 240$ mm wird eine Umdrehung mit der Handkraft $F_1 = 50$ N ausgeführt. Die Steigung der Schraubstockspindel beträgt $P = 4$ mm.
Wie groß ist die Spannkraft F_2?

Auch bei einer Schraube gilt:

Aufgebrachte Arbeit = Gewonnene Arbeit

Handkraft × Handweg = Spannkraft × Steigung

$F_1 \cdot 2 \cdot r \cdot \pi = F_2 \cdot P$

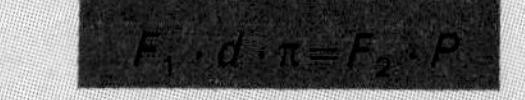

Lösung: $F_2 = \frac{F_1 \cdot d \cdot \pi}{P} = \frac{50\ \text{N} \cdot 480\ \text{mm} \cdot \pi}{4\ \text{mm}} = \mathbf{18{,}85\ kN}$

38.1 Aufzughund zum Hochofen

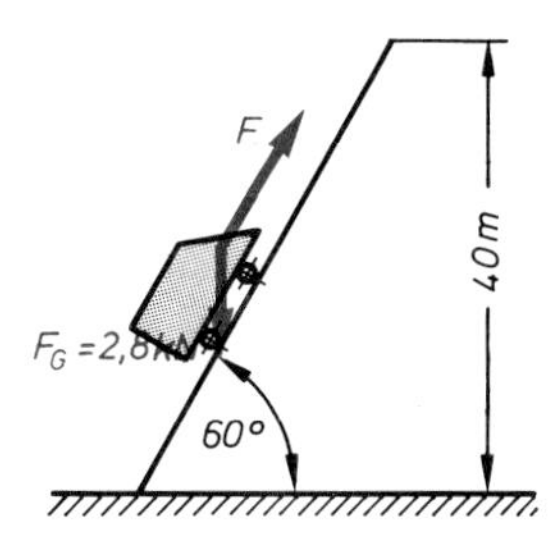

Gesucht:
a) Weg des Aufzughundes von der Füllstation bis zur Gicht.
b) Zugkraft F.

38.2 Seilbahn auf Schienen

Eine Seilbahn legt eine 200 m lange Schienenstrecke zurück und wird dabei mit $F = 22$ kN gezogen. Die Gewichtskraft der besetzten Kabine ist $F_G = 40$ kN. Welchen Höhenunterschied überwindet die Bahn?

38.3 Maschine anheben

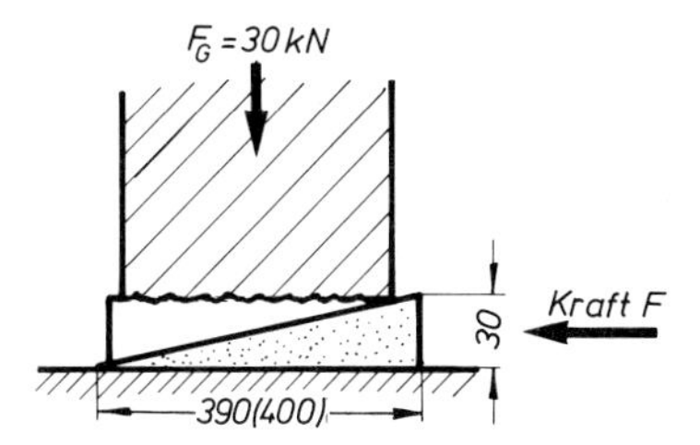

Gesucht: Kraft F.

38.4 Nasenkeil

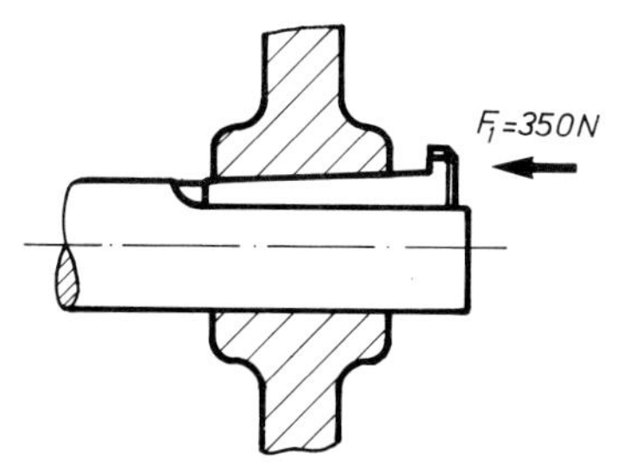

Neigung 1:100

Gesucht:
Kraft F_2, mit der der Keil die Nabe auseinanderdrückt.

38.5 Schlosserhammer

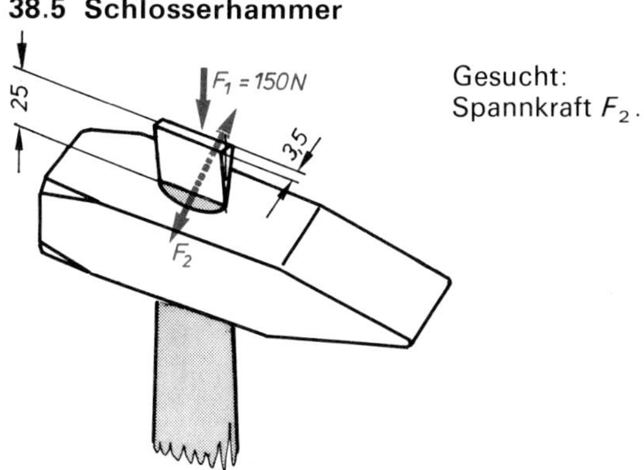

Gesucht:
Spannkraft F_2.

38.6 Auswerfer

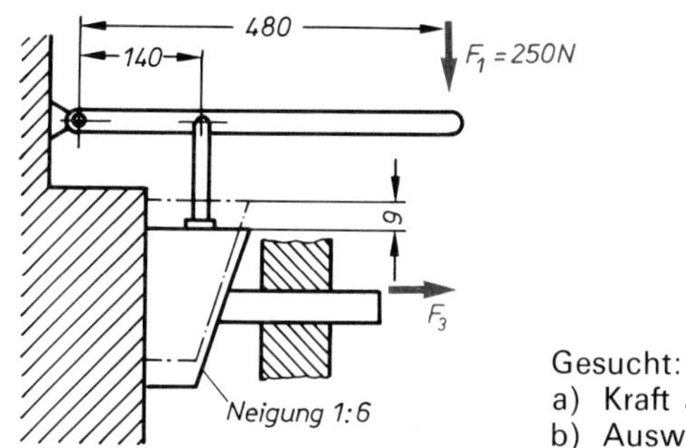

Gesucht:
a) Kraft auf den Keil.
b) Auswerferkraft F_3.

38.7 Spindelpresse

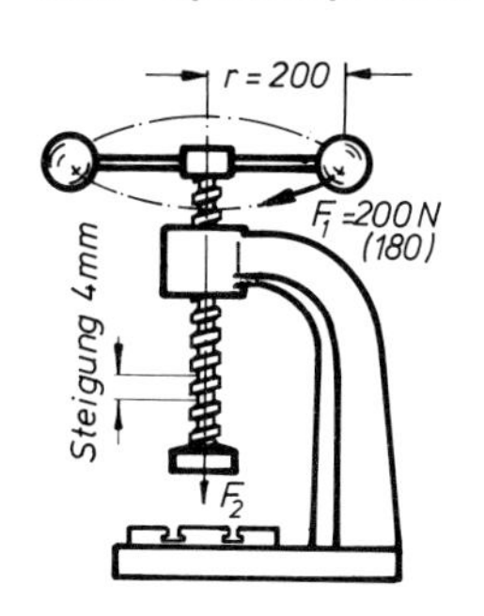

Gesucht:
Preßkraft F_2.

38.8 Schraube M 10 × 1 (M 12)

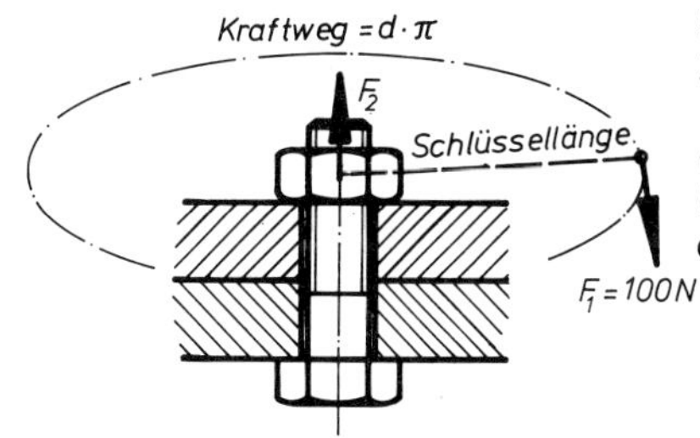

Schlüssellänge 210 mm

Gesucht:
Kraft F_2 in Richtung der Schraubenachse.

38.9 Abzieher

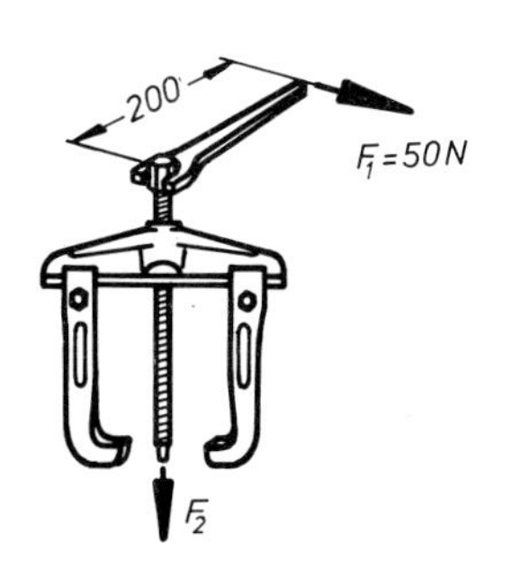

Steigung der Spindel: 2 (1,5) mm

Gesucht: Kraft F_2.

38.10 Radbefestigung

Die Schrauben M 20 × 1,5 eines Rades werden mit einem Schraubenschlüssel angezogen. Der Hebelarm des Schlüssels beträgt 220 mm und die Handkraft 260 N.

Wie groß ist die Spannkraft?

39 Rollen und Flaschenzüge

Feste Rolle

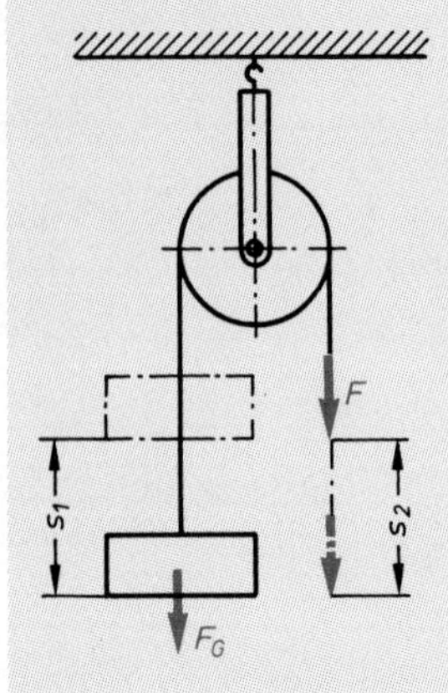

Feste Rollen ändern die Richtung der Kraft. Es kann dabei keine Kraft erspart werden. Wird die Reibung vernachlässigt, gilt:

Zugkraft = Gewichtskraft	$F = F_G$
Kraftweg = Weg der Gewichtskraft	$s_2 = s_1$

Lose Rolle (einfacher Flaschenzug)

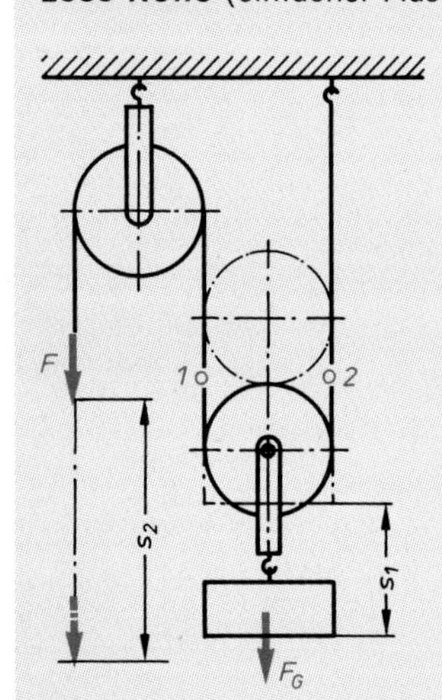

Eine lose Rolle bringt Kraftersparnis. Sie kann jedoch nur mit einer festen Rolle zusammen eingesetzt werden.
Seilstrang 1 und 2 tragen je die Hälfte der Gewichtskraft.

$$\text{Zugkraft} = \frac{\text{Gewichtskraft}}{2} \qquad F = \frac{F_G}{2}$$

$$\text{Zugkraft} = \frac{\text{Gewichtskraft}}{\text{Anzahl der tragenden Seile}} \qquad F = \frac{F_G}{n}$$

Kraftweg = 2 × Weg der Gewichtskraft $\quad s_2 = 2 \cdot s_1$

Kraftweg = Zahl der tragenden Seile × Weg der Gewichtskraft $\quad s_2 = n \cdot s_1$

Was an Kraft gewonnen wird, geht an Weg verloren.

Rollenflaschenzug

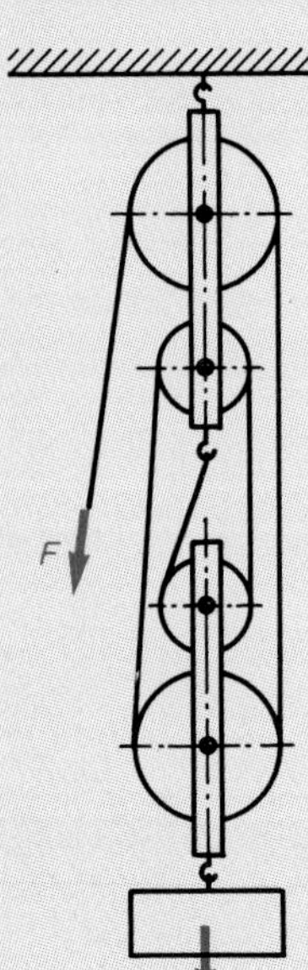

Ein Rollenflaschenzug besteht meist aus einer gleichen Zahl von festen und losen Rollen.

Beispiel: Rollenflaschenzug

Der Flaschenzug besteht aus 2 festen und 2 losen Rollen. Es ist eine Gewichtskraft von $F_G = 1\,800$ N auf eine Höhe von 2,4 m zu heben.

Berechnen Sie:
a) die Zugkraft F
b) den Kraftweg s_2

Lösung: a) $F = \frac{F_G}{n} = \frac{1\,800\ \text{N}}{4} = \mathbf{450\ N}$ b) $s_2 = n \cdot s_1 = 4 \cdot 2{,}4\ \text{m} = \mathbf{9{,}6\ m}$

39.1

Lose Rolle

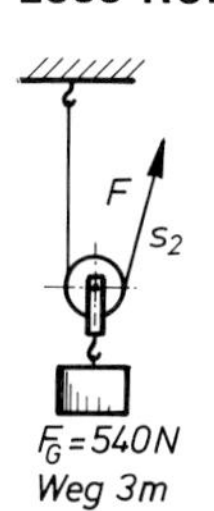

Lose und feste Rolle

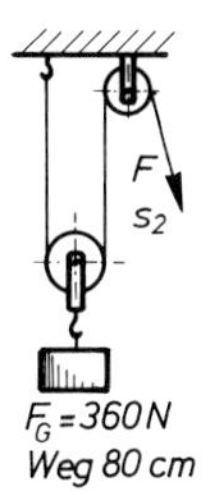

Gesucht:
a) Kraft F.
b) Weg s_2.

39.2 Flaschenzüge

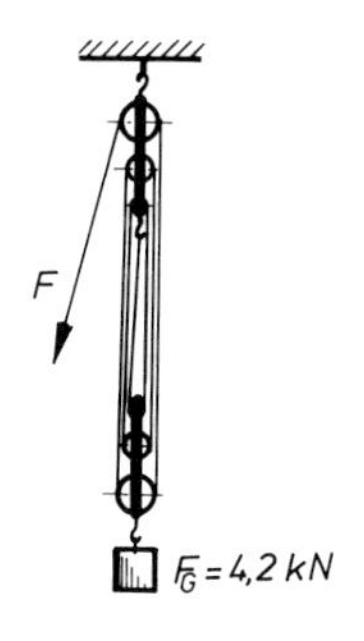

Gesucht:
a) Zugkraft F.
b) Weg am Zugseil, wenn das Gewicht 3 m gehoben wird.

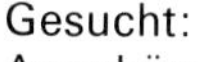

Gesucht:
Angehängte Gewichtskraft.

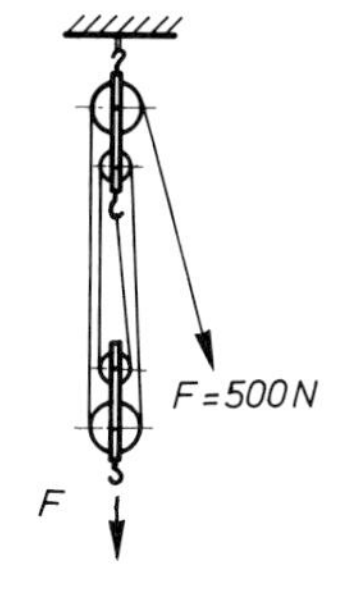

39.3 Einfacher Flaschenzug

Mit einem einfachen Flaschenzug soll ein Stahlträger mit der Gewichtskraft von 4,8 kN um 3,4 m gehoben werden.

Berechnen Sie:
a) die Zugkraft, wenn die Gewichtskraft der losen Rolle einschließlich Haken 180 N beträgt
b) den Kraftweg.

39.4 Rollenflaschenzug

Beim Heben einer Last mit einem Rollenflaschenzug (3 lose und 3 feste Rollen) muß am Zugseil eine Kraft $F = 240$ N aufgebracht werden.

a) Wie groß ist die Gewichtskraft der Last ohne Berücksichtigung der Reibung?
b) Wie groß darf die Gewichtskraft der Last werden, wenn die Gewichtskraft der losen Rollen 288 N beträgt und 5% der Zugkraft zur Überwindung der Reibung benötigt werden?

39.5 Rollenflaschenzug mit Antrieb

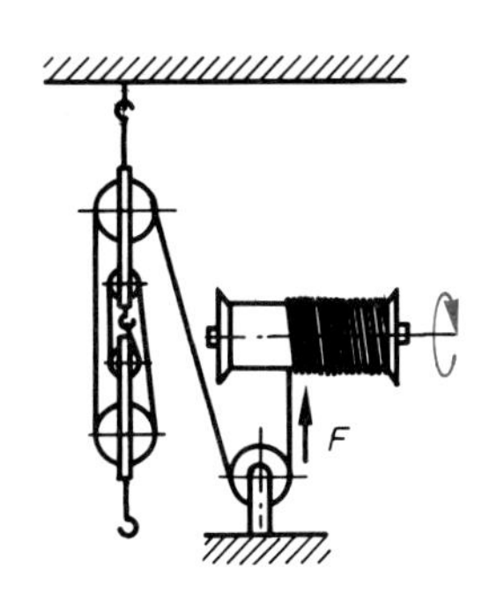

Gewichtskraft $F_G = 560$ N
Weg der Gewichtskraft
$s_1 = 2{,}8$ m
Trommeldurchmesser
$d = 400$ mm

Gesucht:
a) Zugkraft zum Heben der Gewichtskraft.
b) Zahl der Trommelumdrehungen zum Heben der Gewichtskraft.

39.6 Rollenflaschenzug mit Seiltrommelantrieb

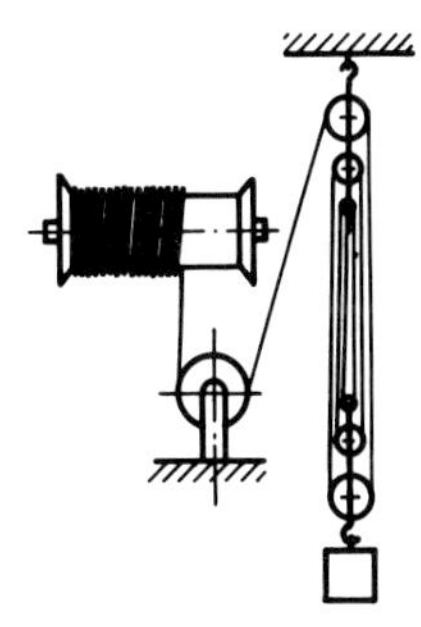

Zugkraft 135 N
Drehzahl der Seiltrommel 30/min
Durchmesser der Trommel 450 mm
Gewichtskraft der losen Rollen 260 N

Gesucht:
a) Gewichtskraft, die gehoben werden kann.
b) Hubgeschwindigkeit in m/s.

40 Auflagerkräfte

Greifen Lasten nicht in der Mitte zwischen den Auflagern an, so werden unterschiedliche Kräfte wirksam.
Zum Beispiel zeigt die nebenstehende Skizze den Transport einer Last mit einer Gewichtskraft von $F = 600$ N. Die Person A trägt den größeren Teil der Last.
Zur Berechnung der Auflagerkräfte in A und B wird folgender Ansatz gemacht:
Man nimmt ein Auflager als Drehpunkt. In der folgenden Lösung wird die Lage von Punkt A hierfür gewählt. Man erhält einen einseitigen Hebel. Soll er im Gleichgewicht bleiben, so müssen die linksdrehenden Momente $\overset{\frown}{M}$ gleich den rechtsdrehenden Momenten $\overset{\frown}{M}$ sein:

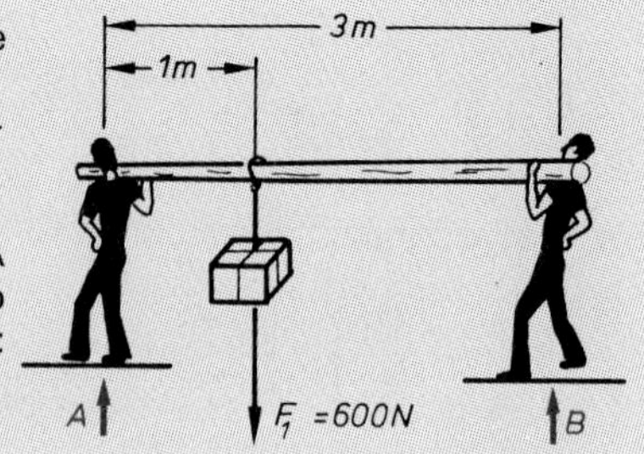

$$\overset{\frown}{M} = \overset{\frown}{M}$$

$B \cdot r_2 = F_1 \cdot r_1$ Daraus ergibt sich: $B = \dfrac{F_1 \cdot r_1}{r_2} = \dfrac{600\ \text{N} \cdot 1\ \text{m}}{3\ \text{m}} = \mathbf{200\ N}$

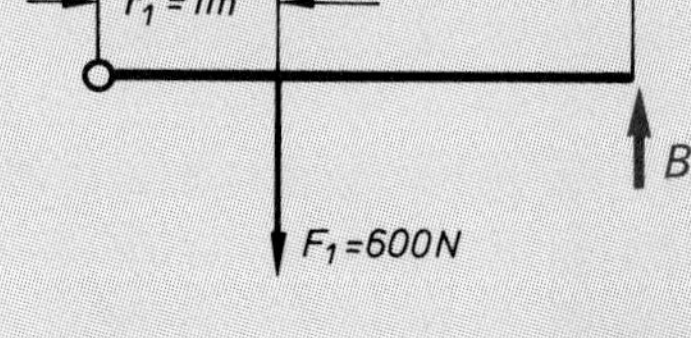

In einem zweiten Ansatz werden alle Kräfte zusammengefaßt:

Kräfte nach oben = Kräfte nach unten $F_1 = A + B$

Daraus kann jetzt auch die Kraft A berechnet werden:

$A = F_1 - B = 600\ \text{N} - 200\ \text{N} = \mathbf{400\ N}$

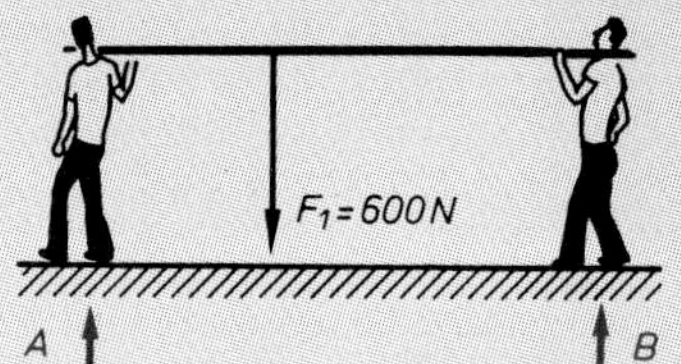

Beispiel 1: Auflagerkräfte bei einer Last

Auf einem Lagerregal liegt ein Schneidwerkzeug mit einer Gewichtskraft von 800 N. Die Gewichtskraft greift 400 mm von der rechten Stütze entfernt an. Das Regalbrett ist 1 500 mm lang. Sein Gewicht wird vernachlässigt.
Wie groß sind die Kräfte, die in den Stützen wirken?
Die Stützkräfte (Auflagerkräfte) werden mit A und B bezeichnet. Wird der Drehpunkt in B gewählt, so ergibt sich:

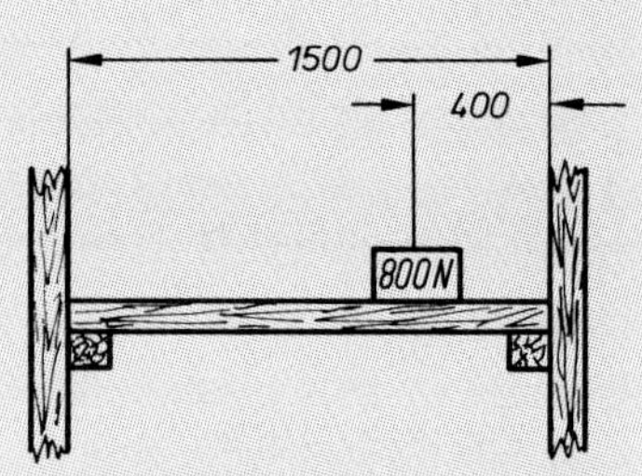

$$\overset{\frown}{M} = \overset{\frown}{M}$$

$$F_1 \cdot r_1 = A \cdot r_2$$

$$A = \frac{F_1 \cdot r_1}{r_2} = \frac{800\ \text{N} \cdot 400\ \text{mm}}{1\,500\ \text{mm}} = \mathbf{213\ N}$$

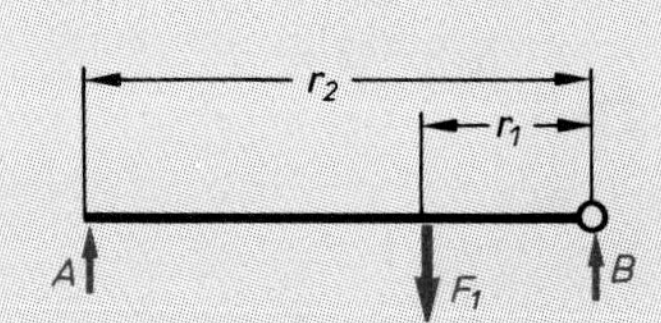

Da die nach oben gerichteten Kräfte so groß sein müssen wie die nach unten gerichteten, gilt: $A + B = F_1$

$$B = F_1 - A = 800\ \text{N} - 213\ \text{N} = \mathbf{587\ N}$$

Beispiel 2: Mehrere Kräfte

Das Lagerregal des vorigen Beispiels soll genauer berechnet werden, indem das Eigengewicht des Brettes mit $F_2 = 30$ N berücksichtigt werden soll.
Wie groß sind die Auflagerkräfte, die auf die beiden Leisten wirken?
Angenommen: Drehpunkt in B

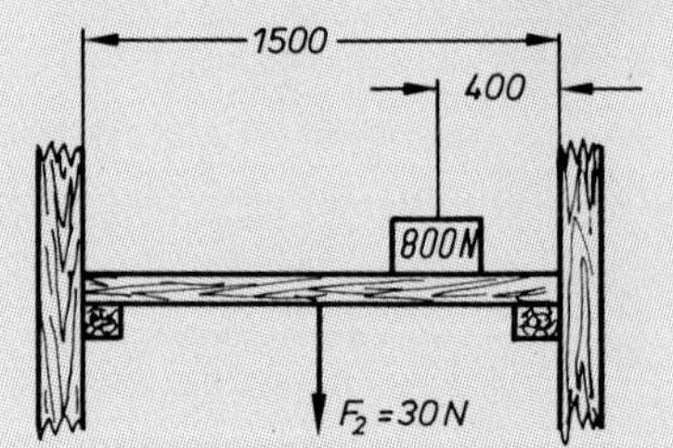

$$\overset{\frown}{M} = \overset{\frown}{M}$$

$$F_2 \cdot r_2 + F_1 \cdot r_1 = A \cdot r_3$$

$$A = \frac{F_2 \cdot r_2 + F_1 \cdot r_1}{r_3} = \frac{30\ \text{N} \cdot 750\ \text{mm} + 800\ \text{N} \cdot 400\ \text{mm}}{1\,500\ \text{mm}} = \mathbf{228{,}3\ N}$$

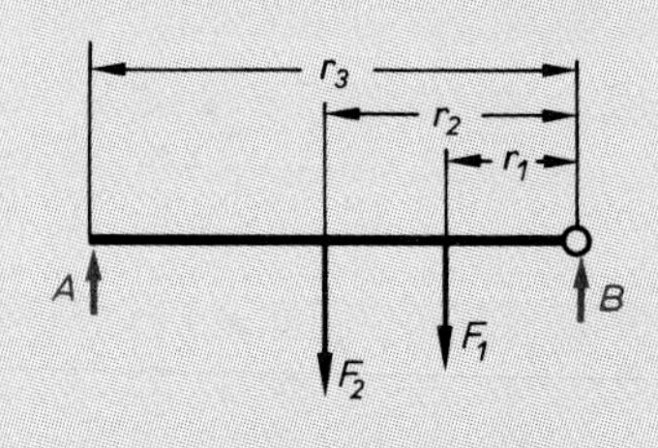

Die abwärts gerichteten Kräfte müssen so groß wie die nach oben gerichteten sein:

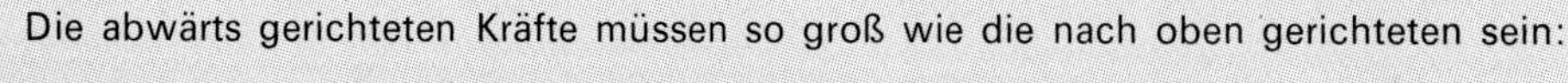

$$F_2 + F_1 = A + B$$

$$B = F_1 + F_2 - A = 30\ \text{N} + 800\ \text{N} - 228{,}3\ \text{N} = \mathbf{601{,}7\ N}$$

40.1 Fräsdorn

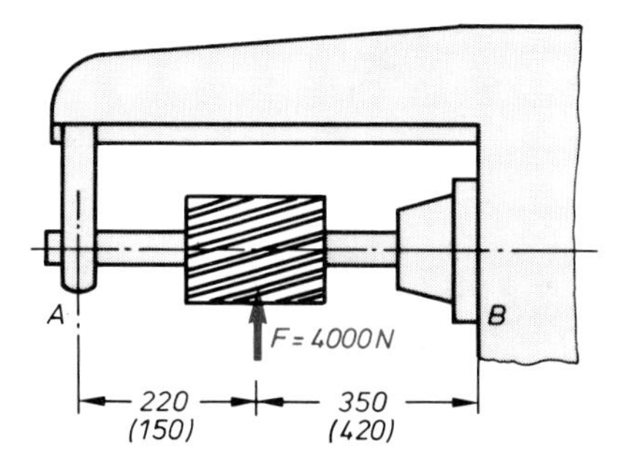

Gesucht:
Lagerkräfte in *A* und *B*.

40.2 Berechnen Sie die Auflagerkräfte in *A* und *B*

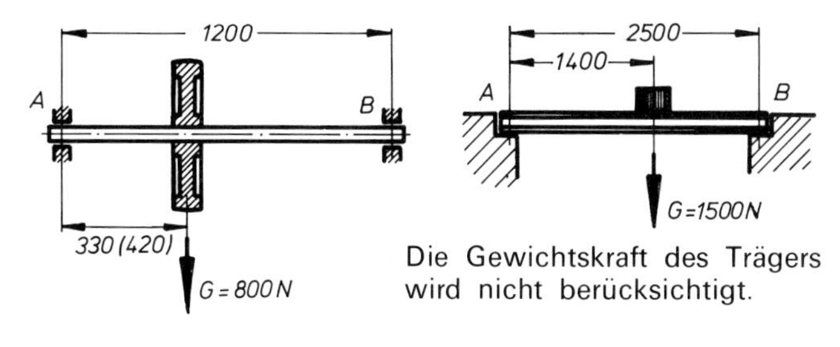

Die Gewichtskraft des Trägers wird nicht berücksichtigt.

40.3 Schlittenführung

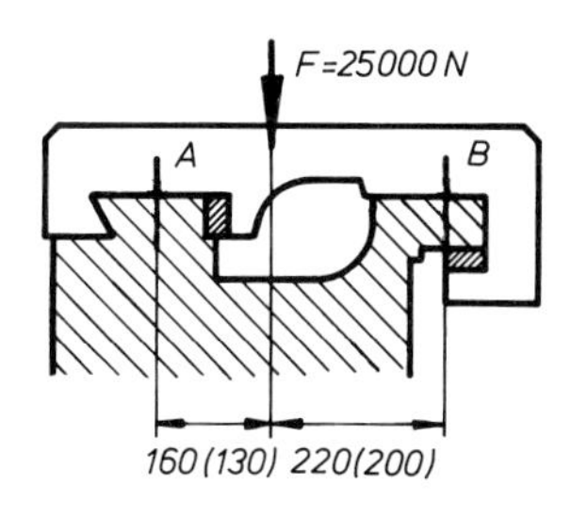

Gesucht:
Kraft auf die Flachführung in *A* und *B*.

40.4 Last, von 2 Männern getragen

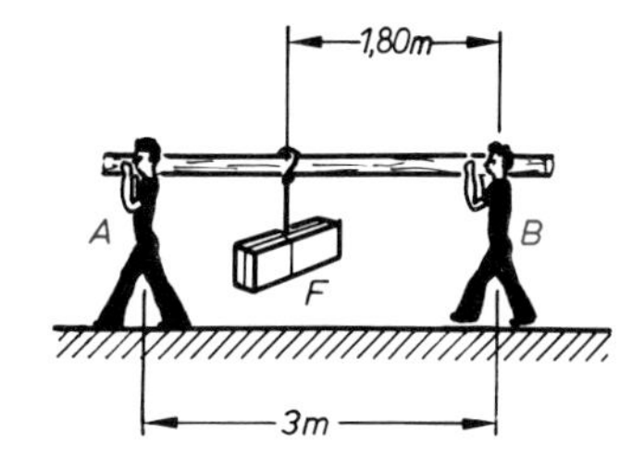

Eine Last von $F = 800$ N wird von 2 Männern gemäß nebenstehender Skizze getragen.

Gesucht:

a) Wie groß ist die Belastung der Männer *A* und *B*?

b) Wie groß ist die Belastung der Männer *A* und *B*, wenn das Gewicht des Balkens 150 N ist?

40.5

Vorgelege

Elektromotor
Gewichtskraft 120 N

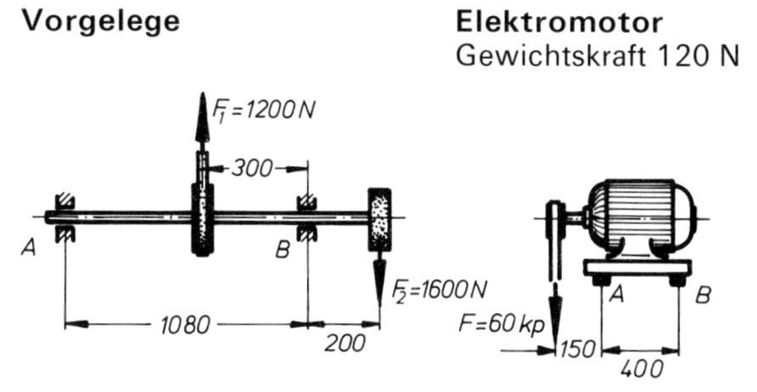

Gesucht:

a) Tragen Sie die Richtung der Auflagerkräfte rot ein!

b) Auflagerkräfte in *A* und *B*.

40.6 Aufzugswinde mit Schwingmetallisolierung

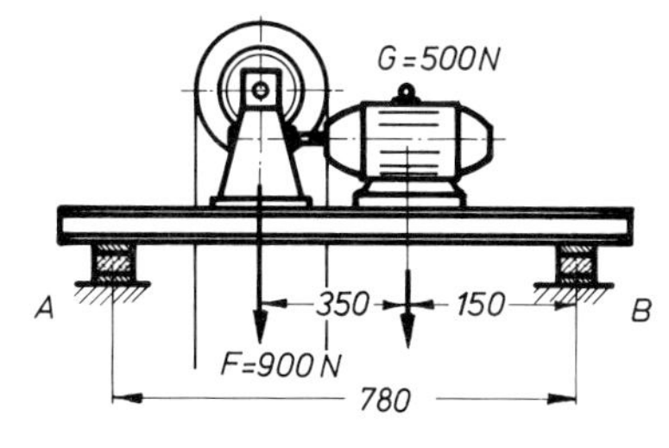

Stahlprofilrahmen
$F = 300$ N

Gesucht:
Kraft auf jeden der Schwingmetallpuffer in *A* und *B* (je 2 Stück).

41 Koordinaten

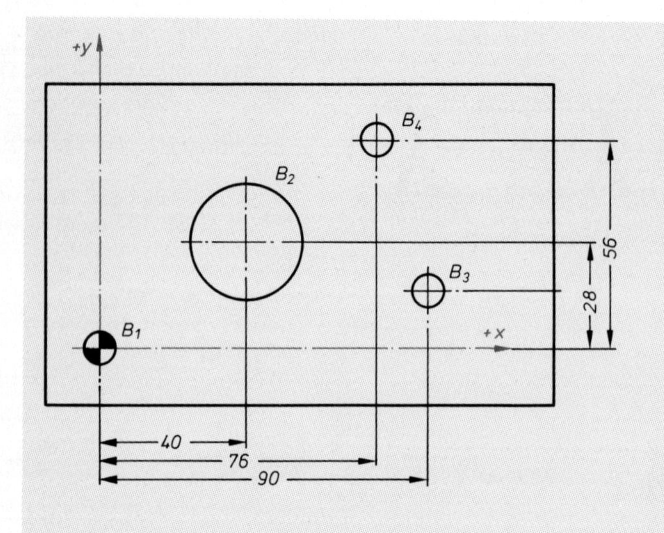

Für numerische Steuerungen (NC-Maschinen) werden die für die Bearbeitung wichtigen Punkte mit Zahlenwerten von bestimmten Bezugslinien aus angegeben. Im unten gezeichneten Beispiel werden die *x*-Achse und die *y*-Achse durch die linke untere Bohrung festgelegt.

Beispiel: Bohrplatte

Die Koordinaten der Bohrungen B_1 bis B_4 sind:

	x	*y*
B_1	0	0
B_2	40,0	28,0
B_3	90,0	14,0
B_4	76,0	56,0

Beispiel: Drehteil

Koordinatenursprung bei einer Drehmaschine

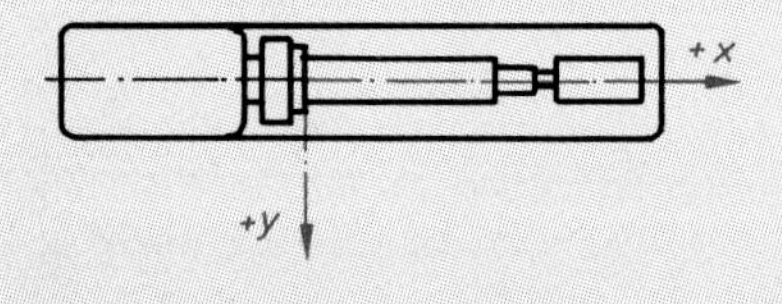

Das untenstehende Drehteil ist mit Hilfe von Koordinaten zu bemaßen.

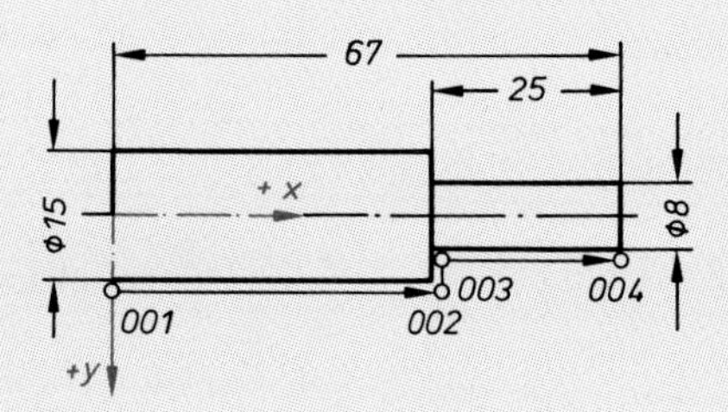

Geben Sie die Koordinaten für die Programmschritte 001 bis 004 an!

Lösung:

Programmschritt	*x*	*y*
001	0,0	7,5
002	42,0	7,5
003	42,0	4,0
004	67,0	4,0

41.1 Platte für das Lehrenbohrwerk

bemaßen

Die Bezugsflächen sind feingeschlichtet.

41.2 Schneidstempel

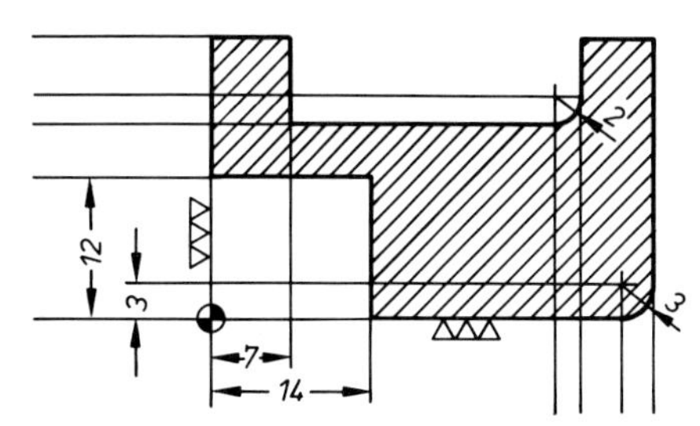

mit Koordinaten bemaßen:
Maßstab: 1:1
Setzen Sie die Bemaßung fort!

41.3 Bohrbuchsenplatte

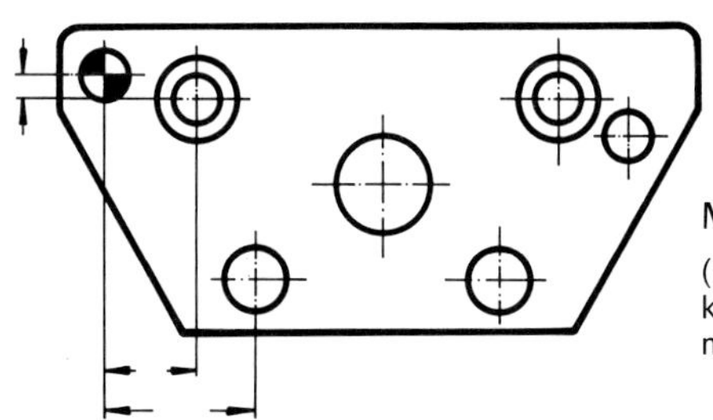

Maßstab 1:2,5
(alle Maße dieser Verkleinerung sind ganze mm)

Gesucht:
Maßangaben für das Lehrenbohrwerk.

Bezugspunkt:
Stiftloch.

41.4 Flansch mit Fixierloch

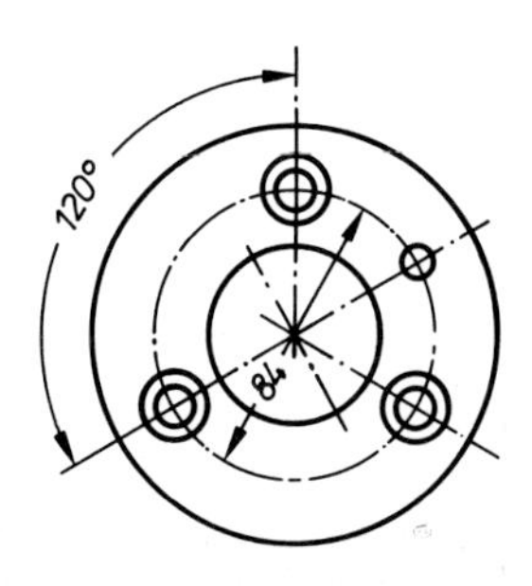

Gesucht:
Bemaßung der 4 Bohrungen mit Koordinaten.

Bezugspunkt:
Kreismittelpunkt.

41.5 Pumpengehäuse-Flansch

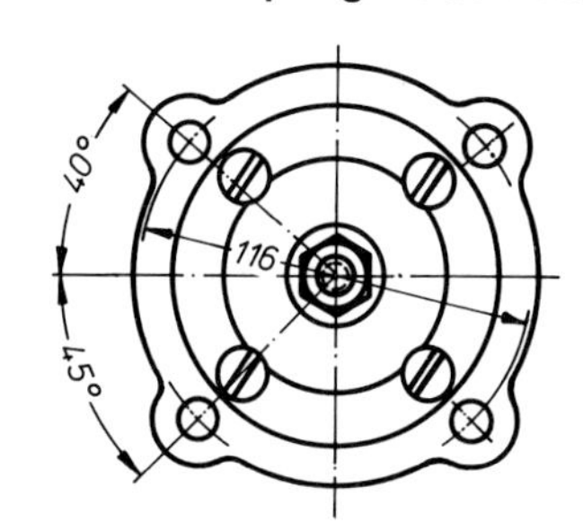

Berechnen Sie die Koordinaten der 2 bemaßten Gehäusebohrungen

Bezugspunkt:
Mitte des Gehäuses

41.6 Numerische Steuerung: Koordinaten für Flanschdeckelbohrungen

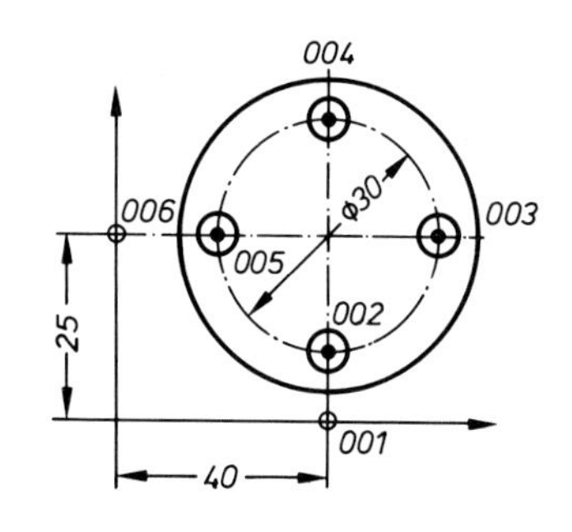

Gesucht:
Die Koordinaten für die Arbeitsschritte 001 bis 006.

Anleitung:

Arbeitsschritt	Koordinaten	
	x	y
001	40,000	0,000
⋮	⋮	⋮

41.7 Drehteil

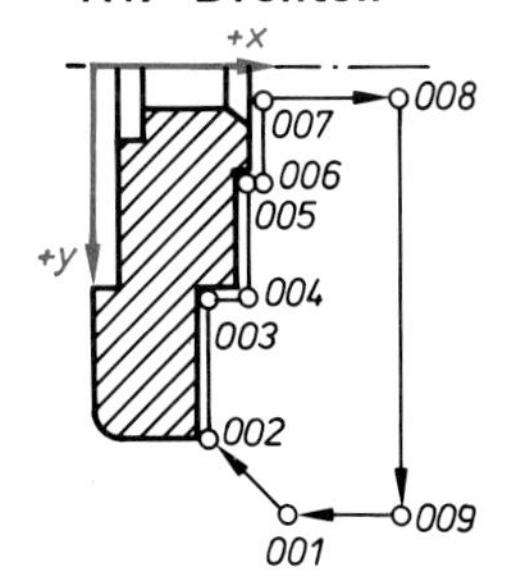

Gegeben:
Zeichnung im Maßstab 1:1
Alle Maße in der Zeichnung sind volle Millimeter.

Gesucht:
die Koordinaten der Arbeitsschritte 001 bis 009.

41.8 Koordinaten für ein Drehteil

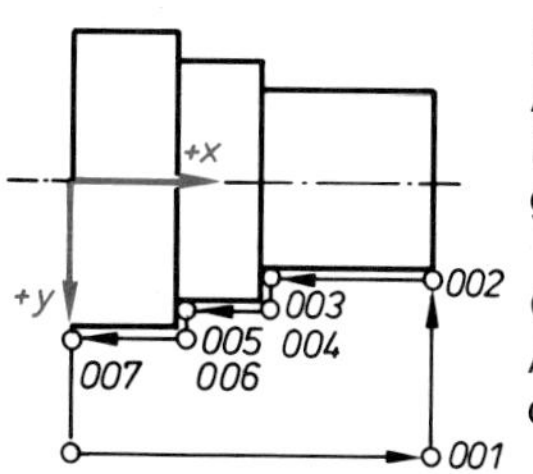

Maßstab 1:1
Alle Maße sind volle Millimeter.
Maßgebend ist die Außenkante des gezeichneten Drehteils.

Gesucht:
Arbeitsplan mit Koordinaten für die Arbeitsschritte 001 bis 007.

Ohmsches Gesetz

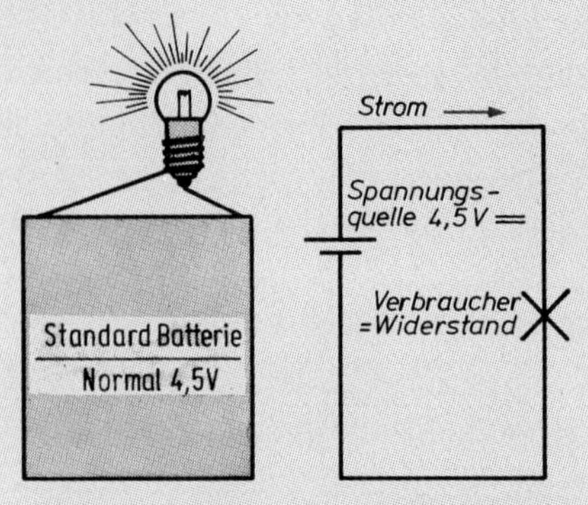

Volta, Alessandro, 1745–1827, ital. Physiker
Ohm, Georg Simon, 1789–1854, deutsch. Physiker
Ampère, André Marie, 1775–1836, frz. Physiker

In einem Stromkreis besteht zwischen Spannung, Strom und Widerstand folgender Zusammenhang:

$$\text{Strom} = \frac{\text{Spannung}}{\text{Widerstand}}$$

$I = \frac{U}{R}$ $\quad 1\,A = \frac{1\,V}{1\,\Omega}$ $\quad 1\,V = 1\,\Omega \cdot 1\,A$ $\quad 1\,\Omega = \frac{1\,V}{1\,A}$

Bezeichnungen und Einheiten:

U Spannung in V (Volt)
R Widerstand in Ω (Ohm)
I Strom in A (Ampère)

Beispiel: Taschenlampe

Eine Taschenlampe wird mit einer Batteriespannung von $U = 4{,}5$ V betrieben. Die Glühlampe nimmt einen Strom von $I = 0{,}2$ A auf.
Wie groß ist der Widerstand R in Ohm?

Lösung: $R = \frac{U}{I} = \frac{4{,}5\,V}{0{,}2\,A} = \mathbf{22{,}5\,\Omega}$

Elektrische Leistung

Im Gleichstromkreis und im Wechselstromkreis ohne Phasenverschiebung (ohne Spulen und Kondensatoren) errechnet man die elektrische Leistung wie folgt:

Elektrische Leistung = Spannung × Strom

$P = U \cdot I$

$1\,W = 1\,V \cdot 1\,A$

Bezeichnungen und Einheiten:

P Leistung in W (Watt)
U Spannung in V
I Strom in A

Beispiel 1: Glühlampe

Eine Glühlampe für Taschenlampen trägt folgende Aufschrift: 3,5 V, 0,25 A. Wie groß ist die Leistung der Glühlampe?

Lösung: $P = U \cdot I = 3{,}5\,V \cdot 0{,}25\,A = \mathbf{0{,}875\,W}$

Beispiel 2: Glühlampe 100 W

Eine Glühlampe mit 100 W brennt bei 220 V Spannung.
a) Welchen Strom nimmt die Glühlampe auf?
b) Kann zusätzlich ein Heizofen mit 2 kW betrieben werden, wenn der Stromkreis mit 10 A abgesichert ist?

Lösung: a) $I = \frac{P}{U} = \frac{100\,W}{220\,V} = \mathbf{0{,}45\,A}$

b) $P_1 = 100\,W, \quad P_2 = 2000\,W, \quad P = 2100\,W$

$I = \frac{P}{U} = \frac{2100\,W}{220\,V} = \mathbf{9{,}54\,A}$ Der Heizofenanschluß ist möglich.

Elektrische Arbeit

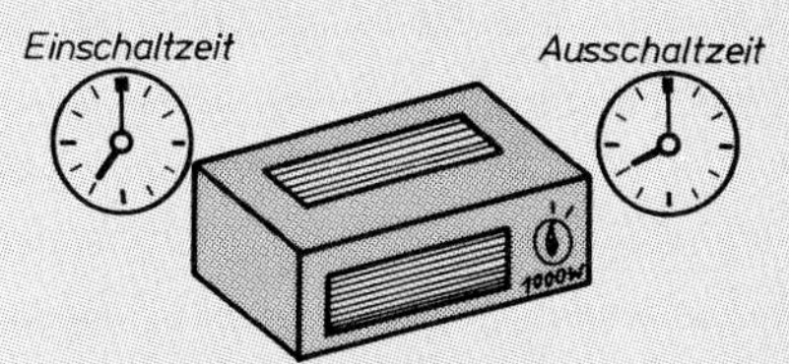

Der Verbrauch elektrischer Energie hängt ab von der elektrischen Leistung des angeschlossenen Verbrauchers und der Zeit, in der Leistung aufgenommen wird.
Je größer die elektrische Leistung und die Zeit, desto größer ist die elektrische Arbeit.

Elektrische Arbeit = Elektrische Leistung × Zeit

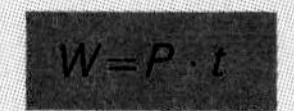

$$W = P \cdot t$$

Elektrische Arbeit
$= 1000\ \mathrm{W} \cdot 1\ \mathrm{h} = 1\ \mathrm{kWh}$

Bezeichnungen und Einheiten:

W Elektrische Arbeit in kWh
P Elektrische Leistung in kW
t Zeit in h (Stunden)

Beispiel: Heizlüfter

Ein Heizlüfter nimmt $P = 2$ kW Leistung auf. Er ist von 9.15 Uhr bis 12.45 Uhr eingeschaltet. Berechnen Sie die elektrische Arbeit W.

Lösung: $W = P \cdot t = 2\ \mathrm{kW} \cdot 3{,}5\ \mathrm{h} =$ **7 kWh**

■ Aufgaben zur Elektrotechnik

42.1

Scheinwerferlampe
Widerstand 1,2 Ω

Gesucht:
Stromdurchgang bei 6 Volt.

Spule an 220 V
Stromstärke 0,5 A

Gesucht:
Widerstand der Spule.

42.2 Geschirrspüler

Die Heizstäbe eines Geschirrspülers sind an 220 V Wechselspannung angeschlossen und nehmen einen Strom von 13,6 A auf.

Gesucht:
Widerstand der Heizstäbe.

42.3 Kochplatte

für 220 V, 3 Schaltstufen

Stufe	Widerstand
1	60 Ω
2	34,4 Ω
3	24,2 Ω

Gesucht:
a) Jeweilige Stromstärke.
b) Leistung jeder Stufe.

42.4 Sicherungs-Automat

Gesucht:
a) Leistung in Watt, die bei 220 V entnommen werden kann.
b) Es ist bereits ein Heizlüfter mit 1,5 kW angeschlossen. Kann noch eine Heizplatte mit 1200 Watt angeschlossen werden?

42.5 Gleichstrommotor

Ein Gleichstrommotor hat eine Nennleistung von 5,5 kW. Dabei fließt ein Strom von 50 A.

Gesucht:
a) Spannung im Stromkreis.
b) Widerstand des Motors.

42.6 Heizlüfter zur Raumheizung

Heizleistung 2000 (1500) Watt
tägliche Betriebsdauer 8 Stunden.
1 kWh kostet 12 Dpf

Gesucht:
a) Elektrische Arbeit in kWh pro Tag.
b) Stromkosten im Monat (bei 30 Tagen).
c) Wie lange kann der Heizlüfter für 1,– DM betrieben werden?

42.7 100-(40-)Watt-Glühlampe

Gesucht:
a) In welcher Zeit verbraucht sie 1 kWh?
b) Die Glühbirne wurde aus Versehen am Freitag um 17 Uhr nicht abgeschaltet. Stromkosten bis Montag 7 Uhr, wenn 1 kWh 11 Dpf kostet?

42.8 Waschautomat für 220 V

Leistungsaufnahme beim Heizen 3000 (2200) Watt

Zählerstände:
vor dem Waschen: 24,87 kWh
nach dem Waschen: 28,25 kWh

Gesucht:
a) Absicherung der Zuleitung,
b) Kosten eines Waschvorganges (1 kWh kostet 0,11 DM).

42.9 Ein Elektromotor von 5 kW Nennleistung hat in 3 Stunden folgenden Verbrauch:

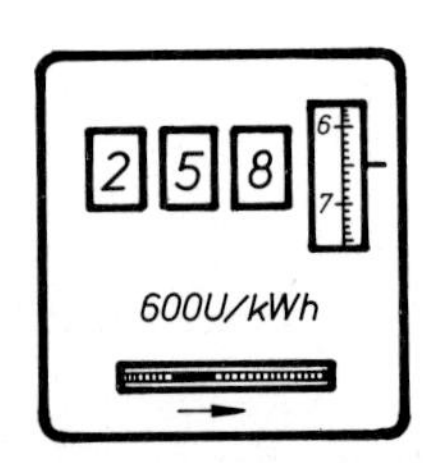

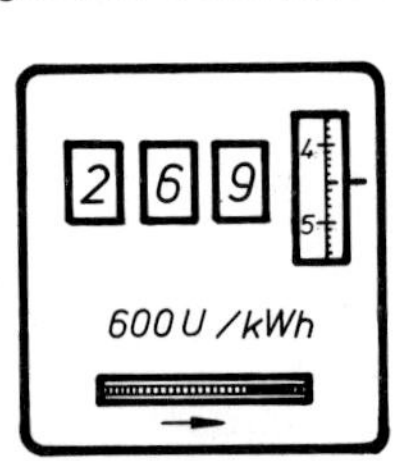

Gesucht:
a) Elektrische Arbeit.
b) Mittlere Leistungsaufnahme.
c) Stromkosten pro Stunde, wenn 1 kWh 11 Dpf kostet.

42.10 Leistungsaufnahme eines Motors

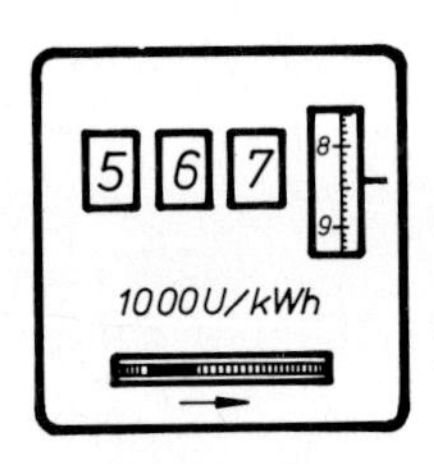

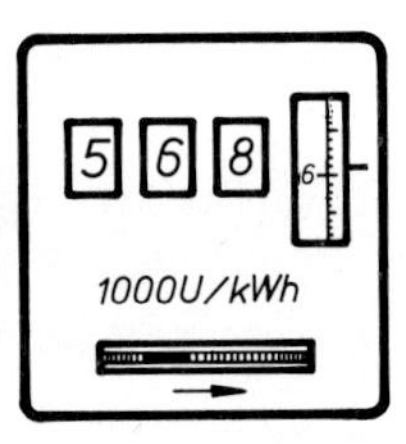

Stand nach 15 Minuten:

Gesucht:
a) Verbrauch an elektrischer Arbeit in dieser Zeit.
b) Leistungsaufnahme in kW.

42.11 Elektromagnetische Kupplungen einer Revolverdrehbank

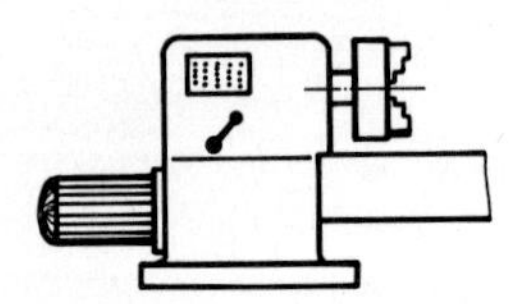

Im Durchschnitt sind 3 Kupplungen mit je 20 Watt Leistung eingeschaltet.

Gesucht:
Stromkosten für die Kupplungen je Stunde (1 kWh kostet 11 Dpf).

42.12 Leistungsmessung eines Geschirrspülers

Während des Betriebs eines Geschirrspülers werden am Elektrizitätszähler 96 Umdrehungen in 2 Minuten gezählt. Die Anzahl der Zählerscheibenumdrehungen je Kilowattstunde (Zählerkonstante) ist 1200/kWh.

Gesucht: Leistungsaufnahme.

42.13 Leistungsmessung eines Heizofens mit dem Elektrizitätszähler

Die Zählerscheibe macht in 13 Sekunden 5 Umdrehungen. Zählerkonstante 600/kWh. Arbeitspreis 11 Dpf pro kWh.

Gesucht:
a) Leistungsaufnahme des Heizofens.
b) Monatliche Stromkosten bei einer täglichen Betriebsdauer von 2 Stunden. (1 Monat = 30 Tage)

42.14 Warmwassergerät

Auf dem Typschild eines Warmwassergeräts sind folgende Angaben: 220 V, 18,2 A.

a) Welche elektrische Leistung entnimmt das Gerät dem Netz?
b) Wie hoch sind die Energiekosten, wenn das Gerät 1,5 h eingeschaltet ist und der Preis 0,15 DM/kWh beträgt?
c) Der Stromkreis ist mit 20 A abgesichert. Kann noch ein Heizstrahler mit 1200 W angeschlossen werden?

► 42.15 Ein Tauchsieder von 1000 Watt Leistungsaufnahme soll 1 Liter Wasser von 14 °C zum Sieden bringen.

Wirkungsgrad: $\eta = 80\%$

Spezifische Wärmekapazität von Wasser: $c = 4{,}2 \frac{\text{kJ}}{\text{kg} \cdot {}^\circ\text{C}}$

Gesucht:
Zeit in Minuten.

42.16 Stromkosten einer Werkstatt

Täglich sind eingeschaltet:

10 Leuchtröhren	40 W,	2 Std.
3 Glühbirnen	100 W,	4 Std.
2 Drehmaschinen	2 kW,	2 Std.
1 Bohrmaschine	0,8 kW,	2 Std.
1 Automat	3 kW,	8 Std.
1 Lötbad	1,5 kW,	3 Std.

Gesucht:
a) Täglicher Verbrauch in kWh.
b) Stromkosten bei 29 Arbeitstagen, wenn 1 kWh 11 Dpf kostet. Grundpreis 21,– DM pro Monat.

42.17 Haushalt

Es sind folgende Geräte an einen 16 Amp. Stromkreis angeschlossen:
1 Waschmaschine mit 2,4 kW Anschlußwert
3 Glühbirnen mit je 100 Watt
1 Bügeleisen mit 800 Watt
Die Netzspannung beträgt 220 Volt.

Gesucht:
a) Kann noch eine Filmleuchte mit 800 Watt angeschlossen werden?
b) Stromkosten der obengenannten Geräte im Monat (30 Tage) bei einer täglichen Betriebsdauer von 1 Stunde. 1 Kilowattstunde kostet 12 Dpf.

42.18 Heizlüfter zur Raumbeheizung

Heizleistung: 1,5 kW
Das Gerät wird täglich 4 Stunden benützt. 1 kWh kostet 12 Dpf.

Gesucht:
a) Stromkreis im Monat (30 Tage).
b) Wieviel Stunden kann man den Ofen für 1,– DM heizen?

43 Teilkopfarbeiten

Arten: a) direktes, b) indirektes Teilen und c) Differential- oder Ausgleichsteilen

a) **Direktes Teilen**

Das Teilen kann mit Hilfe einer Teilscheibe wie in der linken Skizze erfolgen. Rechts ist eine Teilscheibe mit 4 Kerben dargestellt.
Es können nur Teilungen hergestellt werden, die sich ohne Bruch in die Anzahl der vorhandenen Löcher (Kerben) teilen lassen.

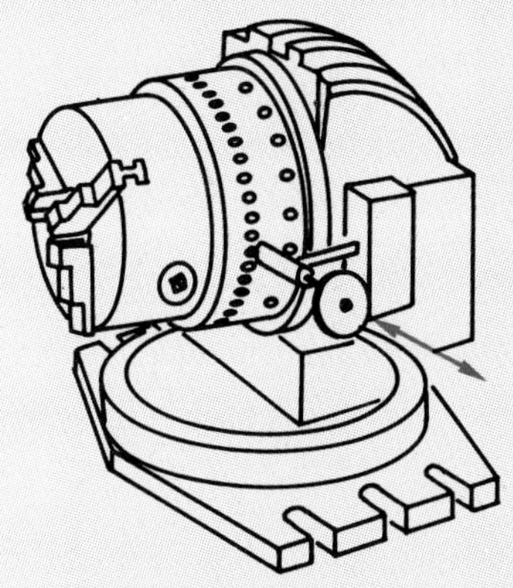

Teilapparat zum Direktteilen
mit Dreibackenfutter

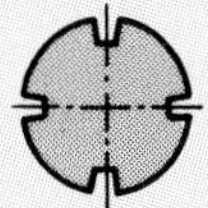

Bezeichnungen:

T Teilzahl
n_L Zahl der Löcher auf der Teilscheibe
n_l Anzahl der erforderlichen Lochabstände

Zahl der Löcher auf der Teilscheibe:

$$n_L = T \cdot x$$ wobei x = ganze Zahlen 1, 2, 3, 4 ...

Anzahl der erforderlichen Lochabstände:

$$n_l = \frac{n_L}{T}$$

Beispiel: Direktes Teilen

Ein Teilkopf hat folgende Teilkreise: 24 – 36 – 42 – 60 Löcher. Es ist ein 7-Kant herzustellen.
a) Welcher Teilkreis ist zu verwenden?
b) Wieviel Zwischenräume sind jeweils auf diesem Teilkreis zu schalten?

Lösung: a) Ohne Bruch geht die Zahl 7 nur in den Teilkreis mit 42 Löcher:

$n_l = T \cdot x = 7 \cdot 6 =$ **42 Löcher**

b) $n_l = \frac{n_L}{T} = \frac{42}{7}$ = **6 Lochabstände**

b) **Indirektes Teilen**

Die untenstehende Skizze zeigt die wesentlichen Bauteile eines Teilkopfes zum indirekten Teilen. Das Übersetzungsverhältnis ist in der Regel $i = 40:1$.
Bei einer Umdrehung der Teilkurbel dreht sich dann die Teilspindel $\frac{1}{40}$ einer Umdrehung.

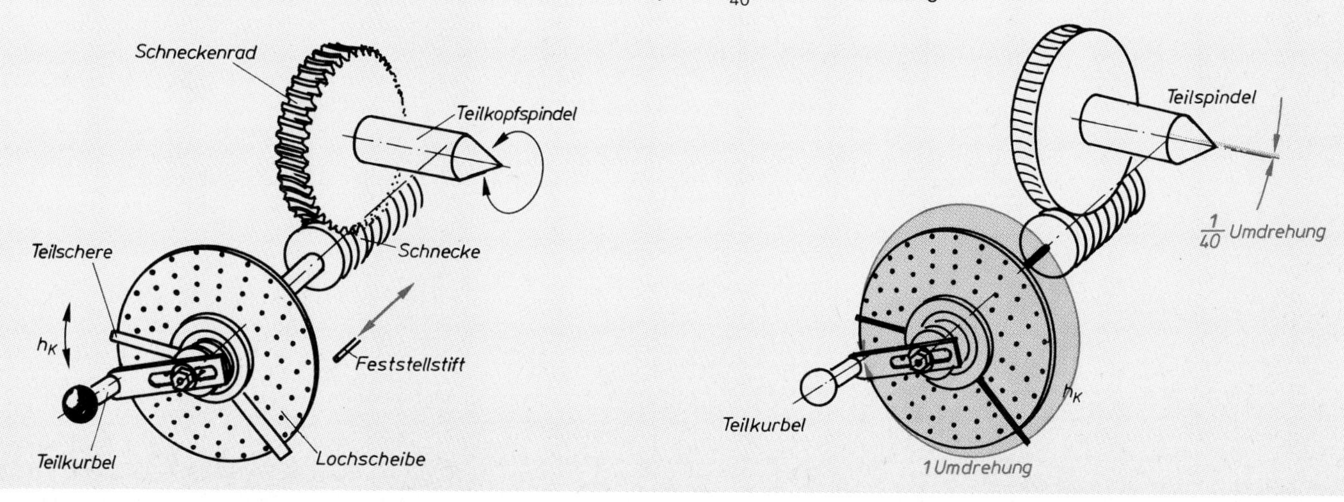

Bezeichnungen:

i Übersetzungsverhältnis, meist 40:1; manchmal auch 60:1, 72:1, 120:1

n_k Anzahl der Umdrehungen der Teilkurbel (oft aus einem Bruch bestehend)

Worterklärung:
Weil die Teilung nicht direkt auf der Teilspindel vorgenommen wird, spricht man von indirektem oder mittelbarem Teilen.

Die Zahl der Kurbelumdrehungen ergibt sich aus folgenden Überlegungen:
1. Je größer das Übersetzungsverhältnis ist, desto größer ist die erforderliche Zahl der Teilkurbelumdrehungen.
2. Je größer die Teilzahl T, desto kleiner ist die Zahl der Teilkurbelumdrehungen.

Zahlenbeispiel:

Für $i = 40:1$ und $T = 8$ Teile ist die Zahl der Teilkurbelumdrehungen: $n_k = 5 = \frac{40}{8}$ $\qquad n_k = \frac{i}{T}$

Sehr empfehlenswert ist es, vor Beginn der Teilarbeiten eine **Probe** vorzunehmen.
Für einen Teilkopf mit $i = 40:1$ ist:

Probe: $40 = n_k \cdot T$

Teilung von Winkelgraden

Bei einer Teilkopfübersetzung von $i = 40:1$ gilt:
Für 360° Teilspindelumdrehung sind 40 Teilkurbelumdrehungen erforderlich.
Für 1° Teilspindelumdrehung sind $\frac{40}{360}$ Teilkurbelumdrehungen erforderlich.
Für α Winkelgrade sind $\frac{\alpha \cdot 40}{360°}$ Teilkurbelumdrehungen erforderlich.

Es ist also:

$n_k = \frac{\alpha}{9°}$

Probe:

$n_k \cdot \alpha = 9°$

Bei einem anderen Übersetzungsverhältnis:

$n_k = \frac{i \cdot \alpha}{360°}$

Probe:

$\frac{i \cdot \alpha}{n_k} = 360°$

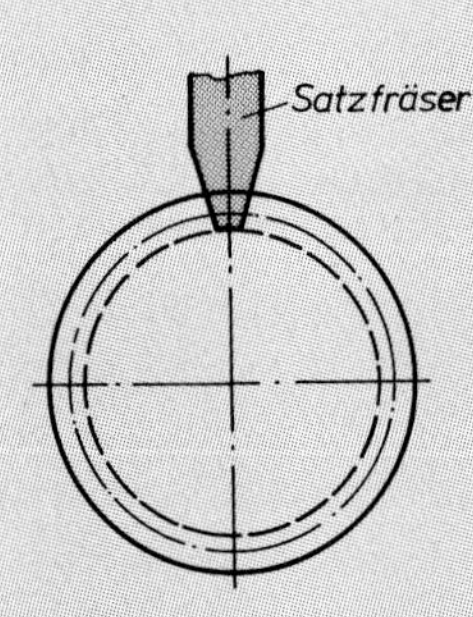

Beispiel 1: Ein Zahnrad

mit 36 Zähnen ist zu fräsen. Die Übersetzung des Teilapparates ist $i = 40:1$.

Gesucht:
a) Zahl der Teilkurbelumdrehungen.
b) Mit welchen Lochkreisen ist diese Teilung möglich?
c) Wieviel Löcher muß die Schere einschließen?

Lösung:

a) $n_k = \frac{i}{T} = \frac{40}{36} = 1\,\frac{4}{36} = \mathbf{1\,\frac{1}{9}}$ Teilkurbelumdrehungen

b) Erweitern mit 2 oder 3 ergibt:

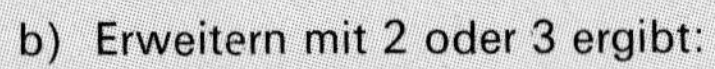

$n_k = 1\,\frac{1 \cdot 2}{9 \cdot 2} = 1\,\frac{2}{28}$ oder: $n_k = 1\,\frac{1 \cdot 3}{9 \cdot 3} = \mathbf{1\,\frac{3}{27}}$

Probe: $n_k \cdot T = 40$; $n_k \cdot T = 1\,\frac{3}{27} \cdot 36 = \frac{30}{27} \cdot 36 = \mathbf{40}$

c) Gewählt wird der 18er Lochkreis auf der 1. Lochscheibe. Die Teilschere muß 3 Löcher einschließen. Gemäß Skizze sind das 2 Lochabstände.

Die Teilschere muß stets ein Loch mehr einschließen als Lochabstände erforderlich sind.

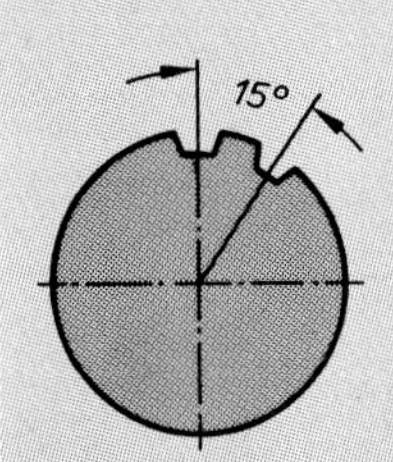

Beispiel 2: Teilung von Winkelgraden

Eine Rastenscheibe soll eine Teilung von 15° erhalten.
a) Wie viele Teilkurbelumdrehungen sind erforderlich?
b) Welcher Lochkreis kann verwendet werden?
c) Wie viele Löcher schließt die Teilschere ein?

Lösung: a) $n_k = \frac{\alpha}{9^\circ} = \frac{15^\circ}{9^\circ} = 1\frac{6}{9} = \mathbf{1\frac{2}{3}}$

b) $n_k = 1\frac{2 \cdot 5}{3 \cdot 5} = 1\frac{10}{15}$; alle durch die Zahl 3 teilbaren Lochkreise sind möglich; also: 15, 18, 21, 27, 33

c) Gewählter Lochkreis: 33 Löcher; $n_k = \mathbf{1\frac{22}{33}}$

Es sind 1 volle Teilkurbelumdrehung und 23 Löcher zwischen der Schere auf dem 33er Lochkreis erforderlich.

Probe: $\frac{i \cdot \alpha}{n_k} = \frac{40 \cdot 15^\circ}{1\frac{22}{33}} = \frac{40 \cdot 15^\circ}{\frac{55}{33}} = \frac{40 \cdot 33 \cdot 15^\circ}{55} = \mathbf{360^\circ}$ Probe stimmt

c) **Differentialteilen (Ausgleichsteilen)**

Manche Teilungen lassen sich mit den vorhandenen Lochkreisen nicht herstellen, z. B. $T = 96$

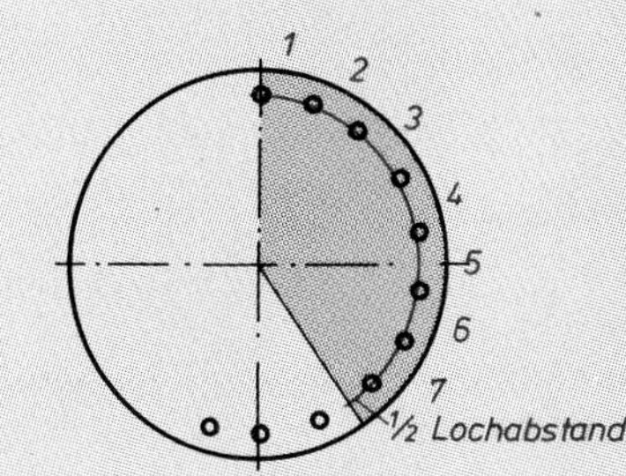

$n_k = \frac{i}{T} = \frac{40}{96} = \frac{5 \cdot 1{,}5}{12 \cdot 1{,}5} \rightarrow \frac{7{,}5}{18}$

Eine Teilung von $7\frac{1}{2}$ Lochabständen ist auf der Teilscheibe nicht einstellbar. Man könnte aber den halben Lochabstand dadurch erzielen, daß man die Lochscheibe um einen halben Lochabstand weiterdreht. Der Ausgleich dieser Differenz wird durch eine Zahnradübersetzung erreicht, die von der Teilspindel her angetrieben wird.

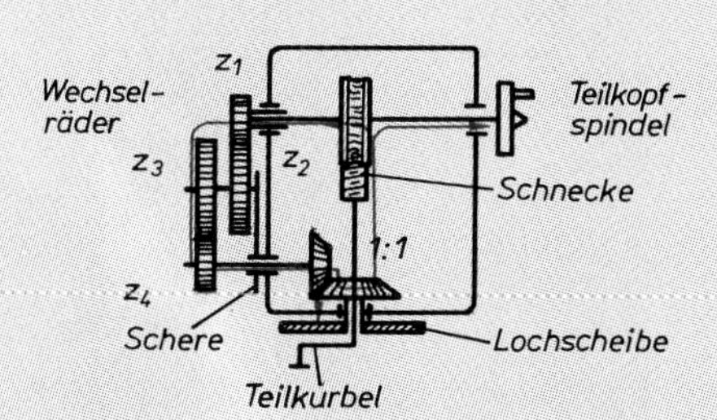

Bezeichnungen:

- i Übersetzungsverhältnis des Teilkopfes
- n_k Zahl der Umdrehungen der Teilkurbel
- T Teilzahl
- T' Hilfsteilzahl (sprich T-Strich)
- z_g Zähnezahlen der getriebenen Zahnräder (z_2, z_4)
- z_t Zähnezahlen der treibenden Zahnräder (z_1, z_3)

Gang der Rechnung beim Differentialteilen

1. Wahl einer Hilfszahl T' in der Nähe der geforderten Teilzahl
2. Berechnung der Teilkurbelumdrehungen: $n_k = \frac{1}{T'}$
3. Berechnung der Wechselräder für die Ausgleichsbewegung:

$$\frac{z_t}{z_g} = \frac{i}{T'}(T' - T)$$

Normaler Wechselrädersatz: 24, 24, 28, 32, 36, 40, 44, 48, 56, 64, 72, 86 und 100 Zähne

Probe: $i = T \cdot n_k \pm \frac{z_t}{z_g}$

Beispiel 1: Wahl einer Hilfsteilzahl T', die größer als T ist.

Ein geradverzahntes Stirnrad mit 96 Zähnen ist herzustellen. Es stehen ein Universalteilkopf mit einem Übersetzungsverhältnis $i = 40:1$, die Lochscheiben I, II und III und der oben genannte Wechselrädersatz zur Verfügung.

Gesucht: a) Zahl der Teilkurbelumdrehungen.
b) Zähnezahlen der Wechselräder.

Lösung: Es wird die Hilfsteilzahl $T' = 108$ gewählt.

a) $n_k = \frac{i}{T'} = \frac{40}{108} = \frac{20}{54} = \frac{10}{27}$

Es sind 10 Lochabstände auf dem 27er-Lochkreis einzustellen.

b) $\frac{z_t}{z_g} = \frac{i}{T'}(T' - T) = \frac{40}{108}(108 - 96) = \frac{40}{108} \cdot 12$

Zerlegen von Zähler und Nenner in je zwei Faktoren ergibt:

$$= \frac{40 \cdot 12}{4 \cdot 27} = \frac{40 \cdot 12}{12 \cdot 9} = \frac{5 \cdot 8}{3 \cdot 3} = \mathbf{\frac{64 \cdot 40}{24 \cdot 24}}$$

Wechselrädersatz: $z_1 = 64;\ z_2 = 24;\ z_3 = 40;\ z_4 = 24;$

Probe: $i = T \cdot n_k + \frac{z_t}{z_g}$

$$= \overset{32}{\cancel{96}} \cdot \frac{10}{\underset{9}{\cancel{27}}} + \frac{64 \cdot 40}{24 \cdot 24} = \frac{320}{9} + \frac{40}{9} = \mathbf{40}$$ Probe stimmt

Sollte sich der Rädersatz nicht aus den vorhandenen Wechselrädern zusammenstellen lassen, so muß die Rechnung mit einer neuen Hilfsteilzahl T' begonnen werden.

Beispiel 2: Wahl einer Hilfszahl T', die kleiner als T ist

Das Zahnrad der vorigen Aufgabe mit 96 Zähnen ist herzustellen. Es steht derselbe Universalteilkopf zur Verfügung.

Gesucht:
a) Zahl der Teilkurbelumdrehungen.
b) Zähnezahlen für die Wechselräder.
c) Aufsteckung der Wechselräder.

Lösung: Es wird die Hilfsteilzahl $T' = 90$ gewählt.

a) $n_k = \frac{i}{T'} = \frac{\overset{4}{\cancel{40}}}{\underset{9}{\cancel{90}}} = \frac{4}{9} = \mathbf{\frac{12}{27}}$

Es sind 12 Lochabstände auf dem 27er Lochkreis einzustellen.

b) $\frac{z_t}{z_g} = \frac{i}{T'}\,(T' - T) = \frac{40}{90}\,(90 - 96) = \frac{4}{9}\,(-6)$

Das Minuszeichen bedeutet, daß der Drehsinn von Teilkurbel und Lochscheibe entgegengesetzt sein müssen.

Wechselradsatz für doppelte Übersetzung (Bild c):

$$\frac{z_t}{z_g} = \frac{4 \cdot (-6)}{9} = -\frac{4 \cdot 6}{3 \cdot 3} = -\frac{72 \cdot 32}{24 \cdot 36}$$

$z_1 = 72;\ z_2 = 24;\ z_3 = 32;\ z_4 = 36;$

Wechselrädersatz mit einfacher Übersetzung (Bild d):

$$\frac{z_t}{z_g} = \frac{-4 \cdot 6}{9} = \frac{-24 \cdot 3}{9 \cdot 3} = \frac{-72}{27}$$ $z_1 = 72;\ z_2 = 27$

Probe: doppelte Übersetzung:

$$i = T \cdot n_k \pm \frac{z_t}{z_g} = 96 \cdot \frac{12}{27} - \frac{72 \cdot 32}{24 \cdot 36} = \mathbf{40}$$ Probe stimmt

einfache Übersetzung:

$$i = T \cdot n_k \pm \frac{z_t}{z_g} = 96 \cdot \frac{12}{27} - \frac{72}{27} = \mathbf{40}$$ Probe stimmt

	Aufsteckung der Wechselräder und Drehsinn von Lochscheibe und Teilkurbel			
	ⓐ einfache Übersetzung mit Zwischenrad	ⓑ doppelte Übersetzung	ⓒ einfache Übersetzung mit zwei Zwischenrädern	ⓓ doppelte Übersetzung mit einem Zwischenrad
Aufsteckung	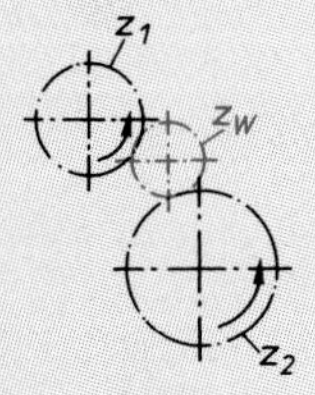 z_1, z_w, z_2	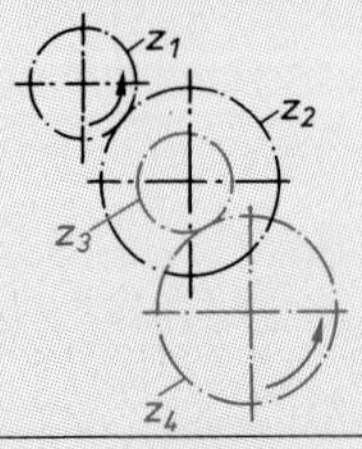 z_1, z_2, z_3, z_4	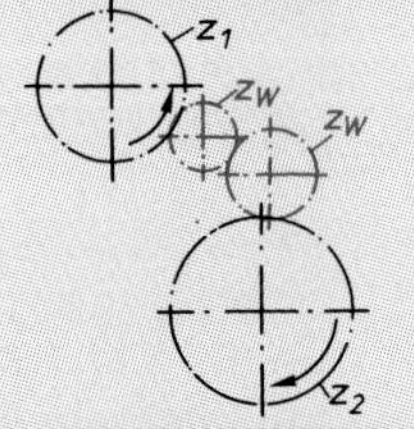 z_1, z_w, z_w, z_2	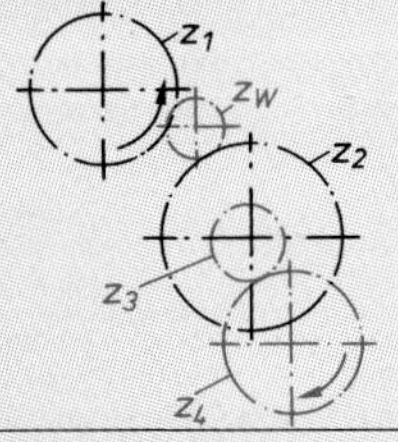 z_1, z_w, z_2, z_3, z_4
	Drehrichtung von Lochscheibe und Teilkurbel			
	gleich	gleich	entgegengesetzt	entgegengesetzt
$(T' - T)$	$T' - T$ ist positiv		$T' - T$ ist negativ	

Wendelnutfräsen

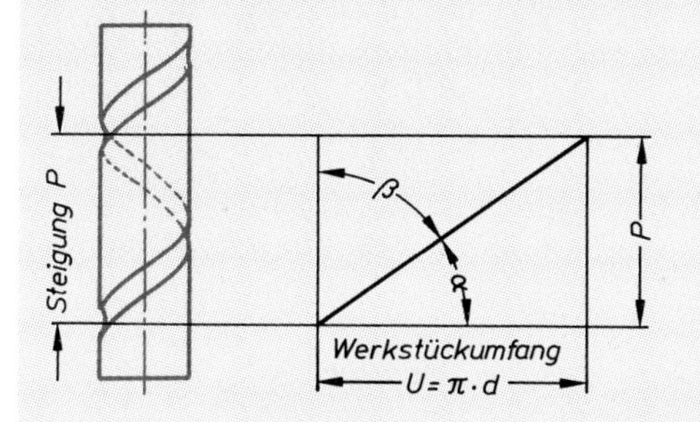

Beim Wendelnutfräsen muß das Werkstück zwei Bewegungen ausführen:

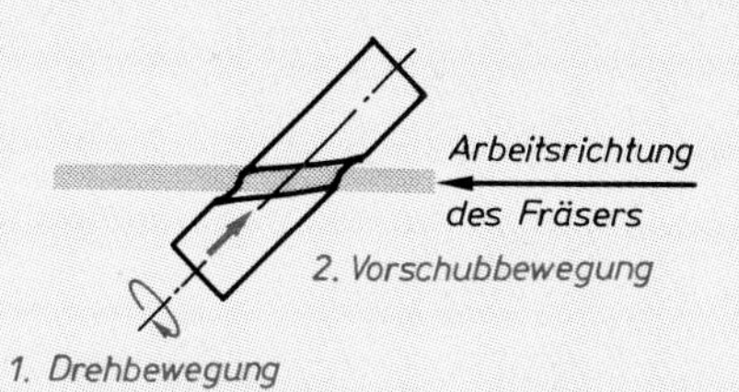

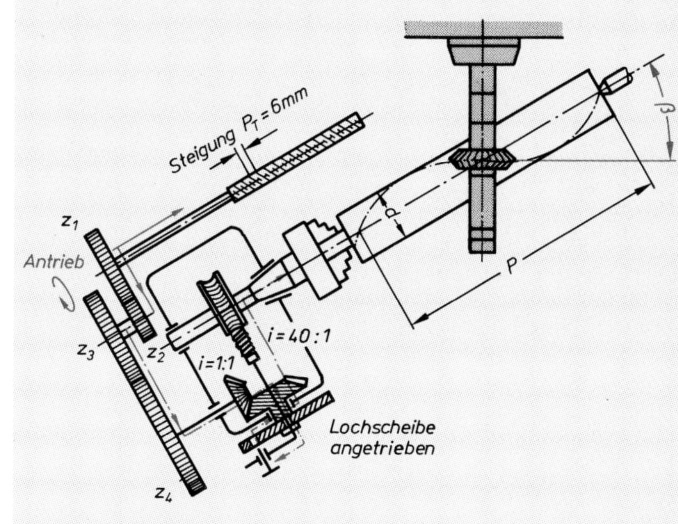

Die **Drehbewegung** des Werkstücks wird von der antreibenden Tischspindel über Wechselräder auf die Lochscheibe des Teilkopfes übertragen. Sie treibt über den eingerasteten Teilstift die Schnecke an.
Die **Vorschubbewegung** wird durch die direkt angetriebene Tischspindel erzeugt.
Der Frästisch der Universalfräsmaschine muß um den Winkel β verstellt werden.
Sind mehrere Nuten zu fräsen, so kann ähnlich wie beim indirekten Teilen vorgegangen werden. Nachdem eine Wendelnut gefräst ist, wird das Werkstück um eine Teilung weitergedreht. Es lassen sich allerdings nur solche Teilungen vornehmen, die sich mit den vorhandenen Lochscheiben ausführen lassen (kein Differentialteilen möglich).

Bezeichnungen:

α Steigungswinkel
β Einstellwinkel (Schwenkung zur Achse)
i Übersetzungsverhältnis
n_k Anzahl der Umdrehungen der Teilkurbel
P Steigung der Wendel am Werkstück
P_T Steigung der Tischspindel (Vorschub)
z_t Zähnezahlen der treibenden Räder (z_1, z_3)
z_g Zähnezahlen der getriebenen Räder (z_2, z_4)

Probe für die Wechselräder: $P = \frac{z_g}{z_t} \cdot P_T \cdot i$

Die Berechnung des Wechselrädersatzes erfolgt mit folgender Formel:

$$\frac{z_t}{z_g} = \frac{P_T \cdot i}{P}$$

Bei Zwischenschaltung einer weiteren Übersetzung i_1 (z. B. Kegelräder) gilt die Formel:

$$\frac{z_t}{z_g} = \frac{P_T \cdot i \cdot i_1}{P}$$

Beispiel: Wendelnut für einen Spiralbohrer

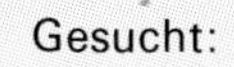

Ein Spiralbohrer von 11 mm Außendurchmesser hat zwei Nuten und einen Drallwinkel β von 30°. Er soll seine rohe Form durch Fräsen erhalten. Der Teilkopf hat ein Übersetzungsverhältnis von $i = 40:1$.

Gesucht: a) Steigung P der Wendel.
b) Wechselrädersatz.
c) Anzahl der Teilkurbelumdrehungen n_k.

Lösung: a) $\alpha + \beta = 90°$; $\alpha = 90° - \beta = 90° - 30° = 60°$

$\tan\alpha = \frac{P}{\pi \cdot d}$; $P = \tan\alpha \cdot \pi \cdot d =$
$= 1{,}7321 \cdot 3{,}14 \cdot 11 \text{ mm} = \mathbf{59{,}827\ mm \approx 60\ mm}$

Es ist eine Steigung P zu wählen, so daß die Tischspindelsteigung P_T darin ohne Rest enthalten ist.

b) Zu einer vollen Umdrehung des Werkstücks sind also:

$\frac{60 \text{ mm}}{6 \text{ mm}} = 10$ Tischspindelumdrehungen erforderlich.

Da sich die Drehzahlen umgekehrt wie die Zähnezahlen verhalten, ist:

$\frac{z_t}{z_g} = \frac{n_g}{n_t}$ oder $\frac{z_t}{z_g} = \frac{P_T \cdot i}{P}$

$$\frac{z_t}{z_g} = \frac{P_T \cdot i}{P} = \frac{6 \cancel{\text{mm}} \cdot 40}{60 \cancel{\text{mm}}} = \frac{6 \cdot 12 \cdot 4 \cdot 8}{3 \cdot 8 \cdot 2 \cdot 12} = \mathbf{\frac{72 \cdot 32}{24 \cdot 24}}$$

Probe: $P = \frac{z_g}{z_t} \cdot P_T \cdot i = \frac{24 \cdot 24}{72 \cdot 32} \cdot 6 \text{ mm} \cdot 40 = \mathbf{60\ mm}$ stimmt

c) $n_k = \frac{i}{T} = \frac{40}{2} = \mathbf{20}$

■ Aufgaben zu Teilkopfarbeiten

Wenn nichts Weiteres angegeben, sind in den nachfolgenden Aufgaben eine Übersetzung von $i=40:1$ und folgende Lochscheiben zugrunde zu legen:

I Lochscheibe: 15, 16, 17, 18, 19, 20 Löcher
II Lochscheibe: 21, 23, 27, 29, 31, 33 Löcher
III Lochscheibe: 37, 39, 41, 43, 49 Löcher

43.1 Direktes Teilen

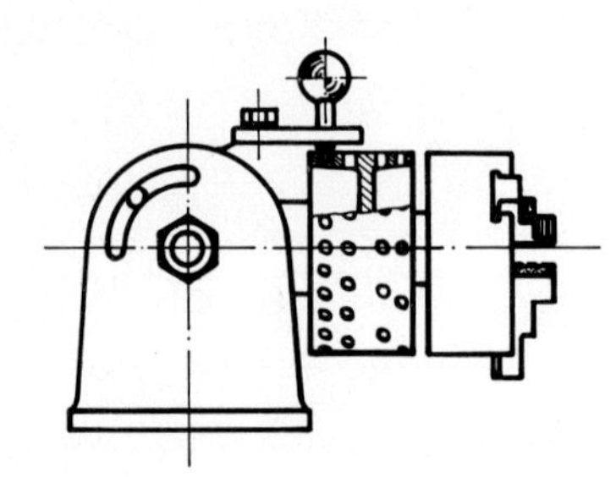

Teilkreise:
16 – 36 – 42 – 60

Gesucht:
a) Einstellungen für $T=7$ 12 und 15 Teile.
► b) Mögliche Teilungen von $T=2$ bis $T=18$.

43.2 Vierkant-, Sechskant- und Achtkantzapfen

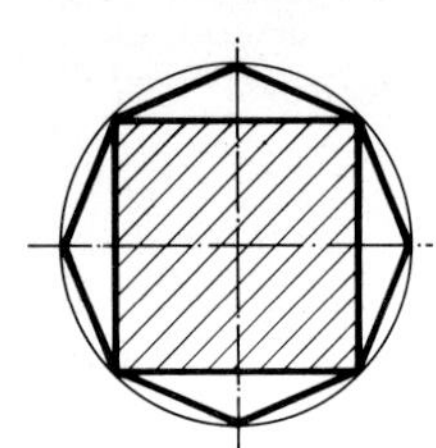

im direkten Teilverfahren fräsen.
Lochscheiben:
18 – 25 – 41 – 48 – 76.

Gesucht:
a) Günstiger Lochkreis, um alle 3 Vielecke auf einem Lochkreis zu teilen.
b) Geben Sie die Teilschritte an!

43.3 Herstellbare Teilungen

Die Konstruktionsabteilung benötigt eine Teilung zwischen 90 und 99 Teilen. Welche Teilungen lassen sich herstellen, wenn ein normaler Lochscheibensatz und eine Übersetzung $i=40:1$ für indirektes Teilen vorhanden ist?

43.4 Indirektes Teilen

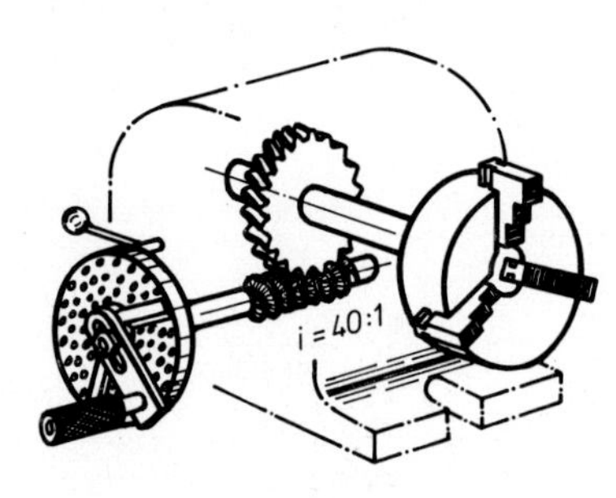

Lochscheiben:
I 15 – 16 – 17 – 18 – 19 – 20
II 21 – 23 – 27 – 29 – 31 – 33
III 37 – 39 – 41 – 43 – 47 – 49
Teilzahl: 28 (35)

Gesucht:
Teilkurbelumdrehungen.

43.5 Teilschere

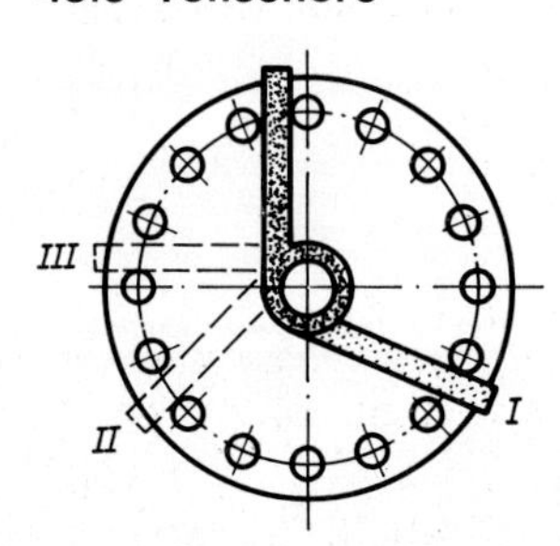

in Stellung I, II und III

Gesucht:
a) Zahl der Löcher, die die Schere jeweils einschließt.
b) Lochabstände zwischen der Schere.
► c) eingestellte Zähnezahl für ein Zahnrad bei $i=60:1$.

43.6

Formfräser

11, 14, 18 Zähne

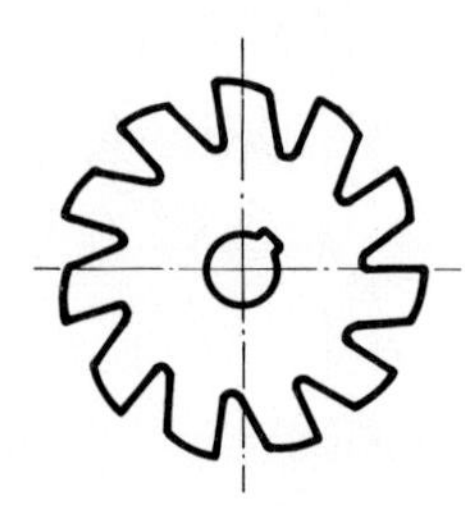

Messerkopf

6, 13, 16 Schneiden

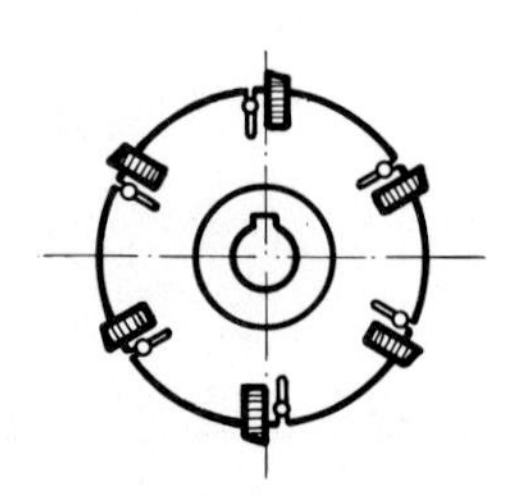

Gesucht: Teilkurbelumdrehungen, wenn $i=40:1$.

43.7

Rastenscheibe

mit Sperrklinke

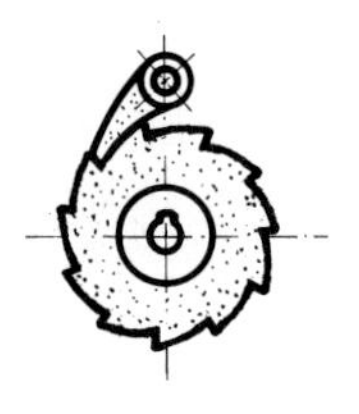

$i=60:1$

Gesucht:
Umdrehung der Teilkurbel für 11 (17) Zähne.

Sperrad fräsen

für 15, 26, 35 Rasten

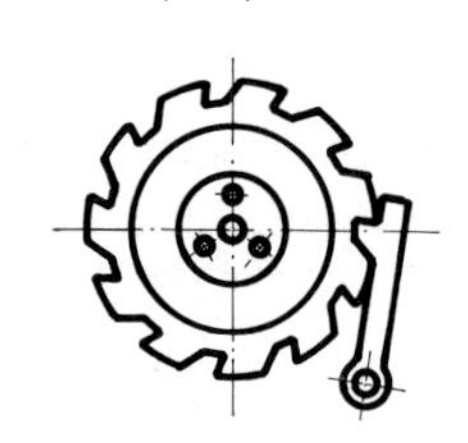

Geben Sie die Lochabstände zwischen der Schere an!

43.8 Rastenscheibe

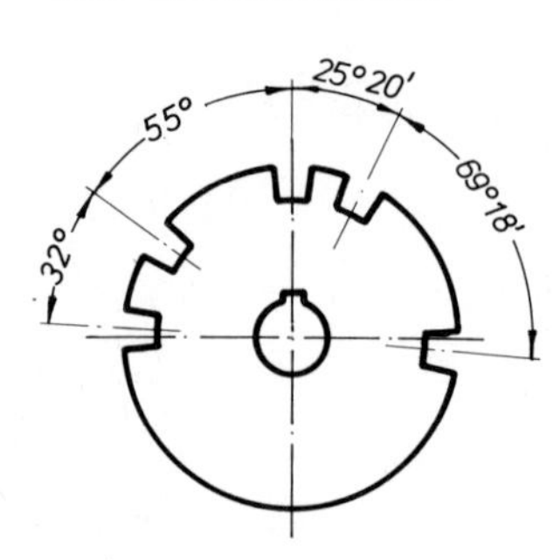

Lochkreise: 15 – 16 – 17 – 18 – 19 – 20 – 27
$i=40:1$ (60:1)

Gesucht:
Teilkopfeinstellung.

43.9 Reibahle mit ungleicher Teilung

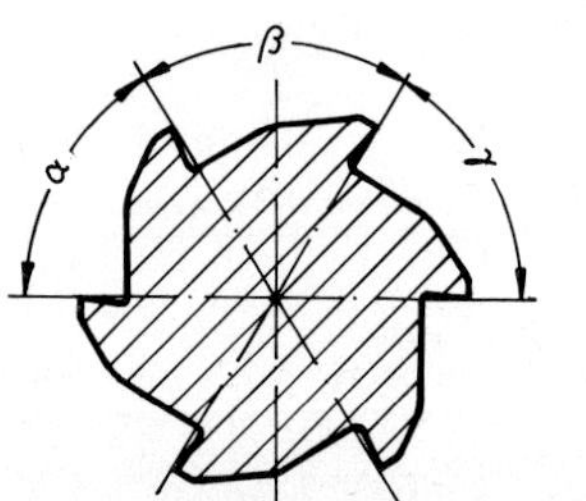

$i=40:1$
Lochscheiben: 20 – 27 – 39 – 49

	α	β	γ
I	58°	63°	59°
II	65°	58°	57°
III	58° 57′	61° 12′	59° 51′

43.10 Bajonettscheibe

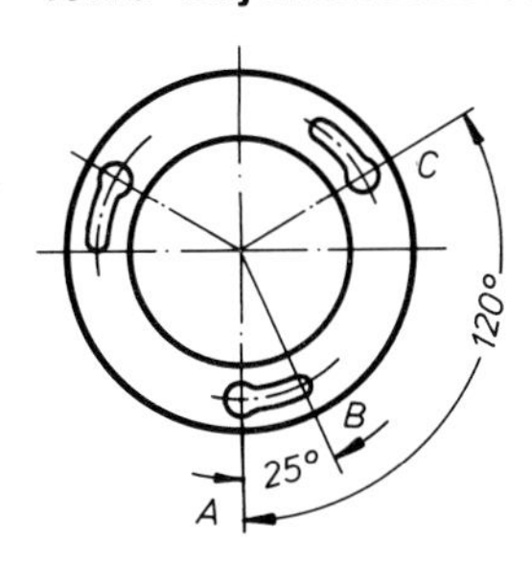

für Spindelkopf-befestigung (Schnellspannung)

Gesucht:
Teilschritt für AB und BC bei einem Teilkopf $i = 40:1$.

43.11 Zahnradsegment

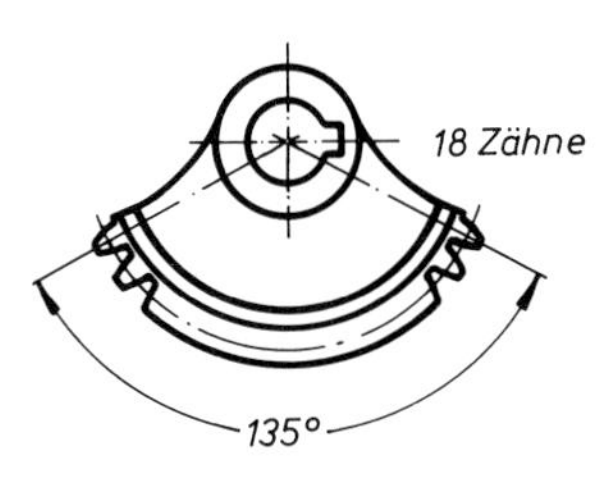

Teilkopf: $i = 60:1$

Gesucht:
a) Zähnezahl des ganzen Zahnrades.
b) Zahl der Teilkurbelumdrehungen und Löcher zwischen der Schere.

43.12 Differentialteilen

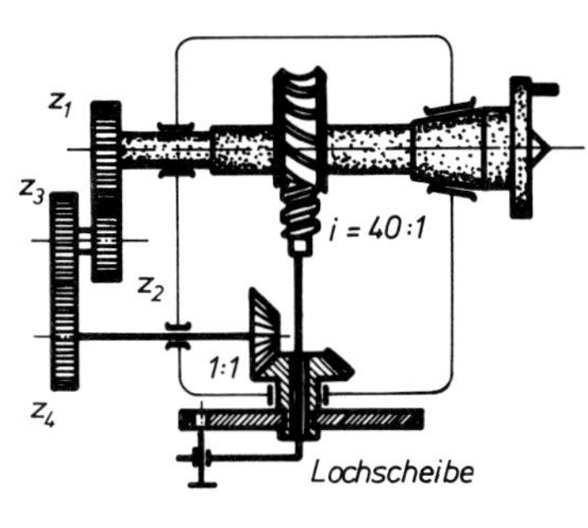

Ein Zahnrad mit 51 (53) Zähnen ist herzustellen.
Wechselrädersatz:
24 – 28 – 32 – 36 – 40 – 48 – 56 – 64 – 72 – 80 – 90 – 96

Gesucht:
Kurbelumdrehungen und Wechselräder.

43.13 Wendelnutfräsen

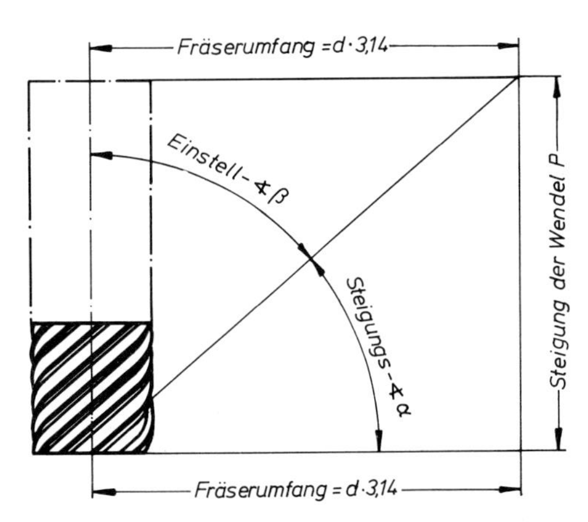

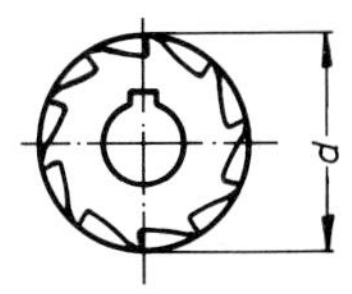

Fräser:
Durchmesser $d = 50$ mm

Einstellwinkel $\beta = 10°$ (25°)

Gesucht:
Steigung P als Voraussetzung für die Wechselradberechnung.

43.14 Schrägverzahntes Stirnrad

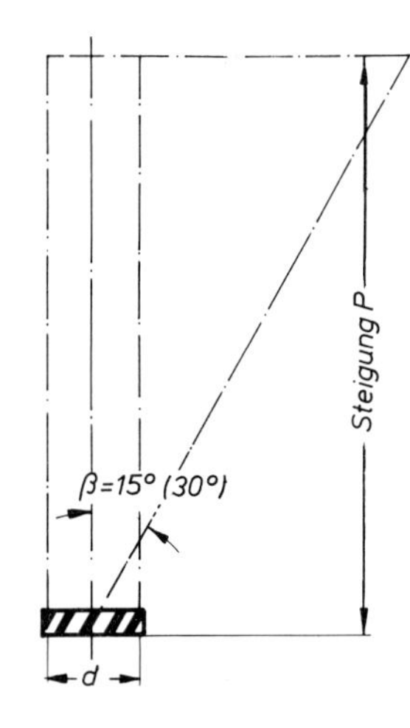

Teilkreise $d =$ 72 (94, 95,6) mm

Gesucht:
Steigung P für die Wechselradberechnung.

43.15/16 Wendelnutfräsen

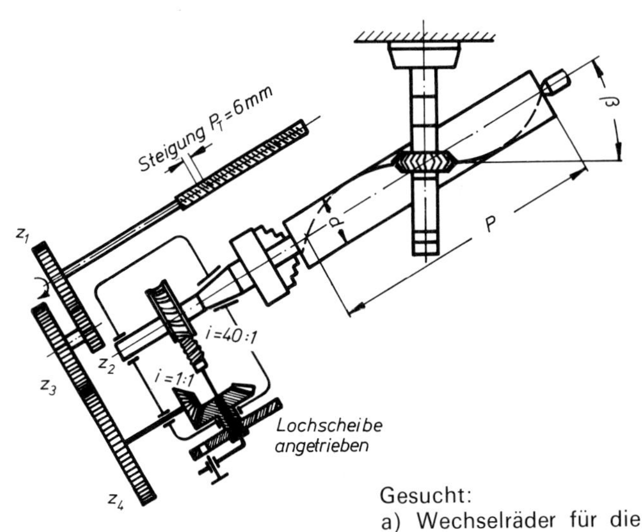

Zeichnen Sie den Kraftfluß für den Vorschub rot und für die Drehbewegung grün ein!

Gesucht:
a) Wechselräder für die Steigung $P = 600$ (500) mm.
b) Winkel β, wenn $d = 80$ mm.

43.17 Schrägverzahnter Fräser

Drallsteigung $P = 28''$
Außendurchmesser 60 mm
Übersetzung der Schnecke $i = 40:1$

Gesucht:
a) Einstellwinkel β.
b) Wechselräder bei einer Tischspindelsteigung $P_T = \frac{1}{2}''$.

43.18 Ein schrägverzahnter Fräser ist herzustellen

Er hat 10 Zähne und soll einen Spiralwinkel von $\beta \approx 30°$ erhalten.

Gesucht:
a) Steigung P bei $\beta = 30°$.
b) Gewählte Steigung, die sich aus der Tischspindelsteigung $P_T = 6$ mm ergibt.
c) Wechselrädersatz, wenn folgende Zahnräder zur Verfügung stehen: 24, 28, 32, 36, 38, 40, 48, 56, 64, 72, 80 und 100.

Grundlage der Hydraulik ist das Gesetz von Pascal (1659):

Ein durch äußere Kräfte hervorgerufener Druck pflanzt sich in einer Flüssigkeit allseitig und in gleicher Stärke fort.

Hydraulische Kraftübertragung:

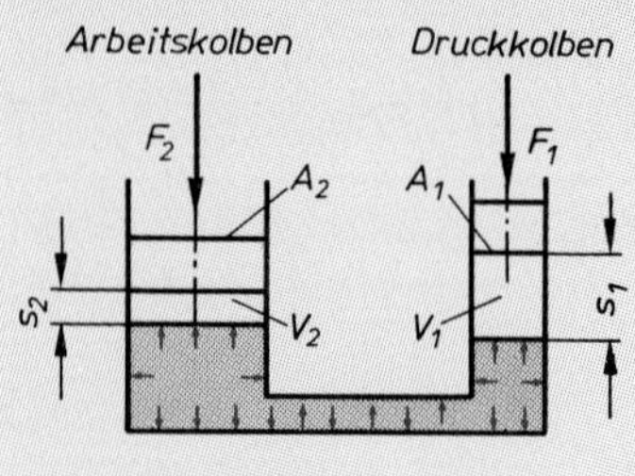

Druck $p = const.$

$$p = \frac{F_1}{A_1}; \qquad p = \frac{F_2}{A_2}$$

$$\frac{F_1}{A_1} = \frac{F_2}{A_2} \Rightarrow \frac{F_1}{F_2} = \frac{A_1}{A_2}$$

$$F_2 = \frac{F_1}{A_1} \cdot A_2$$

$$F_2 = p \cdot A_2$$

Die Kräfte verhalten sich wie die Kolbenflächen.

Bezeichnungen:

F_1 Kraft auf den Druckkolben
A_1 Fläche des Druckkolbens
s_1 Hub des Druckkolbens
F_2 Kraft auf den Arbeitskolben
A_2 Fläche des Arbeitskolbens
s_2 Hub des Arbeitskolbens
V_1 bewegte Flüssigkeit unter dem Druckkolben
V_2 bewegte Flüssigkeit unter dem Arbeitskolben
p Druck in der Hydraulikflüssigkeit

Das bewegte Flüssigkeitsvolumen V_1 im Druckzylinder ist gleich dem Flüssigkeitsvolumen V_2 im Arbeitszylinder:

$$V_1 = V_2$$

$$s_1 \cdot A_1 = s_2 \cdot A_2$$

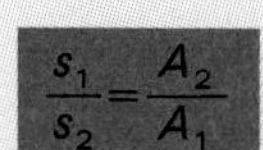

$$\frac{s_1}{s_2} = \frac{A_2}{A_1}$$

Die Kolbenhübe verhalten sich umgekehrt wie die Kolbenflächen.

Beispiel:

Eine hydraulische Hubvorrichtung hat einen Druckkolben mit einem Durchmesser von 20 mm; der Arbeitskolben hat einen Durchmesser von 180 mm. Die durch einen Handhebel ausgeübte Kraft F_1 beträgt 1 200 N. Der Hub des Druckkolbens ist auf 25 mm begrenzt. Berechnen Sie
a) die Kraft F_2 am Arbeitskolben!
b) Wie oft muß man den Hebel am Druckkolben betätigen, um den Arbeitskolben um 12 cm zu bewegen?

Lösung: Druckkolben: $A_1 = 0{,}785\, d^2 = 0{,}785 \cdot (2\text{ cm})^2 = 3{,}14\text{ cm}^2$
Arbeitskolben: $A_2 = 0{,}785\, d^2 = 0{,}785 \cdot (18\text{ cm})^2 = 254{,}47\text{ cm}^2$

a) $F_2 = \frac{F_1 \cdot A_2}{A_1} = \frac{1\,200\text{ N} \cdot 254{,}47\text{ cm}^2}{3{,}14\text{ cm}^2} = 97\,249{,}7\text{ N} = \mathbf{97{,}2497\text{ kN}}$

b) Hubzahl

$$n = \frac{s_2 \cdot A_2}{s_1 \cdot A_1} = \frac{12\text{ cm} \cdot 254{,}47\text{ cm}^2}{2{,}5\text{ cm} \cdot 3{,}14\text{ cm}^2} = \mathbf{389\text{ mal}}$$

Kolbenkräfte

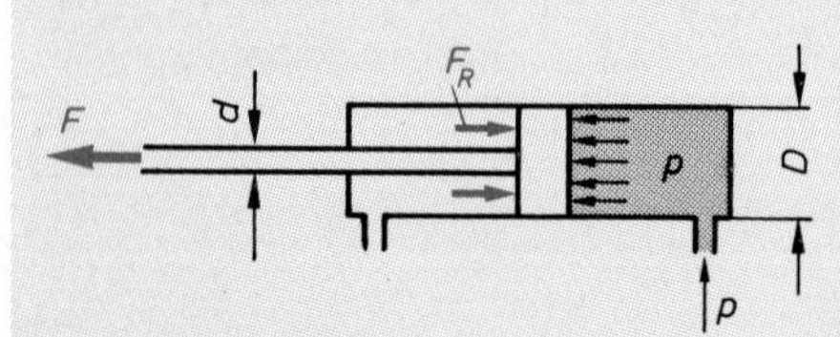

Theoretische Kolbenkraft:

$$F_{th} = p \cdot A$$

Unter Berücksichtigung der Reibungsverluste erhält man als **wirksame Kolbenkraft:**

$$F = F_{th} - F_R$$

$$F = p \cdot A - F_R$$

Bezeichnungen:

F wirksame Kolbenkraft
F_{th} theoretische Kolbenkraft
F_R Reibungskraft*)
D Zylinderdurchmesser
d Kolbenstangendurchmesser
A wirksame Kolbenfläche
p Flüssigkeitsdruck
x Prozentsatz für die Reibungsverluste

Wirksame Kolbenfläche bei

Vorhub: $A = 0{,}785\, D^2$

Rückhub: $A = 0{,}785\, (D^2 - d^2)$

*) F_R berücksichtigt die Reibungsverluste (etwa 10–15% von F_{th})

Beispiel: Kolbenkräfte im Vor- und Rückhub

Ein Hydraulikzylinder hat einen Durchmesser von 80 mm und einen Kolbenstangendurchmesser von 30 mm. Der Flüssigkeitsüberdruck ist 30 bar. Die Reibungsverluste betragen 10%.

Gesucht: Kolbenkraft im Vor- und Rückhub.

Lösung: Kolbenkraft beim Vorhub

$$F_{th} = p \cdot A \quad = 300\ N/cm^2 \cdot 50{,}24\ cm^2 \quad = 15072\ N$$

$$F_R = F_{th} \cdot \frac{x}{100\%} = 15072\ N \cdot \frac{10\%}{100\%} \quad = 1507{,}2\ N$$

$$F = F_{th} - F_R \quad = 15072\ N - 1507{,}2\ N \quad = \mathbf{13564{,}8\ N}$$

Wirksame Kolbenkräfte beim Rückhub

$$F_{th} = p \cdot A \quad = p \cdot 0{,}785 \cdot (D^2 - d^2)$$

$$= 300\ N/cm^2 \cdot 0{,}785 \cdot ((8\ cm)^2 - (3\ cm)^2) = 12952{,}5\ N$$

$$F_r = F_{th} \cdot \frac{x}{100\%} = 12952{,}5\ N \cdot \frac{10\%}{100\%} \quad = 1295{,}25\ N$$

$$F = F_{th} - F_R \quad = 12952{,}5\ N \cdot 1285{,}25\ N \quad = \mathbf{11657{,}25\ N}$$

Kolbengeschwindigkeit

Die Geschwindigkeit des Kolbens hängt vom Förderstrom Q ab, d.h. von der Flüssigkeitsmenge, die die Pumpe pro Zeiteinheit liefert.

$$\text{Förderstrom} = \frac{\text{Volumen}}{\text{Zeiteinheit}}$$

Hubvolumen = Fläche × Hub

$$V = A \cdot s$$

$$Q = \frac{V}{t}$$

Geschwindigkeit: $v = \frac{s}{t}$

$$Q = \frac{A \cdot s}{t} = A \cdot \frac{s}{t}$$

(Durchflußgesetz siehe nachfolgenden Abschnitt)

$$Q = A \cdot v$$

umgestellt: $v = \frac{Q}{A}$

Bei doppelt wirkenden Zylindern ist die Rücklaufgeschwindigkeit wegen des geringen Hubvolumens größer.

Beispiel: Kolbengeschwindigkeit

Ein doppelt wirkender Hydraulikzylinder wird von einer Pumpe mit einem Förderstrom von 120 l/min beschickt. Zylinderdurchmesser 100 mm; Kolbenstangendurchmesser 40 mm; Hub $s = 300$ mm.

Gesucht: Kolbengeschwindigkeiten und Zeiten für Vor- und Rücklauf.

Lösung: Vorlauf

$$v = \frac{Q}{A} \quad = \frac{120\,\cancel{l}\ (1000\ cm^3)}{78{,}5\ cm^2 \cdot \cancel{min}\ (60\ s)} \quad = \mathbf{25{,}4\ cm/s = 0{,}254\ m/s}$$

$$t = \frac{s}{v} \quad = \frac{0{,}3\ m \cdot s}{0{,}254\ m} \quad = \mathbf{1{,}18\ s}$$

Rücklauf

$$A = 0{,}785\ (D^2 - d^2) = 0{,}785\ ((10\ cm)^2 - (4\ cm)^2) = 65{,}94\ cm^2$$

$$v = \frac{Q}{A} \quad = \frac{120000\ cm^3}{65{,}94\ cm^2 \cdot \cancel{min}\ (60\ s)} \quad = \mathbf{30{,}33\ cm/s}$$

$$t = \frac{s}{v} \quad = \frac{0{,}3\ m \cdot s}{0{,}303\ m} \quad = \mathbf{0{,}99\ s}$$

Durchflußgesetz

In einem Rohrsystem fließt durch jeden Querschnitt in der Zeiteinheit die gleiche Flüssigkeitsmenge

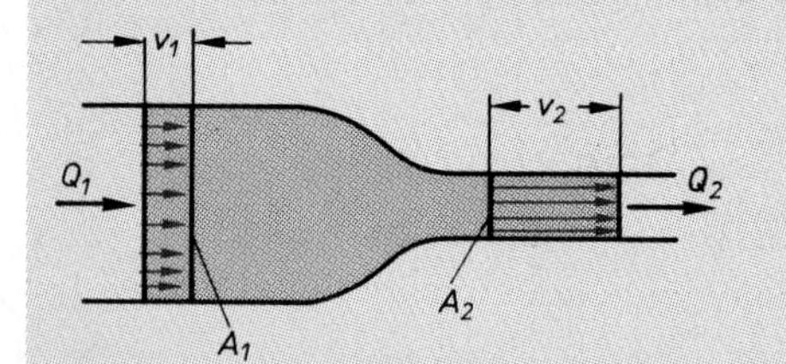

$Q = A \cdot v$

$Q = \text{const.}$

$$A_1 \cdot v_1 = A_2 \cdot v_2$$

$$v_2 = \frac{A_1 \cdot v_1}{A_2}$$

Bezeichnungen:

Q Volumenstrom
v Strömungsgeschwindigkeit
A Rohrquerschnitt

Zur Vermeidung größerer Druckverluste und von Geräuschen sollten folgende Strömungsgeschwindigkeiten nicht überschritten werden:

Druckleitungen	3...6 m/s
Rücklaufleitungen	2 m/s
Saugleitungen	1,5 m/s

Beispiel: Strömungsgeschwindigkeit

Eine Pumpe liefert einen Förderstrom (= Volumenstrom) von 63 dm^3/min. Die Rohrleitungen haben einen lichten Durchmesser von 16 mm.
Berechnen Sie die Strömungsgeschwindigkeit in m/s.

Lösung: $A = 0{,}785\ d^2 = 0{,}785 \cdot (1{,}6\ \text{cm})^2 = 2{,}01\ \text{cm}^2$

$Q = A \cdot v$

$$v = \frac{Q}{A} = \frac{63\,000\ \text{cm}^3}{2{,}01\ \text{cm}^2 \cdot \cancel{\text{min}}\ 60\ \text{s}} = 522{,}39\ \text{cm/s} = \mathbf{5{,}22\ m/s}$$

Förderstrom und hydraulische Leistung

Der Förderstrom Q ist abhängig vom Fördervolumen pro Umdrehung der Pumpe und der Drehzahl n:

$Q = V \cdot n$

Bezeichnungen:

Q Förderstrom
V Fördervolumen pro Umdrehung *)
n Drehzahl

Da auf den Typenschildern von Hydraulikaggregaten einige Größen in ganz bestimmten, feststehenden Einheiten angegeben werden, verzichtet man meist auf Größengleichungen und rechnet mit Zahlenwertgleichungen. Alle Einheiten-Umrechnungen werden mit Hilfe eines Umrechnungsfaktors berücksichtigt.
Für den Förderstrom ergibt sich dann folgende **Zahlenwertgleichung:**

$$Q = \frac{V \cdot n}{1\,000}$$

Q	V	n
l/min	cm^3	1/min

Durch Leck- und Spaltverluste ist der wirkliche Förderstrom geringer als der theoretische. Diese Verluste werden durch den volumetrischen Wirkungsgrad η_v berücksichtigt.
Neben den volumetrischen Verlusten treten bei hydraulischen Pumpen wie bei allen anderen Maschinen auch Reibungsverluste auf. Der mechanische Wirkungsgrad η_{mech} berücksichtigt diese Verluste.
Zur Vereinfachung faßt man beide Wirkungsgrade zu einem Gesamtwirkungsgrad η_{ges} zusammen:

$\eta_{ges} = \eta_v \cdot \eta_{mech}$

Die Antriebsleistung einer Pumpe ist vom Förderstrom und vom Betriebsdruck abhängig:

$P = Q \cdot p$

Führt man in die Formel den Umrechnungsfaktor und den Gesamtwirkungsgrad ein, so erhält man die effektive oder wirkliche Antriebsleistung

$$P_{eff} = \frac{Q \cdot p}{600 \cdot \eta_{ges}}$$

P	Q	p
kW	l/min	bar

*) Das Fördervolumen pro Umdrehung der Pumpe muß experimentell oder aus den Bauabmessungen der Pumpe ermittelt werden.

Beispiel: Gesamtwirkungsgrad einer Hydraulikpumpe

Eine Pumpe hat einen Förderstrom (= Fördermenge) von 63 l/min bei einem Arbeitsdruck von 30 bar (Überdruck). Die Wirkungsgrade sind: $\eta_v = 0{,}85$ und $\eta_{mech} = 0{,}87$.
Berechnen Sie die erforderliche Antriebsleistung in kW!

Lösung: $\eta_{ges} = \eta_v \cdot \eta_{mech} = 0{,}85 \cdot 0{,}87 \approx 0{,}74$

$$P_{eff} = \frac{Q \cdot p}{600 \cdot \eta_{ges}}$$

$$P_{eff} = \frac{63 \cdot 30}{600 \cdot 0{,}74}$$

$P_{eff} = \mathbf{4{,}26\ kW}$

P_{eff}	Q	p
kW	l/min	bar

(Zahlenwertgleichung)

Aufgaben zur Hydraulik

44.1 Hydraulik-Zylinder

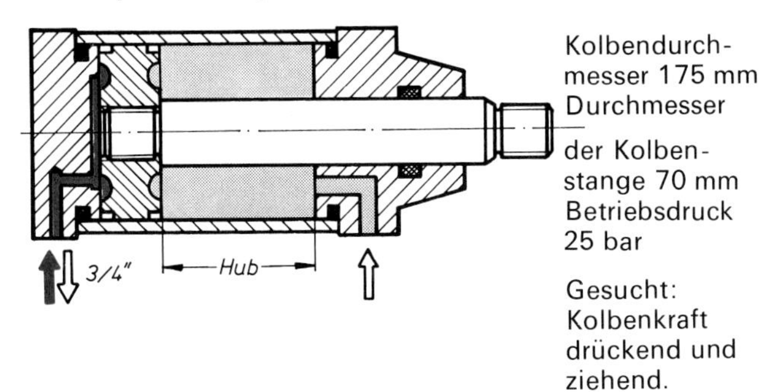

Kolbendurchmesser 175 mm
Durchmesser der Kolbenstange 70 mm
Betriebsdruck 25 bar

Gesucht:
Kolbenkraft drückend und ziehend.

44.2 Scheibenbremse

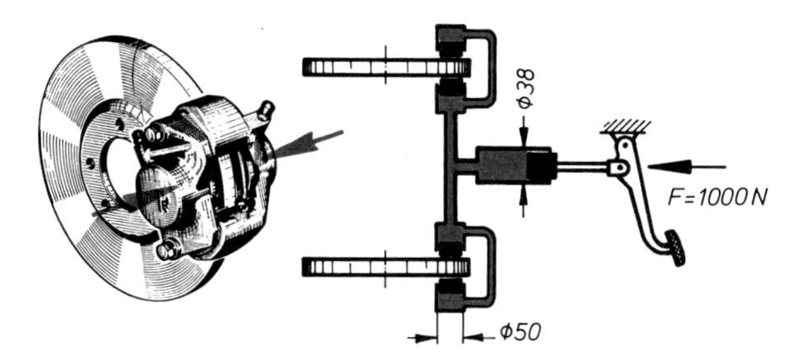

Gesucht:
a) Druck im Hydrauliköl.
b) Kraft eines Bremszylinders.

44.3 Hydraulische Kopiersteuerung

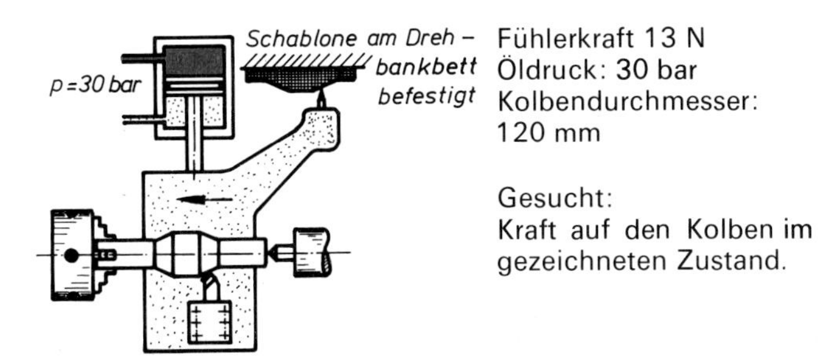

Fühlerkraft 13 N
Öldruck: 30 bar
Kolbendurchmesser: 120 mm

Gesucht:
Kraft auf den Kolben im gezeichneten Zustand.

44.4 Waagrechtstoßmaschine mit hydraulischem Antrieb

Druck des Hydrauliköls 60 bar
Arbeitskolben 72 mm ⌀
Kolbenstange 50 mm ⌀

Pumpe

Gesucht:
a) Kraft beim Arbeitshub.
b) Kraft beim Stößelrücklauf.

44.5 Strömungsgeschwindigkeit

Eine Anlage hatte bisher eine Pumpe mit einer Fördermenge (= Förderstrom) von 40 l/min. Man ersetzt die alte Pumpe durch eine neue mit 100 l/min.

Gesucht:
a) Wie groß ist die Strömungsgeschwindigkeit in der neuen Anlage bei einem Rohrdurchmesser von 12 mm?
b) Ist dieser Rohrdurchmesser jetzt noch zulässig?

44.6 Mindestrohrdurchmesser

Eine Anlage soll mit einer Hydraulikpumpe mit einer Fördermenge von 16 l/min ausgerüstet werden. Berechnen Sie die Mindestrohrdurchmesser für Druck-, Rücklauf- und Saugleitungen, wenn folgende Strömungsgeschwindigkeiten nicht überschritten werden sollen:

Druckleitungen $v_{max} = 5$ m/s
Rücklaufleitungen $v_{max} = 2$ m/s
Saugleitungen $v_{max} = 1{,}5$ m/s

44.7 Hydraulik-Anlage

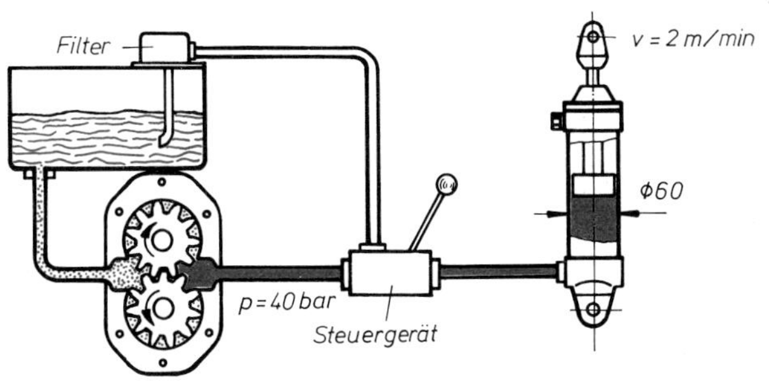

Gesucht:
a) Kolbenkraft.
b) Fördervolumen der Zahnradpumpe pro Minute

44.8 Ölhydraulische Presse

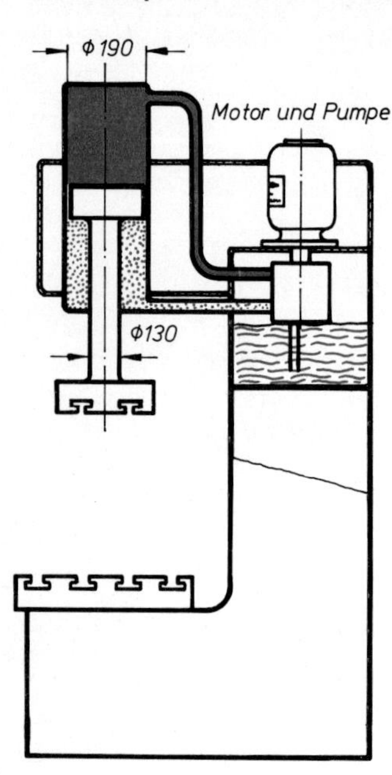

Preßkraft 400 kN
max. Stößelgeschwindigkeit 7,2 m/min

Gesucht:
a) Druck des Hydrauliköls in bar (bei 200 bar schaltet das Überdruckventil ab).
b) Fördermenge der Pumpe in l/s.
c) Max. Rücklaufgeschwindigkeit, wenn die Pumpe 150 l/min liefert.

44.9 Eine hydraulische Hebebühne

soll Kraftfahrzeuge mit Massen bis zu 5000 kg mit einer Hubgeschwindigkeit von 5,1 m/min heben können. Der Hauptzylinder hat einen Durchmesser von 200 mm.

Gesucht:
a) Fördermenge der Pumpe in l/min.
b) Druck im Hydrauliksystem bei maximaler Belastung.
c) Arbeitsleistung der Hydraulikpumpe bei einem Gesamtwirkungsgrad von $\eta_{ges} = 0{,}75$.
d) Zeit, um ein Kraftfahrzeug 1,5 m hoch zu heben.

44.10 Hydraulik-Zylinder

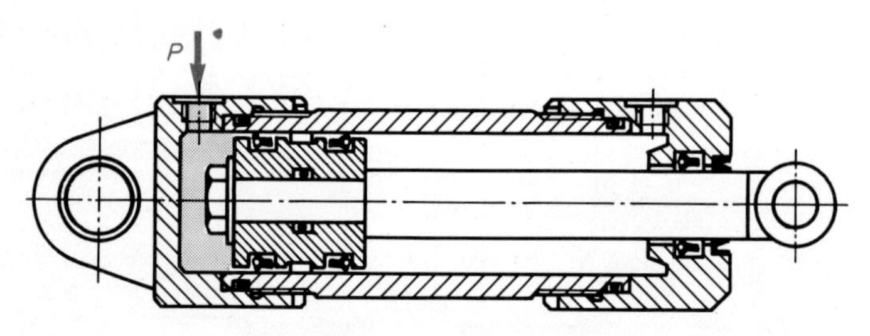

Der abgebildete Hydraulik-Zylinder hat einen Zylinder-Durchmesser von 60 mm. Der Kolbenstangendurchmesser beträgt 30 mm. Der Öldruck wird mit 60 bar angegeben. Berechnen Sie die Kraft beim Ausfahren bzw. beim Einfahren des Kolbens, wenn die Reibung unberücksichtigt bleibt.

44.11 Hydraulische Presse

Gegeben:

Pumpenkolbendurchmesser	$d_1 = 25$ mm
Hub des Druckkolbens	$s_1 = 30$ mm
Arbeitskolben ∅	$d_2 = 300$ mm
Kraft am Arbeitskolben	$F_2 = 250$ kN

Gesucht:
a) Kraft im Druckkolben F_1
b) Handkraft F_H am Handhebel.
c) Weg des Arbeitskolbens s_2 bei einem Hub des Druckkolbens.

44.12 Hydraulisches Richtgerät

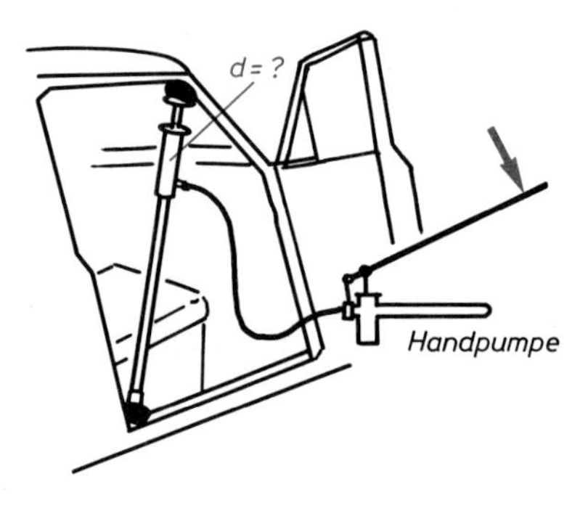

Mit einem hydraulischen Arbeitsgerät soll ein Türrahmen eines PKW gerichtet werden. Die maximale Preßkraft des Preßkörpers beträgt 100 kN.
Mit der Handpumpe wird ein Höchstdruck von 450 bar erzeugt. Welchen Durchmesser muß der Arbeitszylinder haben?

44.13 Gabelstapler

Ein Gabelstapler mit elektro-hydraulischem Antrieb hat eine maximale Traglast von 1250 kg und unter dieser Last eine Hubgeschwindigkeit von $0{,}09\ \frac{m}{s}$. Der Hubkolbendurchmesser beträgt 120 mm.

a) Berechnen Sie die Gewichtskraft einer Last von 1250 kg.
b) Berechnen Sie die erforderliche Antriebsleistung für den Pumpenmotor bei einem Gesamtwirkungsgrad von $\eta_{ges} = 0{,}8$.

44.14 Hydraulischer Teleskop-Preßkörper

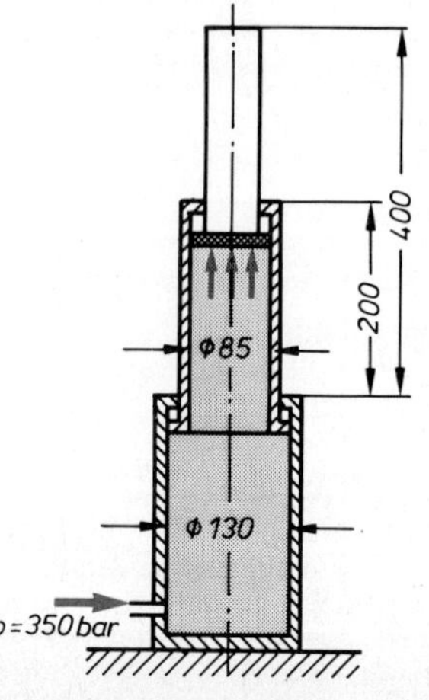

Bei Teleskop-Zylindern fahren zuerst beide Kolben zusammen mit einer großen Kraft aus. Wenn der erste große Kolben seine Endstellung erreicht hat, fährt der kleine mit verringerter Kraft weiter.

Berechnen Sie die Preßkraft für den Hub bis 200 mm und für den Hub von 200 mm bis 400 mm. Öldruck 350 bar. Wirkungsgrad $\eta_{ges} = 0{,}87$.

Kolbenkraft

Bei der Berechnung der Kolbenkräfte von Pneumatikzylindern lassen sich weitgehend die Formeln der Hydraulik verwenden.

Theoretische Kolbenkraft: $F_{th} = p \cdot A$

Die Reibungsverluste werden meist durch einen sogenannten Reibungswirkungsgrad η_R*) berücksichtigt. Bei einfachwirkenden Zylindern mit Rückstellfeder wird die Federkraft durch einen Federwirkungsgrad η_F**) berücksichtigt.
Zusammengefaßt ergibt sich der Gesamtwirkungsgrad η_{ges}:

$$\eta_{ges} = \eta_R \cdot \eta_F$$

Daraus ergibt sich die wirksame Kolbenkraft:

$$F = p \cdot A \cdot \eta_{ges}$$

Bezeichnungen:

p Luftdruck (Überdruck)
A Kolbenfläche
F_{th} theoretische Kolbenkraft
F_R Reibungskraft
F wirksame Kolbenkraft
η_R Reibungswirkungsgrad
η_F Federwirkungsgrad
η_{ges} Gesamtwirkungsgrad

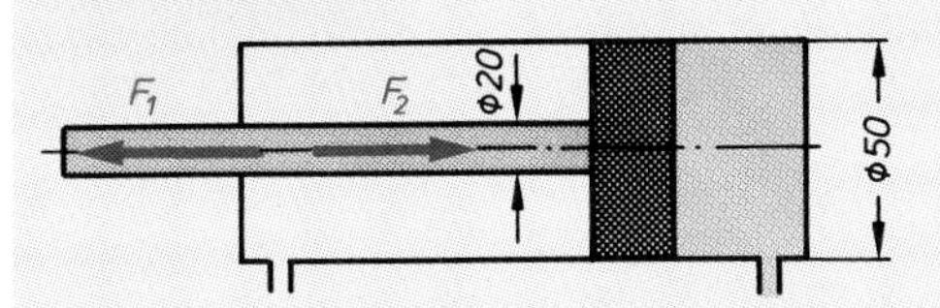

Beispiel:

Berechnen Sie die Kolbenkraft F_1 und die Rückstellkraft F_2 des Pneumatikzylinders bei einem Druck von 6 bar und einem Gesamtwirkungsgrad von $\eta_{ges} = 0{,}85$.

$$F_1 = p \cdot A_1 \cdot \eta_{ges} = 60\,\frac{\text{N}}{\text{cm}^2}\,\frac{3{,}14 \cdot (5\text{ cm})^2}{4} \cdot 0{,}85 \qquad = \mathbf{1000{,}875\ N}$$

$$F_2 = p \cdot A_2 \cdot \eta_{ges} = 60\,\frac{\text{N}}{\text{cm}^2}\,\frac{3{,}14\left((5\text{ cm})^2 - (2\text{ cm})^2\right)}{4} \cdot 0{,}85 = \mathbf{840{,}735\ N}$$

Luftverbrauch

Der Luftverbrauch wird bezogen auf den unverdichteten Normalzustand der Luft und wird in Normallitern pro Minute gemessen (n l/min).
Der Luftverbrauch ist abhängig von der Kolbenfläche A, dem Kolbenhub s, der Hubzahl n und dem Verhältnis von Betriebsdruck p_B zum Normaldruck p_0 (dieses Verhältnis wird auch Verdichtungsverhältnis ε genannt).
Somit errechnet sich der Luftverbrauch für den **einfach wirkenden Zylinder:**

$$Q = A \cdot s \cdot n \cdot \frac{p_B}{p_0}$$

Führt man für $\frac{p_B}{p_0} = \frac{1{,}013\text{ bar} + p_ü}{1{,}013\text{ bar}} \approx \frac{1\text{ bar} + p_ü}{1\text{ bar}}$ ein, so erhält man vereinfacht:

$$Q = A \cdot s \cdot n \left(\frac{1\text{ bar} + p_ü}{1\text{ bar}}\right)$$

Bezeichnungen:

Q Luftverbrauch n l/min
A Kolbenfläche
s Kolbenhub
n Hubzahl
p_0 Normaldruck = 1,013 bar
p_B Betriebsdruck
$p_ü$ Überdruck

Luftverbrauch für den doppelt wirkenden Zylinder: ***)

$$Q = 2 \cdot A \cdot s \cdot n \left(\frac{1\text{ bar} + p_ü}{1\text{ bar}}\right)$$

Zur vereinfachten Ermittlung des Luftverbrauchs stehen Tabellen zur Verfügung, die einen sogenannten spezifischen Luftbedarf q in Abhängigkeit vom Zylinderdurchmesser und Arbeitsdruck pro 1 cm Kolbenhub angeben. Benützt man die angegebene Tabelle, so ergibt sich eine vereinfachte Formel für den einfachwirkenden Zylinder:

$$Q = q \cdot s \cdot n$$

q = spezifischer Luftbedarf in n l bezogen auf 1 cm Kolbenhub (Tabellenwert)

und den doppelt wirkenden Zylinder:

$$Q = 2 \cdot q \cdot s \cdot n$$

Luftverbrauch-Tabelle für Pneumatik-Zylinder
in n l/cm

Kolben-durchmesser in mm	Druck in bar – Überdruck				
	2	4	6	8	10
12	0,003	0,006	0,008	0,011	0,013
20	0,009	0,016	0,022	0,029	0,035
32	0,024	0,040	0,056	0,072	0,088
50	0,059	0,098	0,137	0,177	0,216
80	0,151	0,252	0,352	0,453	0,552
100	0,238	0,393	0,550	0,707	0,863
160	0,603	1,006	1,408	1,81	2,212
200	0,943	1,572	2,200	2,829	3,457

*) Reibungskraft beträgt 5–15% von F_{th}
**) Federkraft beträgt maximal 10% von F_{th}
***) Genau genommen ist wegen der Volumenverminderung durch die Kolbenstange beim Rückhub der Luftverbrauch nicht doppelt so groß; jedoch wird diese Ungenauigkeit durch das Nebenvolumen auf Boden- und Deckelseite ausgeglichen.

Beispiel 1: Ein einfach wirkender Zylinder

mit einem Durchmesser von 50 mm und einem Hub von 80 mm wird mit einem Überdruck von $p = 6$ bar 120mal in der Minute betätigt.
Berechnen Sie den Luftverbrauch pro Minute!

Lösung: $A = \frac{\pi \cdot d^2}{4} = \frac{3{,}14 \cdot 5\ \text{cm} \cdot 5\ \text{cm}}{4} = 19{,}625\ \text{cm}^2$

$$Q = A \cdot s \cdot n \left(\frac{1\ \text{bar} + p_{ü}}{1\ \text{bar}}\right) = 19{,}625\ \text{cm}^2 \cdot 8\ \text{cm} \cdot 120\ \frac{\text{l}}{\text{min}} \left(\frac{1\ \text{bar} + 6\ \text{bar}}{1\ \text{bar}}\right)$$

$$= 131\,800\ \frac{\text{cm}^3}{\text{min}} = \mathbf{131{,}8\ \frac{n\,l}{min}}$$

Beispiel 2:

Berechnen Sie den Luftbedarf für den Pneumatikzylinder von Beispiel 1 mit Hilfe der vereinfachten Formel und der Tabelle!

Lösung: $Q = q \cdot s \cdot n = 0{,}137\ n\ \text{l/cm} \cdot 8\ \text{cm} \cdot 120\ \frac{\text{l}}{\text{min}} = \mathbf{131{,}52\ \frac{n\,l}{min}}$

q laut Tabelle 0,137 n l/cm

■ Übungsaufgaben zur Pneumatik

45.1 Preßluftbetätigung für Spannfutter an einer Drehmaschine

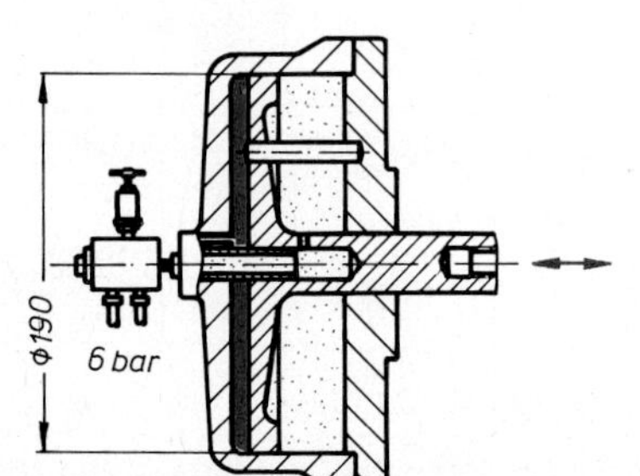

Gesucht:
Kraft auf den Spannkolben, wenn die Bohrung vernachlässigt wird.

45.2 Pneumatisch-hydraulischer Druckübersetzer

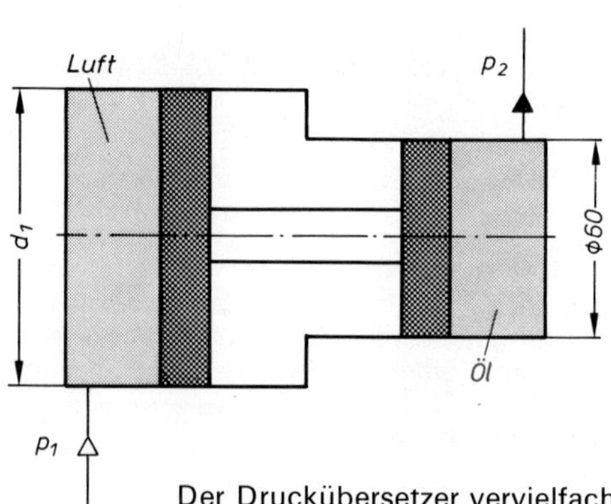

Der Druckübersetzer vervielfacht den Luftdruck im Verhältnis der Kolbenflächen.

Aufgabe:
Für eine Spannvorrichtung benötigt man einen Öldruck von $p_2 = 48$ bar. Im Druckluftnetz steht ein Druck von $p_1 = 6$ bar (Überdruck) zur Verfügung. Der Öldruckzylinder ist mit $d_2 = 60$ mm angegeben.

a) Berechnen Sie den erforderlichen Durchmesser d_1 des Druckluftzylinders.
b) Berechnen Sie die Kraft, welche die Kolbenstange übertragen muß.

45.3 Vorschubeinheit mit Bremszylinder

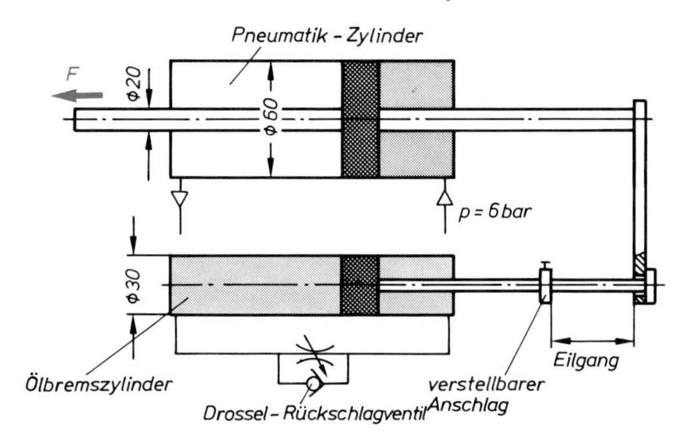

Um einen genau einstellbaren, gleichmäßigen Vorschub zu erhalten, muß man in der Pneumatik die Luftkompression ausschalten. Dies erreicht man durch das Parallelschalten eines hydraulischen Bremszylinders.

Aufgabe:
Die abgebildete Vorschubeinheit ist für eine Ständerbohrmaschine vorgesehen.
a) Berechnen Sie die Vorschubkraft F, wenn die Einheit mit einem Wirkungsgrad $\eta = 0{,}7$ arbeitet.
b) Berechnen Sie die Vorschubgeschwindigkeit in m/min, wenn das Drossel-Rückschlagventil auf 0,25 l/min eingestellt ist.

45.5 Drehzylinder

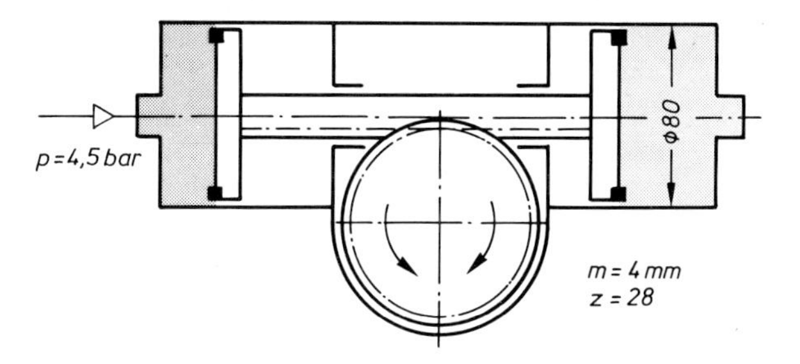

Gegeben: Durchmesser $d = 85$ cm
Luftdruck $p = 4{,}5$ bar (Überdruck)
Zähnezahl des Zahnrades $z = 28$ Zähne
Modul $m = 4$ mm

Gesucht:
a) Wirksame Kraft in der Zahnstange bei einem Wirkungsgrad von $\eta_{ges} = 0{,}85$.
b) Verfügbares Drehmoment (= Kraftmoment) an der Zahnradwelle.

45.4 Spannzylinder

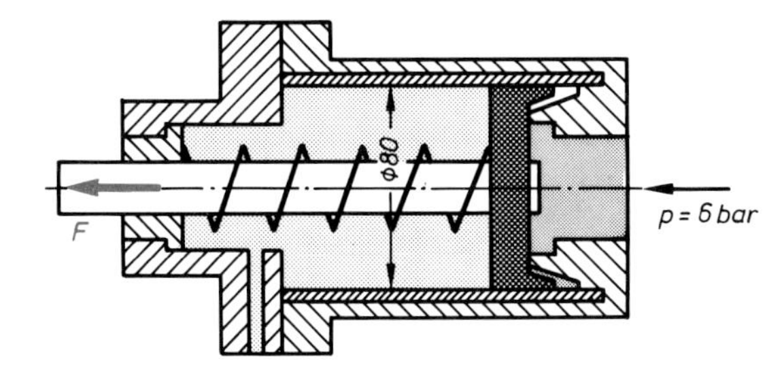

Gegeben: Durchmesser $d = 80$ mm
Luftdruck $p = 6$ bar (Überdruck)
Hub $s = 70$ mm
Hubzahl $n = 30$/m
Kosten für 1 m³ unverdichtete Luft = 3,5 Dpf
Wirkungsgrad $\eta_{ges} = 0{,}8$

Gesucht:
a) Spannkraft F in N.
b) Luftverbrauch in n l/min.
c) Kosten für die Druckluft bei einem täglichen Dauerbetrieb von 8 Stunden.

45.6 Doppelt wirkender Zylinder

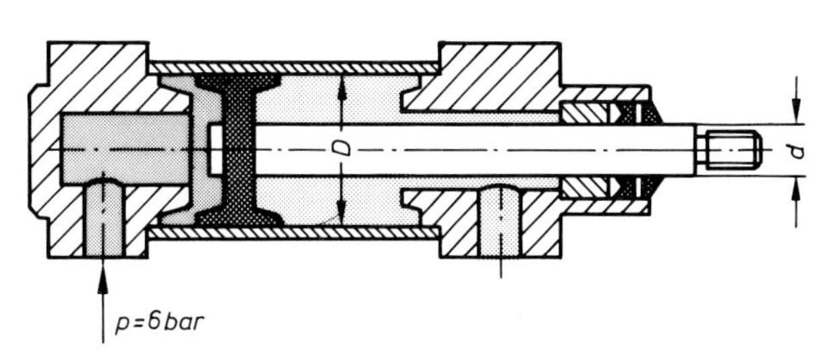

Der doppelt wirkende Zylinder soll beim Rückhub eine Kraft $F = 5\,986$ N ausüben. Der Kolbenstangendurchmesser ist mit $d = 32$ mm vorgegeben.
Der Gesamtwirkungsgrad ist $\eta_{ges} = 0{,}87$.

a) Berechnen Sie den Zylinderdurchmesser D.
b) Berechnen Sie die Kraft F beim Ausfahren des Kolbens.
c) Wie hoch sind die Druckluftkosten bei 10 Hüben pro Minute und einem 8-Stunden-Tag und einem Hub von 125 mm? 1 m³ unverdichtete Druckluft kostet 3,5 Dpf.

46 Hauptzeitberechnungen

Unter Hauptzeiten versteht man bei spanender Formgebung die Zeiten, in denen Werkstoff zerspant wird. Reine Maschinenzeiten können berechnet werden. Andere Bearbeitungszeiten werden meist mit der Stoppuhr gemessen.

Langdrehen

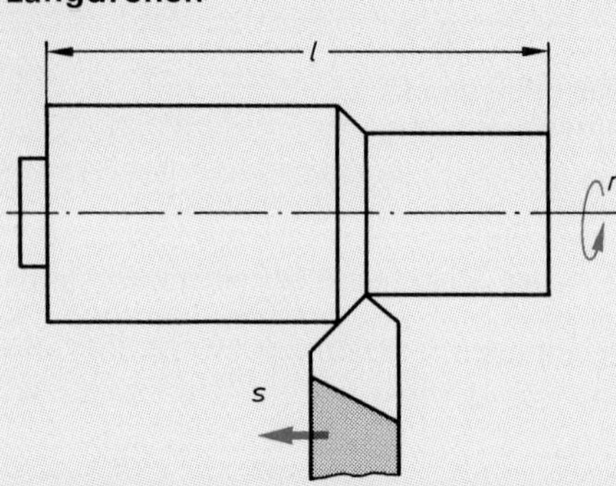

Bezeichnungen und Einheiten:

l Drehlänge in mm
s Vorschub je Umdrehung in mm
n Drehzahl (Umdrehungsfrequenz) in $\frac{1}{\text{min}}$
i Zahl der Schnitte
t_h Hauptzeit in min

Eine Welle mit $l = 400$ mm soll mit einem Vorschub von $s = 2$ mm und der Drehzahl $n = 500 \frac{1}{\text{min}}$ einmal längs überdreht werden.
Für den Arbeitsgang sind $\frac{l}{s} = \frac{400\ \text{mm}}{2\ \text{mm}} = 200$ Umdrehungen erforderlich.
Für 500 Umdrehungen (n) benötigt die Maschine 1 min
Für 200 Umdrehungen $\left(\frac{l}{s}\right)$ benötigt die Maschine $\frac{1 \cdot 200}{500}$ min $= 0{,}4$ min

Die Hauptzeit 0,4 min ergibt sich aus dem Formelansatz: $t_h = \frac{\frac{l}{s}}{n} = \frac{l}{s \cdot n}$

Hauptzeit bei i Schnitten: $$t_h = \frac{l \cdot i}{s \cdot n}$$

Beispiel: Langdrehen

Eine 360 mm lange Welle wird mit einem Vorschub je Umdrehung von $s = 0{,}25$ mm bei einer Drehzahl von $n = 180 \frac{1}{\text{min}}$ in 2 Schnitten überdreht.
Berechnen Sie die Hauptzeit.

Lösung: $t_h = \frac{l \cdot i}{s \cdot n} = \frac{360\ \text{mm} \cdot 2}{0{,}25\ \text{mm} \cdot 180 \frac{1}{\text{min}}} = \frac{4\ \text{min}}{0{,}25} = \mathbf{16\ min}$

Plandrehen

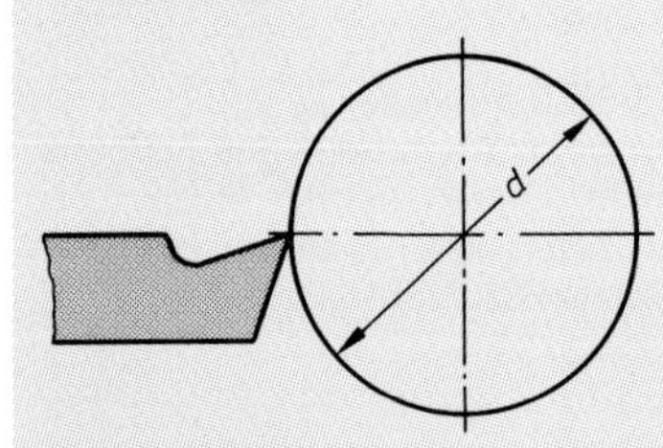

Vollscheibe: $l = \frac{d}{2}$

Ringfläche: $l = \frac{D - d}{2}$

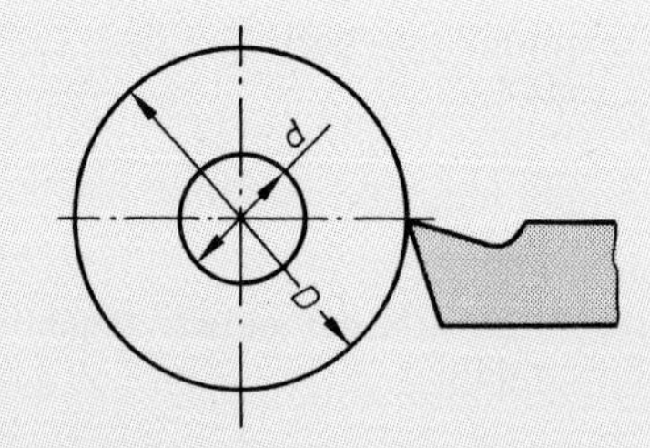

Beim Plandrehen wird die Hauptzeit wie beim Langdrehen berechnet, wobei die Länge l aus dem Durchmesser ermittelt wird.

Bohren

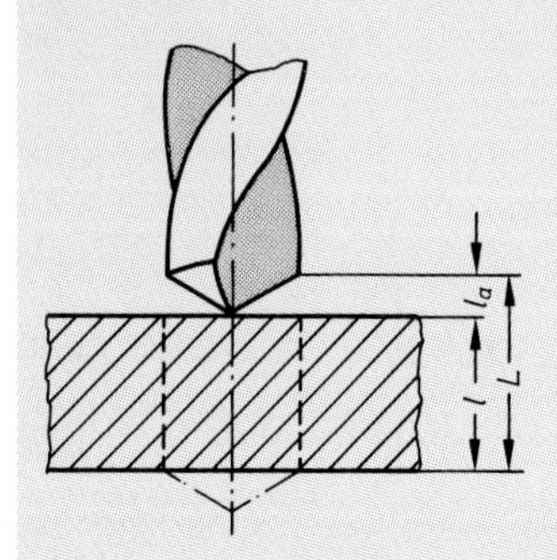

Beim Bohren berechnet man die Hauptzeit wie beim Langdrehen. Bevor der Bohrer mit vollem Durchmesser arbeitet, ist der Anlaufweg l_a zurückzulegen.

$$L = l + l_a$$

$$t_h = \frac{L \cdot i}{s \cdot n}$$

Bezeichnungen:

l Bohrungstiefe
l_a Anlaufweg
L Bohrweg
s Vorschub je Umdrehung
n Drehzahl

Die Größe des Anlaufwegs hängt vom Durchmesser und dem Spitzenwinkel des Bohrers ab:

Stahl $l_a \approx 0{,}3 \cdot d$ Leichtmetall $l_a \approx 0{,}2 \cdot d$ Kunststoff $l_a \approx 0{,}6 \cdot d$

Hobeln und Stoßen

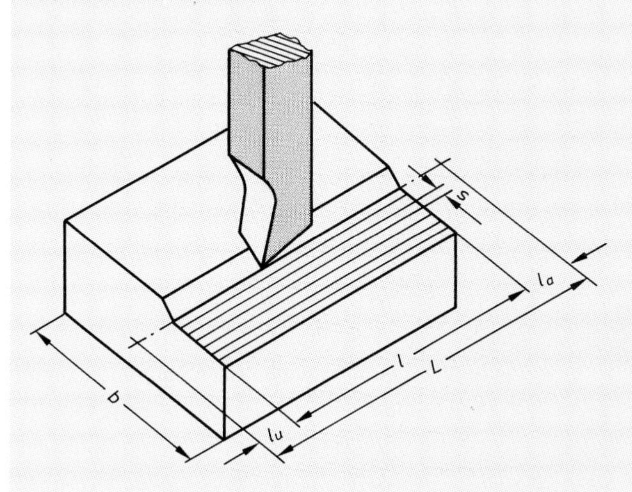

Bezeichnungen und Einheiten:

- b Werkstückbreite in mm
- s Vorschub je Arbeitshub in mm
- l_a Anlaufweg in m
- l_u Überlaufweg in m
- L Hublänge in m
- v_A Arbeitshubgeschwindigkeit in m/min
- v_R Rückhubgeschwindigkeit in m/min

Hublänge: $L = l + l_a + l_u$

Beim Hobeln und Stoßen führt das Werkstück bzw. der Hobelmeißel eine geradlinige Bewegung aus.

$$\text{Geschwindigkeit} = \frac{\text{Weg}}{\text{Zeit}}$$

daraus folgt: Zeit für einen Arbeitshub $= \dfrac{\text{Weg}}{\text{Arbeitshubgeschwindigkeit}}$ $\qquad t = \dfrac{L}{v_A}$

Zeit für einen Rückhub $= \dfrac{\text{Weg}}{\text{Rückhubgeschwindigkeit}}$ $\qquad t = \dfrac{L}{v_R}$

Zeit für einen Arbeits- und Rückhub: $\qquad t = \dfrac{L}{v_A} + \dfrac{L}{v_R}$

Aus der Werkstückbreite b und dem Vorschub je Arbeitshub s ergibt sich die Zahl der Arbeits- und Rückhübe:

$$\text{Zahl der Doppelhübe} = \frac{b}{s}$$

Hauptzeit $t_h = \left(\dfrac{L}{v_A} + \dfrac{L}{v_R}\right) \dfrac{b}{s}$ — Werkstücklänge möglichst in m einsetzen

Beispiel: Anreißplatte

Eine Anreißplatte 1600 mm × 1200 mm aus Gußeisen wird vor dem Schaben in Längsrichtung gehobelt. An- und Überlaufweg sind je 75 mm, die Schnittgeschwindigkeit beträgt $v_A = 35$ m/min, die Rückhubgeschwindigkeit $v_R = 45$ m/min und der Vorschub $s = 2$ mm. Berechnen Sie die Hauptzeit für eine einmalige Bearbeitung der Fläche.

Lösung: $L = l + l_a + l_u \quad = 1600\text{ mm} + 75\text{ mm} + 75\text{ mm} \quad = 1{,}75\text{ m}$

$$t_h = \left(\frac{L}{v_A} + \frac{L}{v_R}\right)\frac{b}{s} = \left(\frac{1{,}75\text{ m}}{35\text{ m/min}} + \frac{1{,}75\text{ m}}{45\text{ m/min}}\right)\frac{1200\text{ mm}}{2\text{ mm}} = \mathbf{53{,}3\ min}$$

Fräsen

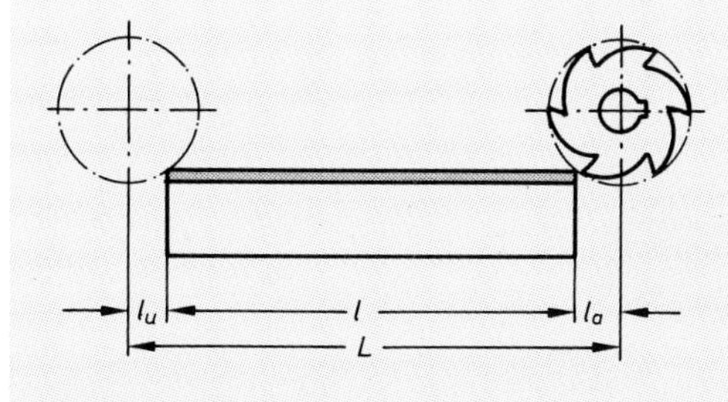

Bezeichnungen und Einheiten:

- s Vorschub je Umdrehung in mm
- s_z Vorschub je Fräserzahn in mm
- n Drehzahl der Frässpindel in 1/min
- u Vorschubgeschwindigkeit in mm/min
- L Fräsweg in mm
- l Werkstücklänge in mm
- l_a Anlaufweg in mm
- l_u Überlaufweg in mm
- z Zähnezahl des Fräsers
- d Fräserdurchmesser

Beim Fräsen berechnet man die Hauptzeit wie beim Langdrehen: 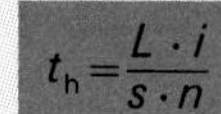 $t_h = \dfrac{L \cdot i}{s \cdot n}$

Fräsweg: $L = l + l_a + l_u$

Bei Fräsarbeiten wird der Vorschub oft je Fräserzahn angegeben. Den Vorschub je Umdrehung errechnet man daraus folgendermaßen:

$$s = z \cdot s_z$$

Vorschub je Umdrehung × Drehzahl je Zeiteinheit = Vorschubgeschwindigkeit

$$s \cdot n = u$$

daraus folgt:

$$t_h = \frac{L \cdot i}{u}$$

Der An- und Überlaufweg richtet sich nach der Art des Fräsers und nach der Bearbeitungsart. Beim Schlichten muß der Überlaufweg größer sein als beim Schruppen.

Fräserart	Bearbeitungsart	An- und Überlaufweg	Fräsweg
Walzenfräser	Schruppen oder Schlichten	≈0,3 × Fräserdurchmesser	$L \approx l + 0{,}3 \cdot d$
Stirnfräser	Schruppen	≈0,5 × Fräserdurchmesser	$L \approx l + 0{,}5 \cdot d$
	Schlichten	≈1,0 × Fräserdurchmesser	$L \approx l + d$
Scheibenfräser	Schruppen	≈0,5 × Fräserdurchmesser	$L \approx l + 0{,}5 \cdot d$
	Schlichten	≈0,8 × Fräserdurchmesser	$L \approx l + 0{,}8 \cdot d$

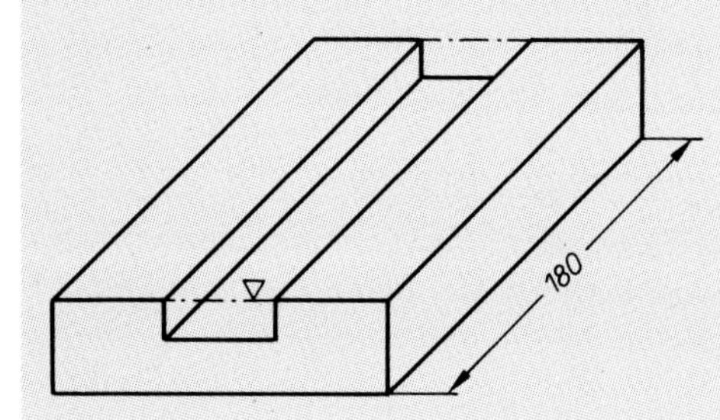

Beispiel: Prisma

Das abgebildete Prisma wird wie angegeben mit einem Scheibenfräser $d = 100$ mm in $i = 3$ Schnitten gefräst. Berechnen Sie die Hauptzeit, wenn die Schnittgeschwindigkeit $v = 15$ m/min und der Vorschub je Umdrehung $s = 1{,}15$ mm betragen.

Lösung: $v = d \cdot \pi \cdot n \rightarrow n = \frac{v}{d \cdot \pi} = \frac{15\ \text{m/min}}{0{,}1\ \text{m} \cdot \pi} = 48\ \frac{1}{\text{min}}$

$L = l + 0{,}5 \cdot d = 180\ \text{mm} + 0{,}5 \cdot 100\ \text{mm} = 230\ \text{mm}$

$t_h = \frac{L \cdot i}{s \cdot n} = \frac{230\ \text{mm} \cdot 3}{1{,}15\ \text{mm} \cdot 48\ \frac{1}{\text{min}}} = \mathbf{12{,}5\ min}$

Rundschleifen

Bezeichnungen und Einheiten:

a Zustellung je Schnitt in mm
t Schleifzugabe in mm
s Vorschub je Werkstückumdrehung in mm
n Werkstückdrehzahl in 1/min

Auch beim Rundschleifen berechnet man die Hauptzeit wie beim Langdrehen.

Schleiflänge ≈ Werkstücklänge

$$L \approx l$$

Zahl der Schnitte = $\frac{\text{Schleifzugabe}}{\text{Zustellung je Schnitt}}$

$$i = \frac{t}{a}$$

Hauptzeit = $\frac{\text{Schleiflänge} \times \text{Schnittzahl}}{\text{Werkstückdrehzahl} \times \text{Vorschub je Werkstückumdrehung}}$

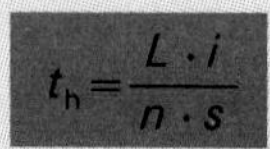

$$t_h = \frac{L \cdot i}{n \cdot s}$$

Beachten Sie: Die Schleiflänge L verdoppelt sich, wenn die Zustellung erst nach jedem Doppelhub erfolgt.

Beispiel: Welle

Eine 450 mm lange Welle hat eine Schleifzugabe von $t = 0{,}4$ mm. Die Zustellung je Doppelhub beträgt $a = 0{,}04$ mm. Das Werkstück dreht sich mit $n = 75$ 1/min und der Vorschub je Werkstückumdrehung ist $s = 40$ mm.
Berechnen Sie die Hauptzeit.

Lösung: $i = \frac{t}{a} = \frac{0{,}4\ \text{mm}}{0{,}04\ \text{mm}} = 10$

$L = 2 \cdot l = 2 \cdot 450\ \text{mm} = 900\ \text{mm}$

$t_h = \frac{L \cdot i}{n \cdot s} = \frac{900\ \text{mm} \cdot 10}{75\ \frac{1}{\text{min}} \cdot 40\ \text{mm}} = \mathbf{3\ min}$

Flachschleifen

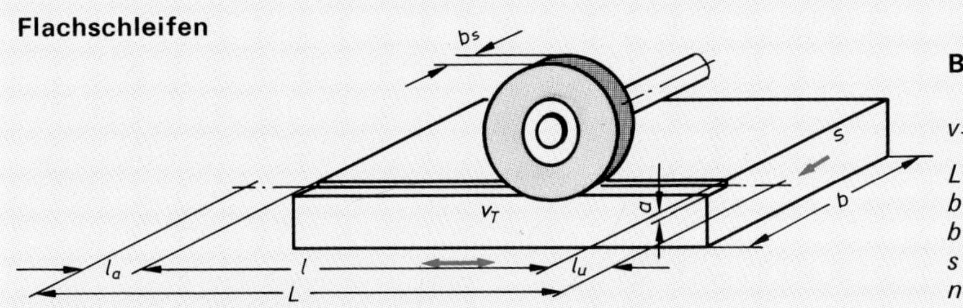

Bezeichnungen und Einheiten:

v_T Tischgeschwindigkeit in $\frac{\text{mm}}{\text{min}}$
L Schleiflänge in mm
b Werkstückbreite in mm
b_s Schleifscheibenbreite in mm
s Vorschub je Hub in mm
n Zahl der Hübe in 1/min

$$\text{Zahl der Schnitte} = \frac{\text{Schleifzugabe}}{\text{Zustellung}} \qquad \text{Tischgeschwindigkeit} = \frac{\text{Schleiflänge}}{\text{Zeit für 1 Hub}}$$

$$i = \frac{t}{a} \qquad v_T = \frac{L}{t}$$

$$\text{Zahl der Hübe} = \frac{\text{Werkstückbreite} + \text{Schleifscheibenbreite}}{\text{Vorschub je Hub}} = \frac{b + b_s}{s}$$

$$s \approx 0{,}6\ b_s \text{ bis } 0{,}8\ b_s$$

$$\text{Hauptzeit} = \frac{\text{Schleiflänge} \times \text{Zahl der Schnitte}}{\text{Tischgeschwindigkeit}} \times \text{Zahl der Hübe}$$

$$t_h = \frac{L \cdot i\,(b + b_s)}{v_T \cdot s}$$

Beachten Sie: Die Schleiflänge L verdoppelt sich, wenn der Vorschub erst nach jedem Doppelhub erfolgt. Ist die Zahl der Hübe je Minute n bekannt, gilt:

$$\text{Hauptzeit} = \frac{(\text{Werkstückbreite} + \text{Schleifscheibenbreite}) \times \text{Zahl der Schnitte}}{\text{Vorschub je Hub} \times \text{Zahl der Hübe je Minute}}$$

$$t_h = \frac{(b + b_s)\,i}{s \cdot n}$$

Beispiel: Schneidplatte

Eine Schneidplatte mit den Abmessungen $l = 240$ mm und $b = 200$ mm wird plangeschliffen. Die Schleifzugabe beträgt 0,3 mm und die Zustellung je Schnitt 0,02 mm. Die Schleifscheibe ist 40 mm breit, die Tischgeschwindigkeit beträgt $v_T = 12$ m/min und der Vorschub je Doppelhub ist $s = 0{,}6\ b_s$
Berechnen Sie die Hauptzeit.

Lösung: $i = \frac{t}{a} = \frac{0{,}3\ \text{mm}}{0{,}02\ \text{mm}} = 15$

$L = 2 \cdot l = 2 \cdot 240\ \text{mm} = 480\ \text{mm}$

$s = 0{,}6\ b_s = 0{,}6 \cdot 40\ \text{mm} = 24\ \text{mm}$

$t_h = \frac{L \cdot i\,(b + b_s)}{v_T \cdot s} = \frac{480\ \text{mm} \cdot 15\ (200\ \text{mm} + 40\ \text{mm})}{12000\ \text{mm/min} \cdot 24\ \text{mm}} = \mathbf{6\ min}$

Aufgaben zu Hauptzeitberechnungen

46.1 Langdrehen

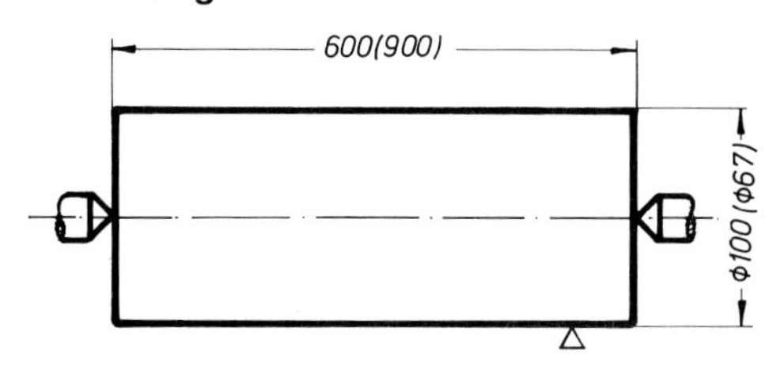

Drehzahl: $n = 70$ (105) 1/min
Vorschub: $s = 0{,}3$ mm
Zahl der Schnitte: $i = 1$

Gesucht:
a) Hauptzeit.
b) Schnittgeschwindigkeit.

46.2 Welle aus St 60

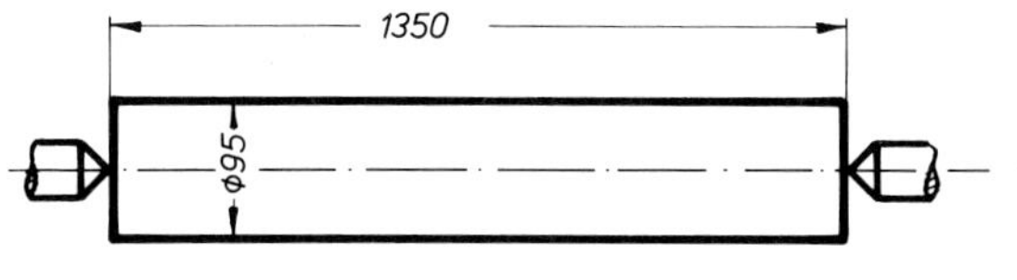

Drehzahlen:
24 – 33,5 – 48 – 67 – 95 – 132 1/min; $v = 14$ m/min Vorschub $s = 1{,}5$ mm, 2-Schnitte

Gesucht: a) Einzustellende Drehzahl.
b) Hauptzeit in min.

46.3 Büchse GG-22

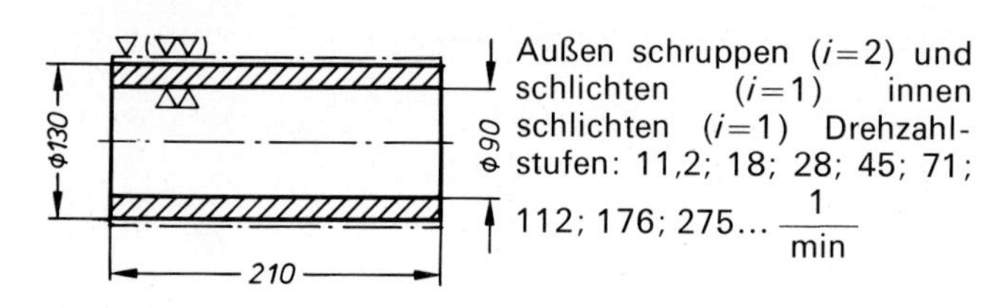

Außen schruppen ($i=2$) und schlichten ($i=1$) innen schlichten ($i=1$) Drehzahlstufen: 11,2; 18; 28; 45; 71; 112; 176; 275... $\frac{1}{\text{min}}$

▽ $s=1{,}5$ mm, $v=18$ m/min
▽▽ $s=0{,}1$ mm, $v=30$ m/min

Gesucht: Hauptzeit.

46.4 Welle schruppen

Eine 400 mm lange Welle mit ∅ 100 aus St 60 wird mit 2 Schnitten geschruppt. An der Drehmaschine sind folgende Drehzahlen einstellbar: 31,5; 45; 63; 90; 125; 180; 250; 355; 500; 710; 1 000; 1 400 1/min.

a) Berechnen Sie die höchstzulässige Drehzahl für einen Hartmetall-Drehmeißel bei 110 m/min Schnittgeschwindigkeit.
b) Welche Drehzahl ist einzustellen?
c) Berechnen Sie die Hauptzeit, wenn der Vorschub je Umdrehung 0,6 mm beträgt.

46.5 Abstechen

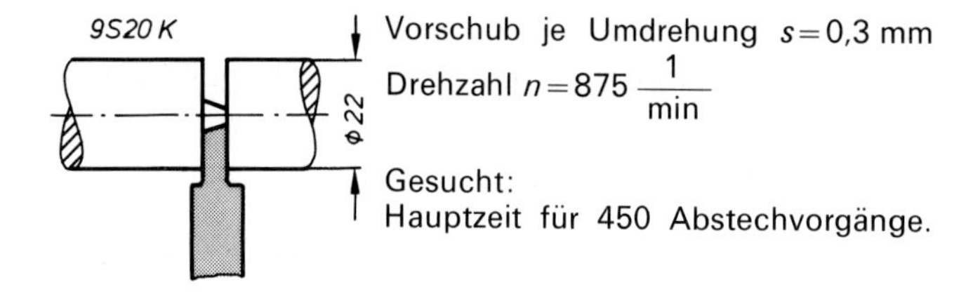

Vorschub je Umdrehung $s=0{,}3$ mm
Drehzahl $n=875\ \frac{1}{\text{min}}$

Gesucht:
Hauptzeit für 450 Abstechvorgänge.

46.6 Deckel

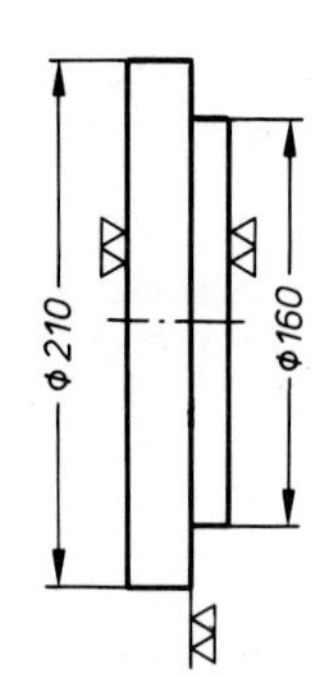

Vorschub je Umdrehung $s=0{,}4$ mm
Drehzahl $n=112\ \frac{1}{\text{min}}$

Gesucht:
Hauptzeit zum Plandrehen, wenn jede Fläche zweimal plangedreht wird.

46.7 Plandrehen

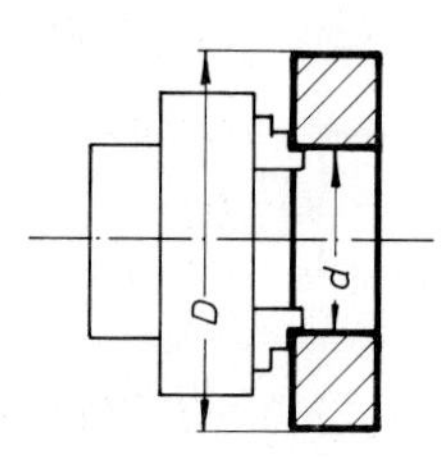

$n=50$ (42) 1/min
$D=180$ (220) mm
$d=110$ (130) mm
Vorschub $s=0{,}2$ mm

Gesucht:
a) Größte Schnittgeschwindigkeit v_{max}.
b) Kleinste Schnittgeschwindigkeit v_{min}.
c) Hauptzeit.

46.8 Hauptzeit beim Bohren

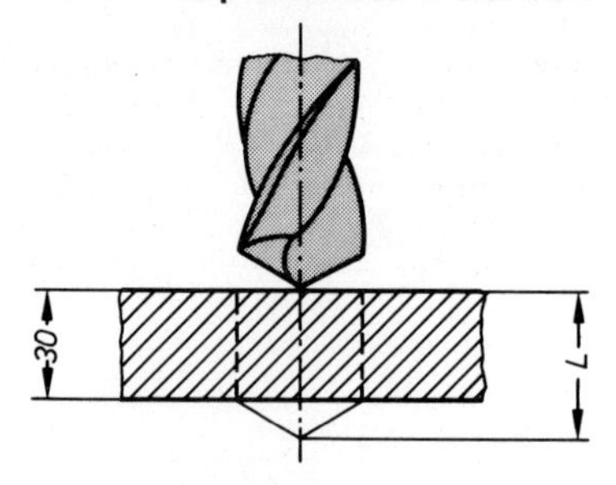

Werkstoff: St 37
$d=25$ (18) mm
$s=0{,}15$ mm
$v=25$ m/min (SS-Stahl)

Gesucht:
a) Bohrweg L.
b) Hauptzeit.

46.9 Bohrplatte

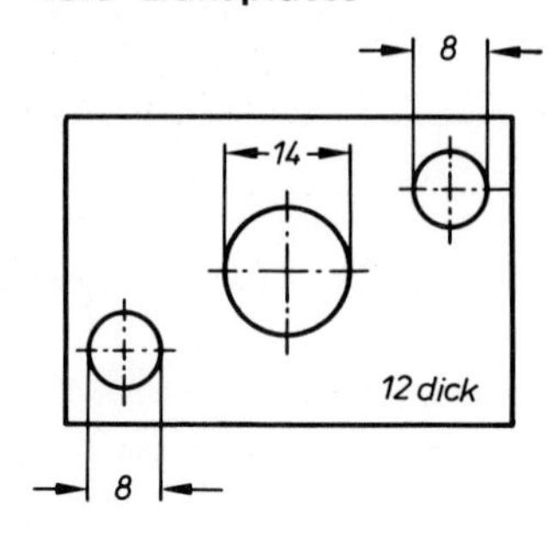

Werkstoff: St 60
Schnittgeschwindigkeit
$v=28$ m/min
Vorschub $s=0{,}15$ mm

Gesucht:
Hauptzeit für die 3 Bohrungen.

46.10 Flanschlöcher bohren

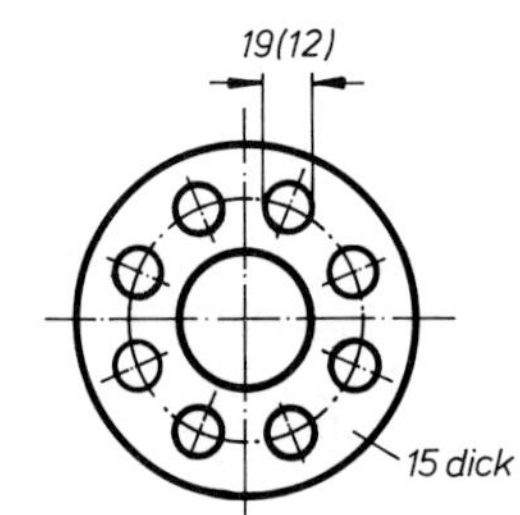

Drehzahlen der Bohrmaschine:
30 – 47 – 74 – 117 – 183 – 286 – 426 – 675 – 1 075 (1/min)
$v=26$ m/min
$s=0{,}1$ mm

Gesucht:
a) Einzustellende Drehzahl.
b) Anlaufweg für Stahl.
c) Hauptzeit.

46.11 Kunststoffplatte

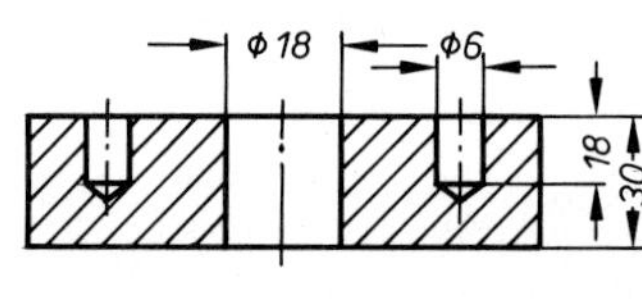

Polyamid (PA)
Drehzahlstufen: 30; 47; 74; 117; 183; 286; 426; 675; 1 075 $\frac{1}{\text{min}}$
$v=15$ m/min;
$s=0{,}15$ mm

Gesucht:
a) Einzustellende Drehzahlen.
b) Hauptzeit für die 3 Bohrungen, wenn ∅ 18 mit ∅ 6 vorgebohrt wird.

46.12 Gehäusedeckel GG-18

Bohren und Senken auf einer Maschine mit stufenlos einstellbarer Drehzahl.

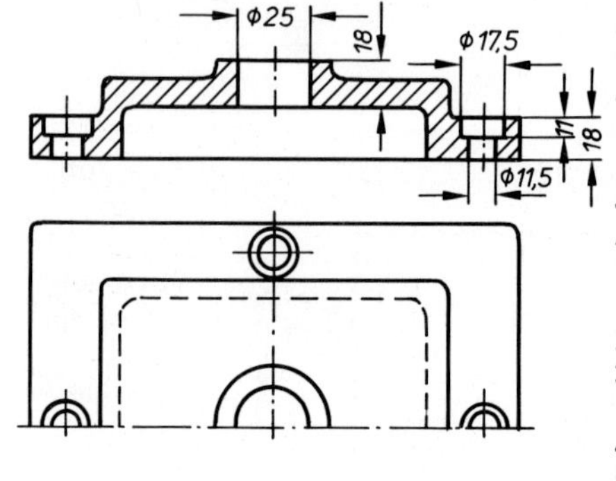

Bohren:
$v=30$ m/min
$s=0{,}3$ mm
Senken:
$v=5$ m/min
$s=0{,}2$ mm
Arbeitsgänge:
1. ∅ 25 vorbohren ∅ 9
2. ∅ 25 bohren
3. ∅ 17,5 vorbohren ∅ 8,2
4. ∅ 17,5 senken
5. ∅ 11,5 bohren

Gesucht:
Hauptzeit.

46.13 Flachführung hobeln

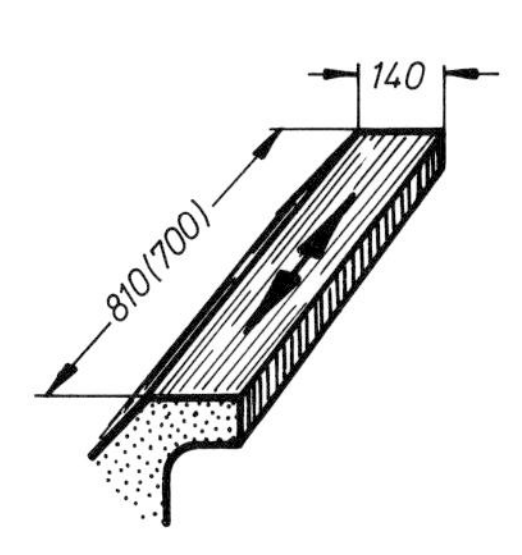

An- und Überlauf zusammen 70 mm, seitlicher Vorschub je Doppelhub: $s = 2$ (1,5) mm/D-Hub
Schnittgeschwindigkeit 22 m/min
Die Rücklaufgeschwindigkeit ist doppelt so groß wie die Schnittgeschwindigkeit.

Gesucht:
Hauptzeit für 2 Schnitte.

46.14 Führungsplatte hobeln

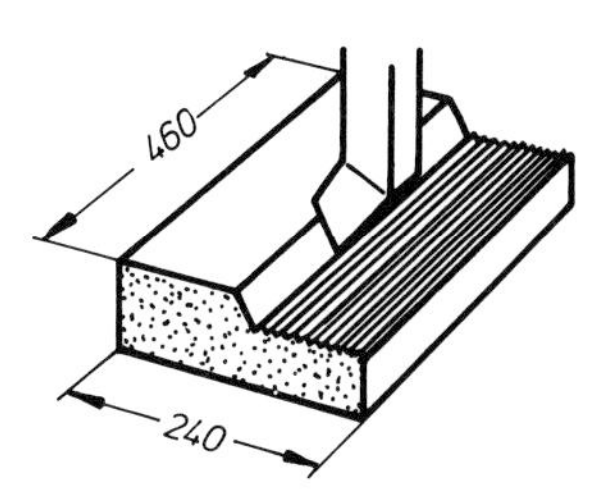

16 (20) Doppelhübe je Minute, An- und Überlauf insgesamt 40 mm;
Vorschub 0,8 mm/D-Hub

Gesucht:
a) Mittlere Geschwindigkeit, wenn $v_A = V_R$.
b) Hauptzeit.

46.15 Spannschiene hobeln

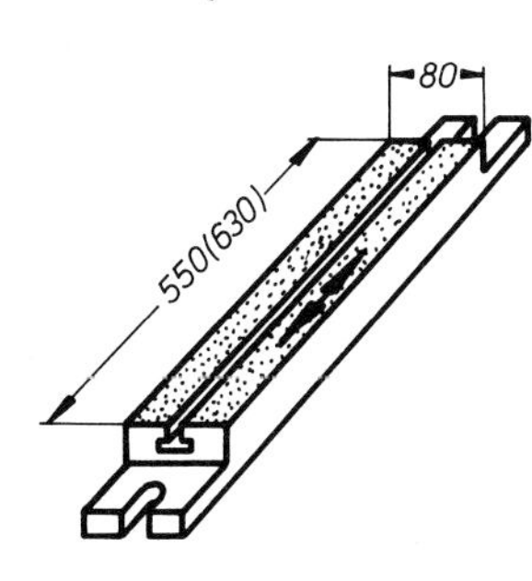

$v_A = 18$ m/min
$v_R = 24$ m/min
An- und Überlauf je 20 mm;
Vorschub: 0,8 mm/D-Hub.
Der Führungsschlitz wird voll mitgerechnet.

Gesucht:
Hauptzeit zum Hobeln der punktierten Spannfläche.

46.16 Richtplatte hobeln

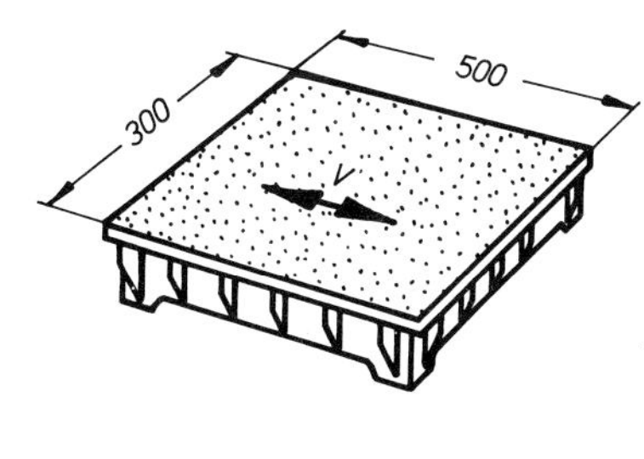

An- und Überlauf je 20 mm, Rücklaufgeschwindigkeit: 1,5fache Schnittgeschwindigkeit.
Einmal schruppen:
$v = 16$ m/min
$s = 1{,}8$ mm/D-Hub
Einmal schlichten:
$v = 36$ m/min
$s = 0{,}3$ mm/D-Hub

Gesucht:
Hauptzeit.

46.17 Führungsleiste hobeln

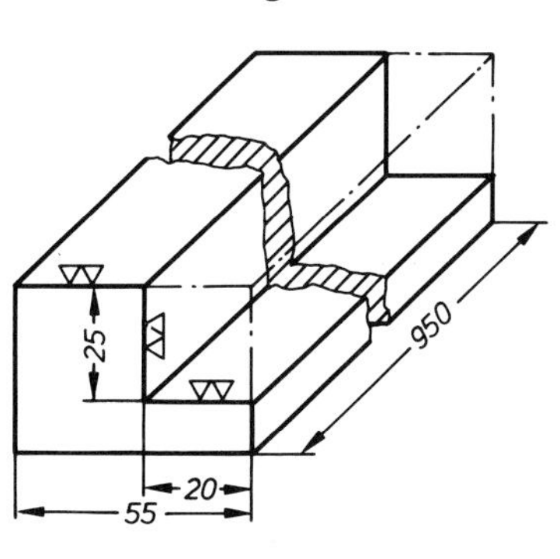

Arbeitsgänge:
1. Deckfläche schlichten
   $v_A = 50$ m/min
   $v_R = v_A$
   $s = 0{,}2$ mm/D-Hub
2. Absatz hobeln
   ▽ $i = 8$
   $v_A = 40$ m/min
   $v_R = 50$ m/min
   $s = 2$ mm/D-Hub
   ▽▽ $i = 2$
   $v_A = 50$ m/min
   $v_R = v_A$
   $s = 0{,}2$ mm/D-Hub

Gesucht: Hauptzeit bei 200 mm An- und Überlaufweg.

46.18 Schlichten mit Messerkopf

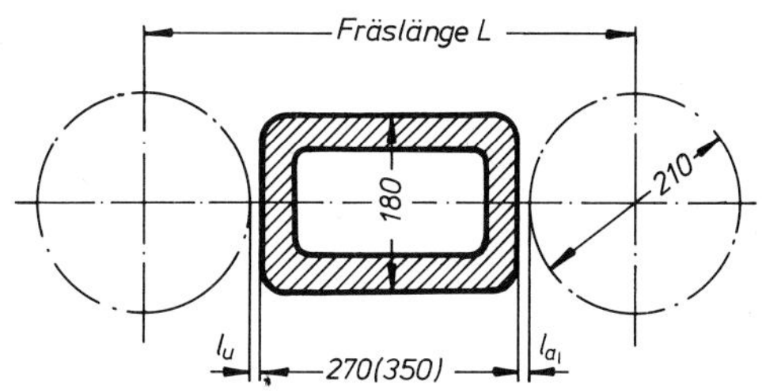

Anlaufweg
$l_a = 1{,}5$ mm
Überlaufweg
$l_u = 1{,}5$ mm
Vorschubgeschwindigkeit
$u =$ 45 mm/min

Gesucht:
a) Fräslänge L, b) Hauptzeit.

46.19 Walzenfräsen

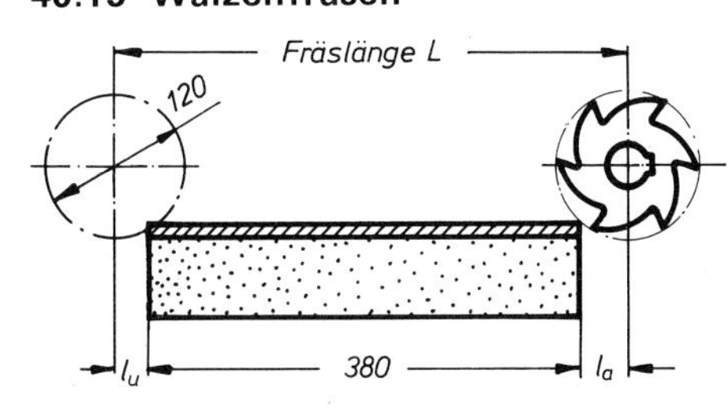

Drehzahl
70/min
Vorschub
0,2 mm/Zahn
(0,15 mm/Zahn)

Gesucht:
a) Fräslänge L nach Tabelle.
b) Hauptzeit für 1 Schnitt.

46.20 Paßfedernut

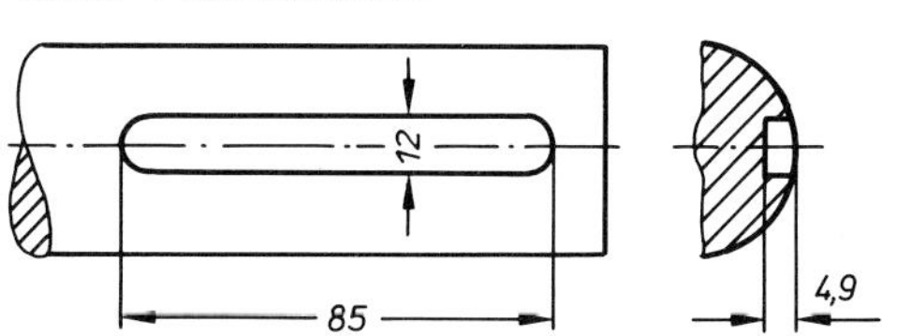

Mit einem Schaftfräser wird eine Paßfedernut gefräst.

Gesucht:
a) Drehzahl bei $v = 20$ m/min.
b) Fräslänge L.
c) Zahl der Hübe bei einer Tiefenzustellung von 0,7 mm je Hub.
d) Hauptzeit bei $u = 60$ mm/min.

46.21 Schwalbenschwanzführung

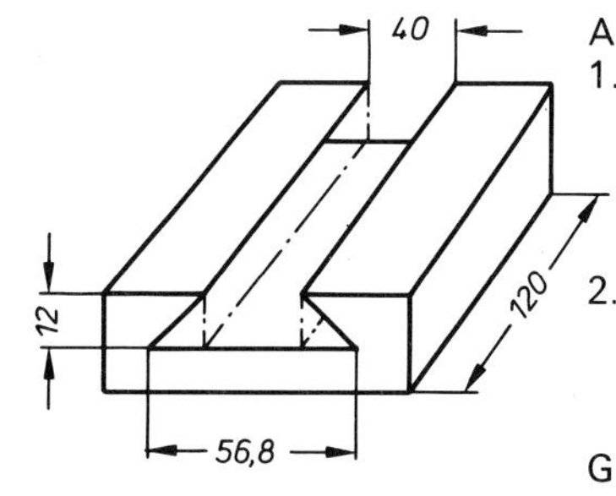

Arbeitsgänge:
1. Walzenstirnfräser ⌀40
   ▽ $i = 2$
   $u = 80$ mm/min
   ▽▽ $i = 1$
   $u = 40$ mm/min
2. Winkelfräser
   $i = 1$
   $u = 50$ mm/min

Gesucht:
a) Fräslänge L nach Tabelle.
b) Hauptzeit.

46.22 Rundschleifen

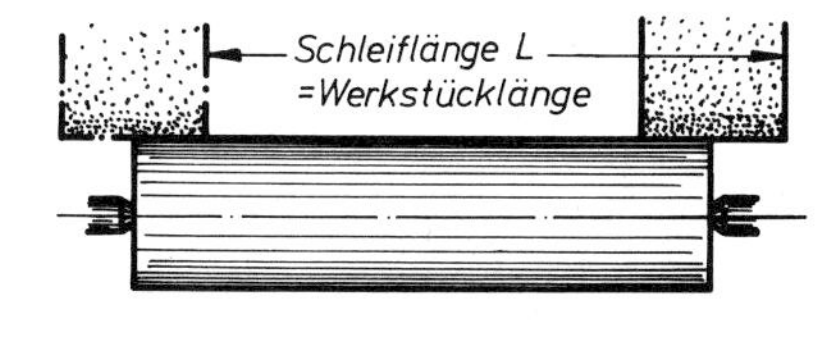

Werkstücklänge 90 (105) mm
Schleifzugabe: 0,4 mm
Vorschub: 20 mm je Umdrehung
Zustellung: 0,025 mm je einfachen Hub
Drehzahl: 75/min.

Gesucht: a) Zahl der Schnitte i.
b) Hauptzeit.

46.23 Antriebswelle für Laufkatze

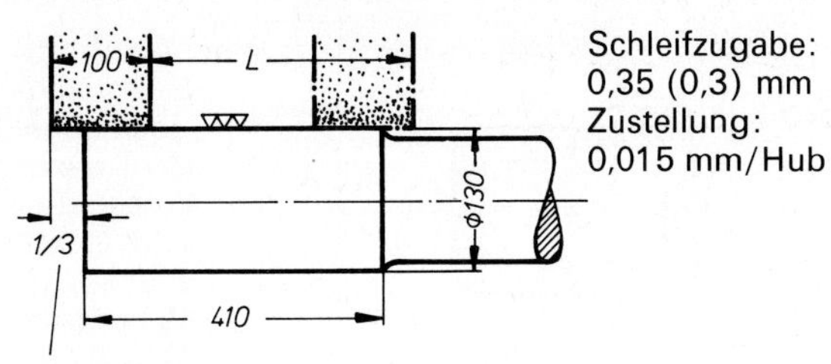

Schleifzugabe: 0,35 (0,3) mm
Zustellung: 0,015 mm/Hub

Gesucht:
a) Längsschaltung L.
b) Zahl der Schnitte bei 2 Schlichtschnitten mit $a = 0{,}005$ mm.
c) Hauptzeit, bei einer Vorschubgeschwindigkeit von 1140 mm/min.

46.25 Paßfedernut im Schaftritzel

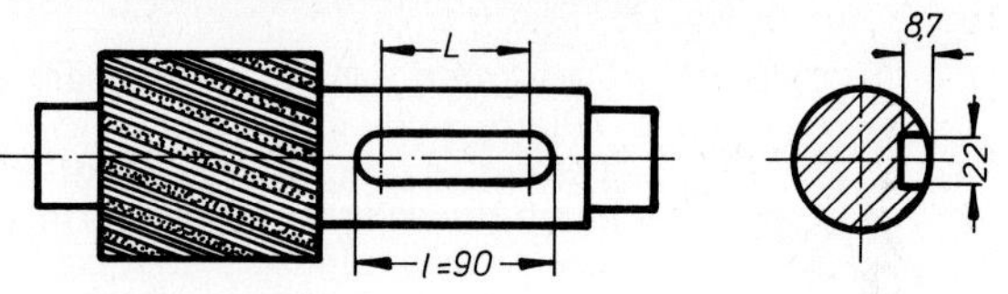

Gesucht:
a) Hublänge L.
b) Schnittzahl i, bei einer Zustellung von $a = 0{,}15$ mm je Hub und einem Anlaufweg von 0,2 mm.
c) Hauptzeit bei einer Vorschubgeschwindigkeit von 420 mm/min.

46.24 Schneidplatte planschleifen

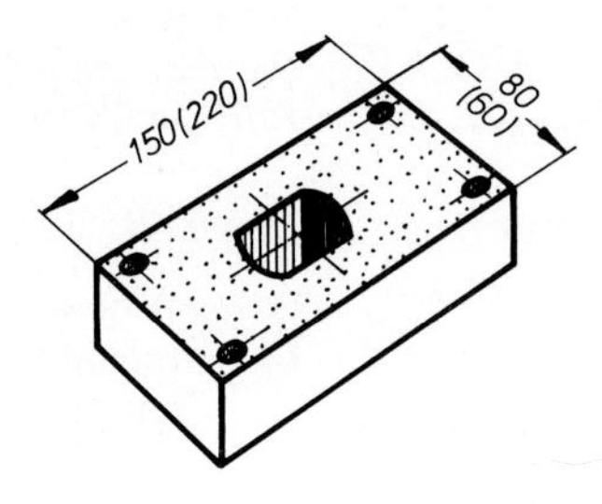

Schleifzugabe: 0,3 mm
Zustellung: 0,02 mm je Schnitt;
An- und Überlauf je 20 mm
Vorschub: 12 mm/Hub
Tischgeschwindigkeit 14 m/min

Gesucht:
a) Zahl der Schnitte i.
b) Hauptzeit.

► **46.26 Parallelstück**

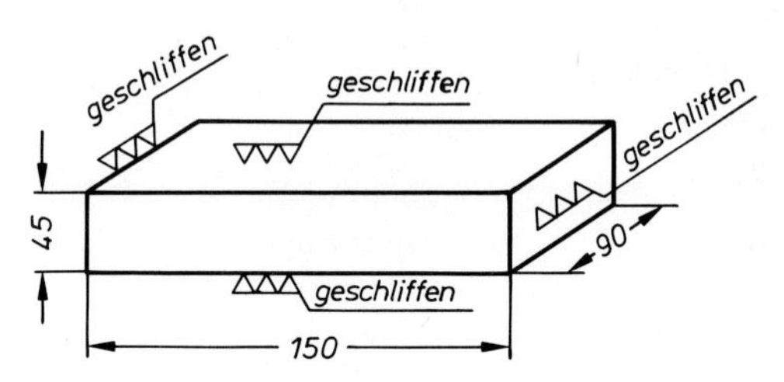

Schleifzugabe je 0,3 mm; Zustellung je 0,05 mm; Schleifscheibenbreite $b_s = 35$ mm, Vorschub je Hub $s = 30$ mm; Tischgeschwindigkeit $v_T = 2$ m/min, An- und Überlauf je 10 mm.

Gesucht: Hauptzeit.

47 Rechnungen zur Betriebskunde

Arbeitszeitermittlung

Die Zeit je Auftrag muß möglichst genau bestimmt werden. Dies geschieht durch Schätzen, Berechnen, Zeitstudien und Systeme vorbestimmter Zeiten.

Schätzen Bei Einzelfertigung werden die Arbeitsvorgänge in Teilvorgänge zerlegt und die Einzelzeiten geschätzt.

Berechnen Vom Arbeiter nicht beeinflußbare, selbsttätig ablaufende Prozesse können meist sehr genau berechnet werden. Siehe die Hauptzeitberechnung im vorhergehenden Kapitel 46.

Zeitstudien zerlegen den Arbeitsvorgang in Teilelemente. Der Zeitnehmer ermittelt die Zeiten z. B. mit einer Stoppuhr. Die Minuten werden dabei meist in Hundertstel eingeteilt, da sich in Dezimalbrüchen leichter rechnen läßt.

Ablesung: 52,13 min

Systeme vorbestimmter Zeiten, z. B. MTM (*Methods Time Measurement*) oder oder WF (*Work Factor*) zerlegen die Arbeit in Grundelemente. Diese werden durch Richtwerte festgelegt; z. B. wird berechnet:

Hinlangen (Entfernung 10 cm, stets an gleichen Ort): 0,000061 Stunden
Die Sollzeiten werden aus den einzelnen Zeitelementen wie Hinlangen, Greifen, Bringen, Loslassen etc. aufsummiert. Der Vorteil besteht insbesondere darin, daß man im voraus aufgrund festgelegter Zeitelemente die Auftragszeit berechnen kann.

Zeitgliederung für einen Auftrag nach REFA

REFA ist die Kurzbezeichnung für den **Re**ichsausschuß **f**ür **A**rbeitszeitermittlung; heute: „Verband für Arbeitsstudium – REFA".

Wenn keine Erholungszeiten für schwere Beanspruchungen auftreten, wird nach REFA die für einen Auftrag vorzugebende Zeit T folgendermaßen aufgegliedert:

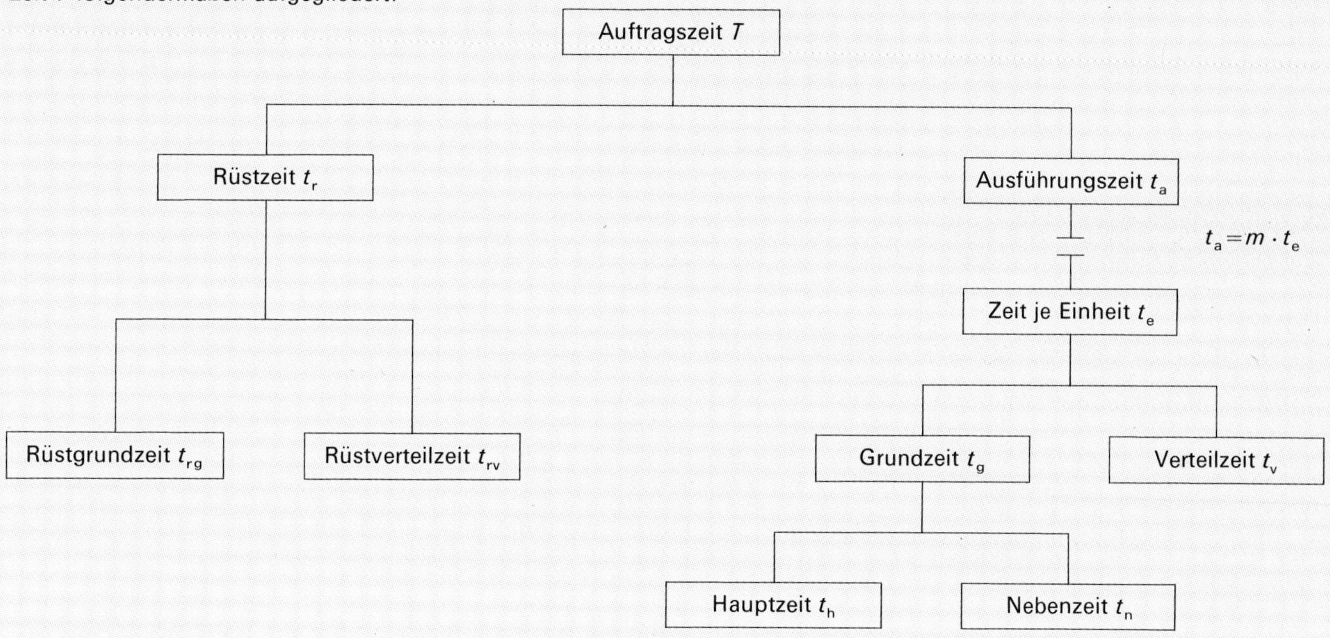

Bezeichnungen:

T **Auftragszeit.** Sie umfaßt die gesamte für einen Auftrag für den Arbeiter vorgegebene Zeit und setzt sich aus Rüstzeit und Ausführungszeit zusammen.

t_r **Rüstzeit.** Zeit, die zur Vorbereitung des Arbeitsplatzes und später zum Aufräumen erforderlich ist.
Beispiele: Auftrag mit dem Meister besprechen, Zeichnung lesen, Planscheibe aufspannen und später Drehmaschine in den alten Zustand setzen.
Da während der Rüstzeit auch Verteilzeiten wie persönliche Bedürfnisse, Gespräch mit dem Meister, Werkzeugaustausch etc. anfallen, wird in Rüstgrundzeit t_{rg} und Rüstverteilzeit t_{rv} aufgegliedert.

t_{rg} **Rüstgrundzeit.** Zeit, in der Arbeitsplatz, Maschine und Werkzeuge für die Arbeit vorbereitet (gerüstet) werden.

t_{rv} **Rüstverteilzeit.** Sie umfaßt unregelmäßig anfallende Zeiten, die während der Vorbereitung der Arbeit (rüsten) aus persönlichen oder sachlichen Gründen auftreten.

t_a **Ausführungszeit.** Sie umfaßt die Vorgabezeit für m Werkstücke ohne die Rüstzeiten.

m **Zahl der gefertigten Werkstücke.**

t_e **Zeit je Einheit.** Dabei wird die Vorgabezeit für die Anfertigung eines Werkstücks erfaßt. Sie wird in Grundzeit t_g und Verteilzeit t_v untergliedert.

t_v **Verteilzeit.** In ihr werden aus persönlichen und sachlichen Gründen unregelmäßig anfallende Arbeiten erfaßt.
Beispiele: Persönliche Bedürfnisse, Werkzeuge schärfen, Bohrer umtauschen.

t_g Die **Grundzeit** besteht aus der Hauptzeit t_h und der Nebenzeit t_n.

t_h **Hauptzeit.** Sie umfaßt jenen Teil der Grundzeit, in der das Werkstück einen unmittelbaren Fortschritt im Sinne des Auftrages erfährt.
Beispiele: Spanende Bearbeitung, Bohren, Entgraten, Nieten etc.

t_n **Nebenzeit.** Zeiten, bei denen kein direkter Arbeitsfortschritt erzielt wird, werden als Nebenzeiten bezeichnet.
Beispiele: Einlegen und Spannen der Werkstücke, Messen, Getriebeschalten etc.

Beispiel: Auftragszeit für 3 Lagerzapfen

Rüstgrundzeit: 8,5 min; Hauptzeit: 24 min; Nebenzeit: 2,5 min

Die Rüstverteilzeit beträgt 8% der Rüstgrundzeit t_{rg}, während als Verteilzeit 6% der Grundzeit t_g anzusetzen sind.

Gesucht: a) Zeit je Einheit t_e.
b) Auftragszeit T für 3 Lagerzapfen.

Lösung: a) $t_r = t_{rg} + t_{rv} = 8{,}5\text{ min} + 0{,}08 \cdot 8{,}5\text{ min} = 9{,}18\text{ min}$
$t_g = t_h + t_n = 24{,}0\text{ min} + 2{,}5\text{ min} = 26{,}5\text{ min}$
$t_e = t_g + t_r = 26{,}5\text{ min} + 0{,}06 \cdot 26{,}5\text{ min} = \mathbf{28{,}09\text{ min}}$

b) $t_a = m \cdot t_e = 3 \cdot 28{,}09\text{ min} = 84{,}27\text{ min}$
$T = t_r + t_a = 9{,}18\text{ min} + 84{,}27\text{ min} = \mathbf{93{,}45\text{ min}}$

Leistungsgrad nach REFA

Die unterschiedliche Arbeitsintensität und Wirksamkeit wird bei Zeitstudien, die z. B. durch Stoppuhren die Vorgabezeiten ermitteln, durch den Leistungsgrad berücksichtigt.

$$\text{Leistungsgrad} = \frac{\text{beobachtete Istleistung}}{\text{vorgestellte Normalleistung}}$$

Er wird in Prozent (z. B. 115%) oder als Faktor 1,15 angegeben.

Beispiel 1: Reifenmontage

Der Arbeitsstudienmann beobachtet eine Istleistung von 6 Reifenmontagen/Stunde, während er die Normalleistung mit 5 Reifenmontagen/Stunde schätzt.

Gesucht: Leistungsgrad des Arbeiters.

Lösung: $\text{Leistungsgrad} = \frac{\text{Istleistung}}{\text{Normalleistung}} = \frac{6\ \text{Stück/h}}{5\ \text{Stück/h}} = \mathbf{1{,}2}$ oder **120%**

Auf die Zeiten bezogen ergibt sich für den Leistungsgrad folgendes Verhältnis:

$$\text{Leistungsgrad} = \frac{\text{Normalzeit}}{\text{beobachtete Zeit}}$$

Beispiel 2: Flanschmontage

Ein Arbeiter montiert eine Flanschverbindung in 6,4 Minuten. Als Normalzeit ist 8 Minuten vorgegeben.
Wie groß ist der Leistungsgrad?

Lösung: $\text{Leistungsgrad} = \frac{\text{Normalzeit}}{\text{Istzeit}} = \frac{8\ \text{min}}{6{,}4\ \text{min}} = \mathbf{1{,}25 \mathrel{\hat{=}} 125\,\%}$

Beispiel 3: Berechnung der Normalzeit

Ein Arbeitsstudienmann ermittelt aus mehreren Messungen für das Aufnieten eines Bremsbelages 12,4 Minuten. Den Leistungsgrad schätzt er dabei auf 110%.

Gesucht: Vorzugebende Normalzeit

Lösung: $\text{Leistungsgrad} = \frac{\text{Normalzeit}}{\text{Istzeit}}$; durch Formelumstellung ergibt sich:

$\text{Normalzeit} = \text{Leistungsgrad} \times \text{Istzeit} = 110\,\% \cdot 12{,}4\ \text{min} = \mathbf{13{,}64\ min}$

Kostenrechnung

Industrie- und Handwerksbetriebe müssen die Kosten eines jeden Auftrages genau ermitteln. Es gibt zahlreiche Beispiele, daß Firmen wegen ungenauer Kalkulation in Konkurs gingen. Oft werden manche Erzeugnisse mit hohem Lohnkostenanteil in sog. Billiglohnländern wie Korea und Singapur viel billiger produziert. Hier betragen die Stundenlöhne u.U. nur 1/10 bis 1/20 der unseren.
Man unterscheidet zwischen einer **Vorberechnung** (Vorkalkulation) und einer Nachberechnung (Nachkalkulation).
Die **Vorberechnung** dient dazu, den Verkaufspreis vor der Herstellung zu ermitteln, damit dem Kunden ein Preisangebot gemacht werden kann.
Die **Nachberechnung** ermittelt die tatsächlich angefallenen Kosten und dient der Nachprüfung, ob richtig kalkuliert wurde.

A. Einfache Zuschlagskalkulation

Ein Handwerksbetrieb kann aufgrund folgender Kostengliederung den Verkaufspreis berechnen:

Werkstoffkosten + **Fertigungslöhne** + **Gemeinkosten**

Die **Werkstoffkosten** umfassen alle Einstandskosten der im Lager liegenden Werkstoffe, verursacht durch den Rechnungspreis, die Fracht, Zufuhr, evtl. Zuschlag für Verschnitt usw.

Die **Fertigungslöhne** erfassen alle Lohnkosten, die beim Produktionsprozeß direkt am Werkstück entstehen.

In den **Gemeinkosten** werden alle nicht direkt auf einen speziellen Auftrag zu verrechnenden Kosten zusammengefaßt. Solche Unkosten sind z.B. Unfallversicherung, Gebäudereinigung, Telefon, Raummiete etc.

Beispiel:
Einfache Zuschlagskalkulation

Als Beispiel für eine einfache Zuschlagskalkulation ist die Preisberechnung für die nebenstehende abgesetzte Welle dargestellt.

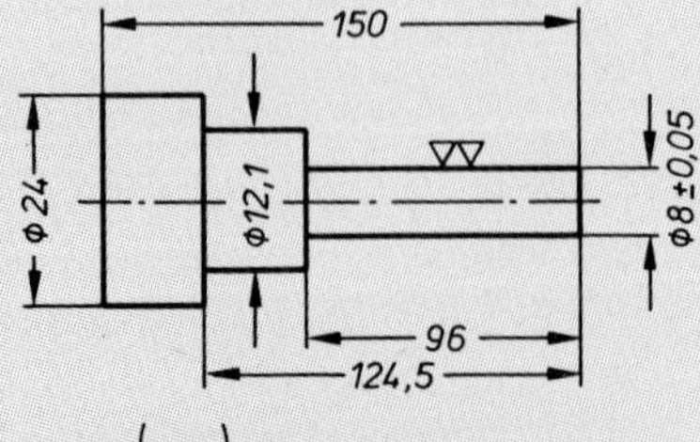

Werkstoffkosten:	0,6 kg je 1,50 DM/kg	= 0,90 DM
Fertigungslöhne:	$1\frac{1}{4}$ Std. je 12,– DM/h	= 15,– DM
Gemeinkosten:	110% der Fertigungslöhne	= 16,50 DM
Selbstkosten		= 32,40 DM
Gewinn 10%		= 3,24 DM
Verkaufspreis (ohne Mehrwertsteuer)		= **35,64 DM**

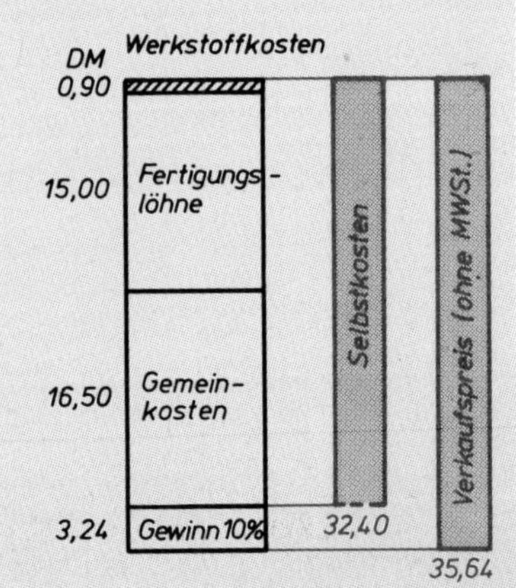

B. Differenzierte Zuschlagskalkulation (mit Gemeinkostensätzen für Werkstoff- und Lohngemeinkosten)

Kostengliederung:

Werkstoffkosten	+ **Werkstoffgemeinkosten**	+ **Fertigungslöhne**	+ **Fertigungsgemeinkosten**
sie ergeben sich aus den Einstandskosten.	enthalten anteilig die Kosten, die durch Einkauf, Lagerung und Verwaltung der Werkstoffe anfallen, z. B. Raumkosten des Lagers, Lagerverwalter, Heizung usw.	umfassen alle Lohnkosten, die direkt am Werkstück entstehen, z. B. aufgewendete Zeit für den Auftrag laut Lohnnachweis.	sind alle Kosten, die nicht direkt auf einen speziellen Auftrag verrechnet werden, so z. B. Energie der Maschinen.

Beispiel: Selbstkostenberechnung mit differenzierter Zuschlagskalkulation

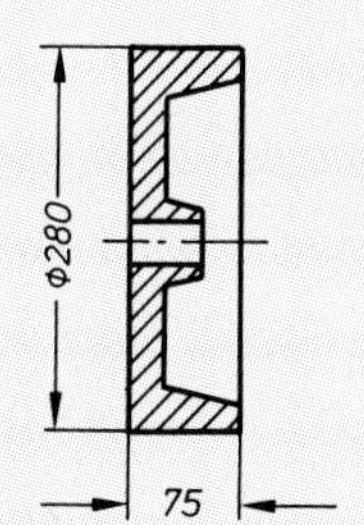

Werkstoffkosten: 42 kg St 34 je 0,98 DM,
Werkstoffgemeinkosten 15%.

Fertigungslöhne: Nach Lohnnachweis 5,2 Std. zu je 9,20 DM,
Fertigungsgemeinkosten 130%.

Gesucht: Selbstkosten der Kupplungsscheibe.

Lösung:

1. Werkstoffkosten	42 kg zu je 0,98 DM	= 41,16 DM
	Werkstoffgemeinkosten 0,15 · 41,16 DM	= 6,17 DM
2. Fertigungslöhne	5,2 Std. zu je 9,20 DM	= 47,84 DM
	Fertigungsgemeinkosten 1,3 · 47,84 DM	= 62,19 DM
Selbstkosten		=**157,36 DM**

C. Platzkosten (Maschinenstundensatz)

Bei teuren Sondermaschinen werden die Kosten des Arbeitsplatzes ermittelt. Dadurch kann man die Selbstkosten genauer ermitteln. Dies ist vor allem bei Gemeinkostensätzen über 300% notwendig.

Beispiel: Maschinenstundensatz einer Rundschleifmaschine

Wiederbeschaffungswert: 35000,– DM.

Lebensdauer: 10 Jahre, also jährliche Abschreibung $\frac{100\%}{10} = 10\%$.

Kalkulatorische Verzinsung: 4%.
Wartung und Raumkosten: 3200,– DM/Jahr, elektrische Energie: 4 kW, 1 kWh kostet 0,11 DM.
Fertigungslohn: 12,– DM/Stunde, Restgemeinkosten 40% der Fertigungslöhne.
Auslastung: 1200 Stunden/Jahr.

Gesucht: a) Maschinenstundensatz.
b) Kosten einer Maschinenstunde einschließlich der Lohnkosten.

Lösung:

Abschreibung 10% von 35000,– DM	=3500,– DM
Verzinsung 4% von 35000,– DM	=1400,– DM
Wartung und Raumkosten	=3200,– DM
Energie: 1200 h · 4 kW · 0,11 DM/kWh	= 528,– DM
jährliche Kosten	=8628,– DM
Maschinenstundensatz $\frac{8628,-\text{ DM}}{1200}$	= 7,19 DM
Fertigungslohn	= 12,– DM
Restgemeinkosten 40% von 12,– DM/h	= 4,80 DM
Kosten einer Maschinenstunde einschließlich der Lohnkosten	= **23,99 DM**

D. Kostenstellenrechnung

In Industriebetrieben mit teuren Maschinen und unterschiedlich hohen Unkosten werden die Gemeinkosten der verschiedenen Kostenstellen (z. B. verschiedene Werkstätten) besonders erfaßt und für jeden Auftrag gesondert verrechnet.

Beispiel: Selbstkostenberechnung für ein Antriebsritzel

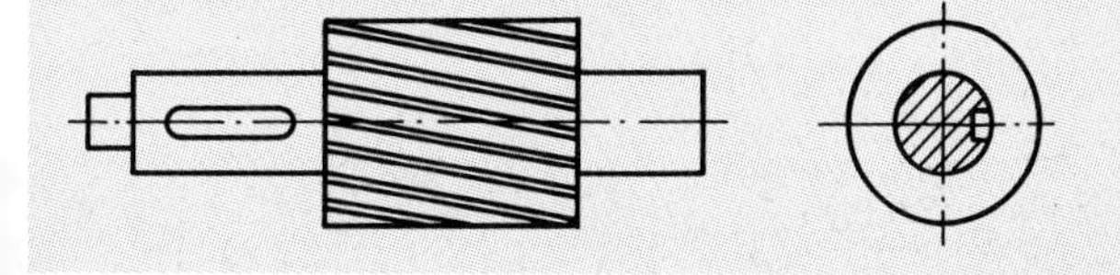

Kostenstelle		Lager	Konstruktion	Dreherei	Fräserei	Härterei	Schleiferei
	Nr.	03	07	11	14	21	17
direkte Kosten	Einzelkosten	1,30 DM/kg	15 DM/Std.	11 DM/Std.	12 DM/Std.	11 DM/Std.	12 DM/Std.
	Menge	12 kg	1,5 Std.	2,5 Std.	0,6 Std.	0,1 Std.	2 Std.
Gemeinkostensatz in %		8%	90%	160%	170%	210%	160%

Gesucht: a) Herstellkosten.
b) Selbstkosten, wenn für Verwaltung und Vertrieb 12% zu rechnen sind.
c) Verkaufspreis, wenn ein Gewinn von 10% der Selbstkosten und ein Wagniszuschlag von 5% des Verkaufspreises zu rechnen ist.

Lösung:

Kostenstelle	direkte Kosten DM	Gemeinkosten DM	Fertigungskosten insgesamt DM
03 Lager	12 · 1,30 = 15,60	0,08 · 15,60 = 1,25	16,85
07 Konstruktion	1,5 · 15,– = 22,50	0,9 · 22,5 = 20,25	42,75
11 Dreherei	2,5 · 11,– = 27,50	1,6 · 27,5 = 44,–	71,50
14 Fräserei	0,6 · 12,– = 7,20	1,7 · 7,20 = 12,24	19,44
21 Härterei	0,1 · 11,– = 1,10	2,1 · 1,10 = 2,31	3,41
17 Schleiferei	2 · 12,– = 24,–	1,6 · 24,– = 38,40	62,40
a) **Herstellungskosten**			**216,35**
Verwaltung 12% von 216,35 DM			25,96
b) **Selbstkosten**			**242,31**
Gewinn 10% von 242,31 DM			24,23
rohe Kosten			266,54
Wagnis: 5% aus dem Verkaufspreis 95% sind also 266,54 DM			
c) 100% ergeben den **Verkaufspreis** (ohne Mehrwertsteuer)			**280,57**

Die **Grenzstückzahl** (kritische Stückzahl)

ist jene Produktionsmenge, bei welcher die Gesamtkosten zweier Arbeitsverfahren gleich groß sind.

Beispiel: Stoßen oder Räumen einer Nut?

Eine Räumnadel kostet 1200,– DM
Der Hobelmeißel kostet 12,– DM

	Zeit je Einheit t_e	Kosten der Maschinenstunde
Stoßen	15 min	20,– DM/h
Räumen	0,3 min	32,– DM/h

Werkstück:

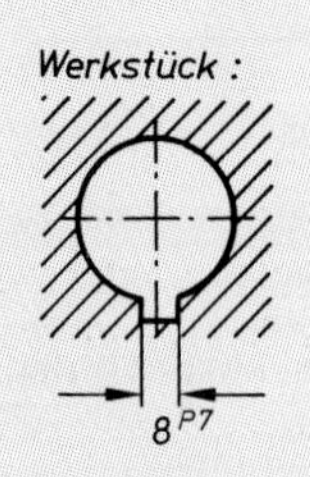

Rüstzeiten und Auslastung der Maschinen werden nicht berücksichtigt.

Gesucht: Ab welcher Stückzahl lohnt sich die Anschaffung einer Räumnadel?

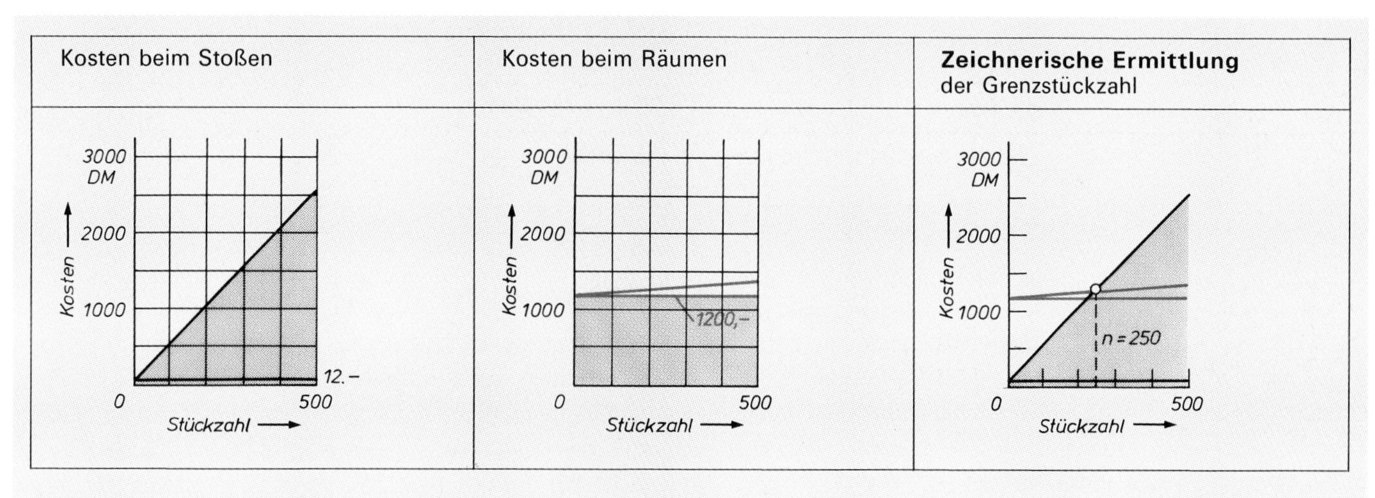

Rechnerische Ermittlung der Grenzstückzahl

Fertigungskosten je Werkstück: Stoßen $\frac{15}{60}\,\text{h} \cdot 20\,\text{DM/h} = 5,-\ \text{DM}$

Räumen $\frac{0,3}{60}\,\text{h} \cdot 32\,\text{DM/h} = 0,16\,\text{DM}$

$$\text{Grenzstückzahl: } n_{gr} = \frac{\text{Einmalige Kosten Verfahren 2} - \text{einmalige Kosten Verfahren 1}}{\text{Kosten je Werkstück 1} - \text{Kosten je Werkstück 2}}$$

$$n_{gr} = \frac{1\,200,-\ \text{DM} - 12,-\ \text{DM}}{5,-\ \text{DM/St.} - 0,16\ \text{DM/St.}} = \frac{1\,188,-\ \text{DM}}{4,84\ \text{DM/St.}} = 245,5\ \text{Stück}$$

$\approx$ **246 Stück**

Beispiel: Hydraulische Kopierdreheinrichtung für eine Schneckenwelle

Kosten der Zusatzeinrichtung für hydraulisches Kopierdrehen 4200,– DM.

Zeit je Einheit t_e: ohne Kopierdrehen: 7 min.
mit Kopierdrehen: 2,9 min.

Kosten einer Maschinenstunde an der Drehmaschine: 21,– DM.

Gesucht: Grenzstückzahl.

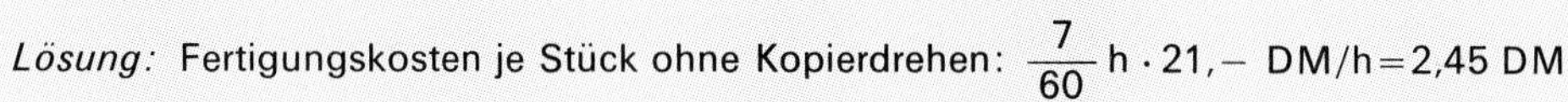

Lösung: Fertigungskosten je Stück ohne Kopierdrehen: $\frac{7}{60}\,\text{h} \cdot 21,-\ \text{DM/h} = 2,45\,\text{DM}$

mit Kopierdrehen: $\frac{2,9}{60}\,\text{h} \cdot 21,-\ \text{DM/h} = 1,02\,\text{DM}$

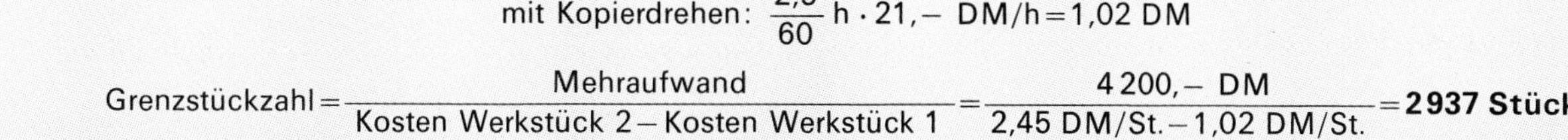

$$\text{Grenzstückzahl} = \frac{\text{Mehraufwand}}{\text{Kosten Werkstück 2} - \text{Kosten Werkstück 1}} = \frac{4\,200,-\ \text{DM}}{2,45\ \text{DM/St.} - 1,02\ \text{DM/St.}} = \mathbf{2937\ Stück}$$

■ Aufgaben zur Betriebskunde

47.1 Lagerzapfen zum Schleifen vordrehen

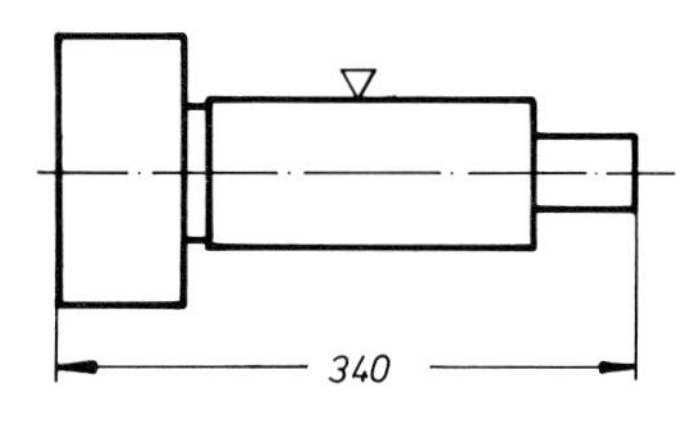

Rüstzeit: $t_r = 36$ min
Hauptzeit: $t_h = 24$ min
Nebenzeit: $t_n = 6$ min
Verteilzeit: 12% von t_g

Gesucht:
a) Zeit je Einheit t_e.
b) Auftragszeit T für 50 Lagerzapfen.

47.2 Blöcke fräsen

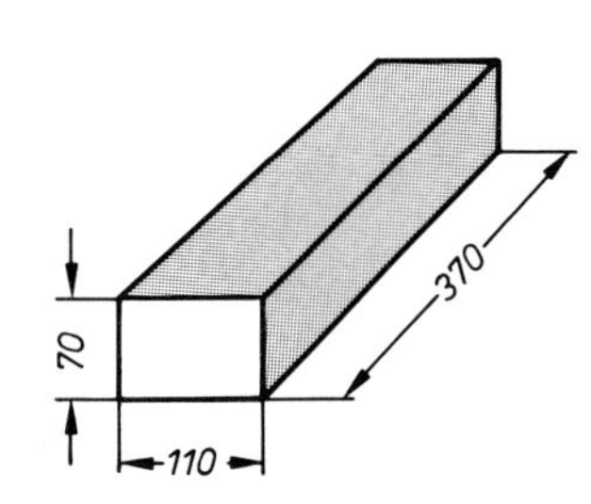

Rüstzeit: $t_r = 28$ min
Hauptzeit für 4 Seiten: $t_h = 28,1$ min
Nebenzeit: $t_n = 12,4$ min
Verteilzeit: 10% von t_g

Gesucht:
Auftragszeit T für 8 (12) Blöcke.

47.3 Auftragszeit für 12 Zahnrad-Rohlinge

Rüstgrundzeit: 15,2 min, Hauptzeit: 32 min, Nebenzeit: 3,2 min.
Die Rüstverteilzeit beträgt 10% der Rüstgrundzeit t_{rg}, die Verteilzeit 10% der Grundzeit t_g.

Gesucht:
a) Zeit je Einheit t_e.
b) Auftragszeit für 12 Zahnrad-Rohlinge.

47.4 Vier Zahnräder fräsen

Rüstgrundzeit 85 min, Hauptzeit 75 min, Nebenzeit: 12,4 min. Die Verteilzeit soll sowohl beim Rüsten als auch bei der Grundzeit mit 8% angesetzt werden.

Gesucht:
a) Zeit je Einheit t_e.
b) Auftragszeit für 4 Zahnräder in Stunden und Minuten.

47.5

Bei einer Zeitaufnahme	**Leistungsgrad**
wird der Leistungsgrad auf 120 (110)% geschätzt. Der Arbeiter benötigt für ein Werkstück 5,6 Minuten.	Ein Lehrling fertigt 8 Werkstücke in 64 (80) Minuten. Einem Arbeiter werden 3,2 Minuten für ein Werkstück vorgegeben.
Gesucht: Normalzeit.	Gesucht: Leistungsgrad des Lehrlings.

47.6 Nieten eines Ventilatorrades

Die Zeitstudie ergibt als Istzeit: 28,2 min.
Der Arbeitsstudienmann schätzt den Leistungsgrad auf 110%.

Welche Grundzeit muß als Normalzeit vorgegeben werden?

47.7 Berechnen Sie die fehlenden Zeiten bzw. Leistungsgrade

Aufgabe	a	b	c	d
Istzeit	12 min	16,5 min	?	12,4 min
Normalzeit	?	15 min	8,1 min	14,26 min
Leistungsgrad	120%	?	90%	?

47.8 Ermitteln Sie die fehlenden Leistungen bzw. Leistungsgrade

Aufgabe	a	b	c	d
Ist-leistung	207 Stück/h	?	7,7 Geräte/h	15,6 Stück/min
Normal-leistung	180 Stück/h	1 200 Stück/h	?	12 Stück/min
Leistungs-grad	?	120%	110%	?

47.9 Getriebemontage

Die Vorgabezeitermittlung aufgrund einer Zeitstudie ergab eine Istzeit von 110 Minuten. Der Leistungsgrad wird vom Zeitnehmer mit 120% geschätzt.

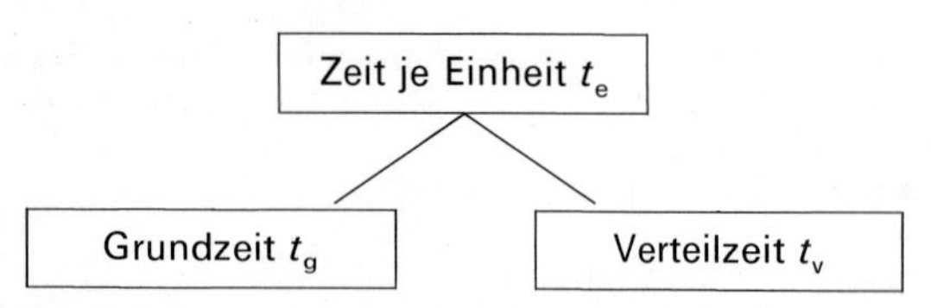

Gesucht:
a) Normalzeit (Grundzeit) für das Montieren eines Getriebes.
b) Zeit je Einheit, wenn die Verteilzeit 15% beträgt.

47.10 Lohnberechnung

Ein Dreher braucht für 18 Bolzen 6 Stunden. Die Vorgabezeit für einen Bolzen beträgt 24 (25) Minuten.
Zum Stundenlohn von 8,30 DM wird tarifmäßig ein Akkordzuschlag von 10% bezahlt.

Gesucht:
a) Leistungsgrad des Arbeiters,
b) Verdienst für diesen Auftrag.

47.11 Werkstoffkosten

Ein Betrieb kauft 5200 kg Stahl um 0,80 DM je kg. Für Fracht und Beifuhr entstanden 180,– DM Kosten. Während der Lagerung wurden 2% des Werkstoffes durch Korrosion unbrauchbar.

Gesucht: Verrechnungspreis für 1 kg Stahl.

47.12 Werkstoffkosten für Rundstahl

Es werden 30 Stangen Rundstahl St 60 von 25 mm Durchmesser und 3,5 m Länge bezogen. Der Werkstoffpreis beträgt 0,80 DM pro kg. An Fracht werden für 100 kg 18,– DM und für Wiegekosten insgesamt 12,– DM bezahlt. Für die Lagerkosten werden 4% des Einkaufspreises gerechnet.

Gesucht: Kosten von 1 kg Rundstahl.

47.13 Gemeinkosten eines Handwerksbetriebes

Im vergangenen Jahr gab eine mechanische Werkstätte für Löhne DM 50000,–,
für Gemeinkosten DM 80000,– aus.

Gesucht:
a) Selbstkosten für folgenden Auftrag:
Werkstoffe 120 DM.
Löhne: 30 Stunden zu 9,20 DM.
b) Ermitteln Sie den Gewinn, wenn das Werkstück um DM 870,– verkauft wird. Die Mehrwertsteuer wird nicht berücksichtigt.

47.14 Verkaufspreis von Bolzen

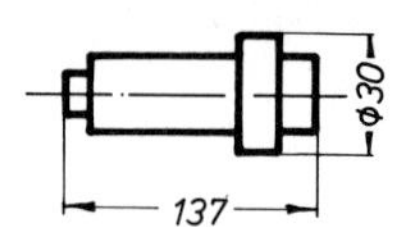

Gesucht:
a) Verkaufspreis für 3 Stück.
b) Verkaufspreis für 100 Stück.

Werkstoffkosten:
1,03 DM/Stück
Löhne:
Rüstzeit 20 min,
Zeit je Einheit 5,2 min
1 Stunde kostet 8,60 DM.
Gemeinkosten:
180% der Löhne.
Gewinn 12%.

47.15 1 000 Befestigungswinkel

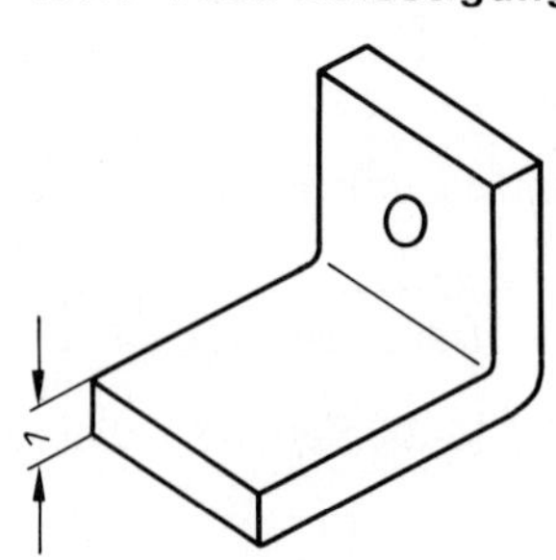

Verschnitt 5%; Stoffgemeinkosten 4%.
1 kg Tiefziehblech kostet 0,80 DM. Lohn (abschneiden, lochen, biegen): 2 h je 9,60 DM für 1 000 Stück.
Fertigungsgemeinkosten 160%.
Verwaltungsgemeinkosten 15%.
Gesucht:
Selbstkosten für 1 000 Stück.
Zuschnitt 15 mm × 46 mm.

47.16 Plattenführungsschneidwerkzeug

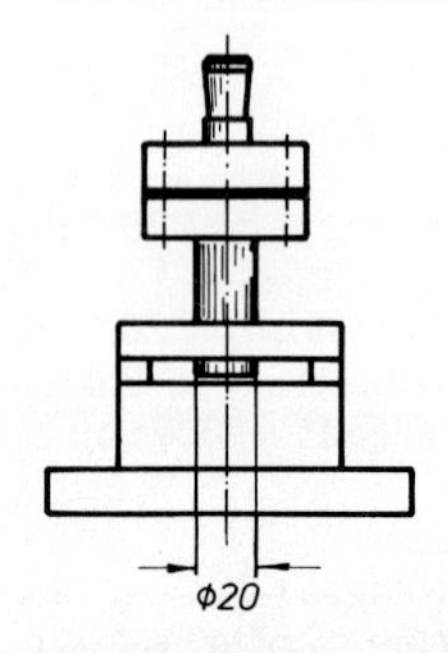

Werkstoffe:
6 kg Baustahl zu 0,80 DM/kg.
2,4 kg legierter Werkzeugstahl zu 5,– DM/kg.
Normteile 15,50 DM.
Werkstoffgemeinkosten 5%.
Fertigung: 18 Stunden zu je 10,50 DM.
Gemeinkosten: 100% der Löhne.
Entwurf: 8 Stunden zu je 12,– DM.
Gesucht:
Herstellkosten für das Schneidwerkzeug.

47.17 Werkstoffausnutzung durch stegloses Trennen

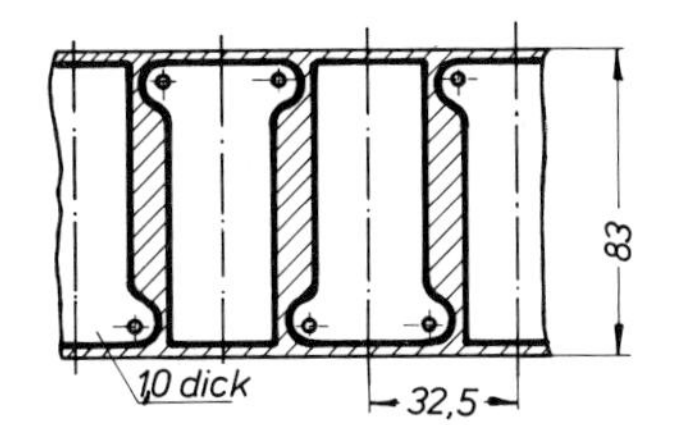

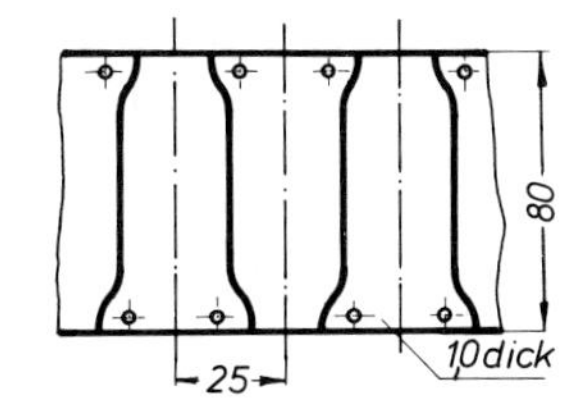

Gesucht:
a) Werkstoffkosten für 100 Stück für beide Verfahren; 1 kg Blech kostet 0,80 DM.
b) Werkstoffersparnis in %.

47.18 Messing- oder Stahlschrauben?

Rohmaß vor dem Drehen: 6⌀ × 15 mm

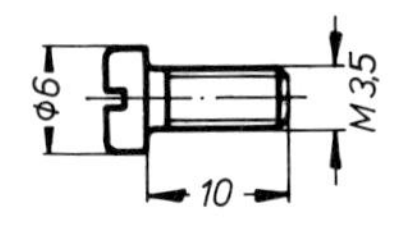

Gesucht:
Herstellkosten für 1 000 Stück.

	Stahl	Messing
Werkstoff (DM/kg)	0,80	3,–
Fertigungszeit für 1 000 Stück	50 h	20 h
Kosten einer Maschinenstunde (Lohn + Gemeinkosten)	22,–	22,–

47.19 Verkadmeter Befestigungsbügel

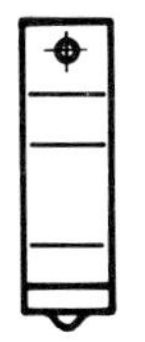
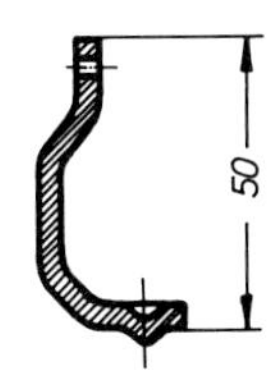

Werkstoffkosten:
21 g Bandstahl je Stück.
1 kg kostet 0,75 DM.
Werkstoffgemeinkosten 5%.

Arbeitsgänge		Vorgabezeit für 100 St.		Gemeinkostensatz
		Lohnfaktor in Dpf/min		
Nr.	Beschreibung	16*	14*	
10	Platine vom Band stanzen	5 min		180%
20	scheuern, auswaschen		2 min	120%
30	biegen, stanzen, Warze prägen	9 min		180%
40	prüfen (Sicht)	3 min		110%
50	Oberfläche verkadmen	0,4 min		350%

* Der Lohnfaktor
16 Dpf/min entspricht einem Stundenlohn von 9,60 DM;
14 Dpf/min entspricht einem Stundenlohn von 8,40 DM.

Gesucht:
a) Herstellkosten für 100 Stück.
b) Selbstkosten für 100 Stück bei 12% Verwaltungsgemeinkosten.

47.20 1 000 Unterlagscheiben

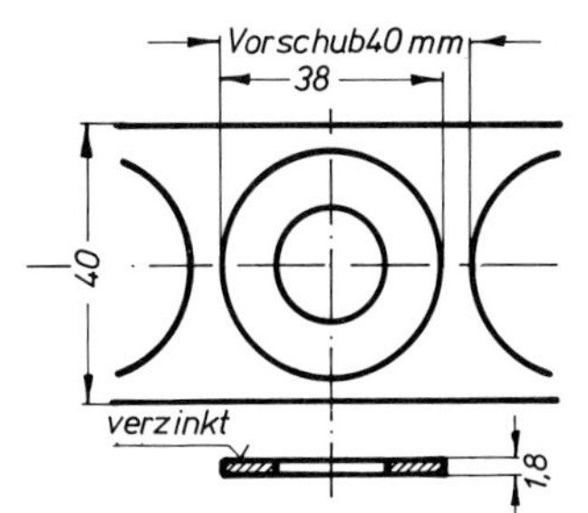

in Mengenfertigung
Werkstoff:
1 kg Bandstahl kostet 0,76 DM.
Je Stück sind 0,2 g Zink notwendig.
1 kg Zink kostet 1,60 DM.
Werkstoffgemeinkosten 5%.

Lohn: Stundensatz 8,50 DM/h.
Stanzerei: 0,12 Stunden pro 1 000 Stück.
Gemeinkostensatz 180%.
Verzinkung: 0,08 Stunden pro 1 000 Stück.
Gemeinkostensatz: 200%.
Verwaltungsgemeinkosten: 10%.

Gesucht:
a) Herstellkosten.
b) Selbstkosten für 1 000 Unterlagscheiben.

47.21 Drehmaschine: Kosten einer Maschinenstunde

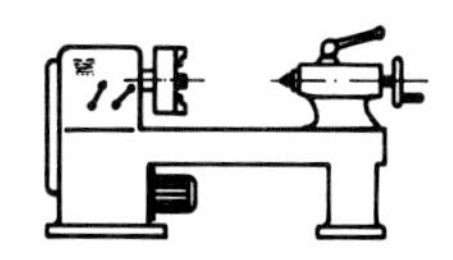

Wiederbeschaffungskosten 18 000,– DM.
Jährliche Kosten bei 2 000 h im Jahr:
Abschreibung 10%; Zins 4%
Wartung und Raumkosten 1 280,– DM/Jahr
Lohn 9,– DM/Stunde,
Lohngemeinkosten 80% der Löhne.
Mittlere Leistungsaufnahme $P = 3$ kW.
1 kWh kostet 0,08 DM.

Gesucht:
Kosten einer Maschinenstunde.

47.22 Exzenterpresse

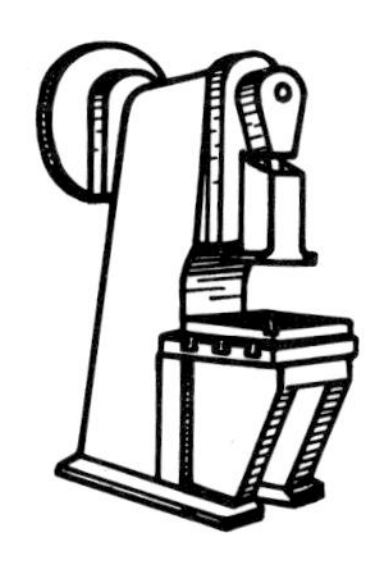

Kraft 200 kN
Wiederbeschaffungskosten 23 000,– DM
Abschreibung 10%; Zins 4%
Wartung und Raumkosten 1 600,– DM
Lohn: 8,60 DM/Stunde
Lohngemeinkosten 120%
aufgenommene Leistung 3 kW
(1 kWh kostet 0,11 DM)

Gesucht:
Kosten einer Maschinenstunde, wenn 3 000 Stunden im Jahr gearbeitet wird und 2 Maschinen gleichzeitig bedient werden.

47.23 Vierfachstahlhalter

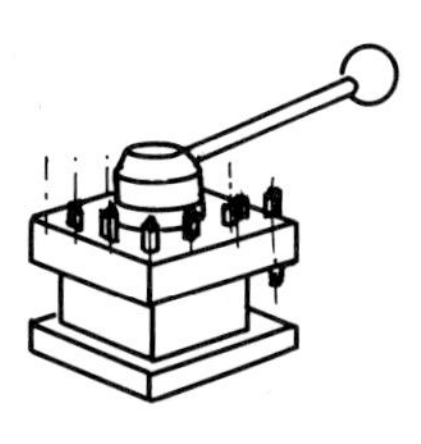

spart Nebenzeiten für das Umspannen
Kosten des Vierfachstahlhalters 467,– DM

Zeit je Einheit t_e:
normaler Stahlhalter: 8,6 min
mit Vierfachstahlhalter: 3,5 min

Kosten der Drehmaschinenstunde: 23,– DM

Gesucht:
Grenzstückzahl, ab der sich die Beschaffung des Vierfachstahlhalters lohnt.

47.24 Beschaffung eines Stufenbohrers

Ein Sonderbohrer soll gleichzeitig Durchgangsloch und Senkung herstellen.
Stückpreis 28,– DM.

Fertigungszeit mit 2 Bohrern: $t_e = 0{,}8$ min.
Fertigungszeit mit einem Stufenbohrer: $t_e = 0{,}3$ min.
Lohnkosten: 12,– DM/Stunde und 110% Gemeinkosten

Gesucht:
a) Kosten einer Maschinenstunde.
b) Minutenfaktor.
c) Grenzstückzahl.

47.25 Kosteneinsparung durch bessere Arbeitsgestaltung mit Greifbehältern

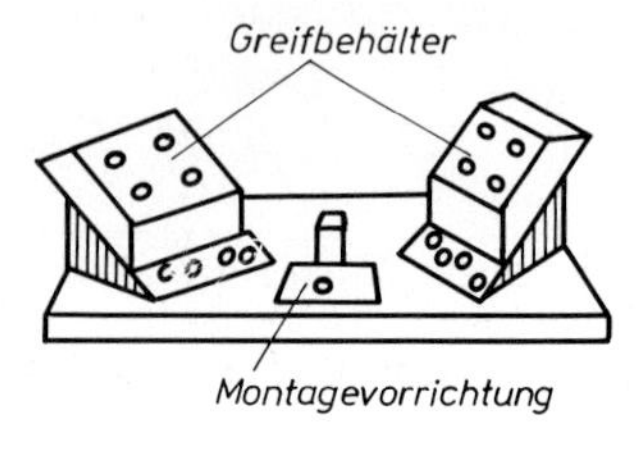

Kosten der Greifbehälter und der Montagevorrichtung: 1 500,– DM
Stundenlohn 9,– DM
Fertigungsgemeinkosten 120%
Montagezeiten alt: 8 s/Stück
Montagezeit mit Greifbehälter etc. 4,5 s/Stück

Gesucht:
a) Minutenfaktor
b) Fertigungskosten je Stück
c) Grenzstückzahl.

47.26 Mehrspindelbohrkopf für Bohrmaschine

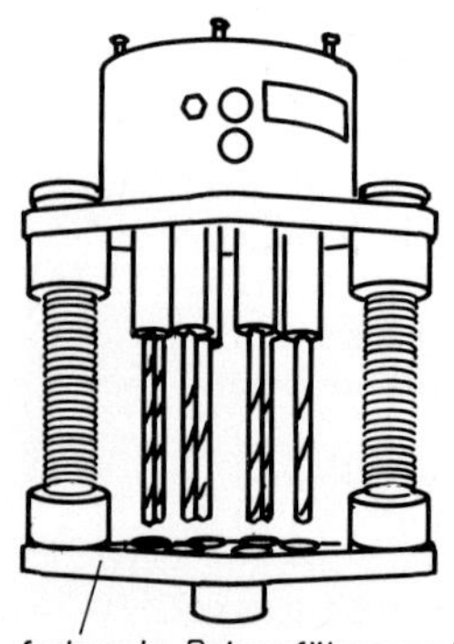

Beschaffungskosten 3 200,– DM
Fertigungszeit bei 6maligem Bohren 16,4 min
Fertigungszeit mit Mehrspindelbohrkopf 1,8 min
Kosten einer Maschinenstunde: 19,– DM.

Gesucht:
Ab welcher Stückzahl lohnt sich die Beschaffung des Mehrspindelbohrkopfes?

47.27 Lohnt sich eine Bohrvorrichtung?

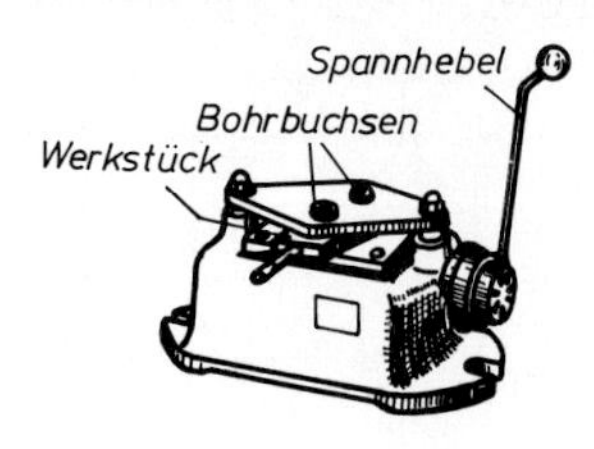

Seither: Anreißen und körnen 0,6 (0,4) min je Stück.
Lohn: 8,60 DM/Stunde und 125% Gemeinkosten.
Die nebenstehende Bohrvorrichtung kostet einschließlich Aufnahmen und Bohrbüchsen 820,80 DM.

Gesucht:
Ab welcher Stückzahl lohnt sich die Bohrvorrichtung (Grenzstückzahl)?

47.28 Verschlußkappe

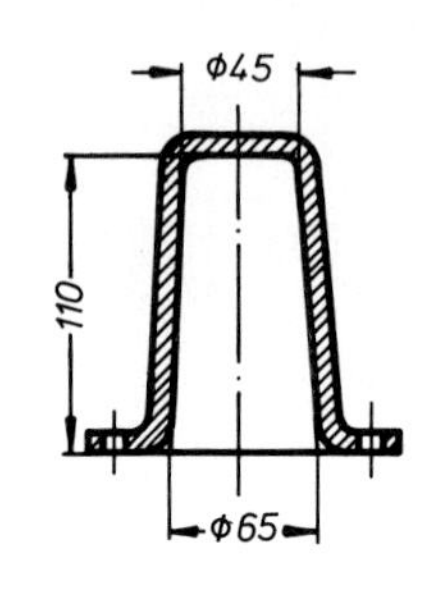

I. als gegossenes Werkstück aus GG-18:
Rohgewicht 1,2 kg 1,80 DM je kg
Mechanische Bearbeitung 0,75 DM/Stück
Modellkosten 105,– DM

II. als Ziehteil:
Werkstoff 0,52 kg 0,80 DM je kg
Fertigungskosten 0,40 DM/Stück
Werkzeugkosten 1 800,– DM

Gesucht:
Grenzstückzahl, bei der das Ziehteil wirtschaftlicher wird.

47.29 Ein Gabelhubwagen

soll das Abladen von Kisten mit einem Arbeiter ermöglichen. Der Gabelhubwagen kostet 624,– DM. Täglich sind zwei Kisten zu transportieren.

Alter Zustand: 4 Mann laden die zwei Kisten ab. Der Zeitaufwand ist insgesamt 4 mal 5 Minuten = 20 Minuten.

Geplanter Zustand: 1 Mann lädt mit dem Gabelhubwagen die 2 Kisten in 8 Minuten ab.
Kosten einer Arbeitsstunde (einschließlich Gemeinkosten): 18,– DM
Nach wieviel Tagen macht sich der Gabelhubwagen bezahlt?

48 Aufgaben zur Übung und Wiederholung

48.1 Schneidplatte aus Werkzeugstahl

Eine zylindrische Schneidplatte hat einen Durchmesser von 60 mm und ist 25 mm dick. Sie erhält einen rechteckigen, zentrisch angeordneten Durchbruch von 18 × 25 mm.

Gesucht:
a) Stoffmenge der fertigen Platte.
b) Anteil des Durchbruches in Prozent der ursprünglichen Platte.
c) Entfernung einer Ecke des Durchbruches vom Rand der Platte.

48.2 Fließpreßteil

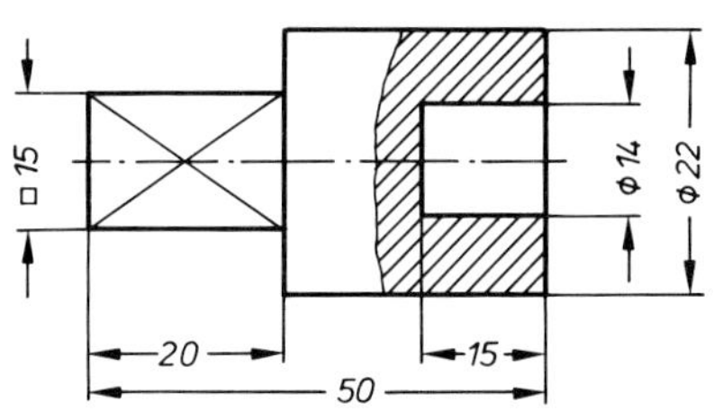

Gesucht:
a) Rohlänge für das Werkstück, wenn ein Ausgangswerkstoff von 22 mm Durchmesser verwendet wird.
b) Wieviel % des Werkstoffes werden zerspant, wenn ein Rohmaß von 22 ∅ × 52 mm verwendet wird?

48.3 Hydraulische Presse

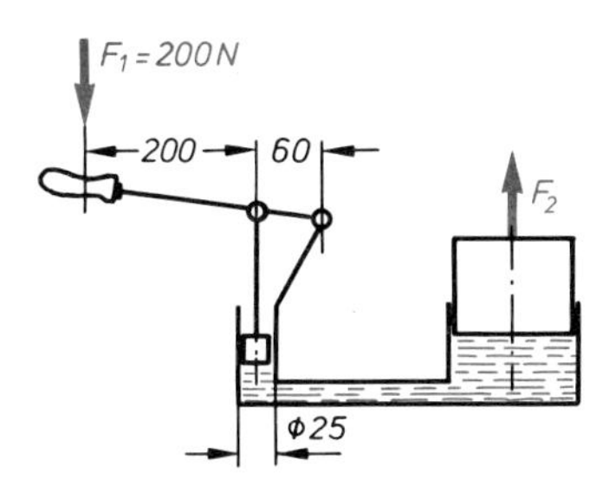

Durchmesser des Preßkolbens: 200 mm.

Gesucht:
a) Druck im Hydrauliköl in bar.
b) Preßkraft F_2.

48.4 Druckluft-Spannstock

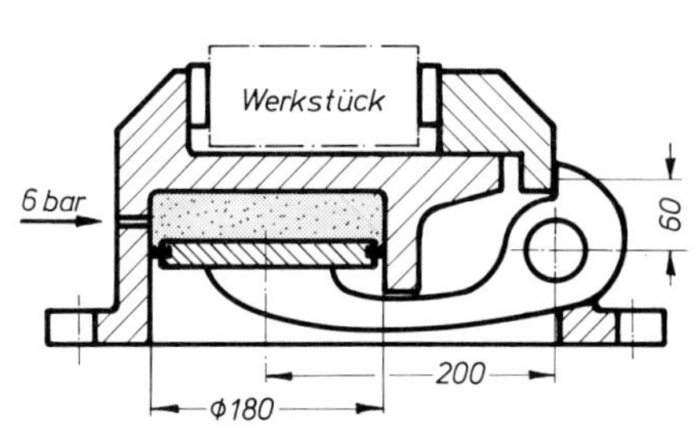

Gesucht:
a) Kraft auf den Druckluftkolben.
b) Kraft F_2 auf das Werkstück.

48.5 Riementrieb

Ein Motor von $n_1 = 1\,420$/min soll eine Welle mit einer Drehzahl von $n_2 = 540$/min antreiben. Die Riemenscheibe auf dem Motor hat $d_1 = 120$ mm Durchmesser.

Gesucht:
a) Durchmesser der getriebenen Riemenscheibe.
b) Übersetzungsverhältnis.

■ 48.6 Eine Schleifscheibe

von 240 mm Durchmesser soll eine Umfangsgeschwindigkeit von 25,12 m/s erhalten. Der Antriebsmotor mit $n = 1\,440$/min trägt eine Riemenscheibe von 120 mm Durchmesser.

Gesucht:
a) Durchmesser der Riemenscheibe auf der Schleifspindelwelle.
b) kleinster Durchmesser der Schleifscheibe, damit sie gerade noch eine Umfangsgeschwindigkeit von 22 m/s hat.

48.7 Übersetzung

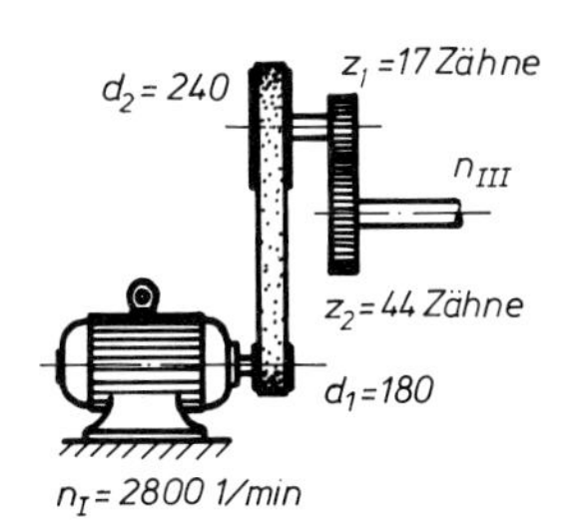

Gesucht:
a) Drehzahl der Welle III.
b) Achsenabstand des Zahnradtriebes, wenn der Modul $m = 3{,}5$ mm ist.
c) Gesamtübersetzung.

48.8 Zahnräder

Zwei Wellen sollen bei einem Achsenabstand von 165 mm ein Übersetzungsverhältnis 1:1,5 erhalten. Es ist ein Modul $m = 3$ mm zu verwenden.

Ermitteln Sie für die beiden Zahnräder:
a) Teilkreisdurchmesser.
b) die Zähnezahlen.
c) die Kopfkreisdurchmesser.

48.9 Zahnradabmessungen

Ein Stirnradgetriebe soll eine Übersetzung 2,5:1 erhalten. Es ist ein treibendes Rad mit 60 mm Kopfkreisdurchmesser und 18 Zähnen vorhanden.

Gesucht:
a) Zähnezahl des getriebenen Rades.
b) Modul der Räder.
c) die Teilkreisdurchmesser.
d) der Achsenabstand.

48.10 Zahnradantrieb

Zu einem treibenden Zahnrad mit einem Teilkreisdurchmesser von 198 mm und einem Modul $m = 3$ mm soll eine Übersetzung mit $i = 1:3$ hergestellt werden.

Gesucht:
a) Sämtliche Abmessungen des getriebenen Rades.
b) Achsenabstand.

48.11 Dreharbeit

Eine Drehmaschine hat folgende Drehzahlen:
32 – 45 – 63 – 90 – 125 – 180 – 280/min.

Gesucht:
a) Drehzahl für ein Werkstück von 106 mm Durchmesser bei einer Schnittgeschwindigkeit von 32 m/min.
b) Wieviel Prozent weicht die gewählte Drehzahl von der errechneten ab?
c) Stufungsfaktor der Drehzahlreihe.

48.12 Zahnradfräsen

Zähnezahl: 24; Modul 3 mm, Teilkopf: $i = 40:1$
Vorhandene Teilkreise: 15 – 16 – 17 – 18 – 19 – 20 – 21 – 23 – 27 – 29 – 31 – 33 – 37 – 39 – 41 – 43 – 47 – 49

Gesucht:
a) Teilkreis- und Kopfkreisdurchmesser.
b) Frästiefe.
c) Lochkreis und die Teilkurbelumdrehungen.
d) Welche anderen Lochkreise könnte man auch benützen?

48.13 Teilarbeit

Eine Rastenscheibe für folgende Winkel soll angefertigt werden: 58° – 42° – 63° – 47° – 56° – 45° – 49°
Übersetzung des Teilapparates $i = 40:1$
Lochkreise: 15 – 16 – 17 – 18 – 19 – 20

Gesucht:
a) Geeigneter Lochkreis.
b) Zahl der ganzen Teilkurbelumdrehungen und Löcher zwischen der Schere.

48.14 Kegel

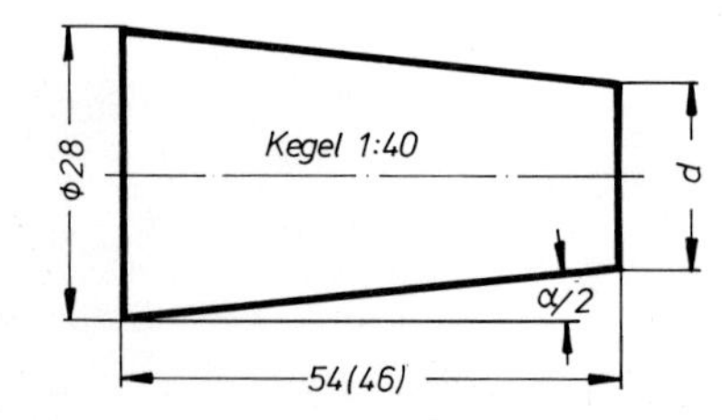

Gesucht:
a) Durchmesser d.
b) Einstellwinkel $\alpha/2$.
c) Stoffmenge des Kegels
Werkstoff: St 60.

48.15 Belastung

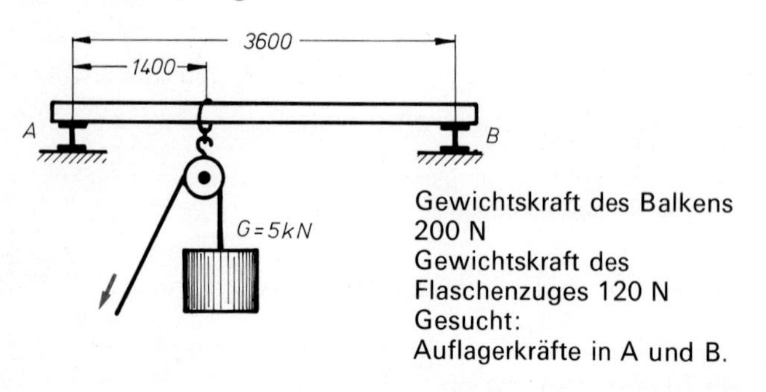

Gewichtskraft des Balkens 200 N
Gewichtskraft des Flaschenzuges 120 N
Gesucht:
Auflagerkräfte in A und B.

48.16 Auflagerkräfte einer Welle

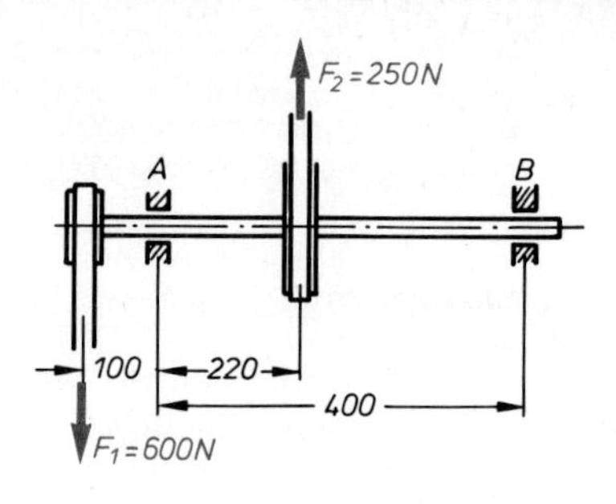

Gesucht:
Auflagerkräfte in A und B.

48.17 Werkstattkran

Hubgeschwindigkeit 4,8 m/min
Tragkraft 50 kN
Wirkungsgrad $\eta = 60\,\%$

Gesucht:
a) Notwendige Leistung für den Hub.
b) Zugeführte Leistung in kW.

48.18 Ein Nachtstrom-Heißwasserspeicher

mit einem Anschlußwert von 1,5 kW erwärmt 60 Liter Wasser in 4 Stunden von 15° auf 90 °C.

Gesucht:
a) Heizkosten für 60 l Wasser (1 kWh kostet 0,06 DM).
b) Wärmemenge, um 60 l Wasser von 15° auf 90° zu erwärmen. Die spezifische Wärmekapazität von Wasser ist: $c = 4{,}19\,\frac{\text{kJ}}{\text{kg}\cdot{}^\circ\text{C}}$.
c) Wirkungsgrad des Boilers.

48.19 Leistung und Stromkosten

Das Schild eines elektrischen Zählers gibt an: 220 V, 10 A, 600 Umdrehungen ≙ 1 kWh.

Gesucht:
a) Leistung eines angeschlossenen Verbrauchers, wenn der Zähler 12 (8)/min macht.
b) Betriebskosten für 3 Stunden (1 kWh kostet 12 Pfennig).

48.20 Antriebsleistung einer Drehmaschine

Eine Welle wird mit einem Vorschub $s = 1{,}5$ (0,8) mm pro Umdrehung und einer Schnittiefe $a = 3$ mm überdreht. Die Schnittgeschwindigkeit beträgt 30 m/min. Als spezifischer Schnittdruck ist $p = 2\,000$ N/mm² anzunehmen. Wirkungsgrad der Drehmaschine $\eta = 0{,}65$.

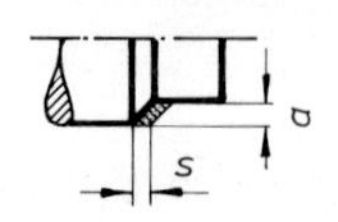

Gesucht:
Antriebsleistung in kW.

48.21 Drehmaschine

Im Versuch wurde an einer Drehmaschine eine Schnittkraft von 3 500 N gemessen. Werkstückdurchmesser: 140 mm, Drehzahl 170/min. Der Elektromotor gab 6 kW ab.

Gesucht:
Wirkungsgrad η der Drehmaschine.

49 Programmierte Prüfung (Teil A)

Hilfsmittel: Tabellenbuch und elektronischer Taschenrechner
Bitte richtige Antwort ankreuzen: ⊗

Zeit: 60 Minuten für 12 Aufgaben

■ 49.1 Geschwindigkeit

Eine Waagrechtstoßmaschine hat eine mittlere Geschwindigkeit von 8 m/min. Wieviel km/h sind das?

Ⓐ 480 km/h Ⓑ 0,48 km/h Ⓒ 4,8 km/h Ⓓ 0,000133 km/h Ⓔ 48 km/h

49.2 Flächeninhalt

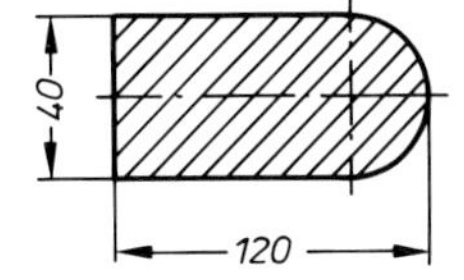

Gesucht: Flächeninhalt des schraffierten Querschnitts.

Ⓐ 4800 mm^2 Ⓑ 5428,33 mm^2 Ⓒ 4628,32 mm^2 Ⓓ 4031,25 mm^2 Ⓔ 4157,07 mm^2

49.3 Zugfestigkeit

Ein 2 mm dickes Blech aus St 42 soll eine Zugbelastung von 60 kN aufnehmen. Der Sicherheitsfaktor ist mit $\nu = 10$ anzunehmen (Personengefährdung). Wie breit muß das Blech gewählt werden?

Ⓐ 71,5 mm Ⓑ 16 mm Ⓒ 160 mm Ⓓ 7,15 mm Ⓔ 715 mm

49.4 Kegel

Ein Kegel hat eine Länge von 72 mm. Der große Durchmesser beträgt 62,3 mm und der kleine Durchmesser 47,9 mm. Wie groß ist das Kegelverhältnis?

Ⓐ 1:200 Ⓑ 1:5 Ⓒ 1:0,2 Ⓓ 1:2 Ⓔ 1:20

49.5 Zahnradtrieb

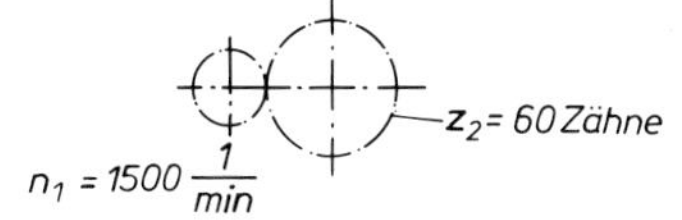

Gesucht:
a) Übersetzungsverhältnis, b) Drehzahl $n_2 = ?$

Ⓐ $i = 5:1$, $n_2 = 500/min$ Ⓑ $i = 1:5$, $n_2 = 500/min$ Ⓒ $i = 5:1$, $n_2 = 7500/min$
Ⓓ $i = 1:5$, $n_2 = 7500/min$ Ⓔ $i = 5:1$, $n_2 = 300/min$

49.6 Reitstockverstellung

Um welches Maß ist der Reitstock eines Kegels mit $D = 120$ mm, $d = 112$ mm, $l = 200$ mm und $L = 240$ mm zu verstellen?

Ⓐ 48 mm Ⓑ 4,8 mm Ⓒ 4,08 mm Ⓓ 1,275 mm Ⓔ 9,6 mm

49.7 Kräftezerlegung

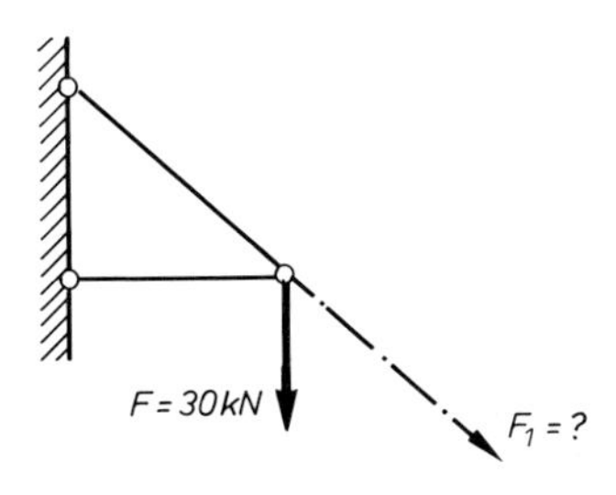

Wie groß ist die Zugkraft F_1 im skizzierten Träger? Kräftemaßstab: 1 kN ≙ 1 mm.

Ⓐ $F_1 = 35$ kN Ⓑ $F_1 = 48$ kN Ⓒ $F_1 = 31$ kN Ⓓ $F_1 = 40$ kN Ⓔ $F_1 = 55$ kN

49.8 Wendelnutfräsen

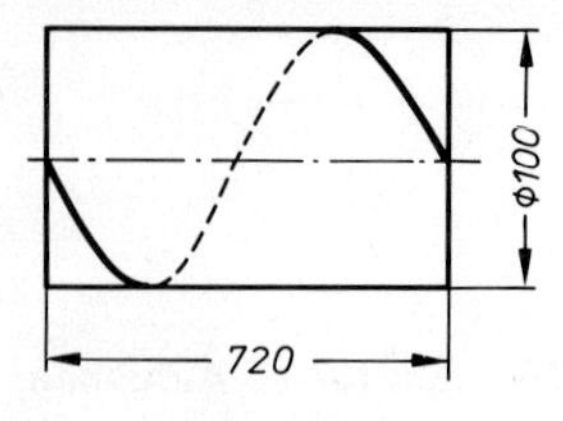

Ein zylindrisches Werkstück erhält eine Wendelnut mit der Steigung $P = 720$ mm. Die Tischspindelsteigung ist $P_T = 6$ mm. Das Übersetzungsverhältnis des Schneckentriebs ist 40:1 und das des Kegelrädertriebs 1:1.

Berechnen Sie:
a) die Wechselräder, b) den Einstellwinkel β.

(a) $\frac{24}{72}$; 23° 30′ (b) $\frac{72}{24}$; 77° 10′ (c) $\frac{72}{24}$; 53° 30′ (d) $\frac{24}{72}$; 77° 10′ (e) $\frac{72}{24}$; 23° 30′

49.9 Elektrotechnik

Im Heizstab einer Waschmaschine fließt bei einer Spannung von 220 V ein Strom von 13 A.

Gesucht:
a) Widerstand des Heizdrahts, b) aufgenommene Leistung

(a) 169 Ω, 8 660 W (b) 16,15 Ω, 156 kW (c) 16,9 Ω, 1,56 kW
(d) 16,9 Ω, 2,86 kW (e) 169 Ω, 1,56 kW

49.10 Wärmedehnung

Ein Werkstück aus Aluminium ($\alpha_{Al} = 0{,}000\,023\,8/°C$) hat nach der spanabhebenden Bearbeitung eine Temperatur von 50 °C. Wie lang ist das Werkstück, wenn bei 20 °C eine Länge von 300 mm gemessen wurde?

(a) 300,355 mm (b) 750 mm (c) 300,143 mm (d) 300,000 71 mm (e) 300,214 mm

---

49.11 Leistung

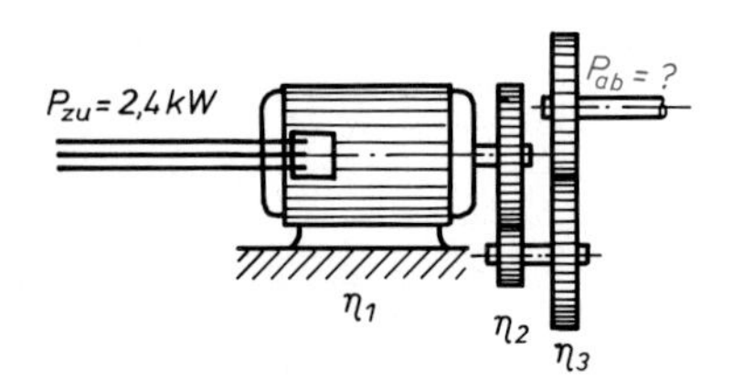

Ein Motor treibt ein zweistufiges Stirnradgetriebe. Motorwirkungsgrad $\eta_1 = 0{,}8$; Wirkungsgrad je Stirnradpaar $\eta_2 = \eta_3 = 0{,}9$. Welche Leistung gibt das Getriebe ab?

(a) 1,715 kW (b) 1,84 kW (c) 3,7 kW (d) 1,73 kW (e) 1,56 kW

49.12 Volumen

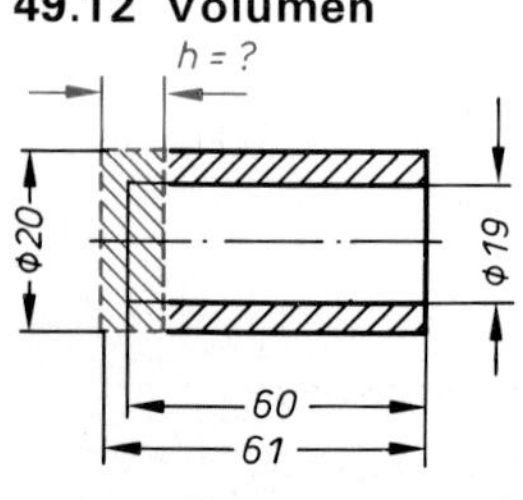

Aus einem Aluminiumzylinder mit dem Durchmesser $d = 20$ mm wird durch Fließpressen ein dünnwandiger Hohlkörper hergestellt. Wie hoch muß der Alu-Rohling sein?

(a) 6 mm (b) 6,9 mm (c) 3,6 mm (d) 3,98 mm (e) 6,2 mm

---

50 Programmierte Prüfung (Teil B)

Hilfsmittel: Tabellenbuch und elektronischer Taschenrechner
Bitte richtige Antwort ankreuzen: ⊗

Zeit: 50 Minuten für 10 Aufgaben

■ 50.1 Umfangsgeschwindigkeit einer Schleifscheibe

Eine Schleifscheibe von 380 mm Durchmesser hat eine Umfangsgeschwindigkeit von 32 m/s. Berechnen Sie die Drehzahl der Schleifscheibe in 1/min.

ⓐ $26818 \frac{1}{min}$ ⓑ $447 \frac{1}{min}$ ⓒ $1609 \frac{1}{min}$ ⓓ $1220 \frac{1}{min}$ ⓔ $268 \frac{1}{min}$

50.2 Zahnrad

Ein Zahnrad mit 14 Zähnen hat einen Kopfkreisdurchmesser von 48 mm. Berechnen Sie den Modul des Zahnrads.

ⓐ 3,42 mm ⓑ 2,5 mm ⓒ 3 mm ⓓ 6,7 mm ⓔ 3,5 mm

50.3 Getriebemotor für niedere Drehzahlen

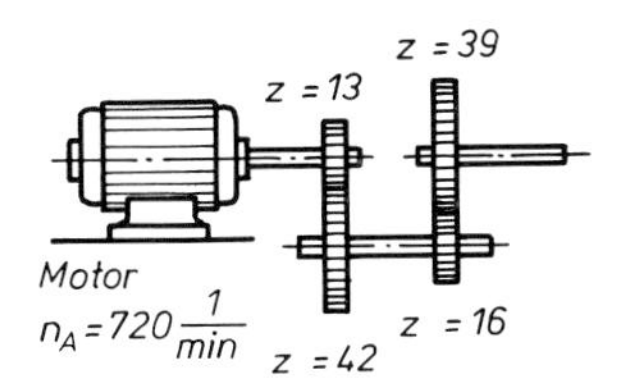

Gesucht: Enddrehzahl n_E.

ⓐ $86{,}5 \frac{1}{min}$ ⓑ $543 \frac{1}{min}$ ⓒ $110 \frac{1}{min}$ ⓓ $91{,}4 \frac{1}{min}$ ⓔ $7{,}8 \frac{1}{min}$

50.4 Schneidkraft

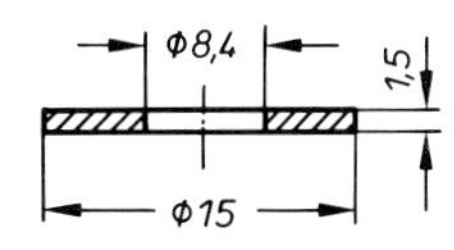

In einem Gesamtschneidwerkzeug werden Scheiben aus St 37 hergestellt.

Gesucht:
a) Gesamte Schneidfläche.
b) Erforderliche Schneidkraft, wenn die Scherfestigkeit $\frac{4}{5}$ der Zugfestigkeit beträgt.

ⓐ 110,2 mm²; 917 N ⓑ 110,2 mm²; 32,6 kN ⓒ 232 mm²; 11,7 kN ⓓ 232 mm²; 16,7 kN
ⓔ 121,24 mm²; 65,2 kN

50.5 Seiltrommel

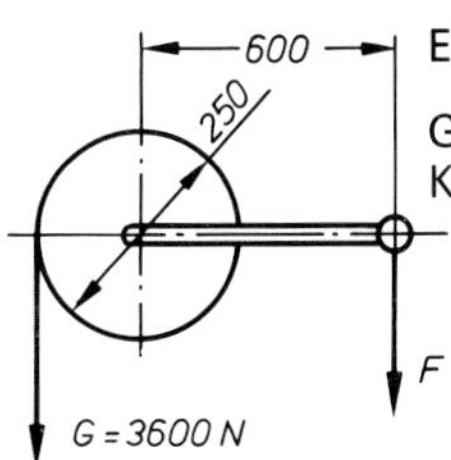

Eine Gewichtskraft von $G = 3600$ N soll mit nebenstehender Seiltrommel hochgezogen werden.

Gesucht:
Kraft F, um der Gewichtskraft G das Gleichgewicht zu halten.

ⓐ 130 N ⓑ 1500 N ⓒ 750 N ⓓ 8640 N ⓔ 375 N

50.6 Drahtseil für einen Lastenaufzug

Es steht nur ein Drahtseil mit 6 Litzen mit jeweils 7 Drähten von 0,31 mm Durchmesser zur Verfügung. Das Drahtseil hat nach DIN 655 eine Mindestzugfestigkeit von 1400 N/mm². Der Fahrkorb hat eine Eigengewichtskraft von 800 N. Wie groß darf die Nutzlast werden, wenn von einer Sicherheit $\nu = 3{,}5$ ausgegangen werden soll?

ⓐ 1070 N ⓑ 11840 N ⓒ 360 N ⓓ 4400 N ⓔ 467 N

50.7 Teilen

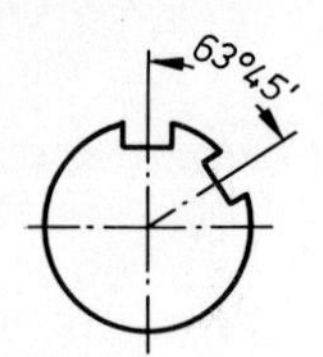

Übersetzung im Teilkopf $i=40:1$
Berechnen Sie die Teilkurbelumdrehungen zum Teilschritt von $\alpha=63°45'$ für einen 24er Lochkreis.

(a) $1\frac{14}{24}$ (b) $6\frac{6}{24}$ (c) $7\frac{6}{24}$ (d) $7\frac{2}{24}$ (e) $28\frac{8}{24}$

50.8 Kegeldrehen

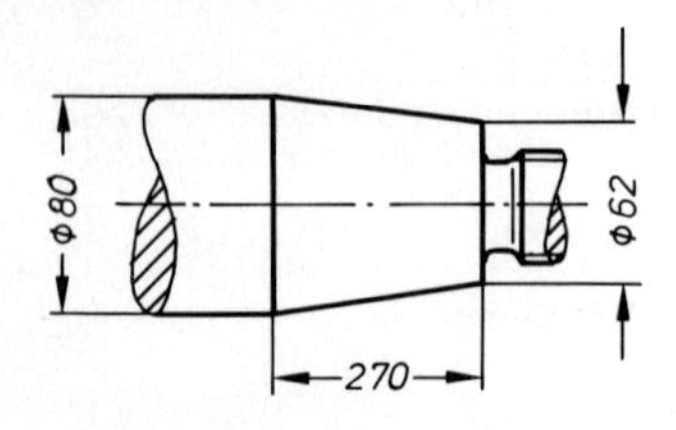

Gesucht:
a) Kegelverhältnis.
b) Einstellwinkel zum Verdrehen des Oberschlittens.

(a) 1:1,5; 18° 20′ (b) 1:15; 18° 20′ (c) 1:15; 1° 55′ (d) 1:6; 1° 55′ (e) 1:0,66; 17° 45′

50.9 Elektrotechnik

Eine Glühlampe mit einem Widerstand von 5 Ω ist an eine Spannungsquelle von 4,5 V angeschlossen. Berechnen Sie: a) die Stromstärke, b) die Leistungsaufnahme der Glühlampe.

(a) 0,9 A, 4,05 W (b) 0,9 A, 22,5 W (c) 1,1 A, 4,95 W (d) 0,9 A, 4,5 W (e) 1,1 A, 5,5 W

50.10 Pneumatik

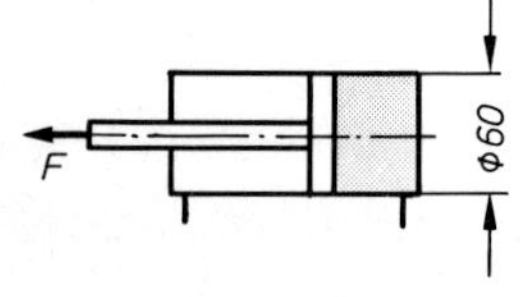

Ein doppeltwirkender Zylinder soll beim Ausfahren des Kolbens eine Kraft von $F=1{,}55$ kN aufbringen. Wie groß muß der Druck, gemessen in bar, im Zylinder sein?

(a) 3,7 bar (b) 18,2 bar (c) 5,5 bar (d) 54,8 bar (e) 7,2 bar

---

Sachwortverzeichnis